中 等 职 业 学 校 计 算 机 系 列 教 材

zhongdeng zhiye xuexiao jisuanji xilie jiaocai

计算机应用基础 (Windows XP+Office 2003)

（第2版）

◎ 高长铎 郭亮 主编

◎ 张玉堂 余智容 欧朝全 副主编

人 民 邮 电 出 版 社

北 京

图书在版编目（CIP）数据

计算机应用基础 : Windows XP+Office 2003 / 高长铎，郭亮主编. -- 2版. -- 北京 : 人民邮电出版社，2013.3（2017.8重印）
中等职业学校计算机系列教材
ISBN 978-7-115-30331-8

Ⅰ. ①计… Ⅱ. ①高… ②郭… Ⅲ. ①电子计算机—中等专业学校—教材 Ⅳ. ①TP3

中国版本图书馆CIP数据核字(2013)第011894号

内 容 提 要

本书主要介绍计算机的基础知识和基本操作，包括计算机基础知识概述、中文 Windows XP 操作系统、Word 2003、Excel 2003、PowerPoint 2003、Internet应用基础等内容。书中详细介绍了计算机应用基础和常用软件的基本概念及基本操作，为掌握计算机基础知识和使用常用软件打下坚实的基础。在每章的最后均设有练习题，学生通过练习能够巩固并检验本章所学知识。除第 1 章外，其余各章都设有“上机实训”，学生通过上机练习可以进一步巩固所学内容。

本书适合作为中等职业学校“计算机应用基础”课程的教材，也可作为计算机初学者的自学参考书。

中等职业学校计算机系列教材

计算机应用基础（Windows XP+Office 2003）（第2版）

- 主　　编　高长铎　郭　亮
  副 主 编　张玉堂　余智容　欧朝全
  责任编辑　王　平
- 人民邮电出版社出版发行　北京市丰台区成寿寺路11号
  邮编　100164　电子邮件　315@ptpress.com.cn
  网址　http://www.ptpress.com.cn
  北京京华虎彩印刷有限公司印刷
- 开本：787×1092　1/16
  印张：15.75　2013年3月第2版
  字数：376千字　2017年8月北京第6次印刷

ISBN 978-7-115-30331-8

定价：32.50元

读者服务热线：(010)81055256　印装质量热线：(010)81055316
反盗版热线：(010)81055315
广告经营许可证：京东工商广登字20170147号

中等职业学校计算机系列教材编委会

序

中等职业教育是我国职业教育的重要组成部分，中等职业教育的培养目标定位于具有综合职业能力，在生产、服务、技术和管理第一线工作的高素质的劳动者。

随着我国职业教育的发展，教育教学改革的不断深入，由国家教育部组织的中等职业教育新一轮教育教学改革已经开始。根据教育部颁布的《教育部关于进一步深化中等职业教育教学改革的若干意见》的文件精神，坚持以就业为导向、以学生为本的原则，针对中等职业学校计算机教学思路与方法的不断改革和创新，人民邮电出版社精心策划了《中等职业学校计算机系列教材》。

本套教材注重中职学校的授课情况及学生的认知特点，在内容上加大了与实际应用相结合案例的编写比例，突出基础知识、基本技能。为了满足不同学校的教学要求，本套教材中的4个系列，分别采用3种教学形式编写。

- 《中等职业学校计算机系列教材——项目教学》：采用项目任务的教学形式，目的是提高学生的学习兴趣，使学生在积极主动地解决问题的过程中掌握就业岗位技能。
- 《中等职业学校计算机系列教材——精品系列》：采用典型案例的教学形式，力求在理论知识"够用为度"的基础上，使学生学到实用的基础知识和技能。
- 《中等职业学校计算机系列教材——机房上课版》：采用机房上课的教学形式，内容体现在机房上课的教学组织特点，学生在边学边练中掌握实际技能。
- 《中等职业学校计算机系列教材——网络专业》：网络专业主干课程的教材，采用项目教学的方式，注重学生动手能力的培养。

为了方便教学，我们免费为选用本套教材的老师提供教学辅助资源，教师可以登录人民邮电出版社教学服务与资源网（http://www.ptpedu.com.cn）下载相关资源，内容包括如下。

- 教材的电子课件。
- 教材中所有案例素材及案例效果图。
- 教材的习题答案。
- 教材中案例的源代码。

在教材使用中有什么意见或建议，均可直接与我们联系，电子邮件地址是wangping@ptpress.com.cn。

中等职业学校计算机系列教材编委会

2012年11月

第2版前言

在现阶段，计算机是从事各项工作的重要工具，“计算机应用基础”是中等职业学校的公共基础课，对于中职学生来说，计算机实际应用能力的培养尤为重要。

本书的特点是直接面向中职教学，充分考虑了中等职业学校教师和学生的实际需求，叙述简洁明了，用例经典恰当，使教师教起来方便，学生学习后实用。

本书是《计算机应用基础（Windows XP+Office 2003）》的改版，本次改版，修正了原书中的不妥之处，使本书结构上更加紧凑严谨，并适量增删了一些内容，使本书内容安排上更加丰富准确。

本书主要介绍计算机的基础知识和常用软件的使用方法，全书共分6章。

❖ 第1章：计算机基础知识，介绍计算机相关的基本概念。

❖ 第2章：中文Windows XP操作系统，介绍中文Windows XP的基本概念和基本操作。

❖ 第3章：文字处理软件Word 2003，介绍Word 2003的基本概念和使用方法。

❖ 第4章：电子表格制作软件Excel 2003，介绍Excel 2003的基本概念和使用方法。

❖ 第5章：幻灯片制作软件PowerPoint 2003，介绍PowerPoint 2003的基本概念和使用方法。

❖ 第6章：Internet应用基础，介绍Internet的基本概念以及Internet Explorer 8.0、Outlook Express的使用方法。

教师一般可用68课时来讲解本教材内容，辅以34课时的上机时间，即可较好地完成教学任务。总的授课时间约为102课时。

本书由高长铎、重庆市北碚职业教育中心郭亮任主编，张玉堂、余智容、欧朝全任副主编，参加本书编写工作的还有沈精虎、黄业清、谭雪松、向先波、冯辉、计晓明、滕玲、董彩霞、管振起。由于编者水平有限，书中难免存在疏漏之处，敬请广大读者指正。

编　者

2012年11月

目 录

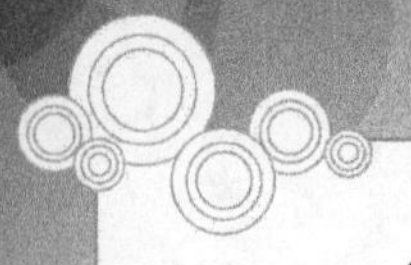

第1章 计算机基础知识

电子计算机是人类 20 世纪最伟大的发明之一，计算机的广泛应用改变了人类社会的面貌。随着微型计算机的出现及计算机网络的发展，计算机逐渐成为人们工作和生活中不可缺少的工具，掌握计算机的使用方法已成为人们的基本技能之一。

本章主要介绍计算机的基础知识，包括以下内容。

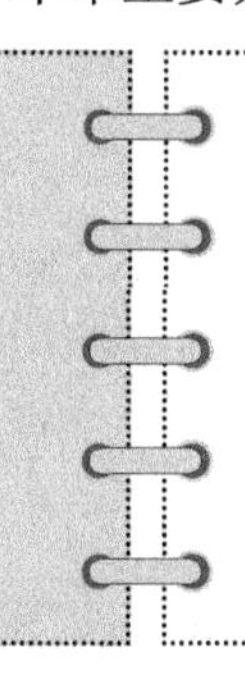

- 计算机发展简介。
- 计算机的分类、特点与应用。
- 计算机中信息的表示。
- 计算机系统的基本概念。
- 微型计算机的硬件组成。
- 多媒体计算机。

1.1 计算机发展简介

自从 1946 年第一台电子计算机诞生以来，计算机以惊人的速度发展，在短短 60 多年的时间里，已经发展了 4 代。其中第 4 代电子计算机——微型计算机出现后，发展速度更是异常迅猛，在不到 40 年的时间里，微型计算机已经发展了 5 代。

1.1.1 第一台电子计算机

20 世纪初，电子技术得到了迅猛的发展。1904 年，英国电气工程师弗莱明（A.Flomins）研制出了真空二极管；1906 年，美国发明家、科学家福雷斯特（D.Forest）发明了真空三极管。这些都为电子计算机的出现奠定了基础。

1943 年，正值第二次世界大战，由于军事上的需要，美国军械部与宾夕法尼亚大学的莫尔学院签订合同，研制一台电子计算机，取名为 ENIAC（Electronic Numerical Integrator And Computer），意为“电子数值积分和计算机”。在莫奇里（J. W. Mauchly）和艾克特（W. J. Eckert）的领导下，ENIAC 于 1945 年年底研制成功。1946 年 2 月 15 日，人们为 ENIAC 举行了揭幕典礼。所以通常认为，世界上第一台电子计算机诞生于 1946 年。

ENIAC 重 30t，占地 167m^2，用了 18 000 多个电子管、1 500 多个继电器、70 000 多个电阻、10 000 多个电容，功率为 150kW。ENIAC 每秒可完成 5 000 次加减法运算，这虽然远不及现在的计算机，但它的诞生宣布了电子计算机时代的到来。

1.1.2 电子计算机的发展

自 ENIAC 被发明以来，由于人们不断将最新的科学技术成果应用在计算机上，同时科学技术的发展也对计算机提出了更高的要求，再加上各计算机制造公司之间的激烈竞争，所以在短短的 60 多年中，计算机得到了突飞猛进的发展，其体积越来越小、功能越来越强、价格越来越低、应用越来越广。通常人们按电子计算机所采用的器件将其划分为 4 代。

1．第 1 代计算机（1945—1958 年）

这一时期计算机的元器件大都采用电子管，因此称为电子管计算机。这时的计算机软件还处于初始发展阶段，人们使用机器语言与符号语言编制程序，应用领域主要是科学计算。第一代计算机不仅造价高、体积大、耗能多，而且故障率高。

2．第 2 代计算机（1959—1964 年）

这一时期计算机的元器件大都采用晶体管，因此称为晶体管计算机。其软件开始使用计算机高级语言，出现了较为复杂的管理程序，在数据处理、事务处理等领域得到应用。这一代计算机的体积大大减小，具有运算速度快、可靠性高、使用方便、价格便宜等优点。

3．第 3 代计算机（1965—1970 年）

这一时期计算机的元器件大都采用中小规模集成电路，因此称为中小规模集成电路计算机。软件出现了操作系统和会话式语言，应用领域扩展到文字处理、企业管理、自动控制等。第 3 代计算机的体积和功耗都得到进一步减小，可靠性和速度也得到了进一步提高，产品实现了系列化和标准化。

4．第 4 代计算机（1971 年至今）

这一时期计算机的元器件大都采用大规模集成电路或超大规模集成电路（VLSI），因此称为大规模或超大规模集成电路计算机。软件也越来越丰富，出现了数据库系统、可扩充语言、网络软件等。这一代计算机在各种性能上都得到了大幅度提高，并随着计算机网络的出现，其应用已经涉及国民经济的各个领域，在办公自动化、数据库管理、图像识别、语音识别、专家系统及家庭娱乐等众多领域中大显身手。

1.1.3 微型计算机的发展

在第 4 代计算机的发展过程中，人们采用超大规模集成电路技术，将计算机的中央处理器（CPU）制作在一块集成电路芯片内，并将其称作微处理器。由微处理器、存储器、输入/输出接口等部件构成的计算机称为微型计算机。

1971 年，美国英特尔（Intel）公司研制成功第一个微处理器 Intel 4004，同年以这个微处理器构造了第一台微型计算机 MSC-4。自 Intel 4004 问世以来，微处理器发展极为迅速，大约每两三年就换代一次。依据微处理器的发展进程，微型计算机的发展也大致可分为 4 代。

1．第 1 代微型计算机（1973—1977 年）

第 1 代微型计算机采用的微处理器是 8 位微处理器，这一代微型计算机也称 8 位微型计算机。这一时期代表性的微处理器有 Intel 公司的 8008、8080，Motorola 公司的 M6800，Zlog 公司的 Z80，MOS Technology 公司的 6502 等。这一时期代表性的微型计算机是 Apple Ⅱ（采用 6502 微处理器），被誉为微型计算机发展史上的第一个里程碑。

2. 第2代微型计算机（1978—1983年）

第2代微型计算机采用的微处理器是16位微处理器，这一代微型计算机也称16位微型计算机。这一时期代表性的微处理器有Intel公司的8086、8088、80286，Motorola公司的M68000，Zlog公司的Z8000等。这一时期代表性的微型计算机是IBM PC（采用8088微处理器），被誉为微型计算机发展史上的第二个里程碑。

3. 第3代微型计算机（1984—1993年）

第3代微型计算机采用的微处理器是32位微处理器，这一代微型计算机也称32位微型计算机。这一时期代表性的微处理器有Intel公司的80386、80486、Pentium、Pentium Ⅱ、Pentium Ⅲ、Pentium 4，AMD公司的K5、K6、Duron（毒龙）、Athon（速龙）等。这一时期的微型计算机如雨后春笋，发展异常迅猛。

4. 第4代微型计算机（1994年至今）

第4代微型计算机采用的微处理器是64位微处理器。这一代微型计算机也称64位微型计算机。这一时期代表性的微处理器有AMD公司的Athlon64，Intel公司的Pentium 4 5xx系列、Pentium 4 6xx系列等。目前，64位CPU的微型计算机已成为市场上的主流。

1.1.4 计算机的发展趋势

随着超大规模集成电路技术的不断发展以及计算机应用领域的不断扩展，计算机的发展表现出了巨型化、微型化、网络化和智能化4种趋势。

1. 巨型化

巨型化是指发展高速度、大存储容量和强功能的超级巨型计算机。超级巨型计算机主要适用于天文、气象、原子核反应等尖端科学。目前，最快的超级巨型计算机运算速度已达到每秒1亿亿次。

2. 微型化

微型化是指发展体积小、功耗低和灵活方便的微型计算机。微型计算机主要适用于办公、家庭、娱乐等领域。

3. 网络化

网络化是指将分布在不同地点的计算机由通信线路连接而组成一个规模大、功能强的网络系统，可灵活方便地收集、传递信息，共享硬件、软件、数据等计算机资源。

4. 智能化

智能化是指发展具有人类智能的计算机。智能计算机是能够模拟人的感觉、行为和思维的计算机。

1.2 计算机的分类、特点和应用领域

随着计算机应用领域的不断扩大，人们研制出了各种不同种类的计算机。这些计算机

尽管种类不同，但它们有许多共同的特点。正是由于计算机的这些特点，才使其在各个领域发挥了巨大作用。

1.2.1 计算机的分类

以往人们把计算机分为巨型机、大型机、中型机、小型机和微型机 5 类。随着计算机的快速发展，这一分类已不能反映计算机的现状，因此美国电气和电子工程师协会（IEEE）于 1989 年把计算机分为巨型机、小巨型机、大型主机、小型机、工作站和个人计算机 6 类。

1. 巨型机

巨型机也称为超级计算机，运算速度每秒百亿次以上，价格昂贵。目前，巨型机多用于核武器的设计、空间技术、石油勘探、天气预报等领域。巨型机已成为一个国家经济实力和科技水平的重要标志。我国的“天河一号”巨型机，其运算速度可以达到每秒 2 570 万亿次。

2. 小巨型机

小巨型机也称桌上超级计算机，运算速度略低于巨型机（每秒几十亿次以上），价格约为巨型机的 1/10，主要用于计算量大、速度要求高的科研机构。

3. 大型主机

大型主机即通常所说的大型机、中型机，其特点是处理能力强、通用性好，每秒可执行几亿到几十亿条指令，主要用于银行、大公司和大的科研部门。

4. 小型机

小型机的性能低于大型主机，但其结构简单、可靠性高、价格相对便宜，使用和维护所用的费用低，广泛用于中小型公司和企业。

5. 工作站

工作站是介于小型机和个人计算机之间的高档微型计算机，主要用于一些特殊事务（如图像）的处理。

6. 个人计算机

个人计算机即我们平常所说的微型计算机，也称 PC。个人计算机又分为台式机和便携机（也称为笔记本电脑）。个人计算机软件丰富、价格便宜、功能齐全，主要用于办公、联网终端、家庭等。

1.2.2 计算机的特点

现代计算机具有自动性、快速性、通用性、可靠性等特点。

1. 自动性

计算机是由程序控制其操作的，程序的运行是自动的、连续的，除了输入/输出操作外，无须人工干预，所以，只要根据应用需要，事先将编制好的程序输入计算机，计算机就能自动执行它，完成预定的处理任务。

2. 快速性

计算机采用电子元器件为基本部件，这些电子元器件通常工作在极高的速度下，并且随着电子技术的发展，其工作速度还会越来越快。现在巨型计算机的运算速度已达1亿亿次，微型计算机每秒执行的指令数也超过1亿条。

3. 通用性

计算机不仅用来进行科学计算，更主要的作用是信息处理，因此有非常强的通用性。计算机的应用范围从科学研究、生产制造、企业管理、商业经营到家庭娱乐，已经渗透到社会的各个方面。随着计算机的快速发展，其应用范围会越来越广。

4. 可靠性

计算机是由电子元器件构成的，运行过程中不会出现磨损，因此具有非常高的可靠性，长时间运行不会出现故障。随着电子技术的发展以及计算机结构的改进，计算机的可靠性会越来越高。

1.2.3 计算机的应用领域

计算机自出现以来，被广泛应用于各个领域，遍及社会的各个方面，并且仍然呈上升和扩展趋势。目前计算机的应用可概括为以下几个方面。

1. 科学计算

利用计算机可以解决科学技术和工程设计中大量繁杂并且用人力难以完成的计算问题。由于计算机具有很高的运算速度和精度，使得过去用手工无法完成的计算成为可能。早期的计算机主要用于科学计算。目前，科学计算仍然是计算机应用的一个重要领域，如卫星轨道的计算、气象资料分析、地质数据处理、大型结构受力分析等。

2. 信息管理

信息管理是指利用计算机来收集、加工和管理各种形式的数据资料，信息管理是目前计算机应用最广泛的一个领域。库存管理、财务管理、情报检索等都是计算机在信息管理方面应用的实例。计算机信息管理的广泛应用，大大提高了信息管理的效率，显著提高了信息管理的水平，从而为科学决策提供了有力的保障。

3. 实时控制

实时控制是指在某一过程中，利用计算机自动采集各种参数，监测并及时控制相应设备工作状态的一种控制方式，如数控机床、自动化生产线等均涉及实时控制问题。实时控制应用于生产可节省劳动力，减轻劳动强度，提高劳动生产率，节约原材料，提高产品质量，从而产生显著的经济效益。

4. 办公自动化

办公自动化是指利用现代通信技术、自动化设备和计算机系统来实现事务处理、信息管理和决策支持的一种现代办公方式。办公自动化大大提高了办公的效率和质量，同时也对办公方式产生了重要影响。

5. 生产自动化

生产自动化是指利用计算机完成产品生产的各个环节，包括计算机辅助设计（CAD）、计算机辅助制造（CAM）等。利用计算机实现生产自动化，可缩短产品设计周期、提高产品质量和劳动生产率。

6. 人工智能

人工智能是利用计算机模拟人类的某些智能行为，使计算机具有“学习”、“联想”、“推理”等功能。人工智能主要应用在机器人、专家系统、模式识别、自然语言理解、机器翻译、定理证明等方面。

7. 网络通信

网络通信是指利用计算机网络实现信息的传递、交换和传播。随着因特网的快速发展，人们很容易实现地区间、国际间的通信与各种数据的查询、传输和处理，从而改变了人们原有的时空概念。

1.3 计算机中信息的表示

计算机通过电子器件来表示和存储信息，而这些信息都采用二进制数进行编码。数值、字符、图像、声音等信息在计算机中都是以二进制编码的方式表示的。

1.3.1 二进制与信息表示

在计算机中，所有信息（包括指令和数据）都是用二进制数表示的，在存储和组织信息时，信息单位都基于二进制。

1. 采用二进制的原因

为什么计算机中信息采用二进制数表示，而不采用我们日常使用的十进制数表示？这是因为采用二进制有以下优点。

- 二进制数容易用电子器件实现。因为二进制数的每一位只有 0 和 1 这两个数码，电子器件非常容易表示两个状态。十进制数的每一位有 0~9 这 10 个数码，要用电子器件表示 10 个不同的状态却不容易。
- 二进制数存储和传输具有良好的可靠性。因为二进制数的每一位只有两个状态，数据存储和传输过程中，即使有干扰也不容易发生错误。而十进制数的每一位有 10 个状态，数据存储和传输过程中，很容易因干扰而发生错误。
- 二进制数运算法则简单，容易用电路实现。以乘法为例，1 位二进制数乘法，我们只需要考虑 2 种情况（乘数和被乘数都是 1，乘数和被乘数有一个为 0）。而 1 位十进制数乘法，我们则需要背熟“小九九”。
- 二进制数可以方便地实现逻辑运算。在逻辑运算中，只有两个量“真”和“假”，我们可以使用二进制数的 1 表示逻辑运算中的“真”， 0 表示逻辑运算中的“假”，从而很容易实现逻辑运算。

2. 信息单位

由于计算机中所有的信息都是以二进制表示，所以计算机中的信息单位都基于二进制。常用的信息单位有位和字节。

- 位，也称比特，记为 bit，是最小的信息单位，表示 1 个二进制数位。例如，二进制

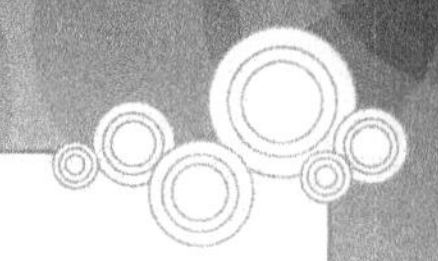

数（10101101）$_2$占有 8 位。

- 字节，记为 Byte 或 B，是计算机中信息的基本单位，表示 8 个二进制数位。例如，二进制数（10101101）$_2$占有 1 个字节。

在计算机领域中，为了便于二进制数的表示和处理，还有 4 个与物理学稍有不同的量：K、M、G、T。

$1K = 1024 = 2^{10}$

$1M = 1024K = 2^{20}$

$1G = 1024M = 2^{30}$

$1T = 1024G = 2^{40}$

1K 字节记为 1KB，1M 字节记为 1MB，1G 字节记为 1GB，1T 字节记为 1TB。

1.3.2 常用数制及其转换

在日常生活中，最常使用的是十进制数。十进制是一种进位计数制，在进位计数制中，采用的计数符号称为数码（如十进制的 0～9），全部数码的个数称为基数（十进制的基数是 10），不同的位置有各自的位权（如十进制数个位的位权是 10^0，十位的位权是 10^1）。

由于二进制数的书写、阅读和记忆都不方便，因此人们又采用八进制和十六进制，既便于书写、阅读和记忆，又可方便地与二进制转换。在表示非十进制数时，通常用小括号将其括起来，数制以下标形式注在括号外，如（1011）$_2$、（135）$_8$和（2C7）$_{16}$。

1. 二进制

二进制数有两个数码（0，1），基数是 2，计数时逢 2 进 1。从小数点往左，其位权分别是 2^0、2^1、2^2……从小数点往右，其位权分别是 2^{-1}、2^{-2}……如：

$(1101.11)_2 = 1\times2^3 + 1\times2^2 + 0\times2^1 + 1\times2^0 + 1\times2^{-1} + 1\times2^{-2} = 13.75$

2. 八进制

八进制数有 8 个数码（0～7），基数是 8，计数时逢 8 进 1。从小数点往左，其位权分别是 8^0、8^1、8^2……从小数点往右，其位权分别是 8^{-1}、8^{-2}……如：

$(1234.5)_8 = 1\times8^3 + 2\times8^2 + 3\times8^1 + 4\times8^0 + 5\times8^{-1} = 668.625$

3. 十六进制

十六进制数有 16 个数码（0～9，A～F），其中 A～F 的值分别为 10～15，基数是 16，计数时逢 16 进 1。从小数点往左，其位权分别是 16^0、16^1、16^2……从小数点往右，其位权分别是 16^{-1}、16^{-2}……如：

$(1A2.C)_{16} = 1\times16^2 + 10\times16^1 + 2\times16^0 + 12\times16^{-1} = 418.75$

4. 不同数制间数的相互转换

（1）二、八、十六进制转换为十进制

转换方法是：把要转换的数按位权展开，然后进行相加计算。

【例 1-1】 把（101.101）$_2$、（2345.6）$_8$和（2EF.8）$_{16}$转换成十进制数。

$(101.101)_2 = 1\times2^2 + 0\times2^1 + 1\times2^0 + 1\times2^{-1} + 0\times2^{-2} + 1\times2^{-3} = 5.625$

$(2345.6)_8 = 2\times8^3 + 3\times8^2 + 4\times8^1 + 5\times8^0 + 6\times8^{-1} = 1253.75$

$(2EF.8)_{16} = 2\times16^2 + 14\times16^1 + 15\times16^0 + 8\times16^{-1} = 751.5$

（2）十进制转换为二、八、十六进制

转换分两步：整数部分用 2（或 8、16）一次次地去除，直到商为 0 为止，将得到的余数按出现的逆顺序写出；小数部分用 2（或 8、16）一次次地去乘，直到小数部分为 0 或达到有效的位数为止，将得到的整数按出现的顺序写出。

【例 1-2】 把 13.6875 转换为二进制数。

整数部分（13）：

$13\div2=6$ ……1

$6\div2=3$ ……0

$3\div2=1$ ……1

$1\div2=0$ ……1

$13=(1101)_2$

$13.6875=(1101.1011)_2$

小数部分（0.6875）：

$0.6875\times2=\underline{1}.375$

$0.375\times2=\underline{0}.75$

$0.75\times2=\underline{1}.5$

$0.5\times2=\underline{1}.0$

$0.6875=(0.1011)_2$

【例 1-3】 把 654.3 转换为八进制数，小数部分精确到 4 位。

整数部分（654）：

$654\div8=81$ ……6

$81\div8=10$ ……1

$10\div8=1$ ……2

$1\div8=0$ ……1

$654=(1216)_8$

$654.3\approx(1216.2314)_8$

小数部分（0.3）：

$0.3\times8=\underline{2}.4$

$0.4\times8=\underline{3}.2$

$0.2\times8=\underline{1}.6$

$0.6\times8=\underline{4}.8$

$0.3\approx(0.2314)_8$

【例 1-4】 把 6699.7 转换为十六进制数，小数部分精确到 4 位。

整数部分（6699）：

$6699\div16=418$ ……11（B）

$418\div16=26$ ……2

$26\div16=1$ ……10（A）

$1\div16=0$ ……1

$6699=(1A2B)_{16}$

$6699.7\approx(1A2B.B333)_{16}$

小数部分（0.7）：

$0.7\times16=\underline{11}.2$（B）

$0.2\times16=\underline{3}.2$

$0.2\times16=\underline{3}.2$

$0.2\times16=\underline{3}.2$

$0.7\approx(0.B333)_{16}$

从上面的例子可以看出，十进制整数转换成二、八、十六进制时，总能精确地转换，而十进制小数转换成二、八、十六进制时，有的能精确地转换（如例 1-2），有的不能精确地转换（如例 1-3 和例 1-4）。

（3）二进制转换为八、十六进制

因为 $2^3=8$、$2^4=16$，所以 3 位二进制数相当于 1 位八进制数，4 位二进制数相当于 1 位十六进制数。二进制转换为八、十六进制时，以小数点为中心分别向两边按 3 位或 4 位分组，最后一组不足 3 位或 4 位时，用 0 补足，然后把每 3 位或 4 位二进制数转换为八进制数或十六进制数。

【例 1-5】 把 $(1010101010.1010101)_2$ 转换为八进制数和十六进制数。

001 010 101 010 . 101 010 100

1 2 5 2 . 5 2 4

即 $(1010101010.1010101)_2=(1252.524)_8$

0010 1010 1010 . 1010 1010

2 A A . A A

即（1010101010.1010101）$_2$=（2AA.AA）$_{16}$

（4）八、十六进制转换为二进制

这个过程是上述（3）的逆过程，1 位八进制数相当于 3 位二进制数，1 位十六进制数相当于 4 位二进制数。

【例 1-6】 把（1357.246）$_8$和（147.9BD）$_{16}$转换为二进制数。

1　3　5　7　.　2　4　6

001　011　101　111　.　010　100　110

即（1357.246）$_8$=（1011101111.01010011）$_2$

1　4　7　.　9　B　D

0001　0100　0111　.　1001　1011　1101

即（147.9BD）$_{16}$=（101000111.100110111101）$_2$

1.3.3 计算机中数值的表示

计算机的一个重要功能是进行数值计算，数值信息在计算机中是用二进制数表示的。数值信息按小数点的位置是否固定，分为定点数和浮点数。

1. 定点数及其表示

所谓定点数，即约定数据的小数点位置是固定不变的。在计算机中通常采用两种简单的约定：将小数点的位置固定在数据的最高位之前，或者是固定在最低位之后。一般常称前者为定点小数，后者为定点整数。

定点小数是纯小数，约定的小数点位置在符号位之后、有效数值部分最高位之前。若数据 x 的形式为 $x = x_0.x_1x_2\cdots x_n$（其中 x_0 为符号位，x_1～x_n 是数值的有效部分），则在计算机中的表示形式如图 1-1 所示。

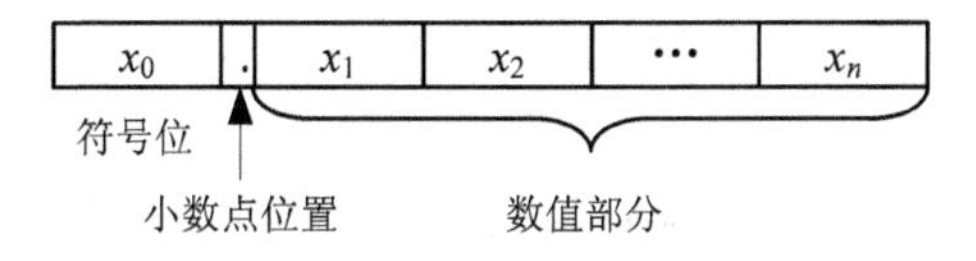

图 1-1　定点小数在计算机中的表示

定点整数是纯整数，约定的小数点位置在有效数值部分最低位之后。若数据 x 的形式为 $x = x_0x_1x_2\cdots x_n$（其中 x_0 为符号位，x_1～x_n 是尾数），则在计算机中的表示形式如图 1-2 所示。

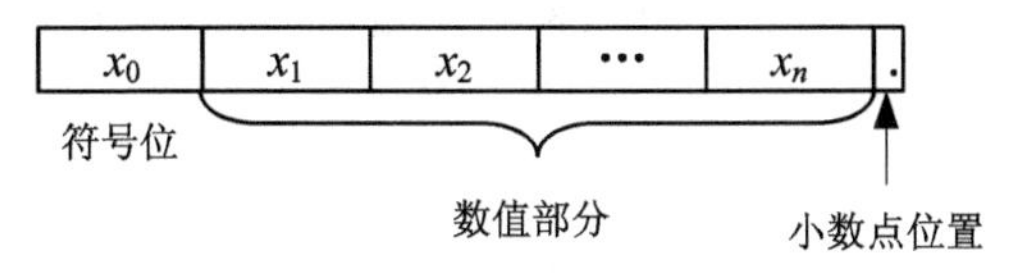

图 1-2　定点整数在计算机中的表示

在计算机中，常采用数的符号和数值一起编码的方法来表示数据。常用的有原码、反码、补码等。这几种表示法都将数据的符号数码化。为了区分一般书写时表示的数和机器中编码表示的数，称前者为真值，后者为机器数或机器码。

（1）原码表示法

原码表示法是一种比较直观的表示方法，其符号位表示该数的符号，正用“0”表示，负用“1”表示；而数值部分仍保留着其真值的特征。

【例 1-7】 已知 x 的真值为+1011001，y 的真值为-1011001，求 x 和 y 的原码，码长为 8 位。

$[x]_{原}$ = 01011001，$[y]_{原}$ = 11011001

原码表示法的优点是比较直观、简单易懂，但它的最大缺点是加法运算复杂。这是因为当两数相加时，如果是同号则数值相加；如果是异号，则要进行减法。而在进行减法时，还要比较绝对值的大小，然后减去小数，最后还要根据结果选择恰当的符号。

（2）反码表示方法

反码表示法中，符号的表示法与原码相同。正数的反码与正数的原码形式相同；负数的反码符号位为 1，数值部分通过将负数原码的数值部分各位取反（0 变 1，1 变 0）得到。

【例 1-8】 已知 x 的真值为+1011001，y 的真值为-1011001，求 x 和 y 的反码，码长为 8 位。

$[x]_{反}$ = 01011001，$[y]_{反}$ = 10100110

与原码相同，反码的加减法也非常复杂，为了解决这一问题，人们又提出了补码表示法。

（3）补码表示法

补码表示法中，符号的表示法与原码相同。正数的补码与正数的原码形式相同；负数的补码符号位为 1，数值部分通过将负数的反码在最后一位上加 1 得到。

【例 1-9】 已知 x 的真值为+1011001，y 的真值为-1011001，求 x 和 y 的补码，码长为 8 位。

$[x]_{补}$ = 01011001，$[y]_{补}$ = 10100111

采用补码的好处是，进行加减运算时，符号位无须单独处理，可以将符号位和数值位统一处理。

2．浮点数及其表示

与科学计数法相似，任意一个 J 进制数 N，总可以写成

$$N = J^E \times M$$

式中，M 称为数 N 的尾数，是一个纯小数；E 为数 N 的阶码，是一个整数；J 称为比例因子。这种表示方法相当于数的小数点位置随比例因子的不同而在一定范围内可以自由浮动，所以称为浮点表示法。

在计算机中底数是 2，并且在浮点数的表示中不出现。在计算机中表示一个浮点数时，一是要给出尾数，用定点小数形式表示。尾数部分给出有效数字的位数，因而决定了浮点数的表示精度。二是要给出阶码，用整数形式表示，阶码指明小数点在数据中的位置，因而决定了浮点数的表示范围。浮点数也要有符号位，因此一个机器浮点数应当由阶码和尾数及其符号位组成，如图 1-3 所示。

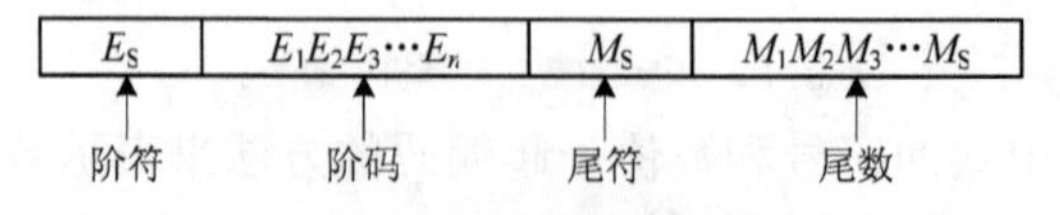

图 1-3 浮点数在计算机中的表示

其中，E_S 表示阶码的符号，占一位；E_1～E_n 为阶码值，占 n 位；尾符 M_S 是数 N 的符号，也要占一位。当底数取 2 时，二进制数 N 的小数点每右移一位，阶码减小 1，相应尾数右移一位；反之，小数点每左移一位，阶码加 1，相应尾数左移一位。

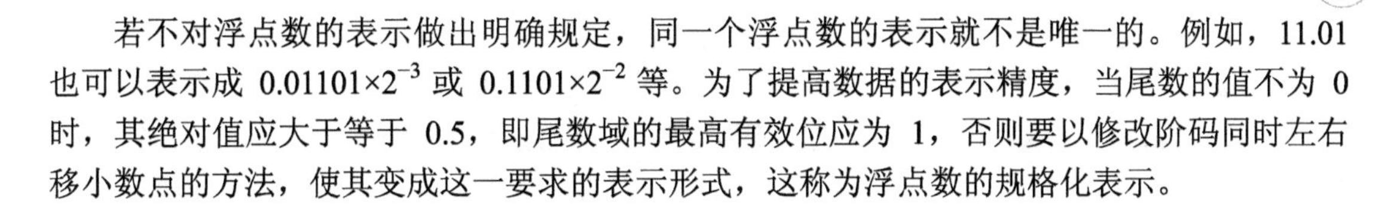

若不对浮点数的表示做出明确规定，同一个浮点数的表示就不是唯一的。例如，11.01 也可以表示成 0.01101×2^{-3} 或 0.1101×2^{-2} 等。为了提高数据的表示精度，当尾数的值不为 0 时，其绝对值应大于等于 0.5，即尾数域的最高有效位应为 1，否则要以修改阶码同时左右移小数点的方法，使其变成这一要求的表示形式，这称为浮点数的规格化表示。

1.3.4 计算机中字符的表示

计算机不仅能进行数值型数据的处理，而且还能进行非数值型数据的处理。最常见的非数值型数据是字符数据。字符数据在计算机中也是用二进制数表示的，每个字符对应一个二进制数，称为二进制编码。

1. ASCII 码

字符的编码在不同的计算机上应是一致的，这样便于交换与交流。目前计算机中普遍采用的是 ASCII（American Standard Code for Information Interchange）码，中文含义是美国标准信息交换码。ASCII 码由美国国家标准局制定，后被国际标准化组织（ISO）采纳，作为一种国际通用信息交换的标准代码。

ASCII 码由 7 位二进制数组成，能表示 128 个字符数据，包括计算机处理信息常用的英文字母、数字符号、算术运算符号、标点符号等。ASCII 码表如表 1-1 所示。

表 1-1　ASCII 码表

高位 低位	000	001	010	011	100	101	110	111
0000	NUL	DLE	空格	0	@	P	`	p
0001	SOH	DC1	!	1	A	Q	a	q
0010	STX	DC2	"	2	B	R	b	r
0011	ETX	DC3	#	3	C	S	c	s
0100	EOT	DC4	$	4	D	T	d	t
0101	ENQ	NAK	%	5	E	U	e	u
0110	ACK	SYN	&	6	F	V	f	v
0111	DEL	ETB	'	7	G	W	g	w
1000	BS	CAN	(	8	H	X	h	x
1001	HT	EM	)	9	I	Y	i	y
1010	LF	SUB	*	:	J	Z	j	z
1011	VT	ESC	+	;	K	[	k	{
1100	FF	FS	,	<	L	\	l	|
1101	CR	GS	-	=	M	]	m	}
1110	SO	RS	.	>	N	^	n	~
1111	SI	US	/	?	O	_	o	DEL

从以上 ASCII 码表中不难发现，ASCII 码有以下特点。

- 前 32 个字符和最后一个字符为控制字符，它们在通信中起控制作用。
- 10 个数字 0～9 由小到大连续排列。

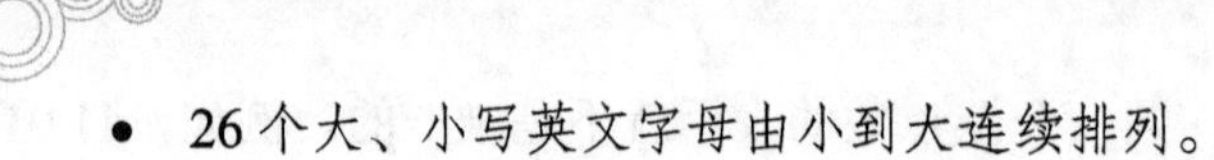

- 26个大、小写英文字母由小到大连续排列。
- 数字在大写英文字母之前，大写英文字母在小写英文字母之前。

ASCII 码是 7 位编码，但计算机大都以字节为单位进行信息处理。为了方便计算机处理，人们一般将 ASCII 码的最高位前增加一位 0，凑成一个字节，以便于存储和处理。

2. 汉字编码

汉字也是一种字符数据，在计算机中同样也用二进制数表示，称为汉字的机内码。用二进制数表示汉字时需要依据编码标准进行编制。常用汉字编码标准有 GB 2312－80、BIG－5 和 GBK。汉字机内码通常占两个字节，第一个字节的最高位是 1，这样不会与存储 ASCII 码的字节混淆。

（1）GB 2312－80

GB 2312－80（GB 是“国标”二字的汉语拼音缩写），由国家标准总局发布，于 1981 年 5 月 1 日实施。GB 2312－80 习惯上称国标码、GB 码，是简化汉字的编码。

GB 2312－80 包括了图形符号（序号、汉字制表符、日文和俄文字母等 682 个）、常用汉字（6763 个，其中一级汉字 3755 个，二级汉字 3008 个）。GB 2312－80 将这些字符分成 94 个区，每个区包含 94 个字符。其中 1～15 区是图形符号，16～55 区是一级汉字（按拼音顺序排列），56～87 区是二级汉字（按部首顺序排列），88～94 区没有使用，可以自定义汉字。

根据国标码，每个汉字与一个区号和位号对应，反过来，给定一个区号和位号，就可确定一个汉字或汉字符号。例如，“青”在 39 区 64 位，“岛”在 21 区 26 位。

GB 2312－80 不仅是一个编码标准，而且还是一种汉字输入方法——区位码法。现在的汉字系统中都提供了此输入法。用区位码输入汉字时，首先要记住汉字的区号与位号，记忆量非常大。除了输入特殊字符外，几乎没有人用它大量输入汉字。

（2）BIG－5

BIG－5 码是通行于我国台湾省、香港特别行政区等地区的繁体字编码方案，俗称“大五码”。它并不是一个法定的编码方案，但它广泛地被应用于计算机业尤其是因特网中，从而成为一种事实上的行业标准。

BIG－5 码是一个双字节编码方案，其第一字节的值在 16 进制的 A0～FE 之间，第二字节的值在 40～7E 和 A1～FE 之间。因此，其第一字节的最高位总是 1，第二字节的最高位可能是 1，也可能是 0。

BIG－5 码共收录了 13 461 个符号和汉字，包括符号 408 个、汉字 13 053 个。汉字分常用字和次常用字两部分，各部分中的汉字都按笔画 / 部首排列，其中常用字 5 401 个、次常用字 7 652 个。

（3）GBK

GBK 是又一个汉字编码标准，全称是“汉字内码扩展规范”，1995 年 12 月 15 日发布和实施。GB 即“国标”，K 是“扩展”的汉语拼音第一个字母。

GBK 是对 GB 2312－80 的扩充，并且与 GB 2312－80 兼容，即 GB 2312－80 中的任何一个汉字，其编码与在 GBK 中的编码完全相同。GBK 共收入 21 886 个汉字和图形符号，其中汉字（包括部首和构件）21 003 个，图形符号 883 个。Microsoft 公司自 Windows 95 简体中文版开始采用 GBK 编码。

1.4 计算机系统的基本概念

计算机系统是包括计算机在内的能够完成一定功能的完整系统。计算机系统的每一部分都有自己的组成和功能，各有不同的特点。不同的计算机系统其性能也不一样，衡量其性能的高低有特定的指标。

1.4.1 计算机系统的组成

一个计算机系统由硬件系统和软件系统两部分组成，如图 1-4 所示。

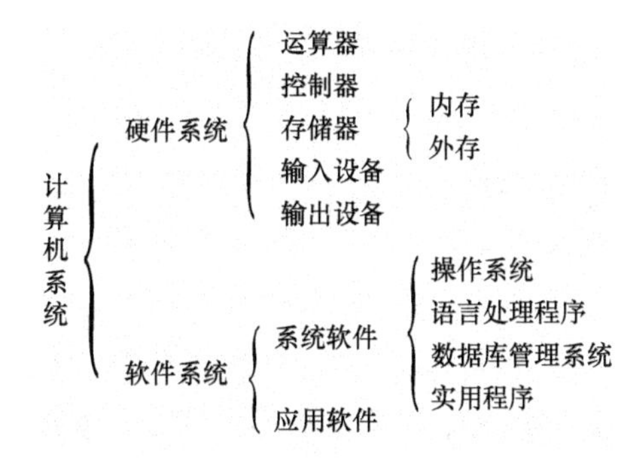

图 1-4 计算机系统的组成

计算机硬件是指组成一台计算机的各种物理装置，它是计算机工作的物质基础。计算机硬件系统是指能够相互配合、协调工作的各种计算机硬件，包括运算器、控制器、存储器、输入设备和输出设备。

计算机软件是指在硬件设备上运行的各种程序及其有关的文档资料。所谓程序是用于指挥计算机执行各种动作以便完成指定任务的指令序列。计算机软件系统是指能够相互配合、协调工作的各种计算机软件。计算机软件系统包括系统软件和应用软件。系统软件又包括操作系统、语言处理程序、数据库管理系统和实用程序。

计算机硬件系统和软件系统作为计算机系统的组成部分，任何一方都不能脱离另一方而发挥作用。有了硬件，软件才得以运行；有了软件，硬件才知道去做什么。

计算机的许多功能既可以用硬件实现也可以用软件实现。比如早期的一些计算机没有乘除运算的指令，乘除运算都是通过程序来完成的。某一功能若用硬件实现，则计算机的线路就会相对复杂，但运行速度快；某一功能若用软件实现，则计算机的线路就会相对简单，但运行速度慢。

从历史上看，无论是硬件还是软件的发展，最终都会给对方以推动和促进。早期的计算机没有这么多的软件，随着其硬件的发展，其软件也日益完善。许多软件非常庞大，在低档硬件上无法发挥其优势，这又迫使计算机硬件不断发展。

1.4.2 计算机硬件系统

在 ENIAC 即将完工的时候，著名数学家冯•诺依曼（J. Von Neumann）参与了研制工作。在分析了 ENIAC 的缺陷后，冯•诺依曼提出了基于“存储程序”原理的 EDVAC，现

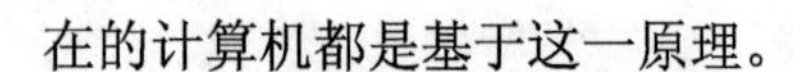

在的计算机都是基于这一原理。

1．计算机硬件系统的组成

根据“存储程序”原理，计算机硬件系统由运算器、控制器、存储器、输入设备和输出设备5部分组成，其结构如图1-5所示。

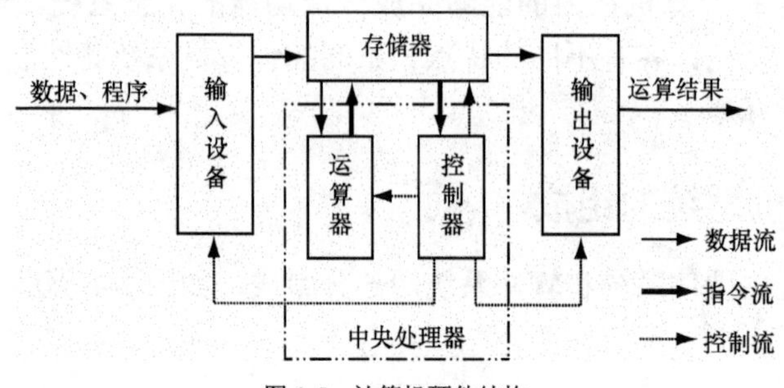

图1-5　计算机硬件结构

（1）运算器

运算器又称算术逻辑单元，是对信息进行加工、运算的部件。运算器的主要功能是对二进制编码进行算术运算和逻辑运算。

（2）控制器

控制器是整个计算机的控制指挥中心，它的功能是从存储器中取出指令，确定指令的类型，并对指令进行译码，从而控制整个计算机系统一步一步地完成各种操作。

运算器和控制器又统称为中央处理器（CPU），是计算机系统的核心硬件。用超大规模集成电路制成的CPU芯片称为微处理器。

（3）存储器

存储器是用来存放数据和程序的部件。存储器分为内存储器（简称内存）和外存储器（简称外存）两大类。现在的内存储器几乎都是半导体存储器。内存储器又可分为随机存储器（RAM）和只读存储器（ROM）两大类。CPU对RAM既可以读出数据，也可以写入数据，断电后RAM中的内容消失。ROM中的内容在制作时就存储在里面了，CPU只能读出原有的内容，而不能写入新内容，断电后ROM中的内容不会消失。

（4）输入设备

输入设备的任务是接受操作者提供给计算机的原始信息，如文字、图形、图像、声音等，并将其转变为计算机能识别和接受的信息方式，如电信号、二进制编码等，然后顺序地把它们送入存储器中。

（5）输出设备

输出设备的主要作用是把计算机对数据、指令处理后的结果等内部信息，转变为人们习惯接受的（如字符、曲线、图像、表格、声音等），或者能被其他机器所接受的信息形式输出。

2．计算机的工作原理

尽管计算机发展了4代，但其工作原理仍然采用“存储程序”原理。其核心内容如下。

- 计算机硬件包括控制器、运算器、存储器、输入设备和输出设备5部分。
- 计算机的指令和数据都用二进制数表示。
- 程序存放在存储器中，计算机自动执行程序中的指令。

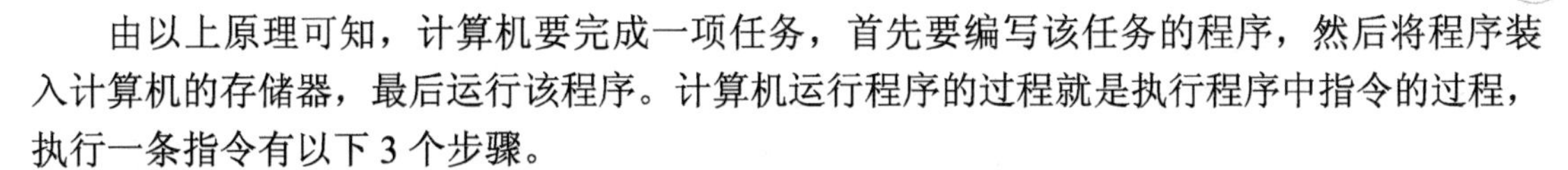

由以上原理可知，计算机要完成一项任务，首先要编写该任务的程序，然后将程序装入计算机的存储器，最后运行该程序。计算机运行程序的过程就是执行程序中指令的过程，执行一条指令有以下3个步骤。

- 取指令：CPU根据其内部的程序计数器中的内容，从内存储器中取出对应的指令，同时程序计数器的值加“1”，从而指出下一条指令的地址。
- 分析指令：CPU分析所取出的指令，确定要进行的操作。
- 执行指令：CPU根据指令的分析结果，向有关的部件发出相应的控制信号，相关的部件进行工作，完成指令规定的操作。

1.4.3 计算机软件系统

前面已经讲过，计算机软件系统由系统软件和应用软件两大部分组成。系统软件是为管理、监控和维护计算机资源所设计的软件，包括操作系统、数据库管理系统、语言处理程序、实用程序等。应用软件是为解决各种实际问题而专门研制的软件，如文字处理软件、会计账务处理软件、工资管理软件、人事档案管理软件、仓库管理软件等。

1. 操作系统

操作系统是为了提高计算机的利用率，方便用户使用计算机，以及加快计算机响应时间而配备的一种软件。操作系统是最重要的系统软件，用户通过操作系统使用计算机，其他软件则在操作系统提供的平台上运行。离开了操作系统，计算机便无法工作。DOS、Windows XP等都是操作系统。

操作系统通常有处理器管理、存储器管理、设备管理、作业管理和文件（信息）管理5大功能。操作系统按功能可分为实时操作系统、分时操作系统和作业处理系统；按所管理用户的数目可分为单用户操作系统和多用户操作系统。

2. 语言处理程序

要使用计算机解决某些实际问题，就需要编写程序。编写计算机程序所用的语言称为计算机语言，也叫程序设计语言。计算机语言分为机器语言、汇编语言、高级语言3类。

机器语言就是计算机指令代码的集合，它是最低层的计算机语言。用机器语言编写的程序，计算机硬件可直接识别并执行。对于不同的计算机系统（主要是CPU不同），其机器语言是不同的。因此，针对一种计算机用机器语言编写的程序不能在另一种计算机上运行。虽然机器语言的执行效率比较高，但用其编写程序的难度较大，容易出错，也不容易移植。

汇编语言是采用能帮助记忆的英文缩写符号代替机器语言的操作码和操作地址所形成的计算机语言，又叫符号语言。由于汇编语言采用了助记符，因此它比机器语言直观，容易理解和记忆。用汇编语言编写的程序也比机器语言编写的程序易读、易检查、易理解。计算机不能直接识别和运行用汇编语言编写的程序（称为源程序），必须将源程序翻译成机器语言程序（称为目标程序），计算机才能识别并执行。这个翻译过程称为“汇编”，负责翻译的程序称为汇编程序。

机器语言和汇编语言都是面向机器的语言，称为低级语言。低级语言依赖于机器，用它们开发的程序通用性很差。后来人们发明了高级语言。高级语言用简单英语来表达，人们容易理解，编写程序简单，而且编写的程序可在不同类型的计算机上运行。常用的高级语言有：

- FORTRAN（第一个高级语言，适合科学计算）；

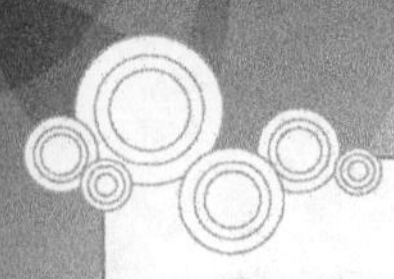

- BASIC（交互式的编程语言，适合初学者学习）；
- Pascal（结构化的编程语言，适合专业教学）；
- C（灵活高效的编程语言，适合系统软件开发）；
- C++（面向对象程序设计语言）；
- Java（跨平台分布式面向对象程序设计语言）。

用高级语言编写的程序（也称源程序）也不能被计算机直接识别和运行，必须通过翻译程序翻译成机器指令序列后，才能被计算机识别和运行。高级语言的翻译程序有两种不同类型：编译程序和解释程序。

编译程序是将源程序全部翻译成机器语言程序（也称目标程序），计算机通过运行目标程序来完成程序的功能。解释程序是逐条翻译源程序的语句，翻译完一句执行一句。程序解释后执行的速度要比编译后运行慢，但调试与修改特别方便。

3. 数据库管理系统

数据库管理系统是操纵和管理数据库的软件。数据库是在计算机存储设备上存放的相关的数据集合，这些数据可服务于多个程序。数据库按结构可分为网状数据库、层次数据库和关系数据库。关系数据库由于具有良好的数学性质及严格性，因而成为数据库系统的主流。

4. 实用程序

实用程序是为其他系统软件和应用软件及用户提供某些通用支持的程序。典型的实用程序有诊断程序、调试程序、编辑程序等。

1.5 微型计算机的硬件组成

微型计算机是计算机发展到第 4 代的产物，其基本工作原理及系统组成与一般计算机没有本质区别。由于微型计算机具有体积小、价格便宜、灵活方便等特点，因此是目前普及最广、使用最多的计算机。微型计算机的硬件分为主机和外部设备两大部分。主机由主板、微处理器、内存等构成，外部设备由外存和输入/输出设备组成。

1.5.1 主机

主机是计算机最主要的组成部分，包括主板、微处理器和内存。

1. 主板

主板也称系统主板或母板，它是一块电路板，用来控制和驱动整个微型计算机，是微处理器与其他部件连接的桥梁。系统主板主要包括 CPU 插座、内存插槽、总线扩展槽、外设接口插座、串行和并行端口等几部分。图 1-6 所示即为一块系统主板。

- CPU 插座：CPU 插座用来连接和固定 CPU。早期的 CPU 通过管脚与主板连接，主板上设计了相应的插座。Pentium Ⅱ和 Pentium Ⅲ通过插卡与主板连接，因此主板上设计了相应的插槽。Pentium 4 又恢复了插座形式。
- 内存插槽：内存插槽用来连接和固定内存条。内存插槽通常有多个，可以根据需要插入不同数目的内存条。早期的计算机内存插槽有 30 线、72 线两种，现在主板上大多采用

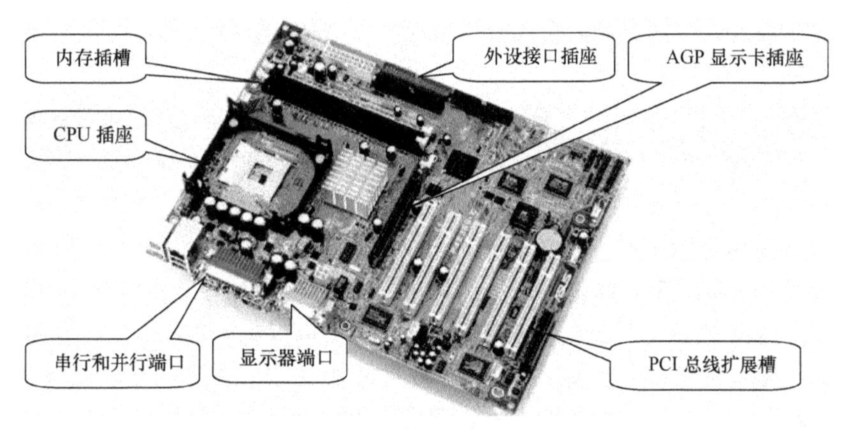

图 1-6 华硕公司的 P4B266 系统主板

240 线的插槽，这种插槽只能插 240 线的内存条。

- 总线扩展槽：总线扩展槽用来插接外部设备，如显示卡、声卡。总线扩展槽有 ISA、EISA、VESA、PCI、AGP 等类型。它们的总线宽度越来越宽，传输速度越来越快。目前主板上主要留有 PCI 和 AGP 两种类型的扩展槽，ISA 扩展槽已经逐渐退出历史舞台。
- 外设接口插座：外设接口插座主要是连接软盘、硬盘和光盘驱动器的电缆插座，有 IDE、EIDE、SCSI、SATA 等类型。目前主板上主要采用 SATA 类型。
- 串行和并行端口：串行端口和并行端口用来与串行设备（如调制解调器、扫描仪等）和并行设备（打印机等）通信。主板上通常留有两个串行端口和一个并行端口。

2. CPU

CPU 是微型计算机的心脏。微型计算机的处理功能是由 CPU 来完成的，CPU 的性能直接影响了微型计算机的性能。图 1-7 所示为 Intel 公司的一系列微型计算机 CPU。

图 1-7 Intel 公司的微型计算机 CPU

CPU 有以下几个主要指标。

- 主频：主频是指 CPU 时钟的频率。主频越高，单位时间内 CPU 完成的操作越多。主频的单位是 MHz。早期 CPU 的主频是 4.77MHz，现在一些高端 CPU 的主频已超过 3GHz。
- 字长：字长是 CPU 一次能处理二进制数的位数。字长越大，CPU 的运算范围越大、精度越高。早期 CPU 的字长为 8 位、16 位、32 位，现在主流 CPU 的字长是 64 位。

3. 内存

内存用来存储运行的程序和数据，可以随机地读写信息，CPU 可直接访问，但关机或断电后所存储的信息自动丢失。微型计算机的内存制作成条状（称为内存条），插在主板的内存插槽中。目前市场上常见的内存条有 3 种型号，分别是 SDRAM、DDR 和 RDRAM，如图 1-8 所示。

图 1-8 （自左至右）SDRAM、DDR 和 RDRAM 内存条

3 种内存型号中，SDRAM 价格最便宜，但性能也最差，濒临淘汰。RDRAM 性能最高，价格也最昂贵，通常用于高级的计算机系统。DDR 的价格比 SDRAM 稍高，但其性能却高出不少，并且大有发展前途，是目前装机的首选。内存有以下两个主要指标。

- 存储容量：存储容量反映了内存存储空间的大小。常见的内存条每条的容量有 1GB、2GB、4GB、8GB 等多种规格。一台微型计算机可根据需要同时插多个内存条。目前微型计算机内存的容量一般在 2GB 以上。
- 存取速度：存取速度是指从存储单元中存（或取）一次数据所用的时间，以 ns（纳秒）为单位。数值越小，存取速度越快。目前内存存（或取）一次数据所用的时间大都小于 1ns，也就是说，可以在 1 000MHz 以上的频率下工作。

1.5.2 外存储器

与内存相比，外存的存取速度相对较低，但存储容量较大且价格较低，它作为内存的延伸和后援，用于存放暂时不用的程序和数据，能长期保存信息。外存中的程序和数据必须先调入内存方可被 CPU 访问。

外存主要包括软盘、硬盘、光盘、U 盘和可移动硬盘等，其中软盘早已被淘汰。在 DOS 和 Windows 系统中，为了便于管理，外存都分配一个编号，软盘的编号是“A:”和“B:”，硬盘的编号从“C:”开始，光盘的编号是紧接着硬盘最后一个编号的下一个编号。U 盘和可移动硬盘是紧接着光盘最后一个编号的下一个编号。

1. 硬盘

硬盘是微型计算机非常重要的外存，它由一个盘片组（可包括多个盘片）和硬盘驱动器组成，被固定在一个密封的盒内。硬盘的精密度高、存储容量大、存取速度快。除特殊需要外，一般的微型计算机都配有硬盘，有些还配有多个硬盘。系统和用户的程序、数据等信息通常保存在硬盘上。图 1-9 所示为一块硬盘。硬盘有以下 4 个主要指标。

图 1-9 硬盘的正面

- 接口：硬盘接口是指硬盘与主板的接口。主板上的外设接口插座有 IDE、EIDE、SCSI、SATA 等类型，目前常用的硬盘接口大多为 SATA。硬盘的接口不同，支持的硬盘容量不一样，传输速率也不一样。
- 容量：硬盘容量是指硬盘能存储信息量的多少。早期计算机硬盘的容量只有几 GB，现在的硬盘容量为几百甚至几千 GB 以上。硬盘容量越大，所能存储的信息越多。
- 转速：硬盘转速是指硬盘内主轴的转动速度，单位是 r/min（转/分钟）。目前常见的硬盘转速有 5400r/min、7200r/min 等几种。转速越快，硬盘与内存之间的传输速率越高。

- 缓存：硬盘自带的缓存越大，硬盘与内存之间的数据传输速率越高。通常缓存有8MB、16MB、32MB、64MB等几种。

2. 光盘与光盘驱动器

光盘利用塑料基片的凹凸来记录信息。光盘主要有两类：CD光盘和DVD光盘。CD光盘又分为只读CD（CD-ROM）、一次写入CD（CD-R）、可擦写CD（CD-RW）。DVD光盘又分为只读DVD（DVD-ROM）、一次写入DVD（DVD-R）、可擦写DVD（DVD-RW）。

CD光盘的存储容量约为640MB，DVD光盘有很多类，容量为4.7GB、8.5GB、9.7GB、17GB不等。

光盘中的信息是通过光盘驱动器（简称光驱）来读取的。最初光驱的数据传输速率是150kbit/s，现在光驱的数据传输速率一般都是这个速率的整数倍，称为倍速，如40倍速光驱甚至52倍速光驱等。光驱有4类：CD光驱、DVD光驱、CD刻录机和DVD刻录机。

- CD光驱：CD光驱能读取各类CD光盘，但不能读取DVD光盘，也不能往CD-R和CD-RW中写入数据。
- DVD光驱：DVD光驱可读取各类CD光盘和DVD光盘中的内容，但不能往DVD-R和DVD-RW中写入数据。
- CD刻录机：CD刻录机既能读取各类CD光盘，还能往CD-R或CD-RW中刻写数据，但不能读取DVD，也不能往DVD-R或DVD-RW中刻写数据。
- DVD刻录机：DVD刻录机既能读取各类CD光盘和DVD光盘，还能往DVD-R或DVD-RW中刻写数据，但不能往CD-R或CD-RW中刻写数据。

3. U盘

U盘也称为闪存盘，是一种利用低成本的半导体集成电路制造成的大容量固态存储器，其中的信息是在一瞬间被存储的，之后即使除去电源，所存储的信息也不会消失，使用过程中既可读出信息也可随时写入新的信息。图1-10所示为一个U盘。

图1-10 U盘

由于U盘具有存储容量大（目前常用的U盘容量通常为8GB、16GB、32GB、64GB、128GB）、体积小、存取速度快、保存数据期长且安全可靠和携带方便等特点，因此被人们视为理想的计算机外存，是软盘的理想替代产品。

U盘除了在Windows 98上需要安装相应的驱动程序外，在Windows 2000、Windows Me、Windows XP中只需将其插接在计算机的USB口上即可使用，非常方便。

4. 移动硬盘

移动硬盘是把一个小尺寸硬盘和USB接口卡封装在一个硬盘盒内构成的，与普通硬盘的容量和存取速度相当，但它重量轻、便于携带、不需要外接电源。

与U盘类似，除了在Windows 98上需要安装相应的驱动程序外，在Windows 2000/Me/ XP中只需通过USB电缆接到主机的USB接口就可使用。

移动硬盘的使用注意事项与硬盘类似，一是避免剧烈震动，二是避免在移动硬盘读写过程中突然关闭电源。

1.5.3 输入设备

最常用的输入设备是键盘和鼠标，它们已成为计算机的标准配置。此外，扫描仪、话筒、数码相机和触摸屏也是较为常见的输入设备。

1．键盘

键盘是最常用的输入设备，用户通过按下键盘上的键输入命令或数据，还可以通过键盘控制计算机的运行，如热启动、命令中断、命令暂停等。

早期的键盘大都是 89 键，现在使用的键盘大都是 101 键。近年来，为了方便 Windows 系统的操作，在原有 101 键盘上增加了 3 个 Windows 功能键。

键盘通常可分为两大类：普通键盘（见图 1-11）和人体工学键盘（见图 1-12），后者按照人体工学原理设计，使用起来很舒适，不容易造成指关节疲劳，但价格较高，适合专业打字员使用。

图 1-11 普通键盘

图 1-12 人体工学键盘

2．鼠标

随着 Windows 操作系统的广泛应用，鼠标已成为计算机必不可少的输入设备。通过单击或拖曳鼠标，用户可以很方便地对计算机进行操作。鼠标按工作原理分为机械式、光电式和光学式 3 大类。

- 机械式鼠标：机械式鼠标的底部有一个滚球，当鼠标移动时，滚球随之滚动，产生移动信号给 CPU。机械式鼠标价格便宜，使用时无须其他辅助设备，只需在光滑平整的桌面上即可进行操作。
- 光电式鼠标：光电式鼠标的底部有两个发光二极管，当鼠标移动时，发出的光被下面的平板反射，产生移动信号给 CPU。光电式鼠标的定位精确度高，但必须在反光板上操作。
- 光学式鼠标：光学式鼠标的底部有两个发光二极管，当鼠标移动时，利用先进的光学定位技术，把移动信号传送给 CPU。光学式鼠标的定位精确度高，无须任何形式的鼠标垫板或反光板。

3．扫描仪

扫描仪是一种将图片和文字转换为数字信息的输入设备，有手持式扫描仪和平板式扫描仪两种。扫描仪能把黑白照片或彩色照片扫描并存储到计算机中，在图像处理应用中尤为重要。

此外，扫描仪还能把文本信息扫描并存储到计算机中，通过文字识别软件可方便迅速地转换成文本文字，大大提高了输入效率。

1.5.4 输出设备

最常用的输出设备是显示器和打印机。显示器要有一块插在主机板上的显示适配卡

（简称显示卡）与之配套使用，打印机通常连接到主机板的并行通信口上。此外，音箱也是计算机的常用输出设备。

1. 显示器

显示器用来显示字符或图形信息，是微型计算机必不可少的输出设备。显示器连接到显示卡上。早期的计算机使用单色显示器，现在多为彩色显示器。目前市场上常见的显示器有两种：CRT（阴极射线管）显示器（见图 1-13）和 LCD（液晶）显示器（见图 1-14）。

CRT 显示器体积大，比较笨重，且工作时有辐射，但价格相对低廉，色彩还原效果好。LCD 显示器轻巧，没有辐射污染，但价格高，色彩还原效果不如前者。由于 LCD 显示器对人体健康的危害较小，已经成为越来越多的家用计算机用户的首选。

图 1-13　CRT（阴极射线管）显示器

图 1-14　LCD（液晶）显示器

CRT 显示器有以下 5 个主要指标。

- 尺寸：显示器的尺寸即显示器屏幕的大小，常见有 14 英寸、15 英寸、17 英寸、19 英寸等。尺寸越大，支持的分辨率往往也越高，显示效果也越好。
- 分辨率：显示器的分辨率是指显示器屏幕能显示的像素数目。目前低档显示器的分辨率为 800×600 像素，中、高档的为 1024×768 像素、1280×1024 像素、1600×1200 像素或更高。分辨率越高，显示的图像越细腻。
- 点距：显示器的点距是指显示器上相邻两个像素之间的距离。目前显示器常见的点距有 0.28mm 和 0.26mm 两种。点距越小，显示器的分辨率越高。在图形、图像处理等应用中，一般要求使用点距较小的显示器。
- 扫描方式：CRT 显示器的扫描方式分为逐行扫描和隔行扫描两种。逐行扫描是指在显示一屏内容时，逐行扫描屏幕上的每一个像素。隔行扫描是指在显示一屏内容时，只扫描偶数行或奇数行。逐行扫描的显示器显示的图像稳定、清晰度高、效果好。
- 刷新频率：CRT 显示器的刷新频率是指 1 秒钟刷新屏幕的次数。目前显示器常见的刷新频率有 60Hz、75Hz、85Hz、100Hz 等几种。刷新频率越高，刷新一次所用的时间越短，显示的图像越稳定。

LCD 显示器有以下 8 个主要指标。

- 尺寸、分辨率：LCD 的尺寸和分辨率是相互关联的。由于 LCD 是通过液晶像素实现显示的，液晶像素的数目和位置都是固定不变的，因此 LCD 的尺寸越大，其分辨率也越高。通常 15 英寸 LCD 的分辨率为 1024×768 像素，17 英寸 LCD 的分辨率为 1280×1024 像素。
- 点距：LCD 显示器的像素间距类似于 CRT 的点距。LCD 显示器的像素数量则是固定的。因此，只要在尺寸与分辨率都相同的情况下，所有产品的像素间距都应该是相同的。例如，分辨率为 1024×768 像素的 15 英寸 LCD 显示器，其像素间距皆为 0.297mm（亦有某些产品标示为 0.30mm）。

- 波纹：波纹（亦称作水波纹）会在画面上显示出像水波涟漪一般的显示效果。波纹效果越弱，LCD 的显示效果越好。
- 响应时间：是指各像素点对输入信号反应的速度，即像素由暗转亮或由亮转暗的速度，其单位是 ms（毫秒），响应时间是越小越好，如果响应时间过长，在显示动态影像（特别是在看 DVD、玩游戏）时，就会产生较严重的“拖尾”现象。目前大多数 LCD 显示器的响应速度都在 25ms 左右，一些高端产品反应速度已达到 16ms，现在甚至出现了 12ms 的 LCD 显示器。
- 可视角度：LCD 显示器必须在一定的观赏角度范围内，才能够获得最佳的视觉效果，如果从其他角度看，则画面的亮度会变暗（亮度减退）、颜色改变、某些产品甚至会由正像变为负像。由此而产生的上下（垂直可视角度）或左右（水平可视角度）所夹的角度，就是 LCD 的可视角度，可视角度越大，显示效果越好。
- 亮度、对比度：亮度是以每平方米烛光（cd/m^2）为测量单位，通常在液晶显示器规格中都会标示亮度，而亮度的标示就是背光光源所能产生的最大亮度。一般 LCD 显示器都有显示 $200cd/m^2$ 亮度的能力，更高的甚至达 $300cd/m^2$ 以上。亮度越高，适应的使用环境也就越广泛。
- 信号输入接口：LCD 显示器一般都使用了两种信号输入方式：传统模拟 VGA 的 15 针状 D 型接口（15 pin D-sub）和 DVI 输入接口。为了适合主流的带模拟接口的显示卡，大多数的 LCD 显示器均提供模拟接口，然后在显示器内部将来自显示卡的模拟信号转换为数字信号。由于在信号进行数模转换的过程中，会有若干信息损失，因而显示出来的画面字体可能有模糊、抖动、色偏等现象发生。
- 坏点：LCD 显示器最怕的就是坏点，所谓坏点，就是不管显示器所显示出来的图像为何，LCD 上的某一点永远是显示同一种颜色（一般坏点以绿色及蓝色为多），检查坏点的方式相当的简单，只要将 LCD 显示器的亮度及对比度调到最大（让显示器成全白的画面），或调成最小（让显示器成全黑的画面），就可以轻易找出无法显示颜色的坏点。

2．显示卡

显示卡是主机与显示器之间的接口电路。显示卡直接插在系统主板的总线扩展槽上，它的主要功能是将要显示的字符或图形的内码转换成图形点阵，并与同步信息形成视频信号输出给显示器。有的主板集成了视频接口电路，不需外插显示卡。

图 1-15　AGP 显示卡

显示卡有 MDA 卡、CGA 卡、EGA 卡、VGA 卡、SVGA 卡、AGP 卡等多种型号。目前微型计算机上常用的显示卡基本上都是 AGP 卡，如图 1-15 所示。

显示卡有以下 3 个主要指标。

- 色彩数：色彩数是指显示卡能支持的最多的颜色数，显示卡的色彩数一般有 256、64K、16M、4G 等几种。

- 图形分辨率：图形分辨率是指显示卡能支持的最大的水平像素数和垂直像素数。AGP 卡的图形分辨率至少是 640×480 像素，还有 800×600 像素、1024×768 像素、1280×1024 像素、1600×1200 像素等多种规格。
- 显示内存容量：显示内存容量是指在显示卡上配置的显示内存的大小，一般有 512MB、1GB、2GB 等不同规格。显示内存容量影响显示卡的色彩数和图形分辨率。

3. 打印机

打印机将信息输出到打印纸上，以便长期保存。打印机主要有针式打印机、喷墨打印机和激光打印机 3 类。

- 针式打印机：针式打印机在打印时，打印头上的钢针撞击色带，将字印在打印纸上。针式打印机常见的有 9 针打印机和 24 针打印机，所谓××针打印机就是打印头上有××根钢针。图 1-16 所示为一台针式打印机。
- 喷墨打印机：喷墨打印机在工作时，打印机的喷头喷出墨汁，将字印在打印纸上。由于喷墨打印机是非击打式的，所以工作时噪声较小。图 1-17 所示为一台喷墨打印机。
- 激光打印机：激光打印机是采用激光和电子放电技术，通过静电潜像，再用碳粉使潜像变成粉像，加热后碳粉固定，最后印出内容。激光打印机打印噪声低、效果好、速度快，但打印成本较高。图 1-18 所示为一台激光打印机。

图 1-16　针式打印机

图 1-17　喷墨打印机

图 1-18　激光打印机

1.6 多媒体计算机

多媒体技术是一门新兴的信息处理技术，是信息处理技术的一次新的飞跃。多媒体计算机不再是供少数人使用的专门设备，现已被广泛普及和使用。

1.6.1 多媒体的基本概念

媒体是指承载信息的载体，早期的计算机主要用来进行数值运算，运算结果用文本方式显示和打印，文本和数值是早期计算机所处理的信息的载体。随着信息处理技术的发展，计算机能够处理图形、图像、音频、视频等信息，它们成为计算机所处理信息的新载体。所谓多媒体就是这些媒体的综合。多媒体计算机就是具有多媒体功能的计算机。

多媒体技术具有 3 大特性：载体的多样性、使用的交互性、系统的集成性。

- 载体的多样性：载体的多样性指计算机不仅能处理文本和数值信息，而且还能处理图形、图像、音频、视频等信息。

- 使用的交互性：使用的交互性是指用户不再是被动地接收信息，而是能够更有效地控制和使用各种信息。
- 系统的集成性：系统的集成性是指将多种媒体信息以及处理这些媒体的设备有机地结合在一起，成为一个完整的系统。

1.6.2 多媒体计算机的基本组成

目前的计算机已经具备部分多媒体功能，一套完整的多媒体计算机除了包括普通计算机的基本配置外，还应包括声卡和视频卡。

- 声卡：声卡是一块对音频信号进行数/模和模/数转换的电路板，插在计算机主板的插槽中。平常我们所听到的声音是模拟信号，计算机不能对模拟信号直接进行处理，声卡的一个功能就是采集音频的模拟信号，并将其转换为数字信号，以便计算机存储和处理。计算机内部的音频数字信号不能直接在音箱等设备上播放，声卡的另一个功能就是把这些音频数字信号转换为音频模拟信号，以便在音箱等设备上播放。声卡有多个输入/输出插口，可以接音箱、话筒等设备。
- 视频卡：视频卡是一块处理视频图像的电路板，也插在计算机主板的插槽中。视频卡有多种类型：能解压视频数字信息，播放 VCD 电影的设备——解压卡，能直接接收电视节目的设备——电视接收卡，能把摄像头、录像机、影碟机获得的视频信号进行数字化的设备——视频捕捉卡，能把 VGA 信号输出到电视机、录像机上的设备——视频输出卡。以上能够正常工作的设备往往需要相应的软件或驱动程序，安装硬件时需要安装相应的软件或驱动程序。

1.6.3 多媒体系统的软件

伴随着多媒体技术的发展，多媒体系统的软件也不断更新和完善。Windows 98/XP 系统本身带有多媒体软件，如录音机、CD 播放器、媒体播放器等程序。此外，Windows 98/XP 的应用软件也附加了多媒体功能，如 Word、Excel、PowerPoint 中都能插入图片、音频、视频等对象，与原文档成为一体。另外，一些专门的多媒体软件也不断出现，如超级解霸、RealOne Player 等。

1.7 习题

一、判断题

1．第一台电子计算机是为商业应用而研制的。 (　　)
2．第一代电子计算机的主要元器件是晶体管。 (　　)
3．微型计算机是第四代计算机的产物。 (　　)
4．计算机中的所有信息都是用二进制数表示的。 (　　)
5．信息单位“位”指的是一个十进制位。 (　　)
6．ASCII 码是 8 位编码，因而一个 ASCII 码可用一个字节表示。 (　　)

7. 运算器不仅能进行算术运算，而且还能进行逻辑运算。（　　）
8. 计算机不能直接运行用高级语言编写的程序。（　　）
9. 最重要的系统软件是操作系统。（　　）
10. “存储程序”原理是由数学家冯•诺依曼提出的。（　　）

二、选择题

1. 第一台电子计算机每秒可完成大约（　　）次加法运算。
   A. 50　　B. 500　　C. 5000　　D. 50 000
2. 第2代电子计算机的主要元器件是（　　）。
   A. 电子管　　B. 晶体管
   C. 小规模集成电路　　D. 大规模集成电路
3. 微型计算机的分代是根据（　　）划分的。
   A. 体积　　B. 速度　　C. 微处理器　　D. 内存
4. 用计算机管理图书馆的借书和还书，这种计算机应用属于（　　）。
   A. 科学计算　　B. 信息管理　　C. 实时控制　　D. 人工智能
5. 以下十进制数（　　）能用二进制数精确表示。
   A. 1.15　　B. 1.25　　C. 1.35　　D. 1.45
6. 真值-1010101的8位补码是（　　）。
   A. 01010101　　B. 11010101　　C. 10101010　　D. 10101011
7. 在计算机中，1KB等于（　　）。
   A. 1 024B　　B. 1 204B　　C. 1 402B　　D. 1 240B
8. CPU对ROM（　　）。
   A. 可读可写　　B. 只可读　　C. 只可写　　D. 不可读不可写
9. 以下不属于计算机输入设备的是（　　）。
   A. 鼠标　　B. 键盘　　C. 扫描仪　　D. 软盘
10. 以下不属于计算机输出设备的是（　　）。
   A. 显示器　　B. 打印机　　C. 扫描仪　　D. 绘图仪

三、填空题

1. 第一台电子计算机的名字是________，诞生于________年。
2. 微型计算机是由________、________和________接口部件构成的。
3. 十进制数12.625转化成二进制数是________，转化成八进制数是________，转化成十六进制数是________。
4. 八进制数1 234.567转化成十进制数是________，转化成二进制数是________，转化成十六进制数是________。
5. 数字“0”的ASCII码是________，把该二进制数化成十进制等于________，字母“a”的ASCII码是________，把该二进制数化成十进制等于________，字母“A”的ASCII码是________，把该二进制数化成十进制等于________。
6. 计算机系统由________和________组成。
7. 计算机语言有________语言、________语言和________语言3类。
8. 中央处理器的英文缩写是________，由________和________组成。

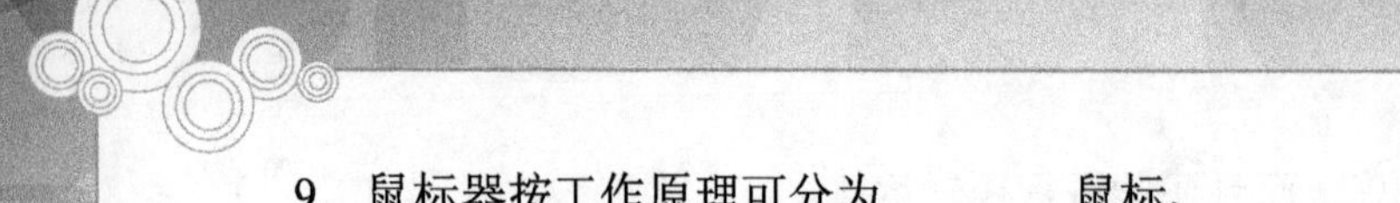

9．鼠标器按工作原理可分为________鼠标、________鼠标和________鼠标3类。

10．常见的打印机有________打印机、________打印机和________打印机3类。

四、问答题

1．计算机的发展有哪几种趋势？

2．IEEE 把计算机分为哪几类？

3．计算机有哪些特点？

4．计算机有哪些应用领域？

5．ASCII 码表有哪些特点？

6．汉字编码标准有哪些？各有什么特点？

7．计算机硬件系统包括哪几部分？计算机系统软件包括哪些软件？

8．计算机硬件和软件有哪些关系？

9．CPU、内存、硬盘、显示器、显示卡有哪些重要指标？

10．什么是多媒体技术？多媒体技术有哪些特性？

第2章 中文Windows XP操作系统

Windows XP 是 Microsoft 公司为个人计算机开发的操作系统，其功能强大，界面华丽，使用方便，是目前广泛使用的操作系统。

本章主要介绍 Windows XP 中的基础知识和基本操作，包括以下内容。

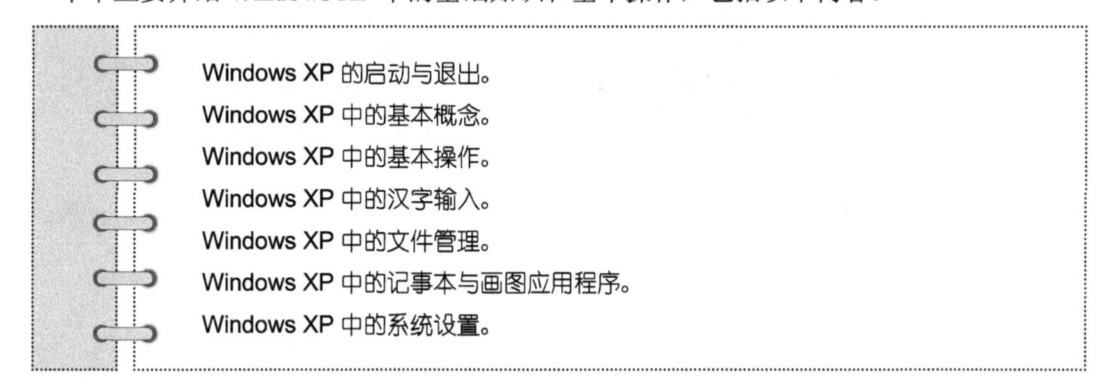

2.1 Windows XP 的启动与退出

Windows XP 是 Microsoft 公司于 2001 年 10 月推出的操作系统，Windows XP 中文版于同年 11 月推出。Windows XP 采用 Windows NT/2000 的核心技术，运行非常稳定可靠；用户界面焕然一新，用户使用起来非常得心应手；捆绑了数字媒体、即时信息传递、电子照片处理等多个实用程序，为用户提供了极大的便利。本节介绍 Windows XP 的启动与退出。

2.1.1 Windows XP 的启动

打开计算机电源，计算机完成硬件检测后，便启动操作系统。如果计算机中只安装了 Windows XP，会自动启动它。如果还安装有其他操作系统（如 Windows 98/2000 等），屏幕上会列出所安装的操作系统，只要选择 Windows XP，即可启动它。

系统启动后，出现如图 2-1 所示的“欢迎”画面，其中列出了已建立的所有的用户账户及其对应的图标。安装 Windows XP 后第一次启动时，则只有 Administrator 这一个账户。

要以某个用户账户的身份进入 Windows XP，只需在“欢迎”画面中，单击相应的账户名或对应的图标，如果该用户账户没有设置密码，系统自动以该用户的身份进入系统，否则系统提示用户输入密码（见图 2-2），用户正确输入密码后，按 Enter 键或单击➡按钮，即以该用户的身份进入系统。

图 2-1 “欢迎”画面

如果用户输入的密码不正确，系统会给出如图 2-3 所示的提示。只有输入了正确的密码，才能进入 Windows XP 系统。

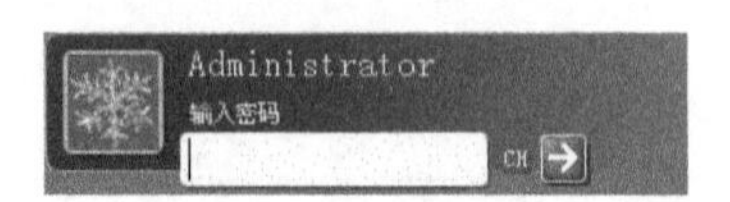

图 2-2 输入密码

图 2-3 密码错误提示

以某一个用户的身份成功进入系统后，整个屏幕呈现出 Windows XP 的桌面，用户就可以使用 Windows XP 了。

2.1.2 Windows XP 的退出

用户使用完 Windows XP 后，应该退出 Windows XP。退出之前，先退出所有的应用程序。

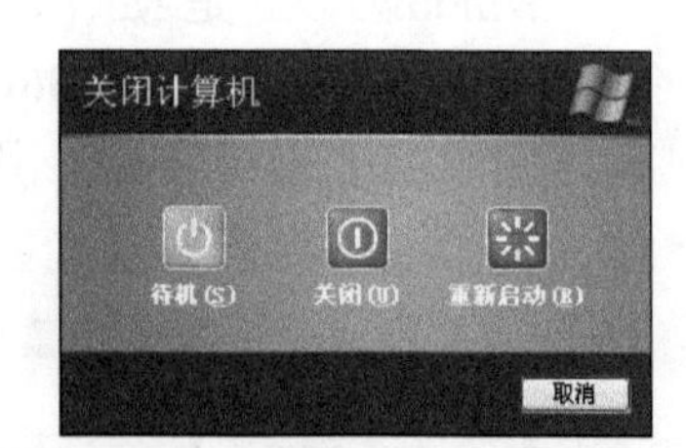

图 2-4 【关闭计算机】对话框

退出 Windows XP 的操作是：单击任务栏左端的 开始 按钮，在出现的【开始】菜单中选择【关闭计算机】命令，这时，系统弹出如图 2-4 所示的【关闭计算机】对话框，可进行以下操作。

- 单击按钮，将关闭计算机。这时，系统会关闭所有的应用程序，退出 Windows XP。成功退出后，计算机会自动关闭电源。早期的计算机成功退出后，会出现安全关机提示，需要用户手动关闭计算机电源。

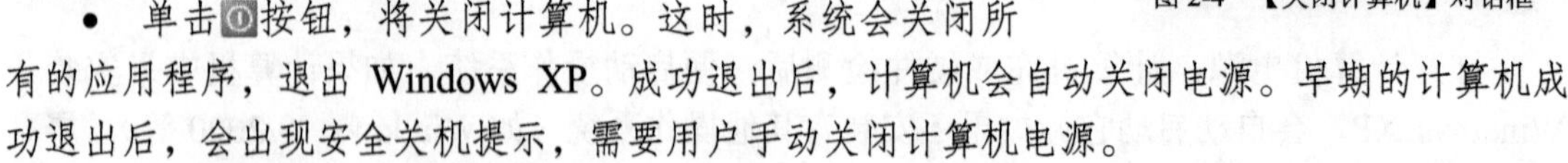

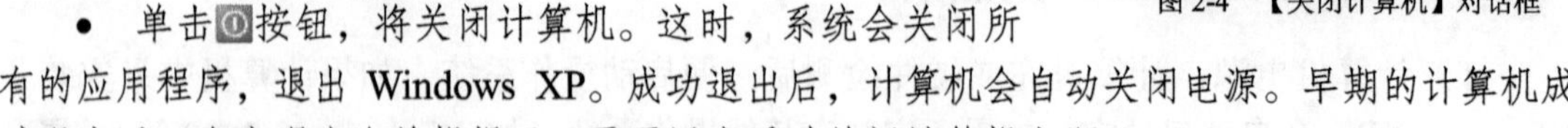

- 单击按钮，重新启动计算机。这时，系统会关闭所有的应用程序，退出 Windows XP。成功退出后，立即重新启动计算机。
- 单击按钮，使计算机处于待机状态。这时，计算机处于低功耗状态。按任意键、移动鼠标或单击鼠标的一个键，会唤醒计算机，并能保持立即使用。计算机在待机状态时，内存中的信息未存入硬盘中。如果此时中断电源，内存中的信息会丢失。
- 单击 取消 按钮，则取消关闭计算机的操作，返回原来状态。

在退出或重新启动 Windows XP 时，如果有修改过的文件（如“文档 1”）还没有保存，会弹出如图 2-5 所示的对话框，询问用户是否保存文件。如果有多个文件没有保存，系

统会提示多次。

在如图2-5所示的对话框中，可进行以下操作。

图2-5 提示保存文件

- 单击 是(Y) 按钮，则保存文件，继续 Windows XP 的退出工作。
- 单击 否(N) 按钮，则不保存文件，继续 Windows XP 的退出工作。
- 单击 取消 按钮，则停止 Windows XP 的退出工作。

不能在 Windows XP 仍在运行时关闭电源，否则可能会丢失一些未保存的数据，并且在下一次启动时系统要花很长的时间检查硬盘。

2.2 Windows XP 中的基本概念

使用 Windows XP，需要正确理解 Windows XP 中的基本概念，包括桌面、任务栏、开始菜单与语言栏、窗口与对话框、剪贴板和帮助系统。

2.1.1 桌面、任务栏、开始菜单与语言栏

1. 桌面

用户成功进入系统后，首先看到的画面就是桌面（见图2-6）。Windows XP 的初始桌面要比 Windows 95/98 的简洁得多，桌面上只有【回收站】这一个图标。如果安装了 Office 2003，桌面上会有一个【Microsoft Outlook】图标。需要说明的是，系统安装了某些软件后，或者用户在桌面上建立对象后，Windows XP 桌面上会增加相应的图标。因此，不同计算机上的 Windows XP 启动后，它们的桌面上的图标也有所不同。图标是代表程序、文件、文件夹等各种对象的小图像。图标的下面标有对应对象的名称，Windows XP 用图标来区分不同的对象。

图2-6 Windows XP 的桌面

2. 任务栏

Windows XP 任务栏默认的位置在桌面的底端，如图 2-7 所示。

图 2-7　任务栏

对任务栏的各部分说明如下。

（1）【开始】菜单按钮

【开始】菜单按钮 开始 位于任务栏的最左边，单击该按钮弹出【开始】菜单，可从中选择所需要的命令。几乎所有 Windows XP 的应用程序都可以从【开始】菜单启动。

（2）快速启动区

快速启动区通常位于 开始 按钮的右边，其中有常用程序的图标。单击某个图标，会马上启动对应的程序，这要比从【开始】菜单启动程序方便得多。以下是默认情况下快速启动区中的图标。

- ：Windows Media Player 图标，用来播放数字媒体，包括 CD、VCD 等。
- ：Internet Explorer 图标，用来查找和浏览因特网上的网页。
- ：显示桌面图标，将所有打开的窗口最小化显示在任务栏上，只显示桌面。
- ：Microsoft Outlook 图标，用来发送和接收电子邮件。

（3）任务按钮区

任务按钮区通常位于快速启动区的右边。每当用户启动一个程序或者打开一个窗口，系统在任务按钮区会增加一个任务按钮。单击一个任务按钮，可切换该任务的活动和非活动状态。

（4）通知区

通知区位于任务栏的最右边，包含一个数字钟，也可能包含快速访问程序的快捷方式（如图 2-7 中的），还可能出现其他图标（如）用来提供有关活动的状态信息。

3.【开始】菜单

单击 开始 按钮，弹出如图 2-8 所示的【开始】菜单。由于【开始】菜单随系统安装的应用程序以及用户的使用情况自动进行调整，因此不同计算机的 Windows XP 系统的【开始】菜单也不一定相同。

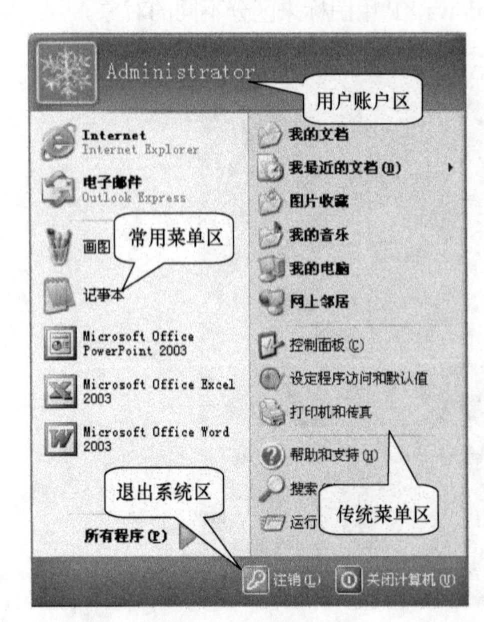

图 2-8　【开始】菜单

【开始】菜单主要由以下几部分组成。

- 用户账户区。用户账户区位于【开始】菜单的顶部。其中显示的是进入 Windows XP 时用户所选择的账户名称和图标。单击该图标，出现【用户账户】对话框，在该对话框中可以为当前账户选择一个新的图标。
- 常用菜单区。常用菜单区位于【开始】菜单的左边，其中包含了用户最常用的命令以及【所有程序】菜单项。常用菜单区中的命令随用户的使用情况不断调整，使用频繁的命令会出现在常用菜单区，不常使用的命令会被挤出常用菜单区。【所有程序】菜单项中包含了系统安装的所有应用程序。

- 传统菜单区。传统菜单区位于【开始】菜单的右边，其中除保留有 Windows 95/98 中的菜单外，还增加了一些新命令，如【我的音乐】、【我的电脑】等。
- 退出系统区。退出系统区位于【开始】菜单的底部，包括【注销】按钮和【关闭计算机】按钮。单击按钮，则结束所有运行的程序，重新启动系统，并可以用新用户名登录 Windows XP。单击按钮，则结束所有运行的程序，关闭或重新启动计算机。

【开始】菜单中的菜单选项有以下 3 类。

- 右边带有省略号“...”的选项：如【运行(R)...】选项，选择该项后，将弹出一个对话框。
- 右边带有三角的选项：如【所有程序】，选择该项后，将弹出一个子菜单，进行下一级选择。
- 右边无其他符号的选项：如【我的电脑】选项，选择该项后，将执行相应的程序。

4．语言栏

语言栏是一个浮动的工具条，它总在桌面的最顶层，显示当前所使用的语言和输入法，如图 2-9 所示。

图 2-9　英文语言栏和中文语言栏

对语言栏可进行以下操作。

- 单击语言指示按钮（如），弹出语言选择菜单，可从中选择一种语言。
- 单击输入法指示按钮（如拼），弹出输入法选择菜单，可从中选择一种输入法。
- 拖动语言栏中的停靠把手，可将其移动到屏幕上的任何位置。
- 单击语言栏中的【最小化】按钮，可将其最小化到任务栏上。

2.2.2　窗口与对话框

Windows XP 是一个图形界面的操作系统，用户使用 Windows XP 或运行一个基于 Windows XP 的程序时，一般都要打开一个窗口，然后在窗口内进行操作。当 Windows XP（或运行的程序）执行某一操作需要用户提供信息时，便会弹出一个对话框。窗口和对话框是系统中两种最重要的图形界面。

1．窗口

所有的窗口在结构上基本都是一致的，包括标题栏、菜单栏、工具栏、状态栏、地址栏、任务窗格、工作区等几部分。图 2-10 所示为【我的文档】窗口。

下面以图 2-10 所示的【我的文档】窗口为例，来说明 Windows XP 窗口的组成。

（1）标题栏

标题栏位于窗口顶部，自左至右分别是控制菜单图标、窗口名称和窗口控制按钮。控制菜单图标及窗口名称与打开的窗口或启动的程序相关。在图 2-10 中，控制菜单图标是；窗口名称是【我的文档】；窗口控制按钮是，自左至右分别为【最小化】按钮、【最大化】按钮和【关闭】按钮。

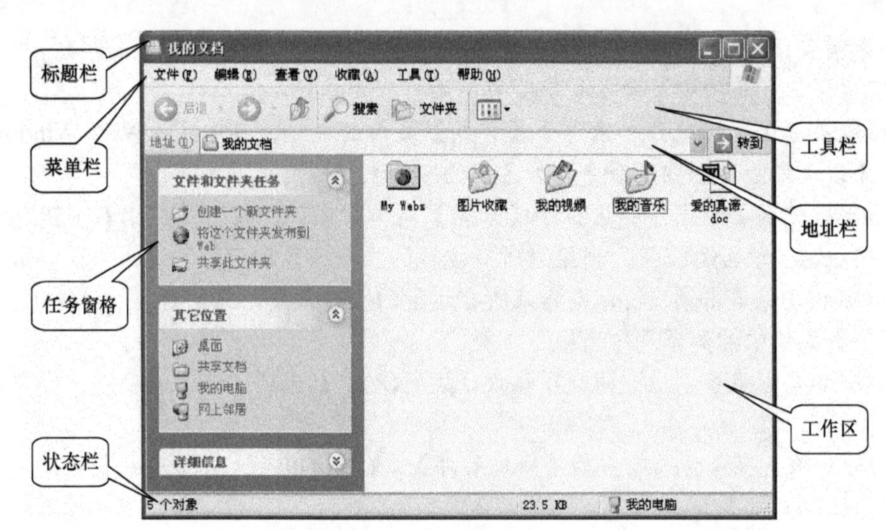

图 2-10 【我的文档】窗口

（2）菜单栏

菜单栏位于标题栏的下面，由多个菜单组成。每个菜单中都包含若干菜单项，菜单项可以是一个操作命令，也可以包含一个子菜单。用鼠标单击菜单名或按 Alt+快捷键（菜单名中带下画线的字母键）将打开相应的菜单。例如，按 Alt+F 组合键，将打开【文件(F)】菜单。

（3）工具栏

工具栏位于菜单栏的下方，其中提供了一些功能和命令的按钮，如【后退】按钮 后退 、【向上】按钮、【文件夹】按钮 文件夹、【查看】按钮等。单击一个按钮将执行相应的功能和命令，有时会弹出一个菜单，让用户从中选择所需要的命令。

（4）地址栏

地址栏位于工具栏的下方，用来指示打开对象所在的地址，也可在此栏中填写一个地址，按 Enter 键后，在工作区中显示该地址中的对象。

（5）状态栏

状态栏位于窗口的底部，显示窗口的状态信息。在如图 2-10 所示的【我的文档】窗口中，共有 5 个对象，所以在状态栏中显示“5 个对象”的字样。

（6）工作区

窗口的内部区域称为工作区或工作空间。工作区的内容可以是对象图标，也可以是文档内容，随窗口类型的不同而不同。当窗口无法全部显示所有内容时，工作区的右侧或底部会显示滚动条。

（7）任务窗格

任务窗格是为窗口提供常用命令或信息的方框，位于窗口的左边（Office 2003 应用程序的任务窗格位于窗口的右边）。任务窗格中的命令或信息分成若干组，在图 2-10 中共有 3 组：【文件和文件夹任务】、【其它位置】和【详细信息】。每一组标题的右边都有一个按钮或，用来折叠或展开该组中的命令或信息。单击命令组中的一个命令，系统将执行相应的命令。在工作区中选择不同的对象时，任务窗格中的命令或信息会根据用户所操作对象的不同而变化，如在图 2-10 所示的工作区中，单击“爱的真谛.doc”文件，【文件和文件夹任务】组将变成如图 2-11 所示。

2．对话框

对话框是一种特殊的窗口，当 Windows XP 或应用程序执行某一操作需要用户提供信息时，便会弹出相应的对话框。在对话框中，用户可以输入信息或做某种选择。

Windows XP 提供了大量的对话框，每一个都是针对特定的任务而设计的，它们之间的差别很大。图 2-12 所示的【页面设置】对话框是一个较复杂的对话框。

图 2-11 【文件和文件夹任务】组

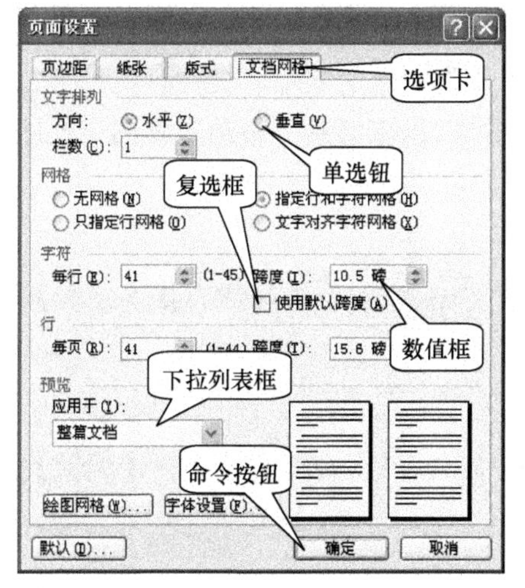

图 2-12 【页面设置】对话框

对话框中有许多种构件，不同的构件有不同的功能和用途。下面以图 2-12 所示的【页面设置】对话框为例，来介绍对话框中常用的构件及其基本操作。

（1）选项卡

包含有很多内容的对话框通常按类别分为几个选项卡，每个选项卡包含需要用户输入或选择的信息。选项卡都有一个名称，标注在选项卡的标签上，如图 2-12 中的【页边距】、【纸张】等，单击任一个选项卡上的标签，会打开相应的选项卡。本书中将此操作称为“打开××选项卡”。

（2）下拉列表框

下拉列表框是一个下凹的矩形框，右侧有一个 按钮。下拉列表框中显示的内容有时为空，有时为默认的选择项。单击 按钮，弹出一个列表（见图 2-13），可从弹出的列表中选择所需要的项，这时下拉列表框中显示的内容为用户从列表中选择的项。

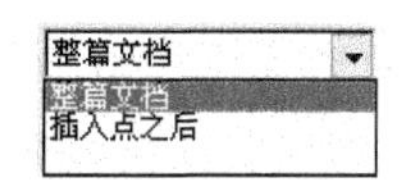

图 2-13 下拉列表

（3）数值框

数值框是一个下凹的矩形框，右侧有一个微调按钮 。数值框中的数值是当前值。单击【微调递增】按钮（微调按钮的上半部分），数值按固定步长递增。单击【微调递减】按钮（微调按钮的下半部分），数值按固定步长递减。也可以在数值框中直接输入数值。

（4）复选框

复选框是一个下凹的小正方形框，没被选择时，内部为空白（ ），被选择时，内部有一个对号（ ）。单击复选框可选择或取消选择该项。

（5）单选钮

单选钮是一个下凹的小圆圈，没被选择时，内部为空白（ ），被选择时，内部有一个黑点（ ）。单选钮通常分组，每组不少于两个，在选择时，每组的单选钮只能有一个被选中。

（6）命令按钮

命令按钮是一个凸出的矩形块，上面标注有按钮的名称。【页面设置】对话框中有 3 个命令按钮：默认(D)...、确定和取消。单击某一个命令按钮，就执行相应的命令。命令按钮名称后面含有省略号（...），如默认(D)...按钮，表明单击该按钮后，将弹出另一个对话框。

对话框中通常都有确定和取消这两个按钮。这两个按钮在所有的对话框中的功能是相同的。单击确定按钮，在对话框中输入的信息或所做的设置得到确认并生效，同时关闭对话框。单击 取消 按钮，则取消本次操作，并关闭对话框。为避免重复，下面在介绍对话框中的操作时，只讲“单击 确定 按钮”，对其功能不再说明，对单击 取消 按钮的操作不再重提。

（7）文本框

文本框是一个下凹的矩形框（图 2-12 所示的【页面设置】对话框中无文本框），用来输入文本信息。单击文本框时，文本框中出现插入点光标，用户可输入或编辑文本信息。

2.2.3 剪贴板

剪贴板是 Windows XP 提供的一个实用工具，用户可以将选定的文本、文件、文件夹或图像“复制”或“剪切”到剪贴板的临时存储区中，然后可以将该信息“粘贴”到同一程序或不同程序所需要的位置上。剪贴板有以下常用操作。

1．把信息复制到剪贴板

操作方法是：单击工具栏上的【复制】按钮，或按 Ctrl+C 组合键，或选择【编辑】/【复制】命令。

2．把信息剪切到剪贴板

操作方法是：单击工具栏上的【剪切】按钮，或按 Ctrl+X 组合键，或选择【编辑】/【剪切】命令。

3．把屏幕或窗口图像复制到剪贴板

按键盘上的 Print Screen 键，把整个屏幕上的图像复制到剪贴板。按 Alt+Print Screen 组合键，把当前活动窗口的图像复制到剪贴板。

4．从剪贴板中粘贴信息

操作方法是：单击工具栏上的【粘贴】按钮，或按 Ctrl+V 组合键，或选择【编辑】/【粘贴】命令。

5．查看剪贴板中的信息

操作方法是：单击 开始 按钮，从打开的【开始】菜单中选择【运行】命令，在弹出的对话框中键入“clipboard”，再单击 确定 按钮，出现如图 2-14 所示的【剪贴簿查看器】窗口。

利用剪贴板进行操作时要注意以下几点。

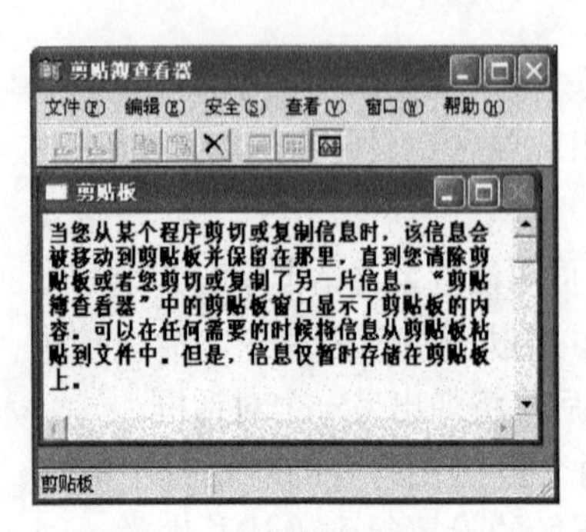

图 2-14 【剪贴簿查看器】窗口

- 除了把屏幕或窗口图像复制到剪贴板外，把信息复制到剪贴板之前，应选定相应的信息，否则系统不会复制任何信息到剪贴板。选定信息的方法详见以后相关章节。
- 剪贴板只保留最近一次复制或剪切的信息，把信息复制或剪切到剪贴板中后，剪贴板中原有的信息将被冲掉。
- 信息被剪切到剪贴板上后，若所选定的信息是文本或图像，则所选定的对象将被删除，若所选定的信息是文件或文件夹，则文件或文件夹在粘贴成功后被删除。
- 剪贴板中的信息粘贴到目标位置后，剪贴板中的内

容依旧保持不变，所以可以进行多次粘贴。

- 在应用程序（如 Word 2003、Excel 2003、PowerPoint 2003）窗口中粘贴文本或图像，文本或图像粘贴到插入点光标处，因此，根据需要应先定位插入点光标。
- 在【我的电脑】或【资源管理器】窗口中粘贴文件或文件夹，文件或文件夹粘贴到该窗口当前打开的文件夹中。

2.2.4 获得帮助信息

Windows XP 以及 Windows XP 中的应用程序提供了功能强大的帮助系统，用户可以非常方便地获得所需的帮助信息。以下几种是最常见的获得帮助信息的方法。

1．从【开始】菜单获得帮助信息

选择【开始】/【帮助和支持】命令，出现如图 2-15 所示的【帮助和支持中心】窗口。窗口中列出了若干帮助主题和帮助任务，单击某一帮助主题或帮助任务，窗口将跳转到相应的子帮助主题或子帮助任务，如此继续，直到出现相应的帮助信息。此外，用户还可以在【搜索】文本框中输入相应的关键词，再单击➔按钮，可搜索出与关键词相匹配的帮助信息。

2．从对话框的帮助按钮获得帮助信息

在对话框的标题栏中，通常都有一个?按钮，单击该按钮，打开一个窗口，在窗口中显示有关该对话框的帮助信息。

3．从应用程序的【帮助】菜单中获得帮助信息

Windows XP 中的应用程序一般都有【帮助】菜单，使用【帮助】菜单中的命令可得到该应用程序的帮助信息。此外，在应用程序中按F1功能键会打开其帮助窗口，图 2-16 所示为【记事本】的帮助窗口。在 Windows XP 中，应用程序的帮助窗口的结构基本上一致，都包含【目录】、【索引】和【搜索】3 个选项卡。

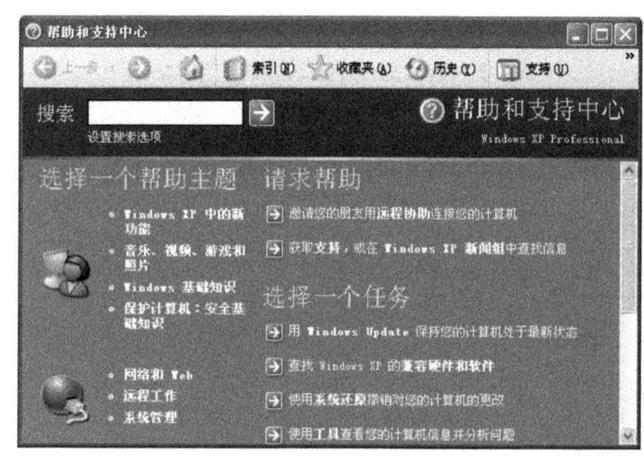

图 2-15 【帮助和支持中心】窗口

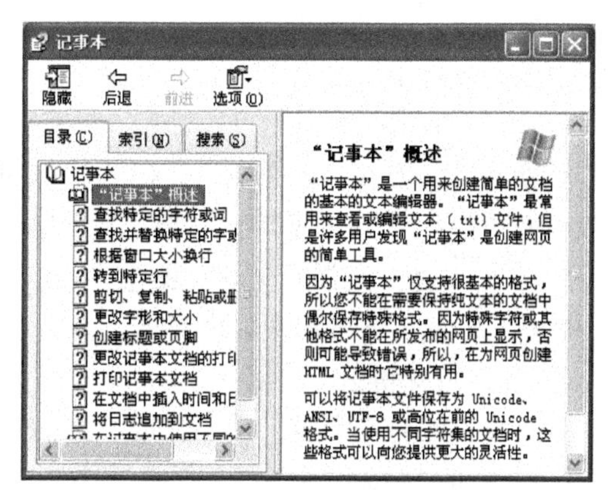

图 2-16 【记事本】的帮助窗口

- 【目录】选项卡的每个主题像一本书，可以分类浏览主题。单击其中的一个主题，可以显示其内部的子主题或主题信息。单击图标为?的标题，窗口中就会出现该标题的帮助信息。
- 【索引】选项卡中列出了所有帮助信息的主题索引，在索引列表框中单击某个主题，再单击该选项卡中的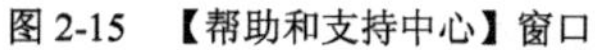按钮，就可以从窗口右边的显示区中看到该标题的帮助信息。
- 【搜索】选项卡中有一个文本框，用户可以在该文本框中输入要搜索的关键字，然

后单击 列出主题(L) 按钮，下面的列表框中即显示出与关键字相关的主题，单击某个主题后再单击 显示(D) 按钮，窗口右边就会出现该标题相应的帮助信息。

2.3 Windows XP 中的基本操作

在使用 Windows XP 时，有一些操作经常会用到，包括键盘与鼠标的使用、程序的运行、窗口操作等。

2.3.1 键盘及其使用方法

使用计算机时，无论是控制程序的运行，还是需要输入的字符或汉字，都离不开键盘。下面介绍键盘的结构与使用键盘的指法。

1. 键盘的结构

目前计算机上常用的键盘是 Windows 键盘，如图 2-17 所示。

图 2-17 Windows 键盘

Windows 键盘可划分为 6 个区域：功能键区、特殊键区、指示灯区、打字键盘区、编辑键盘区和数字键盘区。

（1）功能键区

功能键区中有 13 个键，它们各有不同的特定功能，这些功能随软件的不同而不同，但以下两个键在大部分软件中的功能大致相同。

- Esc 键：通常用来取消操作。
- F1 键：通常用来请求帮助。

（2）特殊键区

特殊键区有 3 个键，用来完成特殊的功能。

- Print Screen 键：用来把屏幕图像保存到剪贴板中。
- Scroll Lock 键：用来锁定屏幕卷动，在 Windows XP 中很少用到。
- Pause 键：用来暂停运行的程序，在 Windows XP 中很少用到。

（3）指示灯区

指示灯区有 3 个指示灯，用来表示当前键盘的输入状态。

- Num Lock 灯：用来指示数字键盘是否锁定为数字输入状态。
- Caps Lock 灯：用来指示打字键盘是否锁定为大写输入状态。

- Scroll灯：用来指示目前屏幕是否处于锁定卷动状态。

（4）打字键盘区

打字键盘区是键盘最重要的区域，平常的文字输入和命令控制大都使用打字键盘区。在 Windows XP 操作中，经常有两个键组合使用的情况，如按住 Ctrl 键再按 C 键，在本书中简称为按 Ctrl+C 组合键，其余的组合键依此类推。打字键盘区中，以下键的功能需要特别说明。

- Caps Lock键：用来开关【Caps Lock】灯，如果灯亮，输入的是大写字母，否则输入的是小写字母。
- Enter键：称为回车键，通常用来换行或把输入的命令提交给系统。
- Backspace键：称为退格键，通常用来删除插入点光标左面的一个字符。
- Tab键：称为制表键，通常用来将插入点光标移动到下一个制表位上。
- Shift键：通常与其他键配合使用。按住 Shift 键再按字母键时，输入字母的大小写与【Caps Lock】灯所指示的相反。按住 Shift 键再按一个双挡键（如?键），输入的是上挡字符（即?键的?），否则输入的是下挡字符（即?键的/）。
- Ctrl键：通常与其他键配合使用。
- Alt键：通常与其他键配合使用。
- ⊞键：称为开始键，通常用来打开【开始】菜单。
- ▤键：称为菜单键，通常用来打开当前对象的快捷菜单。

（5）编辑键盘区

编辑键盘区的键在文本编辑时的作用很大，共有 10 个键。第 1 组共有 6 个，用于完成编辑功能，第 2 组共有 4 个，用于控制插入点光标移动，分别说明如下。

- Insert键：用于插入和改写状态的切换。
- Delete键：删除插入点光标右面的一个字符。
- Home键：将插入点光标移动到当前行的行首。
- End键：将插入点光标移动到当前行的行尾。
- Page Up键：翻到前一屏。
- Page Down键：翻到后一屏。
- ↑、↓键：将插入点光标上移（或下移）一行。
- ←、→键：将插入点光标左移（或右移）一个字符的位置。

（6）数字键盘区

数字键盘区将数字键、编辑键和运算符键集中到一起。Num Lock 键和 Enter 键的功能需要特别说明。

- Num Lock键：用于开关 Num Lock 灯，如果灯亮，数字键盘区的键作为数字键，否则作为编辑键。
- Enter键：功能与打字键盘区中的 Enter 键相同。

2．键盘指法

为了以最快的速度敲击键盘上的每个键位，人们对双手的 10 个手指进行了合理的分工，使每个手指负责一部分键位。当输入文字时，遇到哪个字母、数字或标点符号，便用哪个负责该键的手指敲击相应的键位，这便是键盘指法。经过这样合理地分配，再加上有序地

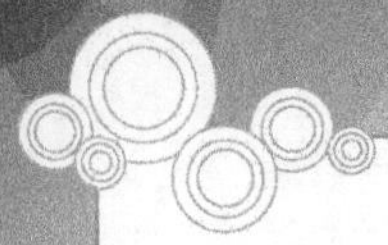

练习，当能够“十指如飞”地敲击各个键位时，就是一个文字录入高手了。

下面介绍10个手指的具体分工，也就是键盘指法的具体规定。

（1）基准键位

在打字键盘区的正中央有8个键位，即左边的A、S、D、F键和右边的J、K、L、;键，其中，F、J两个键上都有一个凸起的小棱杠，以便于盲打时手指能通过触觉定位，这8个键被称作基准键。当我们开始打字时，左手的小指、无名指、中指和食指应分别虚放在A、S、D、F键上，右手的食指、中指、无名指和小指分别虚放在J、K、L、;键上，两个大拇指则虚放在空格键上，如图2-18所示。

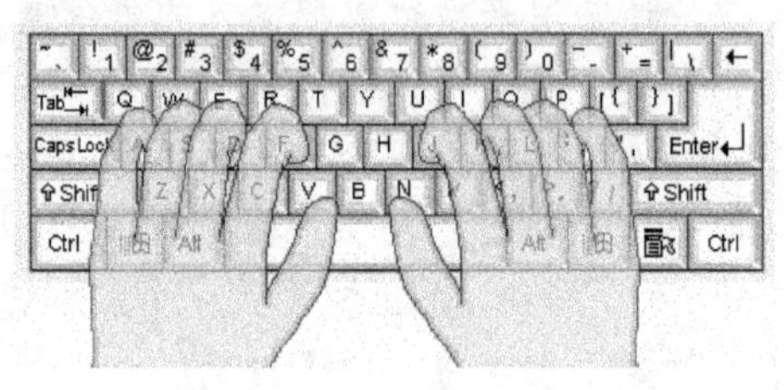

图2-18　手指的基准键位

基准键是打字时手指所处的基准位置，击打其他任何键，手指都是从这里出发，而且打完后又须立即退回到基准键上。

（2）手指的分工

除了8个基准键外，人们对每个手指所负责的打字键盘上的其他键位也进行了分工，每个手指负责一部分，如图2-19所示。

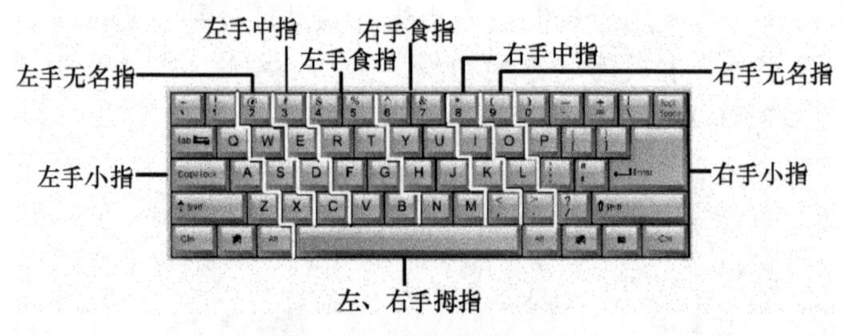

图2-19　其他键的手指分工

（3）数字键盘区

财会人员使用计算机录入票据上的数字时，一般都使用数字键盘区。这是因为数字键盘区中的数字和编辑键位比较集中，操作起来非常顺手。而且通过一定的指法练习后，一边用左手翻票据，一边用右手迅速地录入数字，可以大大提高工作效率。使用数字键盘区录入数字时，主要由右手的5个手指负责（见图2-20），它们的具体分工如下。

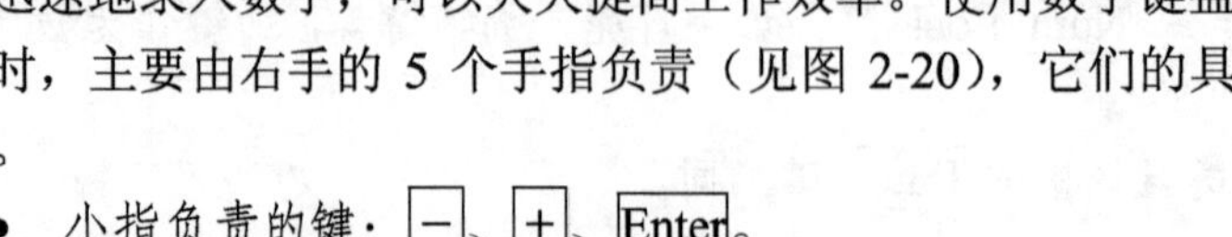

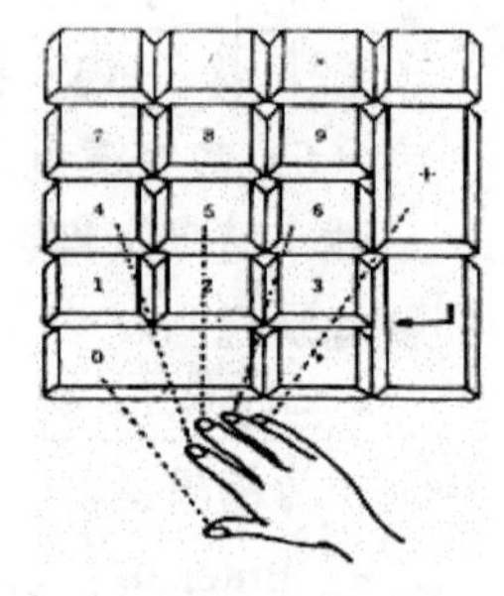

图2-20　数字键盘指法

- 小指负责的键：-、+、Enter。
- 无名指负责的键：*、9、6、3、.。
- 中指负责的键：/、8、5、2。
- 食指负责的键：7、4、1。
- 拇指负责的键：0

2.3.2 鼠标及其使用方法

在 Windows XP 操作系统中，鼠标是最重要的输入设备之一。鼠标用来在屏幕上定位以及对屏幕上的对象进行操作。下面介绍鼠标的使用方法。

鼠标一般有左右两个键，也有 3 个键的鼠标，还有带转轮的鼠标。在 Windows XP 中，3 键鼠标中间的那个键通常用不到。

1. 鼠标指针

当鼠标在光滑的平面上移动时，屏幕上的鼠标指针就会随之移动。通常情况下，鼠标指针的形状是一个左指向的箭头。但在不同的位置和不同的系统状态下，鼠标指针的形状会不相同，对鼠标的操作也不同。表 2-1 中列出了 Windows XP 中常见的鼠标指针的形状以及对应的系统状态。

表 2-1　　鼠标指针与对应的系统状态

指针形状	系统状态	指针形状	系统状态
	标准选择	↕	垂直调整
	帮助选择	↔	水平调整
	后台运行		正对角线调整
	忙		负对角线调整
	链接选择		移动
I	选定文本	↑	其他选择
+	精确定位	⊘	不可用
	手写		

2. 鼠标操作

在 Windows XP 中，鼠标有以下 6 种基本操作。

- 移动：在不按鼠标键的情况下移动鼠标，将鼠标指针指到某一项上。
- 单击：快速按下和释放鼠标左键。单击可用来选择屏幕上的对象。除非特别说明，本书中所出现的单击都是指按鼠标左键。
- 双击：快速连续单击鼠标左键两次。双击可用来打开对象。除非特别说明，本书中所出现的双击都是指按鼠标左键。
- 拖动：按住鼠标左键拖曳鼠标，将鼠标指针移动到新位置。拖动可用来选择、移动、复制对象。除非特别说明，本书中所出现的拖动都是指按住鼠标左键。
- 右击：快速按下和释放鼠标右键。这个操作通常弹出一个快捷菜单。
- 右拖动：按住鼠标右键拖曳鼠标，将鼠标指针移动到新位置。右拖动操作通常也弹出一个快捷菜单。

2.3.3 启动应用程序的方法

要完成某项任务，需要先启动相应的应用程序。启动应用程序有以下常用方法。

1. 通过快速启动区

在任务栏的快速启动区中，单击某一个图标即可启动相应的程序，这是最便捷的方法。

2. 通过快捷方式

文件（程序文件或文档文件）、文件夹都可建立快捷方式（建立快捷方式的方法请参阅“2.5.4 创建快捷方式”一节）。快捷方式的图标与对象图标相似，只是在左下角比对象图标多了一个标志。打开一个快捷方式，就是打开该快捷方式所对应的对象。如果是程序文件的快捷方式，则启动该程序；如果是文档文件的快捷方式，则启动相应的程序，同时加载该文档。用以下方法可打开快捷方式。

- 双击快捷方式名或图标。
- 单击快捷方式名或图标，然后按回车键。
- 右击快捷方式名或图标，在弹出的快捷菜单中选择【打开】命令。

3. 通过【开始】菜单

单击 开始 按钮，弹出【开始】菜单，如果要启动的程序名出现在菜单区中，那么选择相应的菜单选项即可，否则需要从【所有程序】菜单中选择。

4. 通过文档文件

Windows XP 注册了系统所包含的文档文件类型，每种类型都分配有一个文件图标和打开文档文件的应用程序，表 2-2 中列出了常见的文档类型。打开文档文件会在启动与之相关的应用程序的同时，装载该文档文件。打开文档文件的方法与打开快捷方式的方法相同，不再赘述。

表 2-2　　文档类型及其图标

图标	类型	启动的应用程序	图标	类型	启动的应用程序
	文本文档	Notepad		Excel 2003 文档	Excel 2003
	图画文档	MSPaint		PowerPoint 2003 文档	PowerPoint 2003
	Word 2003 文档	Word 2003		网页文档	Internet Explorer

5. 通过程序文件

在 Windows XP 中，每个文件都有一个类型，类型是由文件的扩展名决定的（参见“2.5.1 文件系统的基本概念”小节）。文件扩展名为“.exe”或“.com”的文件是程序文件，打开程序文件就能启动该程序。如果知道程序的文件名以及程序的存放位置，那么找到该程序文件后将其打开，就可启动该程序。打开程序文件的方法与打开快捷方式的方法相同。

图 2-21　【运行】对话框

6. 通过【运行】命令

选择【开始】/【运行】命令，弹出如图 2-21 所示的【运行】对话框。在【运行】对话框中的【打开】下拉列表框中输入或选择程序名，或单击 浏览(B)... 按钮，打开一个对话框，从该对话框中浏览文件夹，找到所需的程序文件，确定所需要的程序文件后，单击 确定 按钮，运行所选择的程序。

2.3.4 窗口的操作方法

对窗口的基本操作包括打开窗口、移动窗口、改变窗口大小、最大化/复原窗口、最小化/复原窗口、滚动窗口内容、切换窗口、排列窗口、关闭窗口等。

1. 打开窗口

在 Windows XP 中，启动一个程序或打开一个对象（文件、文件夹、快捷方式等）都会打开一个窗口。

2. 移动窗口

如果某窗口没有处在最大化状态，可以移动该窗口，否则不能将其移动。移动窗口有以下方法。

- 用鼠标拖动窗口的标题栏，会出现一个方框随鼠标指针移动，方框的位置就是窗口当前所处的位置，位置合适后松开鼠标左键，窗口就移动到新位置上。
- 单击窗口控制菜单图标，或右击窗口标题栏，或按 Alt+空格键，或右击任务栏上窗口对应的按钮，都会弹出如图 2-22 所示的【窗口控制】菜单，选择【移动】命令，再按↑、↓、←、→键，出现一个方框随之移动，方框的位置是窗口当前所处的位置，位置合适后按 Enter 键，窗口就移动到新位置上。

还原(R)
移动(M)
大小(S)
最小化(N)
最大化(X)
关闭(C) Alt+F4

图 2-22 【窗口控制】菜单

3. 改变窗口大小

如果某窗口没有处在最大化状态，可以改变它的大小。改变窗口大小有以下方法。

- 将鼠标指针移动到窗口两侧的边框上，当鼠标指针变成↔形状时，左右拖动鼠标可以改变窗口的宽度。
- 将鼠标指针移动到窗口的上下边框上，当鼠标指针变成↕形状时，上下拖动鼠标可以改变窗口的高度。
- 将鼠标指针移动到窗口的边角上，当鼠标指针变成↘或↗形状时，沿对角线方向拖动鼠标可以同时改变窗口的高度和宽度。
- 在【窗口控制】菜单中选择【大小】命令后，按↑、↓、←、→键，出现一个方框随着按键变化，方框的大小就是变化后窗口的大小，按 Enter 键后，窗口即改变为该方框的大小。

4. 最大化/复原窗口

窗口最大化就是将窗口放大为充满整个屏幕，使窗口最大化有以下方法。

- 双击窗口标题栏。
- 单击窗口上的【最大化】按钮□。
- 在【窗口控制】菜单中选择【最大化】命令。

窗口最大化后，窗口的边框消失，同时【最大化】按钮□变成【还原】按钮□，此时，窗口既不能移动也不能改变大小。如果想使最大化窗口恢复到原来大小，可以用以下方法。

- 双击窗口标题栏。

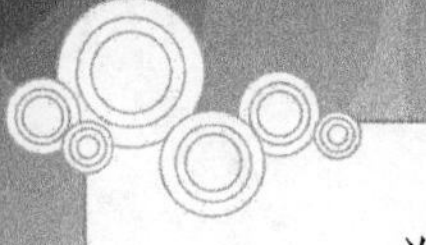

- 单击窗口上的【还原】按钮。
- 在【窗口控制】菜单中选择【还原】命令。

5. 最小化/还原窗口

窗口最小化就是把窗口缩为任务栏上的一个按钮，窗口最小化有以下方法。

- 单击窗口上的【最小化】按钮。
- 在【窗口控制】菜单中选择【最小化】命令。

如果想使最小化窗口恢复到原来大小，可以用以下方法。

- 单击任务栏上对应的按钮。
- 右击任务栏上对应的按钮，在弹出的【窗口控制】菜单中选择【还原】命令。

6. 滚动窗口中的内容

当窗口容纳不下所要显示的内容时，窗口的右边和下边会各自出现一个滚动条。对滚动条可进行以下操作。

- 拖动水平（垂直）滚动条中间的滚动块，窗口中的内容水平（垂直）滚动。
- 单击水平（垂直）滚动条两端的按钮，窗口中的内容水平滚动一小步（垂直滚动一行）。
- 单击水平（垂直）滚动块两边的空白处，窗口中的内容水平滚动一大步（垂直滚动一屏）。

7. 排列窗口

在桌面上打开了多个窗口时，系统可以将其自动排列。右击任务栏的空白处，弹出如图 2-23 所示的快捷菜单，从中可做以下选择。

- 选择【层叠窗口】命令，窗口将按顺序依次排放在桌面上。每个窗口的标题栏和左边缘都露出来。
- 选择【横向平铺窗口】命令，窗口按水平方向逐个铺开。
- 选择【纵向平铺窗口】命令，窗口按垂直方向逐个铺开。

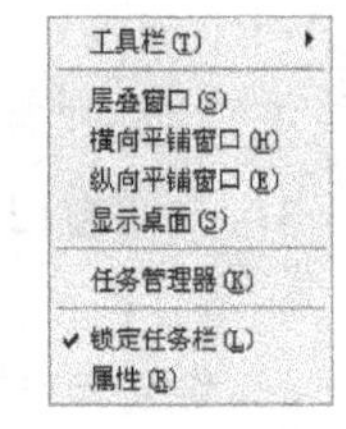

图 2-23 任务栏快捷菜单

图 2-24 所示为层叠、横向平铺和纵向平铺窗口的示意图。

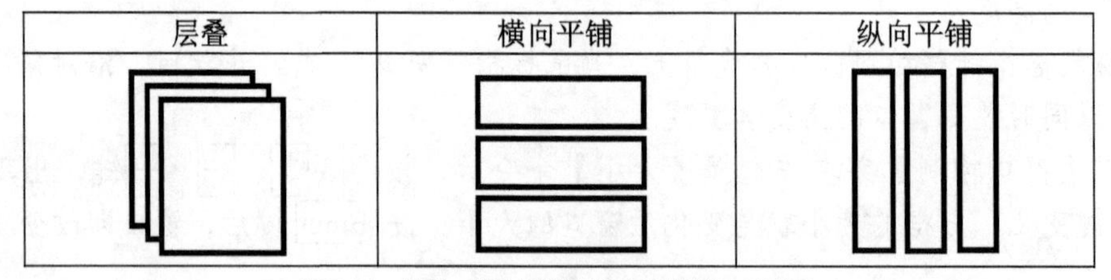

图 2-24 层叠、横向平铺和纵向平铺窗口示意图

如果想取消窗口的层叠或平铺排列状态，在任务栏的空白处右击鼠标，从弹出的快捷菜单中选择【撤销层叠】或【撤销平铺】命令即可。

8. 关闭窗口

关闭窗口有以下方法。

- 单击窗口右上角的【关闭】按钮。
- 选择【文件】/【退出】命令。
- 按 Alt+F4 组合键。
- 双击窗口标题栏左端的控制菜单图标。
- 打开【窗口控制】菜单，从中选择【关闭】命令。

如果要关闭的窗口是一个应用程序窗口，并且该应用程序修改过的文件没有保存，系统会弹出一个对话框，询问是否保存文件，用户可根据需要决定是否保存文件。

2.4 Windows XP 中的汉字输入

Windows XP 中文版提供了多种中文输入方法，目前深受计算机用户喜爱的汉字输入法是搜狗拼音输入法。五笔字型输入法极少有重码，便于盲打，特别适合专业打字人员使用。

2.4.1 中文输入法的选择

Windows XP 的语言栏指示当前选择的语言以及该语言的输入方法。Windows XP 默认的语言是“英文”，默认的输入法是“英语（美国）”，如图 2-25 所示。输入汉字前应先打开汉字输入法，打开汉字输入法（以“搜狗拼音输入法”为例）的操作步骤如下。

（1） 单击语言栏上的语言指示按钮EN，弹出如图 2-26 所示的语言选择菜单。

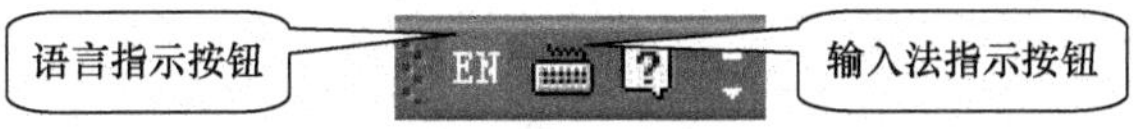

语言指示按钮　输入法指示按钮

图 2-25　英文语言栏

CH 中文(中国)
EN 英语(美国)

图 2-26　语言选择菜单

（2） 在语言选择菜单中选择【中文（中国）】，则当前语言为“中文”，当前输入法是最近一次使用的输入法（假定为“全拼”输入法），其语言栏如图 2-27 所示。

（3） 单击输入法语言指示按钮，弹出如图 2-28 所示的菜单。

（4） 选择“搜狗拼音输入法”，语言栏如图 2-29 所示。

图 2-27　“全拼”输入法

图 2-28　输入法菜单

图 2-29　“搜狗拼音”输入法

除了以上方法外，按 Ctrl+Shift 组合键，可切换到下一种输入法，按 Ctrl+空格键，可关闭或启动先前选择的中文输入法。

需要说明的是，所选择的输入法是针对当前窗口的，而不是针对所有的窗口。所以用户经常会遇到这种情况：在一个窗口选择一种输入法后，到另外一个窗口输入法变了。

2.4.2 搜狗拼音输入法

搜狗拼音输入法不是 Windows XP 内置的汉字输入法，需要下载安装后才能使用，下载的网站是“http://pinyin.sogou.com/”。

1. 搜狗拼音输入法状态条

切换到搜狗拼音输入法后，出现搜狗拼音输入法状态条（见图 2-30）。状态条中各按钮的含义如下。

图 2-30　搜狗拼音输入法状态条

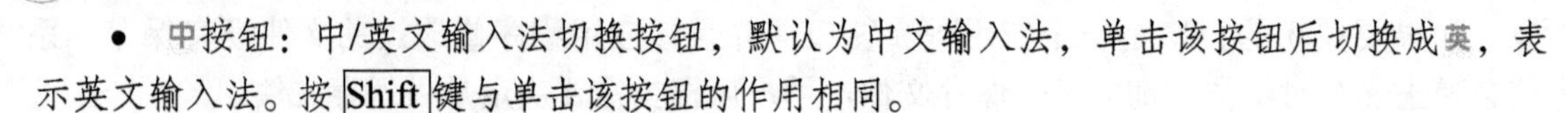

- 中按钮：中/英文输入法切换按钮，默认为中文输入法，单击该按钮后切换成英，表示英文输入法。按 Shift 键与单击该按钮的作用相同。
- 按钮：表示当前是半角字符输入状态。单击该按钮，按钮变成●，表示当前是全角字符输入状态。
- 按钮：表示当前是中文标点输入状态。单击该按钮，按钮变成，表示当前是英文标点输入状态。
- 按钮：开启/关闭软键盘按钮，默认状态是关闭软键盘，单击该按钮后打开软键盘，即弹出一个键盘窗口，可通过单击其中的按键来代替键盘输入。
- 按钮：单击该按钮打开功能选择菜单。

2. 搜狗拼音输入法的输入规则

搜狗拼音输入法是基于句子的智能型汉字拼音输入法，搜狗拼音输入法的默认转换方式是整句转换方式。在整句转换方式下，只需要连续地键入句子的拼音（可以只输入声母，也可以输入全部拼音），搜狗拼音输入法会根据用户所键入的上下文智能地将拼音转换成相应的句子。用户所键入的句子拼音越完整，转换的准确率越高。

在拼音输入过程中，搜狗拼音输入法把识别的句子和候选文字或词组会显示在输入条中，例如，输入“ggxx”，则输入条如图 2-31 所示。

全句的拼音输入结束后，若发现输入条中的汉字不符合要求，则可按方向键←、→将插入点光标移动到需要修改的位置处，然后选择所需要的文字或词组。例如，要输入“搜狗拼音输入法是智能输入法”，输入法没有准确识别，按方向键←将插入点光标移到未正确识别的拼音处，提示条如图 2-32 所示，这时可从提示条中选择所需要的文字或词组。在选择文字或词组时，如果所需要的文字或词组没出现在提示条中，可按=或-键进行前后翻页，按 PageDown 或 PageUp 键也可前后翻页。

图 2-31 搜狗拼音输入条

s'g'p'y'sh'r'f|sh'zh'n'sh'r'f 候选编辑功能已开启
1.搜狗拼音输入法十周年输入法 2.是智能输入法 3.十周年

图 2-32 修改不符合要求的文字

3. 中文标点符号的输入

在中文标点输入状态下（状态），按键盘上的一个标点符号键，即可输入相应的中文标点符号。表 2-3 所示为中文标点键位对照表。

表 2-3 中文标点键位对照表

中文标点	对应的键	中文标点	对应的键	中文标点	对应的键
，逗号	,	（小左括号	(	‘ 左单引号	' 奇数次
。句号	.	）小右括号	)	’ 右单引号	' 偶数次
：冒号	:	【左方头括号	[	“ 左双引号	" 奇数次
；分号	;	】右方头括号	]	” 右双引号	" 偶数次
、顿号	\	｛大左括号	{	《 左书名号	< 奇数次
？问号	?	｝大右括号	}	》 右书名号	> 偶数次
！感叹号	!	—— 破折号	Shift + -	…… 省略号	^

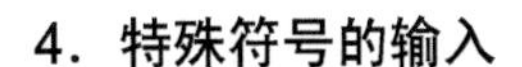

4. 特殊符号的输入

若要输入键盘上不能直接输入的特殊符号，如β、①等，可右击软键盘按钮，从弹出的软键盘列表（见图2-33）中选择一种，会出现如图2-34所示的软键盘（以从软键盘列表中选择【数字序号】为例），这时，按键盘上的一个键，会输入该键所对应的特殊符号，如按A键，则输入“㈠”。

图2-33 软键盘列表

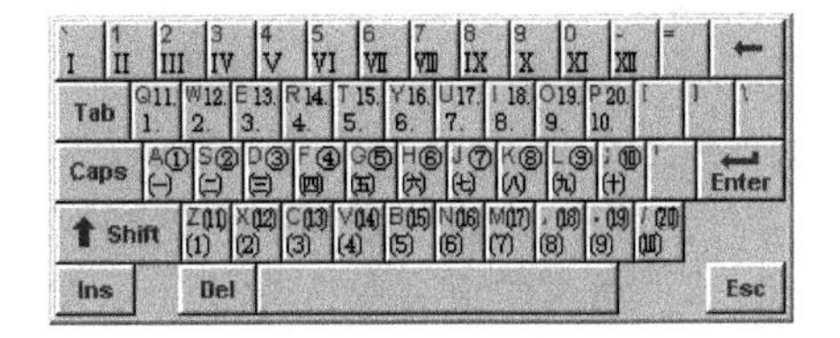

图2-34 【数字序号】软键盘

注意

若要取消软键盘的显示，再次单击状态条上的软键盘按钮即可。

2.4.3 五笔字型输入法

五笔字型输入法是王永民发明的一种根据汉字字型进行编码的输入方法。五笔字型的基本思想是把汉字分为笔画、字根、单字3个层次。笔画组合产生字根，字根拼形构成汉字，按照书写习惯的顺序，以字根为基本单位，组字编码，拼形输入。五笔字型共有86版和98版两个版本，98版是对86版的改进。本书兼顾了86版和98版。

1. 基本概念

（1）汉字的笔画

汉字的笔画是构成汉字的最小单位，是一次连续写成的线段。汉字的基本笔画为横、竖、撇、捺、折5种，依次用1、2、3、4、5来编码，称为笔画码，如表2-4所示。

表2-4 汉字的5种笔画

笔画码	名称	运笔方向	笔画及其变形	例字
1	横	从左到右，从左到右上	一 ／	画、二、凉、坦
2	竖	从上到下	丨 亅 刂	竖、归、到、利
3	撇	从右上到左下	丿	用、番、禾、种
4	捺（点）	从左上到右下	丶 乀	入、宝、术、点
5	折	带转折的笔画（竖左钩除外）	乙 乚 ㄣ 乛	飞、已、孙、好

关于汉字的5种笔画，以下情况需要注意。

- 提笔属于横。例如“江、冰、场、现、特”这几个字中，各字左部末笔都是“提”，但在五笔字型中视为“横”。
- 左竖钩属于竖。例如刂，而右竖钩属于折笔。

● 从左上到右下的点笔都属于捺。例如“学、寸、心”这几个字中的“点”，在五笔字型中视为“捺”。

● 所有带转折的笔画都属于折。

（2）汉字的字根

在五笔字型编码方案中，汉字的字根又称为码元，它是构成汉字的基本单位，它的主要组成部分是汉字的偏旁部首，如“氵”、“刂”、“灬”、“廴”等，同时还有少量的笔画结构，如“𠂉”、“丆”等。五笔字型所选择的字根有以下两个条件。

● 组字能力强，特别有用。例如，“王”、“土”、“大”、“木”、“工”等。

● 虽然能组成的汉字不多，但组成的字是特别常用的。例如，“白”（“白”可以组成最常用的汉字“的”）、“西”（“西”组成的“要”字也很常用）等。

根据以上条件，五笔字型86版共选择了130多个字根，98版共选择了245个字根，包括笔画、偏旁、部首等。一些汉字本身就是字根，不是字根的汉字都可拆分成字根。例如，“张”字由“弓”字和“长”字组成，“弓”字是字根，但“长”字不是，还需要将其分解成字根。也就是说，在五笔字型中一切汉字都是由字根组成的。

（3）汉字的字型

汉字的字型是指构成汉字的各个字根在整字中所处的位置关系。在五笔字型中，汉字的字型分为3种：左右型、上下型和杂合型。由于左右型的汉字最多，上下型的次之，杂合型的最少，因此将这3种字型的代号分别指定为1、2、3。汉字的字型如表2-5所示。

表2-5 汉字的字型

代　号	字　型	例　　字
1	左右型	体、位、树、招、部
2	上下型	杂、示、莫、落、架
3	杂合型	园、闭、回、夫、才

● 左右型。左右型汉字的主要特点是从整字的总体看，字根之间有一定的间距，呈左右排列状。左右型的汉字主要有3类：双合字（组成整字的两个字根左右排列，且字根间有一定的间距，如“根”、“线”、“仅”、“列”等）、三合字（组成整字的3个字根中的一个字根单独位于字的左边或右边，如“测”、“做”、“潭”、“卦”等）、四合字或多合字（组成整字的4个字根中的一个字根单独位于字的左边或右边，如“键”、“械”、“讹”等）。

● 上下型。上下型汉字的主要特点是从整字的总体看，字根之间有一定的间距，呈上下排列。上下型的汉字主要有3类：双合字（组成整字的两个字根上下排列，且字根间有一定的间距，如“分”、“安”、“军”、“芝”等）、三合字（组成整字的3个字根中的一个字根单独位于字的上边或下边，如“恕”、“努”、“型”、“落”、“范”等）、四合字或多合字（组成整字的4个字根中的一个单独位于字的上边或下边，如“嬴”等）。

● 杂合型。杂合型汉字的主要特点是字根之间虽然有一定的间距，但是整字不分上下左右。杂合型的汉字主要有3类：单体型（本身独立成字的字，如“牛”、“犬”、“头”等）、内外型（通常由内外字根组成，外部字根完全包围内部字根，如“国”、“园”、“图”、“困”等）、包围型（通常由内外字根组成，外部字根不完全包围内部字根，如“句”、“区”、“同”、“这”等）。

（4）汉字的结构

汉字的结构是指构成汉字的各个字根之间的关联关系。在五笔字型中，汉字的结构字型分为4种：单体结构、离散结构、连笔结构和交叉结构。

- 单体结构。单体结构是指字根本身单独成为一个汉字，如“八”、“用”、“手”、“车”、“马”、“雨”等。五笔字型86版共选择了130多个字根，98版共选择了245个字根，它们的取码方法有专门规定，不需要判断字型。
- 离散结构。离散结构是指构成汉字的字根在两个或两个以上字根之间保持着一定的距离，不相连也不相交，如“相”、“部”、“呈”和“架”等。离散结构汉字的字型属于左右型或上下型。
- 连笔结构。指一个字根和一个笔画相连，如“丿”下连“目”成为“自”，“丿”下连“十”成为“千”，“月”下连“一”成为“且”等。另外，一个字根之前或之后的孤立点一律看做与字根相连，如“太”、“犬”和“术”等。连笔结构汉字的字型属于杂合型。
- 交叉结构。指一个字根与一个笔画（或一个字根）相交叉，如“心”与“丿”交叉成为“必”，“二”与“人”交叉成为“夫”，“一”与“弓”和“人”交叉成为“夷”。交叉结构汉字的字型属于杂合型。

2．字根的键盘分布

（1）键盘编号

在将字根分布到键盘之前，首先按照汉字的5种笔画将键盘的25个字母键（Z键除外）分成了如下的5个区，如图2-35所示。

- 1区：横起笔区。
- 2区：竖起笔区。
- 3区：撇起笔区。
- 4区：捺（或点）起笔区。
- 5区：折起笔区。

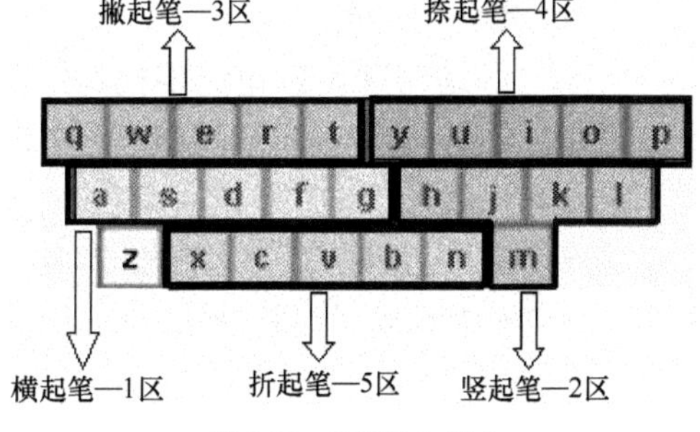

图2-35 字根的5个区

5个区中每个区都包括了5个键位，从1到5对它们进行编号，这样，位号和区号就共同组成了25个区位号。每个区位号由两位数字组成，其中个位数是位号，十位数是区号，而且每个区的位号都是从打字键区的中间向两端排序，如图2-36所示。

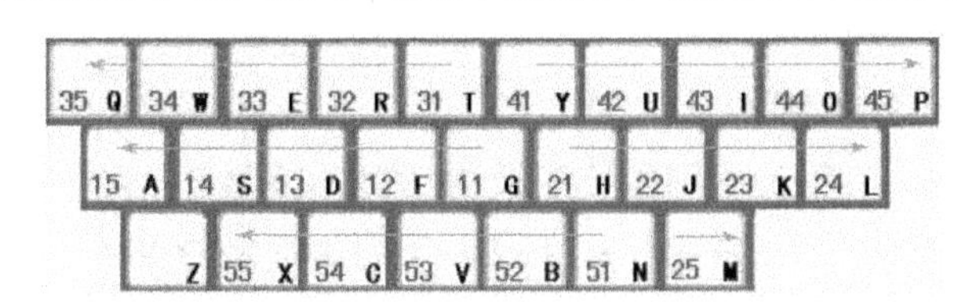

图2-36 区位号分布图

（2）字根分布

把字根分布到键盘上根据以下原则：字根根据起笔分配到相应的键盘区中，即横起笔类的字根放置在1区，竖起笔类的字根放置在2区，撇起笔类的字根放置在3区，捺（或点）起笔类的字根放置在4区，折起笔类的字根放置在5区。

同一类的字根有许多，而且每个键盘区又有5个键，根据以上原则，字根的具体分配方法如图2-37和图2-38所示。

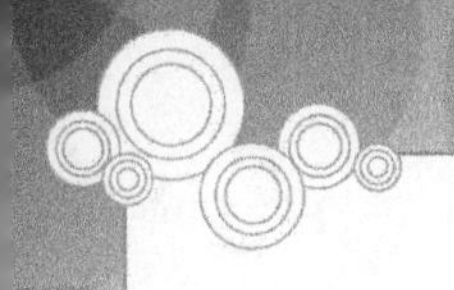

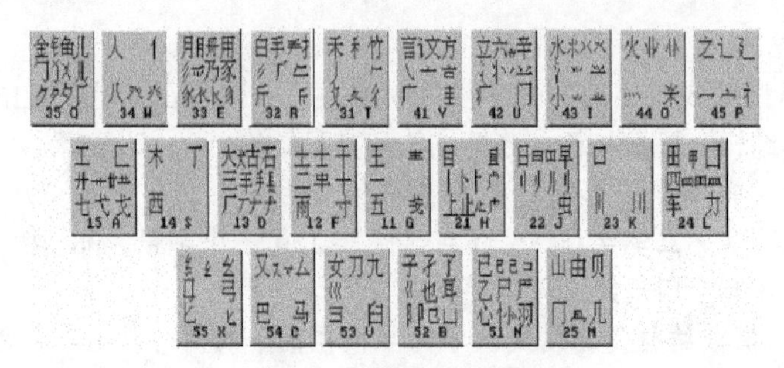

图 2-37　86 版字根分布图

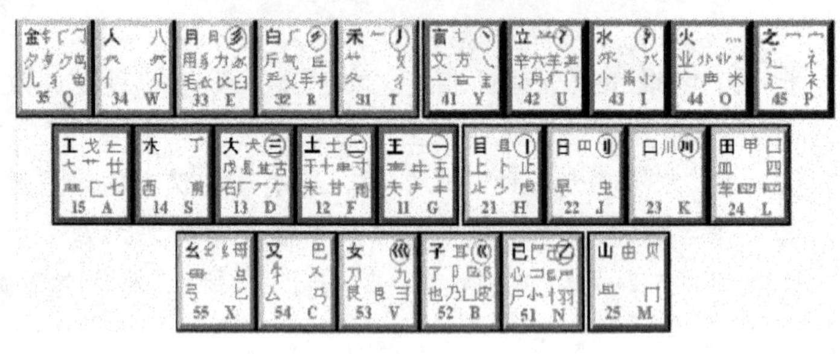

图 2-38　98 版字根分布图

（3）字根助记歌

为了更好地帮助大家记忆字根的键位分布，五笔字型的发明者还编制了一套字根助记歌。助记歌的每一句对应一个键位上的字根，背诵起来朗朗上口，对记忆字根非常有效。背过了助记歌，就等于记住了所有字根，因此每个学习五笔字型的人首先要背熟助记歌。

由于 98 版五笔字型的字根表与 86 版五笔字型的字根表有所不同，所以字根助记歌也不同。表 2-6 中列出了这两个版本的助记歌。

表 2-6　五笔字型助记歌

98 版五笔字型助记歌	86 版五笔字型助记歌
11 王旁青头五夫一	11 王旁青头戋（兼）五一
12 土干十寸未甘雨	12 土士二干十寸雨
13 大犬戊其古石厂	13 大犬三羊古石厂
14 木丁西甫一四里	14 木丁西
15 工戈草头右框七	15 工戈草头右框七
21 目上卜止虎头具	21 目具上止卜虎皮
22 日早两竖与虫依	22 日早两竖与虫依
23 口中两川三个竖	23 口与川，字根稀
24 田甲方框四车里	24 田甲方框四车力
25 山由贝骨下框集	25 山由贝，下框几
31 禾竹反文双人立	31 禾竹一撇双人立，反文条头共三一
32 白斤气丘叉手提	32 白手看头三二斤
33 月用力豸毛衣臼	33 月（衫）乃用家衣底
34 人八登头单人几	34 人和八，三四里
35 金夕鸟儿犭边鱼	35 金勺缺点无尾鱼，犭旁留叉一点夕，氏无七

续表

98版五笔字型助记歌	86版五笔字型助记歌
41 言文方点谁人去	41 言文方广在四一，高头一捺谁人去
42 立辛六羊病门里	42 立辛两点六门病
43 水族三点鳖头小	43 水旁兴头小倒立
44 火业广鹿四点米	44 火业头，四点米
45 之字宝盖补礻衤	45 之字宝盖，摘礻衤
51 已类左框心尸羽	51 已半巳满不出己，左框折尸心和羽
52 子耳了也乃框皮	52 子耳了也框向上
53 女刀九艮山西倒	53 女刀九臼山朝西
54 又巴牛厶马失蹄	54 又巴马，丢失矣
55 幺母贯头弓和匕	55 慈母无心弓和匕，幼无力

初看起来，字根似乎是杂乱无章地分布在键盘上，实际上这种分布是五笔字型发明者的匠心独运。字根在键盘上的分布有以下特点。

- 根据起笔笔画分区。五笔字型将汉字的笔画归为横、竖、撇、捺、折5种，将键盘上的字母键根据这5种笔画分成了5个区。
- 根据第2笔定位。字根所在的位号一般与该字根第2笔的笔画码一致。比如“王”字的第1笔是横，第2笔还是横，因此将其放置在1区1位中。
- 根据笔画数定位。单笔画及简单复合笔画形成的字根，其位号等于其笔画数。比如，在1区1位里有一横这个字根，在1区2位有两横的字根，在1区3位里有三横的字根。
- 字源或形态与键名字相近。字源或形态上相近的字根位于同一区的同一位。比如P键的键名字是“之”，所以“辶”、“廴”等字根也在这个键上，就连与它相像的“礻”字根也在此键上。

（4）键名字

将字根按照规律分布到25个字母键上后，平均每个键上都有七八个字根。为了便于记忆，在每个区位中选取了一个最常用的字根作为键的名字，这就是键名字，如图2-39所示。

图2-39 键名字

这些键名字既是组字能力很强的字根，同时又是很常用的汉字。比如字母键G（区位号为“11”）上面有“王、龶、五、一”等字根，而“王”字的使用频率最高，就选取“王”作为键名字。其他各键的键名字也都遵循这个规律。

3．键面字输入

（1）键名字的输入方法

键名字一共有25个，位于每个字母键（Z键除外）的左上角，也就是“字根助记歌”中的第1个字根。键名字是一些组字频率很高，且形体上又有一定代表性的字根。输入键名

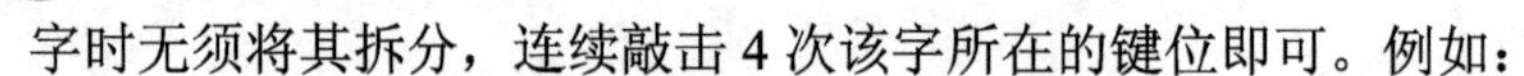

字时无须将其拆分，连续敲击4次该字所在的键位即可。例如：

- 1区1位键名字“王”的编码为GGGG；
- 2区1位键名字“目”的编码为HHHH；
- 3区2位键名字“白”的编码为RRRR；
- 4区3位键名字“水”的编码为IIII；
- 5区4位键名字“又”的编码为CCCC。

（2）成字字根的输入方法

在键盘的25个字母键上除了键名字外，自己本身也是汉字字根的称为成字字根。与键名字一样，成字字根除了具有较强的组字能力外，其本身也属于常用汉字。五笔字型特别为其制定了拆分规则和编码规则。

- 拆分规则：根据汉字的书写顺序，将成字字根拆分成笔画。
- 编码规则：字根+首笔+次笔+末笔（不足4码加空格）。

具体输入方法：首先敲击一下成字字根所在的键位（又叫“报户口”），再依次敲击其第1、第2及最末一个单笔画所在的键位。不足4码时，按空格键补足。例如：

- “雨”=“雨”（字根F）+“一”（首笔G）+“丨”（次笔H）+“丶”（末笔Y），编码为FGHY；
- “甲”=“甲”（字根L）+“丨”（首笔H）+“𠃍”（次笔N）+“丨”（末笔H），编码为LHNH；
- “八”=“八”（字根W）+“丿”（首笔T）+“丶”（次笔Y）+空格，编码为WTY；
- “辛”=“辛”（字根U）+“丶”（首笔Y）+“一”（次笔G）+“丨”（末笔H），编码为UYGH；
- “马”=“马”（字根C）+“𠃍”（首笔N）+“㇉”（次笔N）+“一”（末笔G），编码为CNNG。

4．合体字输入

合体字是指由两个或两个以上的独体字构成的汉字。五笔字型中的合体字则引伸为由两个或两个以上的字根构成的汉字，也就是说除了键名字和键面字外，其他汉字均属于合体字。输入合体字需要掌握拆分规则、编码规则和识别码。

（1）拆分规则

合体字在汉字中占绝大部分，为了能对它们进行准确编码，就必须掌握合体字的拆分规则。合体字的拆分规则有5条，归纳为用4个字来说明一条规则的口诀：“笔顺勿乱、取大优先、兼顾直观、能连不交、能散不连”。

- 笔顺勿乱。在拆分合体字时，一定要根据汉字正确的书写顺序进行。汉字正确的书写顺序是：先左后右，先上后下，先横后竖，先撇后捺，先内后外，先中间后两边，先进门后关门等。
- 取大优先。在拆分合体字时，应按照书写顺序拆分成几个字根，以拆分后的字根总数越少越好。例如：“年”字的正确拆分方法是取“𠂉”、“丨”和“十”，而不是取“𠂉”、“一”、“丨”和“十”。
- 兼顾直观。为了照顾字根的完整性，不得不违反“笔顺勿乱”和“取大优先”规

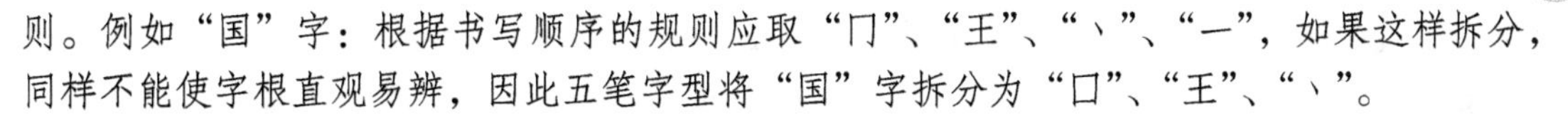

则。例如“国”字：根据书写顺序的规则应取“冂”、“王”、“丶”、“一”，如果这样拆分，同样不能使字根直观易辨，因此五笔字型将“国”字拆分为“囗”、“王”、“丶”。

- 能连不交。如果字既可以按相连关系拆分，又可以按相交的关系拆分，则要按相连的关系拆分，因为通常“连”比“交”更为直观易记。例如，“丑”字正确的拆分是“乛”、“土”，因为这两个字根之间的关系是相连的，如果取“刀”、“二”，二者为相交关系。
- 能散不连。如果字可以看做是几个基本字根散的关系，就不要看做是连的关系。例如，“占”字正确拆分是“卜”、“口”，二者间按“连”处理是杂合型汉字，如果按“散”处理则是上下型汉字。此时，按“散”处理。

（2）编码规则

从字根的构成数量来看，可以将合体字分为以下 4 类：二元字（由两个字根构成的汉字）、三元字（由 3 个字根构成的汉字）、四元字（由 4 个字根构成的汉字）和多元字（由 4 个以上的字根构成的汉字）。每种类型的合体字它们的编码规则也不尽相同，下面分别说明。

- 二元字。输入全部字根，再输入一个末笔交叉识别码（简称识别码。末笔交叉识别码在后面介绍）。例如，“她”字先取“女”、“也”两个字根，然后再输入末笔交叉识别码“N”；“杜”字先取“木”、“土”两个字根，然后再输入末笔交叉识别码“G”。
- 三元字。输入全部字根，再输入一个末笔交叉识别码。例如，“串”字是先取“口”、“口”、“|”，再输入末笔交叉识别码“K”；“桔”字是先取“木”、“士”、“口”，再输入末笔交叉识别码“G”。
- 四元字。按照书写顺序取 4 个字根的编码。例如，“型”字的书写顺序是“一”、“廾”、“刂”、“土”，其编码为 GAJF；“得”字的书写顺序是“彳”、“日”、“一”、“寸”，其编码为 TJGF。
- 多元字。按照书写顺序取第 1、第 2、第 3 个字根和最后一个字根。例如，“输”字的书写顺序是“车”、“人”、“一”、“月”、“刂”，取该字的第 1、第 2、第 3 个字根和最后一个字根，其编码为 LWGJ；“编”字的书写顺序是“纟”、“丶”、“尸”、“冂”、“廾”，取该字的第 1、第 2、第 3 个字根和最后一个字根，其编码为 XYNA。

（3）识别码

二元字和三元字的编码均不足 4 个，如果只输入字根的编码则很容易造成重码，从而影响输入速度。例如，同是“口”、“八”两个字根，当“口”和“八”是上下型的位置关系时，可以构成“只”字，而当二者是左右型的位置关系时，则可以构成“叭”字。如果只输入“口”和“八”两个字根的编码 KW，系统无法判别用户需要的汉字是“只”还是“叭”。

当同一个键上的字根分别与另一字根组成汉字时，也会出现重码的情况。例如，S 键上有“木”、“丁”、“西”3 个字根，当它们与 I 键上的“氵”字根组成汉字“沐”、“汀”、“洒”时，3 个字的编码都是 IS。如果只输入 IS，系统同样无法确定输入的是哪个汉字。

为了尽可能地减少重码，五笔字型编码方案引入了末笔交叉识别码。它是由汉字的末笔笔画和字型信息共同构成的，也就是说当汉字的编码不足 4 个时（一般称这种情况为信息量不足），便根据该字最后一笔所在的区号和该字的字型号取一个编码，加到字根编码的后面，这便是末笔交叉识别码。

五笔字型将汉字的笔画归纳为 5 种类型，即“横、竖、撇、捺、折”，而汉字字型有左右型（代号为 1）、上下型（代号为 2）、杂合型（代号为 3）3 种。通过将笔画和字型信息进

行组合，就得出了15种末笔交叉识别码，如表2-7所示。

表2-7　　末笔交叉识别码

末笔 \ 字型识别码	左右型（1）	上下型（2）	杂合型（3）
横（1）	G（11）	F（12）	D（13）
竖（2）	H（21）	J（22）	K（23）
撇（3）	T（31）	R（32）	E（33）
捺（4）	Y（41）	U（42）	I（43）
折（5）	N（51）	B（52）	V（53）

末笔交叉识别码有以下快速记忆方法。

- 对于左右型（1型）汉字，当输完字根后，补打1次末笔笔画所在键位，即等同于加了“识别码”。例如，“沐”＝“氵”（I）＋“木”（S），“沐”字的末笔是“㇏”，其“识别码”即为“㇏”所在的键位Y，因此“沐”字的完整编码为ISY；“汀”＝“氵”（I）＋“丁”（S），“汀”字的末笔是“|”，其“识别码”即为“|”所在的键位H，因此“汀”字的完整编码为ISH。
- 对于上下型（2型）汉字，当输完字根后，补加一个由两个末笔笔画复合构成的“字根”，即等同于加了“识别码”。例如，“华”＝“亻”（W）＋“匕”（X）＋“十”（F），“华”字的末笔是“|”，其“识别码”即为“刂”所在键位J，因此“华”字的完整编码为WXFJ；“字”＝“宀”＋“子”，“字”这个字的末笔是“一”，其“识别码”即为“二”所在键位F，因此“字”这个字的完整编码为PBF。
- 对于杂合型（3型）汉字，当输完字根后，补加一个由3个末笔笔画复合构成的“字根”，即等同于加了“识别码”。例如，“同”＝“冂”（M）＋“一”（G）＋“口”（K），“同”字的末笔是“一”，其“识别码”即为“三”所在的键位D，因此“同”字的完整编码为MGKD；“串”＝“口”（K）＋“口”（K）＋“丨”（H），“串”字的末笔是“|”，其“识别码”即为“川”所在的键位K，因此“串”字的完整编码为KKHK。

5．简码输入

五笔字型为了提高输入速度，将一些常用字的输入码进行了简化，只取其1～3码，再加空格键即可输入，这便是一、二、三级简码。通过简码输入，大部分常用字只取其1～3码即可输入，大大提高了汉字输入的速度。

（1）一级简码

一级简码又叫高频字，就是将现代汉语中使用频率最高的25个汉字，分布在键盘的25个字母键上（见图2-40），输入时只需按一下简码字所在的键，再按一下空格键即可。

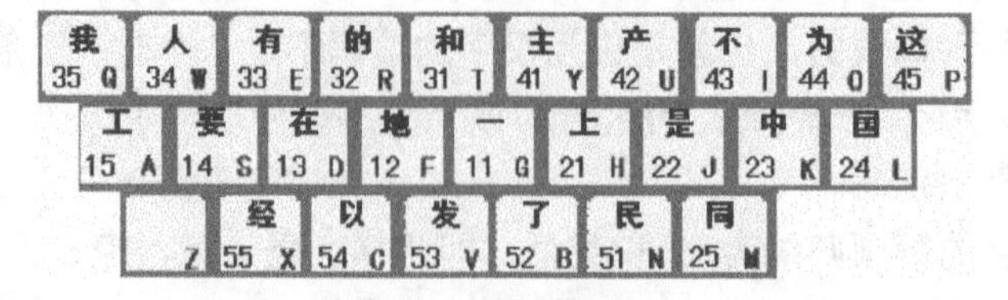

图2-40　一级简码键盘分布

（2）二级简码

二级简码共有600多个，86版二级简码如表2-8所示，98版二级简码如表2-9所示，输入时只输入前两个字根，再按一下空格键即可。

表2-8　　86版二级简码

	GFDSA	HJKLM	TREWQ	YUIOP	NBVCX
G	五于天末开	下理事画现	玫珠表珍列	玉平不来琮	与屯妻到互
F	二寺城霜载	直进吉协南	才垢圾夫无	坟增示赤过	志地雪支坶
D	三夺大厅左	丰百右历面	帮原胡春克	太磁砂灰达	成顾肆友龙
S	本村枯林械	相查可楞杨	格析极检构	术样档杰棕	杨李要权楷
A	七革基苛式	牙划或功贡	攻匠菜共区	芳燕东蒌芝	世节切芭药
H	睛睦睚盯虎	止旧占卤贞	睡睥肯具餐	眩瞳步眯瞎	卢　眼皮此
J	量时晨果虹	早昌蝇曙遇	昨蝗明蛤晚	景暗晃显晕	电最归紧昆
K	呈叶顺呆呀	中虽吕另员	呼听吸只史	嘛啼吵噗喧	叫啊哪吧哟
L	车轩因困轼	四辊加男轴	力斩胃办罗	罚较　辚边	思团轨轻累
M	同财央朵曲	由则迴崭册	几贩骨内风	凡赠峭赕迪	岂邮　凤嶷
T	生行知条长	处得各务向	笔物秀答称	入科秒秋管	秘季委么第
R	后持拓打找	年提扣押抽	手折扔失换	扩拉朱搂近	所报扫反批
E	且肝须采肛	胩胆肿肋肌	用遥朋脸胸	及胶膛膦爱	甩服妥肥脂
W	全会估休代	个介保佃仙	作伯仍从你	信们偿伙侬	亿他分公化
Q	钱针然钉氏	外旬名甸负	儿铁角欠多	久匀乐炙锭	包凶争色镄
Y	主计庆订度	让刘训为高	放诉衣认义	方说就变这	记离良充率
U	闰半关亲并	站间部曾商	产瓣前闪交	六立冰普帝	决闻妆冯北
I	汪法尖洒江	小浊澡渐没	少泊肖兴光	注洋水淡学	沁池当汉涨
O	业灶类灯煤	粘烛炽烟灿	烽煌粗粉炮	米料炒炎迷	断籽娄烃糨
P	定守害宁宽	寂审宫军宙	客宾家空宛	社实宵灾之	官字安它
N	怀导居憷民	收慢避惭届	必怕　愉懈	心习悄屡忧	忆敢恨怪尼
B	卫际承阿陈	耻阳职阵出	降孤阴队隐	防联孙耿辽	也子限取陛
V	姨寻姑杂毁	叟旭如舅妯	九姝奶臾婚	妨嫌录灵巡	刀好妇妈姆
C	骊对参骠红	骒台劝观	矣牟能难允	驻骈　　驼	马邓艰双
X	线结顷缥红	引旨强细纲	张绵级给约	纺弱纱继综	纪弛绿经比

表 2-9　　98 版二级简码

	GFDSA	HJKLM	TREWQ	YUIOP	NBVCX
G	五于天末开	下理事画现	麦珀表珍万	玉来求亚琛	与击妻到互
F	十寺城某域	直刊吉雷南	才垢协零地	坊增示赤过	志城雪支坶
D	三夺大厅左	还百右面而	故原历其克	太辜砂矿达	成破肆友龙
S	本票顶林模	相查可柬贾	枚析杉机构	术样档杰枕	札李根权楷
A	七革苦莆式	牙划或苗贡	攻区功共匹	芳蒋东蘑芝	艺节切芭药
H	睛睦非盯瞒	步旧占卤贞	睡睥肯具餐	虔瞳步虚瞎	虑眼眸此
J	量时晨果晓	早昌蝇曙遇	鉴蚯明蛤晚	影暗晃显蛇	电最归坚昆
K	号叶顺呆呀	足虽吕喂员	吃听另只兄	唁咬吵嘛喧	叫啊啸吧哟
L	车团因困轼	四辊回田轴	略斩男界罗	罚较辘连	思团轨轻累
M	赋财央崧曲	由则迥崭册	败冈骨内见	丹赠峭赃迪	岂邮峻幽
T	年等知条长	处得各备身	铁稀务答稳	入冬秒秋乏	乐秀委么每
R	后质拓打找	看提扣押抽	手折拥兵换	搞拉泉扩近	所报扫反指
E	且肚须采肛	毡胆加舆觅	用貌朋办胸	肪胶膛脏边	力服妥肥脂
W	全什估休代	个介保佃仙	八风佣从你	信你偿伙伫	亿他分公化
Q	钱针然钉工	外甸名甸负	儿勿角欠多	久匀尔炙锭	包迎争色锴
Y	证计诚订试	让刘训亩市	放义衣认询	方详就亦亮	记离良充率
U	半斗头亲并	着间问闸端	道交前闪次	六立冰普	闷疗妆痛北
I	光汗尖浦江	小浊溃泗油	少汽肖没沟	济洋水渡党	沁波当汉涨
O	精庄类床席	业烛燥库灿	庭粕粗府底	广粒应炎迷	断籽数序鹿
P	家守害宁赛	寂审宫军宙	客宾农空宛	社实宵灾之	官字安它
N	那导居懒异	收慢避惭届	改怕尾恰懈	心飞尿屡忱	已敢恨怪尼
B	卫际承阿陈	耻阳职阵出	降孤阴队陶	及联孙耿辽	也子限取陛
V	建寻姑杂既	肃旭如姻妯	九婢姐妗婚	妨嫌录灵退	恳好妇妈姆
C	马对参牺戏	台观	矣能难物	叉	予邓艰双
X	线结顷缚红	引旨强细贯	乡绵组给约	纺弱纱继综	纪级绍弘比

（3）三级简码

只要某个汉字的前 3 个字根编码在五笔字型中是唯一的，这个字都可以用三级简码来输入。在五笔字型中，三级简码共有 4000 多个。虽然三级简码在输入时也需要敲击 4 次键，但因为有很多字不用再追加末笔交叉识别码，无形中提高了汉字的输入速度。

6．词组输入

为了更快地输入汉字，五笔字型除了提供简码输入外，还允许直接输入词组，而且并没有增加编码的数量，仍然使用四码。也就是说无论一个词组有多长，都只需敲击 4 次键即可输入，这样就大幅度地提高了汉字的输入速度。

词组是由两个或两个以上的汉字组合而成的，一般分为双字词、三字词、四字词及多字词4种。在五笔字型中，词组的类型不同，其编码规则也有所区别。

（1）双字词

双字词就是由两个汉字组成的词组，它的编码规则是：按书写顺序取每个字的前两个编码。例如：

- “汉字” = “氵”（I） + “又”（C） + “宀”（P） + “子”（B）
  编码为ICPB；
- “实践” = “宀”（P） + “⺀”（U） + “口”（K） + “止”（H）
  编码为PUKH；
- “操作” = “扌”（R） + “口”（K） + “亻”（W） + “𠂉”（T）
  编码为RKWT。

（2）三字词

三字词就是由3个汉字组成的词组，它的编码规则是：取前两个字的第1码加最后一个字的前两个码。例如：

- “海南省” = “氵”（I） + “十”（F） + “小”（I）、“丿”（T）
  编码为IFIT；
- “劳动者” = “艹”（A） + “二”（F） + “土”（F） + “丿”（T）
  编码为AFFT。

（3）四字词

由4个汉字组成的词组称为四字词，四字词的编码规则是各取4个汉字的第1码。例如：

- “五笔字型” = “五”（G） + “竹”（T） + “宀”（P） + “一”（G）
  编码为GTPG；
- “国际合作” = “口”（K） + “阝”（B） + “人”（W） + “亻”（W）
  编码为LBWW。

（4）多字词

由4个以上汉字组成的词组称为多字词，多字词的编码规则是取前3个字加最后一个字的第1码。例如：

- “工程技术人员” = “工”（A） + “禾”（T） + “扌”（R） + “口”（K）
  编码为ATRK；
- “对外经济贸易部” = “又”（C） + “夕”（Q） + “纟”（X） + “立”（U）
  编码为CQXU。

7. 万能键“Z”

用五笔字型输入汉字时，对一时记不清或拆分不准的任何字根，都可用 Z 键来代替。例如，当要输入“键”字却忘了该字第2、第3字根的键位时，可以用 Z 键来代替第2、第3字根的键位，即输入“QZZP”，则在重码提示窗口中会出现包括“键”字在内的所有首字根在Q上末字根在P上的字，如图2-41所示。

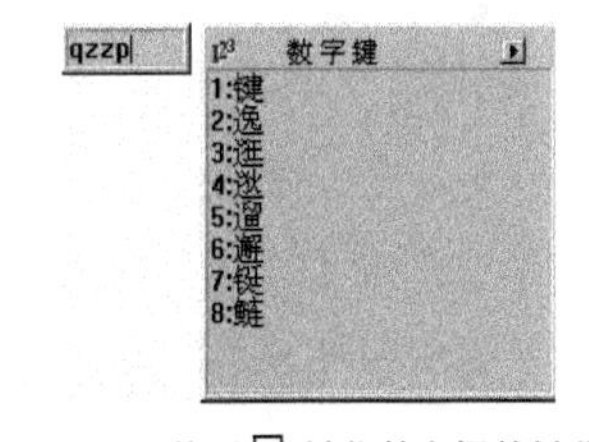

图2-41 使用 Z 键代替字根的键位

由于 Z 键具有帮助学习的作用，它可以代替其他键位和汉字的任何字根，所以称 Z 键为“万能学习键”。初学五笔字

型时，可以充分利用 Z 键来帮助学习。

2.5 Windows XP 中的文件管理

Windows XP 中的程序、数据等都存放在文件中，文件被组织在文件夹中。对文件、文件夹的操作是 Windows XP 中的基本操作，通常在【我的电脑】窗口或【资源管理器】窗口中对文件进行管理，包括创建、查看、选择、更名、复制、删除、移动、查找等操作。快捷方式是系统对象（文件、文件夹、磁盘驱动器）的一个链接，使用快捷方式，可大大提高对文件的操作速度。

2.5.1 文件系统的基本概念

在 Windows XP 中，文件是一组有名称的相关信息的集合，程序、数据都以文件的形式被组织在文件夹中存放外存储器上，文件的这种管理方式称为文件系统。

1．软盘、硬盘和光盘的编号

“A:”和“B:”是软盘驱动器的编号。计算机最主要的外存储器是硬盘，计算机上至少有一个硬盘。一个硬盘通常分为几个区，Windows XP 给每个分区都编一个号，依次是“C:”、“D:”等。如果系统有多个硬盘，其他硬盘分区的编号紧接着前一个硬盘最后一个分区的编号。光盘的编号紧接着最后一个硬盘的编号。如果系统插入有 U 盘和移动硬盘，则它们的编号紧接着光盘的编号。

2．文件与文件夹

Windows XP 把文件组织到文件夹中，文件夹中除了存放文件外，还能再存放文件夹，称为子文件夹。Windows XP 中的文件、文件夹的组织结构是树形结构，即一个文件夹中可包含多个文件和文件夹。

3．文件和文件夹的命名规则

在 Windows XP 中，文件和文件夹都有名字，系统是根据它们的名字来存取的。文件和文件夹的命名规则如下。

- 文件、文件夹名不能超过 255 个字符，1 个汉字相当于 2 个字符。
- 文件、文件夹名中不能出现下列字符：斜线(/)、反斜线(\)、竖线(|)、小于号(<)、大于号(>)、冒号(:)、引号("或')、问号(？)和星号(*)。
- 文件、文件夹名不区分大小写字母。
- 文件、文件夹名最后一个句点(.)后面的字符（通常为 3 个）为扩展名，用来表示文件的类型。文件夹通常没有扩展名，但有扩展名也不会出错。
- 同一个文件夹中，文件与文件不能同名，文件夹与文件夹不能同名，文件与文件夹不能同名。所谓的同名是指主名与扩展名都完全相同。

4．文件类型及其图标

在 Windows XP 中，每个文件都有文件的类型。文件的扩展名可帮助用户辨认文件的类

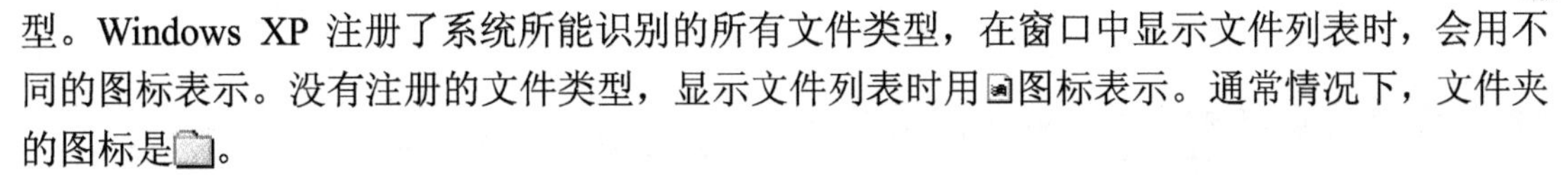

型。Windows XP 注册了系统所能识别的所有文件类型，在窗口中显示文件列表时，会用不同的图标表示。没有注册的文件类型，显示文件列表时用图标表示。通常情况下，文件夹的图标是。

表 2-10 中列出了常见的 Windows XP 注册的文件扩展名、对应的图标及其所代表的类型。

表 2-10　　文件的图标、扩展名、类型对照表

图标	扩展名	类型	图标	扩展名	类型
	txt	文本文件		com	DOS 命令文件
	doc	Word 2003 文档文件		exe	DOS 应用程序
	xls	Excel 2003 工作簿文件		bat	DOS 批处理程序文件
	ppt	PowerPoint 2003 演示文稿文件		sys	DOS 系统配置文件
	htm	网页文档文件		ini	系统配置文件
	bmp	位图图像文件		drv	驱动程序文件
	jpg	一种常用的图像文件		dll	动态链接库
	gif	一种常用的图像文件		hlp	帮助文件
	pcx	一种常用的图像文件		fon	字体文件
	wav	声音波形文件		ttf	TrueType 字体文件
	mid	乐器数字化接口文件		avi	声音影像文件

2.5.2　【我的电脑】窗口和【资源管理器】窗口

文件管理操作既可在【我的电脑】窗口中进行，也可在【资源管理器】窗口中进行，由于【资源管理器】窗口不仅能查看文件夹中的文件，还能查看文件系统的结构，因而可以非常方便地管理文件和文件夹。

1.【我的电脑】窗口

选择【开始】/【我的电脑】命令，即可打开【我的电脑】窗口，如图 2-42 所示。窗口的工作区中包含了软盘、硬盘、光盘等图标。

在【我的电脑】窗口中，双击某个图标后，会打开该对象，在窗口中会显示其中的内容。当双击软盘、硬盘、光盘、U 盘或移动硬盘的图标后，在窗口中会显示该对象所包含的文件夹和文件。

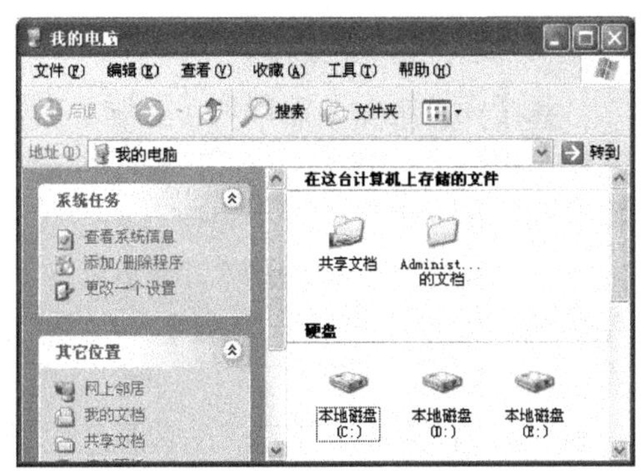

图 2-42　【我的电脑】窗口

2.【资源管理器】窗口

打开【资源管理器】窗口有以下方法。

- 选择【开始】/【所有程序】/【附件】/【Windows 资源管理器】命令。

- 右击开始按钮，在弹出的快捷菜单中选择【资源管理器】命令。

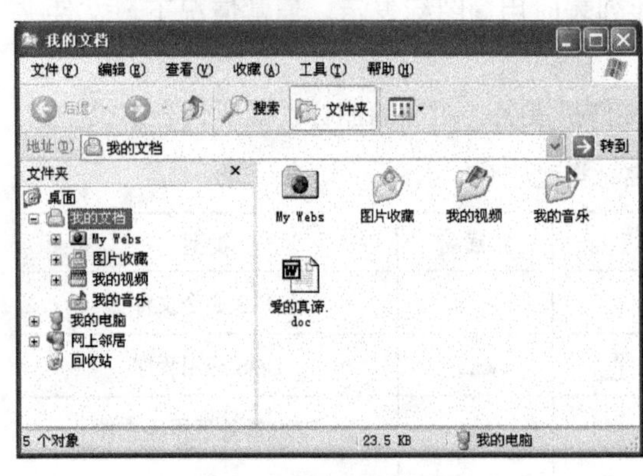

图 2-43 【资源管理器】窗口

- 右击已打开窗口（如【我的电脑】窗口）中的驱动器或文件夹，在弹出的快捷菜单中选择【资源管理器】命令。

启动资源管理器后，出现如图 2-43 所示的【资源管理器】窗口。

【资源管理器】窗口与其他窗口类似，不同的是资源管理器的工作区中包含两个窗格。

- 左窗格显示一个树形结构图，表示计算机资源的组织结构，最顶层是“桌面”图标，计算机的大部分资源都组织在该图标下。
- 右窗格显示左窗格中选定的对象所包含的内容。

在【资源管理器】左窗格中，如果一个文件夹包含有下一层子文件夹，则该文件夹的左边有一个方框，方框内有一个加号（+）或减号（-）。“+”表示该文件夹没有展开，看不到下一级子文件夹。“-”表示该文件夹已被展开，可看到下一级子文件夹。

文件夹的展开与折叠有以下操作。

- 单击文件夹左侧的“+”号，展开该文件夹，并且“+”号变成“-”号。
- 单击文件夹左侧的“-”号，折叠该文件夹，并且“-”号变成“+”号。
- 双击文件夹，展开或折叠该文件夹。

3．文件/文件夹的查看方式

在【我的电脑】窗口和【资源管理器】右窗格中，文件/文件夹有 5 种查看方式：缩略图、平铺、图标、列表和详细资料。改变文件/文件夹的查看方式有以下方法。

- 单击按钮换成下一种查看方式。
- 单击按钮右侧的按钮，在打开的列表中选择查看方式。
- 在【查看】菜单中选择所需要的查看方式。
- 在右窗格中右击鼠标，从弹出的快捷菜单的【查看】菜单中选择所需要的查看方式。

图 2-43 所示为图标显示方式，图 2-44 所示为列表显示方式。

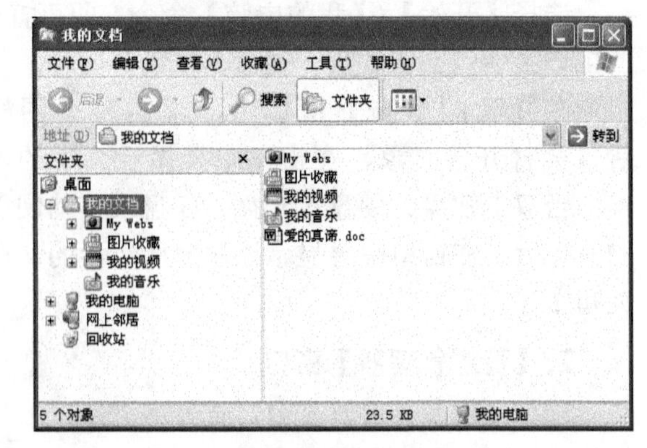

图 2-44 列表显示方式

4．文件/文件夹的排序

在【我的电脑】窗口和【资源管理器】右窗格中，文件/文件夹有 4 种排序方式：按名称、按类型、按大小和按日期。

选择【查看】/【排列图标】命令，在弹出的子菜单中选择一个命令，文件/文件夹就按相应的方式排序。

文件/文件夹排序后，尽管显示时排列顺序有可能发生变化，但文件/文件夹在磁盘上的存储位置并不改变。

2.5.3 对文件/文件夹的操作

对文件/文件夹的操作包括选定文件/文件夹、打开文件/文件夹、创建文件/文件夹、重命名文件/文件夹、复制文件/文件夹、移动文件/文件夹、删除文件/文件夹、恢复文件/文件夹、搜索文件/文件夹。

1. 选定文件/文件夹

在对文件/文件夹进行操作之前，首先选定要操作的文件/文件夹。在【我的电脑】窗口和【资源管理器】右窗格中，选定文件/文件夹有以下方法。

- 选定单个文件/文件夹：单击要选定的文件/文件夹图标。
- 选定连续的多个文件/文件夹：先选定第1项，再按住Shift键，单击最后一项。
- 选定不连续的多个文件/文件夹：按住Ctrl键，逐个单击要选定的文件/文件夹图标。
- 选定全部文件/文件夹：选择【编辑】/【全部选定】命令或按Ctrl+A组合键。

2. 打开文件/文件夹

在【我的电脑】窗口和【资源管理器】右窗格中，打开文件/文件夹有以下方法。

- 双击文件/文件夹名或图标。
- 选定文件/文件夹后，按回车键。
- 选定文件/文件夹后，选择【文件】/【打开】命令。
- 右击文件/文件夹名或图标，在弹出的快捷菜单中选择【打开】命令。

打开的对象不同，系统完成的操作也不一样，说明如下。

- 打开一个文件夹，则在【我的电脑】窗口的工作区或【资源管理器】右窗格中显示该文件夹中的文件和子文件夹。
- 打开一个程序文件，则系统启动该程序。
- 打开一个文档文件，则系统启动相应的应用程序，并自动装载该文档文件。
- 打开一个快捷方式，则相当于打开该快捷方式所指的对象。

3. 创建文件/文件夹

在【我的电脑】窗口和【资源管理器】右窗格中，可以创建空文件或空文件夹。所谓空文件是指该文件中没有内容，所谓空文件夹是指该文件夹中没有文件和子文件夹。创建文件/文件夹有以下方法。

- 选择【文件】/【新建】命令。
- 在【我的电脑】窗口的工作区或【资源管理器】右窗格的空白处单击鼠标右键，从弹出的快捷菜单中选择【新建】命令。

以上任何操作，都弹出如图2-45所示的【新建】子菜单，选择其中的一个命令，即可建立相应的文件或文件夹。

图2-45 【新建】子菜单

系统会为新建的文件或文件夹自动取一个名字，然后马上让用户更改名字，这时，用户在文件或文件夹名称框中输入新的名字后按回车键，即可为此文件或文件夹改名。

4. 重命名文件/文件夹

要重命名文件/文件夹，应先选定文件/文件夹。在【我的电脑】

窗口和【资源管理器】右窗格中，选定文件/文件夹后，重命名文件/文件夹有以下方法。

- 单击文件/文件夹名框，在文件/文件夹名框中输入新名。
- 选择【文件】/【重命名】命令，在文件/文件夹名框中输入新名。
- 右击文件/文件夹，在弹出的快捷菜单中选择【重命名】命令，在文件/文件夹名框中输入新名。

重命名文件/文件夹时应注意以下几点。

- 在重命名过程中，按回车键完成重命名的操作，按 Esc 键则取消重命名操作。
- 文件/文件夹的新名不能与同一文件夹中的其他文件/文件夹名相同。
- 如果更改文件的扩展名，系统会给出提示。

5．复制文件/文件夹

要复制文件/文件夹，应先选定文件/文件夹。在【我的电脑】窗口和【资源管理器】右窗格中，选定文件/文件夹后，复制文件/文件夹有以下方法。

- 若目标位置和原位置不是在同一个磁盘分区，直接将其拖动到目标位置即可。注意，对于程序文件，用这种方法建立的是快捷方式，而不是进行复制。
- 按住 Ctrl 键将其拖动到目标位置。
- 按住鼠标右键将其拖动到目标位置，在弹出的快捷菜单中选择【复制到当前位置】命令。
- 先把要复制的文件/文件夹复制到剪贴板，然后在目标位置从剪贴板中粘贴。有关剪贴板的操作参见“2.2.3 剪贴板”一节。

复制文件/文件夹的目标位置必须是一个文件夹，通过【我的电脑】窗口、【资源管理器】右窗格、【资源管理器】左窗格都可以指定一个文件夹。复制文件夹时，会连同文件夹中的所有内容一同复制。

6．移动文件/文件夹

要移动文件/文件夹，应先选定文件/文件夹。在【我的电脑】窗口和【资源管理器】右窗格中，选定文件/文件夹后，移动文件/文件夹有以下方法。

- 若目标位置和原位置是在同一个磁盘分区，直接将其拖动到目标位置即可。注意，对于程序文件，用这种方法建立的是快捷方式，而不是进行移动。
- 按住 Shift 键将其拖动到目标位置。
- 按住鼠标右键将其拖动到目标位置，在弹出的快捷菜单中选择【移动到当前位置】命令。
- 先把要移动的文件/文件夹剪切到剪贴板，然后在目标位置从剪贴板中粘贴。

移动文件/文件夹的目标位置可以是【我的电脑】窗口、【资源管理器】右窗格、【资源管理器】左窗格，还可以是【我的电脑】窗口和【资源管理器】窗口以外的窗口。移动文件夹时，会连同文件夹中的所有内容一同移动。

7．删除文件/文件夹

删除文件/文件夹有两种方式：临时删除和彻底删除。

（1）临时删除

要临时删除文件/文件夹，应先选定文件/文件夹。在【我的电脑】窗口和【资源管理器】右窗格中，选定文件/文件夹后，临时删除文件/文件夹有以下方法。

- 单击 ✕ 按钮。

- 按Delete键。
- 选择【文件】/【删除】命令。
- 直接将其拖动到【回收站】中。
- 右击鼠标，在弹出的快捷菜单中选择【删除】命令。

对以上操作，系统都会弹出如图 2-46 所示的【确认文件删除】对话框（以删除“爱的真谛.doc”文件为例）。如果确实要删除，单击 是(Y) 按钮，否则单击 否(N) 按钮。

临时删除只是将文件/文件夹移动到回收站，并没有从磁盘上清除，如果还需要它们，可以从回收站中恢复。

（2）彻底删除

彻底删除文件/文件夹有以下方法。

- 先临时删除，再打开【回收站】，删除相应的文件/文件夹。
- 选定要删除的文件/文件夹，按Shift+Delete组合键。

用以上任何一种方法，都会弹出如图 2-47 所示的【确认文件删除】对话框（以删除“爱的真谛.doc”文件为例）。如果确实要删除，单击 是(Y) 按钮，否则单击 否(N) 按钮。

图 2-46 【确认文件删除】对话框

图 2-47 【确认文件删除】对话框

与临时删除不同，彻底删除将文件从磁盘上清除，不能再恢复，因此应特别小心。

8. 恢复文件/文件夹

临时删除的文件/文件夹可以恢复，恢复文件/文件夹通常有以下方法。

- 在【我的电脑】窗口或【资源管理器】窗口中，如果刚做完了删除操作，可单击按钮或选择【编辑】/【撤销】命令，撤销删除操作，恢复原来的文件。
- 打开【回收站】，选定要恢复的文件，再选择【文件】/【还原】命令。

9. 搜索文件/文件夹

如果只知道文件/文件夹名，要想确定它在哪个文件夹中，可使用【搜索】命令。执行【搜索】命令有以下方法。

- 在【资源管理器】窗口中，单击 搜索 按钮。
- 在任务栏上，选择【开始】/【搜索】命令。

用以上任何一种方法，【资源管理器】窗口或新打开的【搜索结果】窗口的左窗格（称为【搜索助理】任务窗格）都如图 2-48 所示。

（1）搜索多媒体文件

在图 2-48 所示的【搜索助理】任务窗格中，选择【图片、音乐和视频】命令，此时的任务窗格如图 2-49 所示，可进行以下操作。

- 选择【图片和相片】、【音乐】和【视频】复选框，则搜索相应的文件。
- 在【全部或部分文件名】文本框中，输入所要搜索文件的全部或部分文件名。
- 选择【更多高级选项】命令，展开高级选项，从中可设置文件中包含的文字、文件的位置、文件的最后修改时间和文件的大小等。

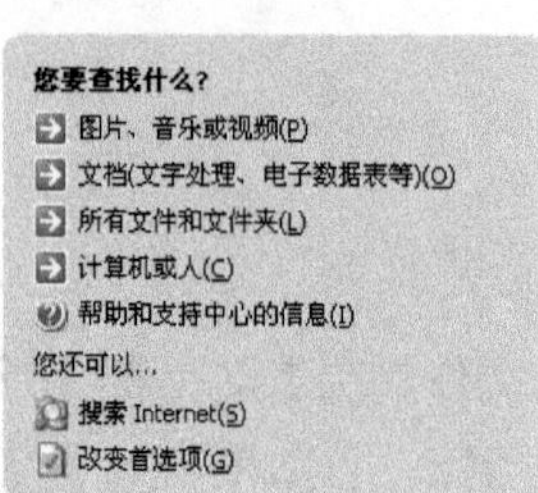

图 2-48 【搜索助理】任务窗格

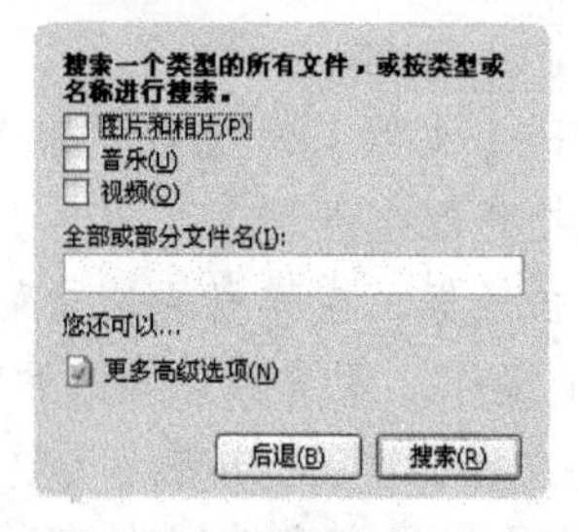

图 2-49 【搜索多媒体文件】任务窗格

- 单击 搜索(R) 按钮，开始按所做设置搜索，搜索结果在窗口的工作区中显示。

（2）搜索文档文件

在图 2-48 所示的【搜索助理】任务窗格中，选择【文档（文字处理、电子数据表等）】命令，此时的任务窗格如图 2-50 所示，可进行以下操作。

- 选择【不记得】单选钮，则搜索没有修改时间限制的文档文件。
- 选择【上个星期内】单选钮，则搜索上个星期内修改过的文档文件。
- 选择【上个月】单选钮，则搜索上个月修改的文档文件。
- 选择【去年一年内】单选钮，则搜索去年一年内修改过的文档文件。
- 在【完整或部分文档名】文本框中，输入所要搜索文件的完整或部分文件名。
- 选择【更多高级选项】命令，展开高级选项，从中可设置文件中包含的文字、文件的位置和文件的大小等。
- 单击 搜索(R) 按钮，开始按所做设置搜索，搜索结果在窗口的工作区中显示。

（3）搜索所有文件和文件夹

在图 2-48 所示的【搜索助理】任务窗格中，选择【所有文件和文件夹】命令，此时的任务窗格如图 2-51 所示，可进行以下操作。

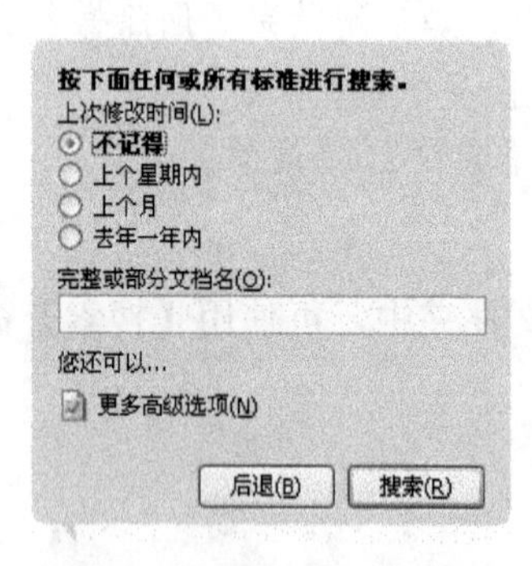

图 2-50 【搜索文档】任务窗格

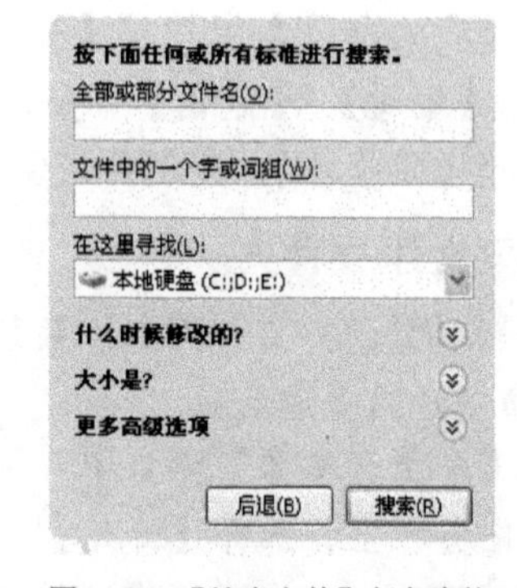

图 2-51 【搜索文件】任务窗格

- 在【全部或部分文件名】文本框中，输入所要搜索文件的全部或部分文件名。
- 在【文件中的一个字或词组】文本框中，输入所要搜索文件中包含的字或词组。
- 在【在这里寻找】下拉列表中，选择要搜索的磁盘。
- 单击【什么时候修改的】项右边的按钮，展开该选项，可设置文件最后修改时间的限制条件。
- 单击【大小是】项右边的按钮，展开该选项，可设置文件大小的限制条件。
- 单击【更多高级选项】项右边的按钮，展开该选项，可设置高级搜索条件。
- 单击 搜索(R) 按钮，开始按所做设置搜索，搜索结果在窗口的工作区中显示。

2.5.4 创建快捷方式

快捷方式是 Windows XP 中的对象（文件、文件夹、磁盘驱动器等）的一个链接。快捷方式有以下特点。

- 快捷方式的图标与其所链接对象的图标相似，只是在左下角多了一个↗标志。
- 原对象的位置和名称发生变化后，快捷方式能自动跟踪所发生的变化。
- 删除快捷方式后，所链接的对象不会被删除。
- 删除链接的对象后，快捷方式不会随之删除，但已经无实际意义了。
- 双击一个快捷方式的图标，即打开该快捷方式所链接的对象。

在【我的电脑】窗口和【资源管理器】右窗格中，创建快捷方式有两种常用方法：通过菜单命令创建和通过拖动对象创建。

1. 通过菜单命令

如同创建文件/文件夹一样，在如图 2-45 所示的【新建】子菜单中选择【快捷方式】命令，弹出如图 2-52 所示的【创建快捷方式】对话框。

在【请键入项目的位置】文本框中，输入所要链接对象的位置和文件名，或者单击 浏览(R)... 按钮，在弹出的对话框中选择所需要的对象，再单击 下一步(N) > 按钮，【创建快捷方式】对话框变成【选择程序标题】对话框，如图 2-53 所示（以“爱的真谛.doc”文件为例）。

在【选择程序标题】对话框中，如果有必要，在【键入该快捷方式的名称】文本框内修改快捷方式的名称，单击 完成 按钮后，即在当前位置创建所选对象的快捷方式。

图 2-52 【创建快捷方式】对话框

图 2-53 【选择程序标题】对话框

2. 通过拖动对象

通过拖动对象建立快捷方式有以下方法。

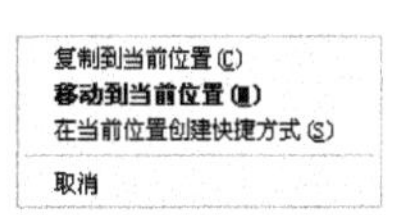

图 2-54 快捷菜单

- 按住鼠标右键把所要链接的对象拖到目标位置（可以在本窗口外，如桌面），弹出如图 2-54 所示的快捷菜单，选择【在当前位置创建快捷方式】命令，则在目标位置创建该对象的快捷方式。
- 把程序文件直接拖到目标位置（可以在本窗口外，如桌面），则在目标位置创建该程序文件的快捷方式。

用以上方法创建的快捷方式，快捷方式名称为原对象名前加上“快捷方式”字样。

2.6 Windows XP 中的记事本与画图应用程序

Windows XP 中文版提供了一些短小、实用的应用程序，这些程序被组织到【开始】/【所有程序】/【附件】程序组中，方便了用户操作。附件程序很多，这里只介绍其中的记事本、画图这两个应用程序。

2.6.1 记事本应用程序

记事本应用程序是一个文本编辑器，只能查看或编辑文本（“.txt”）文件，不能进行格式设置以及表格、图形处理。Windows XP 的记事本不能编辑大于 64KB 的文本文件。记事本的常用操作有：启动与退出、文本编辑、文件操作等。

1. 启动与退出

（1）启动记事本

启动记事本有以下方法。

- 选择【开始】/【所有程序】/【附件】/【记事本】命令。
- 打开一个文本文件。打开文件的方法见“2.5.3 对文件/文件夹的操作”一节。

以上方法都能启动记事本，前者将自动建立一个名为“无标题”的空白文本文件（见图 2-55），后者将自动装载打开的文本文件。

（2）退出记事本

退出记事本实际上就是关闭【记事本】窗口，关闭窗口的方法见“2.3.4 窗口的操作方法”一节。

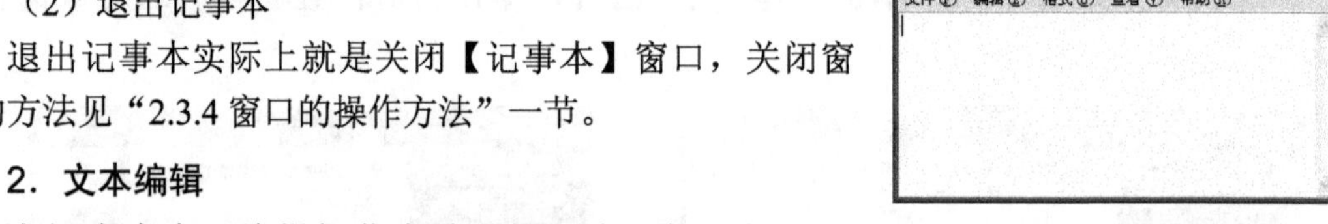

图 2-55 【记事本】窗口

2. 文本编辑

在记事本中，编辑操作有移动插入点光标、插入文本、选定文本、复制文本、移动文本、删除文本、查找文本等。

（1）移动插入点光标

在编辑区中有一个闪动的细竖条，称为插入点光标，它用来指示当前进行操作的位置。在文本中单击鼠标，插入点光标即移动到目标位置。用编辑键盘上的按键也可移动插入点光标，表 2-11 中列出了常用的移动光标按键。

表 2-11 常用的移动光标按键

按键	移动到	按键	移动到	按键	移动到
←	左侧一个字符	Home	当前行的行首	Ctrl+←	左侧一个词
→	右侧一个字符	End	当前行的行尾	Ctrl+→	右侧一个词
↑	上一行	Page Up	上一屏	Ctrl+Home	文件开始
↓	下一行	Page Down	下一屏	Ctrl+End	文件末尾

（2）插入文本

先把插入点光标移动到所要插入的位置，再从键盘上输入文字，输入的文字便插入到

插入点光标处。如果输入文字后按回车键，插入点光标后的文本将作为新的一段。

（3）选定文本

先把插入点光标移动到所要选定文本的开始位置，然后用鼠标在文本中拖动插入点光标，或者在按住 Shift 键的同时，按键盘上的光标移动键使插入点光标移动，就可选定鼠标光标经过的文本，按 Ctrl+A 组合键，可选定全部文本。选定的文本以“反白”方式显示（蓝底白字）。

（4）复制文本

先选定文本，再把选定的文本复制到剪贴板上，然后把插入点光标移动到目标位置，最后把剪贴板上的内容复制到当前位置。有关剪贴板的操作见“2.2.3 剪贴板”一节。

（5）移动文本

先选定文本，再把选定的文本剪切到剪贴板上，然后将插入点光标移动到目标位置，最后把剪贴板上的内容复制到当前位置。

（6）删除文本

按 Backspace 键，删除插入点光标左边的字符。按 Delete 键，删除插入点光标右边的字符。如果选定了文本，则按这两个键都可以删除选定的文本。

（7）查找文本

按 Ctrl+F 组合键，或选择【编辑】/【查找】命令，弹出如图 2-56 所示的【查找】对话框。在【查找】对话框中，可进行以下操作。

- 在【查找内容】文本框中，输入要查找的内容。
- 如果选择【区分大小写】复选框，则查找时区分英文字母的大小写。
- 如果选择【向上】单选钮，则从插入点光标处往前查找。如果选择【向下】单选钮，则从插入点光标处往后查找。
- 单击 查找下一个(F) 按钮进行查找，查找到的内容以“反白”方式显示，同时【查找】对话框不关闭。
- 单击 取消 按钮，结束查找，同时关闭【查找】对话框。

（8）替换文本

按 Ctrl+H 组合键，或者选择【编辑】/【替换】命令，弹出如图 2-57 所示的【替换】对话框。在【替换】对话框中，可进行以下操作。

图 2-56 【查找】对话框

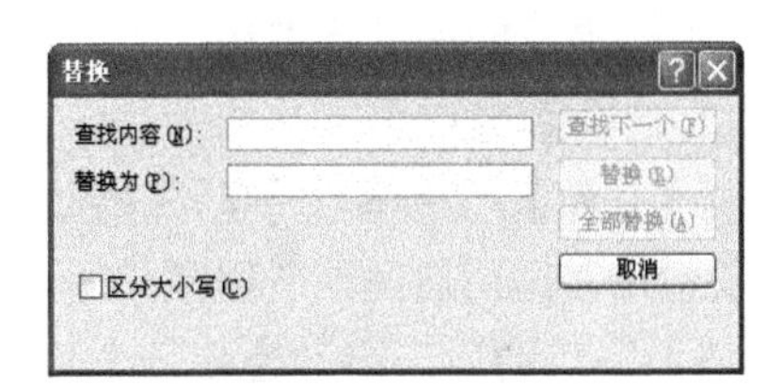

图 2-57 【替换】对话框

- 在【查找内容】文本框中输入要替换的内容。
- 在【替换为】文本框中输入替换后的内容。
- 如果选择【区分大小写】复选框，则查找时区分英文字母的大小写。
- 单击 查找下一个(F) 按钮，查找要替换的内容。
- 单击 替换(R) 按钮，替换查找到的一个内容。
- 单击 全部替换(A) 按钮，替换查找到的所有内容。

3．文件操作

在记事本中，文件操作包括新建文件、打开文件、保存文件、另存文件、页面设置和打印文件。

（1）新建文件

选择【文件】/【新建】命令，将自动建立一个名为“未定标题”的空白文本文件。新建文件时，如果先前的文件内容经过修改而没保存，系统会询问是否保存修改过的文件。

（2）打开文件

选择【文件】/【打开】命令，系统将弹出【打开】对话框，让用户选择要打开的文件。用户选择文件后，记事本中显示该文件的内容，用户可以查看和编辑。打开文件时，如果先前的文件内容经过修改而没保存，系统会询问是否保存修改过的文件。

（3）保存文件

选择【文件】/【保存】命令，保存当前内容。如果编辑的文件从未保存过，系统执行另存文件操作。

（4）另存文件

选择【文件】/【另存为】命令，系统将弹出【另存为】对话框，让用户确定新文件的位置和名称（文件扩展名通常为“.txt”）。

（5）页面设置

选择【文件】/【页面设置】命令，系统将弹出【页面设置】对话框，在该对话框中可设置纸张的大小、来源、方向、页边距、页眉和页脚等，详细操作步骤略。

（6）打印文件

选择【文件】/【打印】命令，可在打印机上打印当前文件。

2.6.2 画图应用程序

画图应用程序是一个绘图工具，可以用来创建或修改图画，图画可以是黑白的，也可以是彩色的。画图应用程序所能处理的图片有“.bmp”、“.jpg”、“.gif”、“.tif”或“.png”等格式。画图程序的常用操作有启动与退出、设置颜色、绘制图片、编辑图片、设置图片和文件操作等。

1．画图程序的启动与退出

（1）启动画图程序

选择【开始】/【所有程序】/【附件】/【画图】命令，即可启动画图程序。

画图程序启动后，自动建立一个名为“未命名”的空白图画，如图 2-58 所示，空白图画的大小是上一次建立图画的大小。第一次使用画图程序时，图画的默认大小是“400×300”像素。

【画图】窗口包括标题栏、菜单栏、工具栏、工作区（也叫绘图区）、染料盒和状态栏。

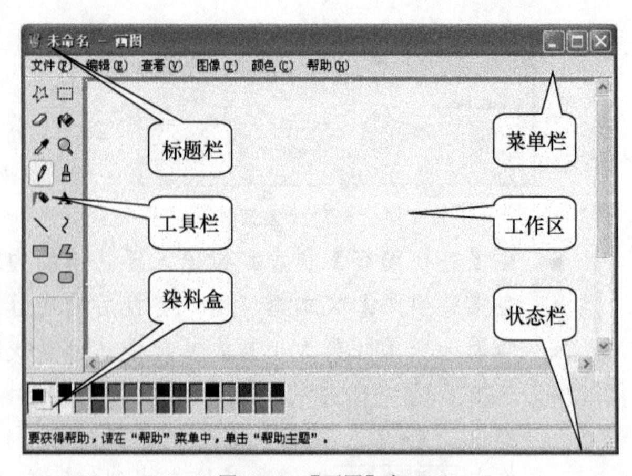

图 2-58 【画图】窗口

（2）退出画图程序

退出画图程序实际上就是关闭【画图】窗口，关闭窗口的方法见“2.3.4 窗口的操作方法”一节。

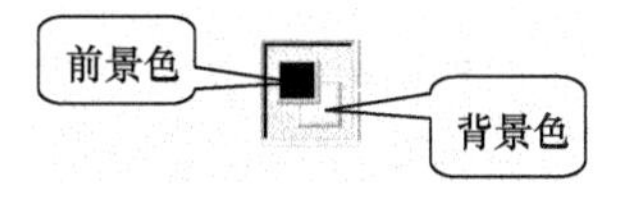

图 2-59 颜色指示框

2. 设置颜色

染料盒的最左边是颜色指示框，如图 2-59 所示，用来指示绘图时的前景色和背景色。常用来设置颜色的操作有设置前景色、设置背景色和编辑颜色。

（1）设置前景色

前景色是用于线条、图形边框和文本的颜色。单击染料盒中的一种颜色，即将该颜色设置为前景色。

（2）设置背景色

背景色是用于填充封闭图形和文本框的背景以及使用橡皮擦时的颜色。右击染料盒中的一种颜色，即将该颜色设置为背景色。

（3）编辑颜色

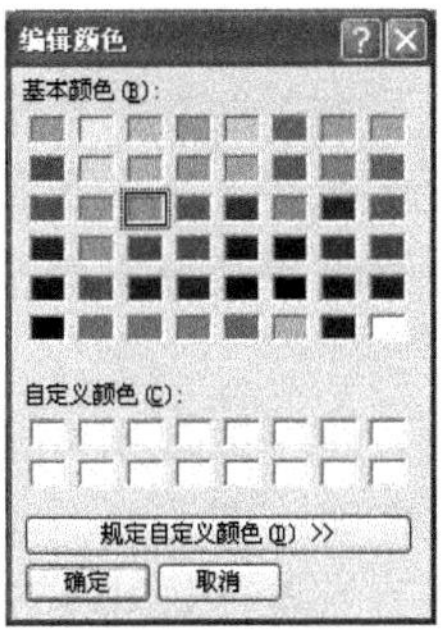

双击染料盒中的一种颜色，弹出如图 2-60 所示的【编辑颜色】对话框。在【基本颜色】列表中或【自定义颜色】列表中单击一种颜色，选择该颜色。单击 规定自定义颜色(D) >> 按钮，展开对话框，可在【自定义颜色】列表中添加颜色。单击 确定 按钮，选择的颜色替换在染料盒中所双击的颜色。

图 2-60 【编辑颜色】对话框

3. 绘制图片

利用工具栏中的工具按钮，可以绘制所需要的图片。工具栏中被按下的工具按钮为当前工具按钮，在绘图区中可进行相应的绘图操作。工具栏中各工具按钮的功能如下。

- 【任意形选定】按钮：单击该按钮，鼠标指针变成十状。在图片上拖动鼠标指针，图片上被围起来的区域被选定。可复制、移动、删除所选定的区域。
- 【矩形选定】按钮：单击该按钮，鼠标指针变成十状。在图片上拖动鼠标指针，以鼠标指针的起点和终点为对角的矩形区域被选定。可复制、移动、删除所选定的区域。
- 【橡皮】按钮：单击该按钮，在工具栏下方列出橡皮样式列表和当前样式，可从中选择一种样式，鼠标指针变成相应大小的橡皮块状。在图片上拖动鼠标指针，橡皮块经过的地方被涂成背景色。
- 【填充】按钮：单击该按钮，鼠标指针变成状。在图片上单击鼠标，用前景色填充与单击点同一颜色的连续区域。在图片上右击鼠标，用背景色填充与右击点同一颜色的连续区域。
- 【取色】按钮：单击该按钮，鼠标指针变成状。在图片上单击鼠标，将单击点的颜色设置为前景色。右击鼠标，将右击点的颜色设置为背景色。
- 【放大镜】按钮：单击该按钮，鼠标指针变成状。在图片上移动鼠标指针时，一个方框随之移动，单击鼠标，方框内的图片被放大，默认放大倍数是 4 倍。
- 【铅笔】按钮：单击该按钮，鼠标指针变成状。在图片上拖动鼠标指针，用前景色描绘。在图片上按住鼠标右键拖动，用背景色描绘。
- 【刷子】按钮：单击该按钮，在工具栏下方将列出刷子样式列表和当前样式，从中选择一种样式，鼠标指针变成相应的样式。在图片上拖动鼠标指针，用前景色涂刷。在图片上按住右键拖动鼠标指针，用背景色涂刷。

- 【喷枪】按钮：单击该按钮，鼠标指针变成状，在工具栏下方列出喷枪样式列表和当前样式，可从中选择一种样式。在图片上单击鼠标，用前景色喷涂单击点附近区域。在图片上右击鼠标，用背景色喷涂右击点附近区域。
- 【文字】按钮：单击该按钮，鼠标指针变成十状。在图片上拖动鼠标指针，出现一个被背景色填充的文本区，在文本区中出现插入点光标，同时在屏幕上弹出一个【文字】工具栏。在文本区中可输入文字，文字的颜色是前景色。利用【文字】工具栏中的按钮可设置字体、字号、加粗、斜体、下画线、竖排等。
- 【直线】按钮：单击该按钮，鼠标指针变成十状，在工具栏下方列出直线样式列表和当前样式，可从中选择一种样式。在图片上拖动鼠标指针，用前景色画直线。在图片上按住右键拖动鼠标指针，用背景色画直线。按住 Shift 键拖动或按住右键拖动鼠标指针，可绘制 45° 或 90° 的直线。
- 【曲线】按钮：单击该按钮，鼠标指针变成十状，在工具栏下方列出曲线样式列表和当前样式，可从中选择一种样式。在图片上拖动鼠标指针，用前景色画一条曲线。在图片上按住右键拖动鼠标指针，用背景色画一条曲线。曲线最多有两条弧。单击曲线的一个弧所在的位置，然后拖动鼠标调整曲线形状。单击曲线的另一个弧所在的位置，然后拖动鼠标调整曲线形状。
- 【矩形】按钮：单击该按钮，鼠标指针变成十状，在工具栏下方列出矩形的填充样式列表（有“只绘边线”、“绘边线并填充”、“只填充”等选项）和当前填充样式，可从中选择一种填充样式。在图片上拖动鼠标指针，可用前景色绘制矩形边线，用背景色填充矩形内部。在图片上按住右键拖动鼠标指针，可用背景色绘制矩形边线，用前景色填充矩形内部。绘制的矩形以鼠标指针的起点和终点为对角，按住 Shift 键拖动或按住右键拖动鼠标指针，可绘制正方形。
- 【多边形】按钮：单击该按钮，鼠标指针变成十状，在工具栏下方列出多边形的填充样式列表（有“只绘边线”、“绘边线并填充”、“只填充”等选项）和当前填充样式，可从中选择一种填充样式。在图片上拖动鼠标指针，可绘出一条直线，再单击一次鼠标，增加多边形的一个顶点，在最后一个顶点上双击或右双击鼠标。如果在最后一个顶点上双击鼠标，则用前景色绘制多边形边线，用背景色填充多边形内部。如果在最后一个顶点上右双击鼠标，则用背景色绘制多边形边线，用前景色填充多边形内部。按住 Shift 键单击时，则绘制 45° 或 90° 的线。
- 【椭圆】按钮：单击该按钮，鼠标指针变成十状，在工具栏下方列出椭圆的填充样式列表（有“只绘边线”、“绘边线并填充”、“只填充”等选项）和当前填充样式，可从中选择一种填充样式。在图片上拖动鼠标指针，用前景色来绘制椭圆边线，用背景色来填充椭圆内部。在图片上按住右键拖动鼠标指针，用背景色来绘制椭圆边线，用前景色来填充椭圆内部。绘制的椭圆位于以鼠标指针的起点和终点为对角的矩形中，椭圆的长轴为矩形的长，椭圆的短轴为矩形的宽。按住 Shift 键拖动或按住右键拖动鼠标指针时，则绘制出的是圆。
- 【圆角矩形】按钮：单击该按钮，鼠标指针变成十状，在工具栏下方列出圆角矩形的填充样式列表（有“只绘边线”、“绘边线并填充”、“只填充”等选项）和当前填充样式，可从中选择一种填充样式。在图片上拖动鼠标指针，用前景色绘制圆角矩形边线，用背景色填充圆角矩形内部。在图片上按住右键拖动鼠标指针，用背景色绘制圆角矩形边线，用前景色填充圆角矩形内部。按住 Shift 键拖动或按住右键拖动鼠标，则绘制出的是圆角正方形。

4．编辑图片

在画图中对图片的编辑操作有选定图片、复制图片、移动图片和删除图片。

（1）选定图片

单击工具栏上的按钮（或按钮）可选定多边形（或矩形）区域的图片。选择【编辑】/【全选】命令或按 Ctrl+A 组合键，则选定图片的全部。

（2）复制图片

选定图片后，按住 Ctrl 键拖动选定的图片，图片被复制到目标位置，也可先将选定的图片复制到剪贴板，再将剪贴板上的图片粘贴到工作区左上角，然后将其拖动到目标位置。

（3）移动图片

选定图片后，拖动选定的图片，图片被移动到目标位置。也可先将选定的图片剪切到剪贴板，再将剪贴板上的图片粘贴到工作区左上角，然后将其拖动到目标位置。

（4）删除图片

选定图片后，选择【编辑】/【清除选定区域】命令或按 Delete 键，可删除选定的图片。选择【图像】/【清除图像】命令或按 Ctrl+Shift+N 组合键，可删除整个图片。

5．设置图片

在画图中对图片的设置有翻转和旋转、拉伸和扭曲、设置大小和色彩以及反色处理。

（1）翻转和旋转

选择【图像】/【翻转和旋转】命令，或者按 Ctrl+R 组合键，弹出如图 2-61 所示的【翻转和旋转】对话框。在该对话框中可选择翻转的方式或旋转的角度。如果事先选定了图片，则翻转或旋转选定的图片，否则翻转或旋转整个图片。

（2）拉伸和扭曲

选择【图像】/【拉伸和扭曲】命令，或者按 Ctrl+W 组合键，弹出如图 2-62 所示的【拉伸和扭曲】对话框。在该对话框中可设置水平和垂直拉伸的百分比、水平和垂直扭曲的度数。如果事先选定了图片，则将选定的图片拉伸或扭曲，否则将整个图片拉伸或扭曲。

（3）设置大小和色彩

选择【图像】/【属性】命令，或者按 Ctrl+E 组合键，弹出如图 2-63 所示的【属性】对话框。在该对话框中可设置图片的大小，还可将图片设置为黑白图片或彩色图片。

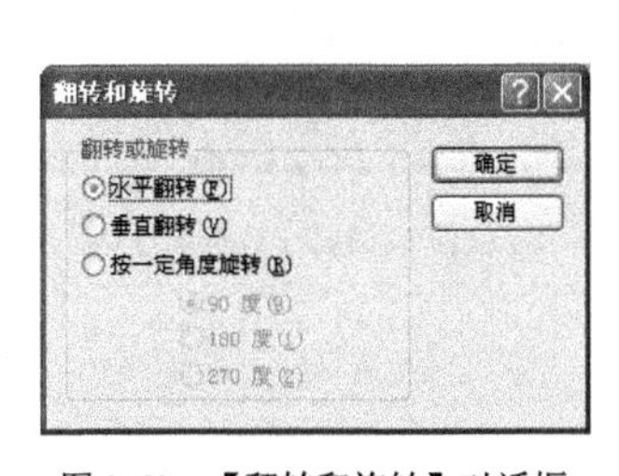

图 2-61 【翻转和旋转】对话框

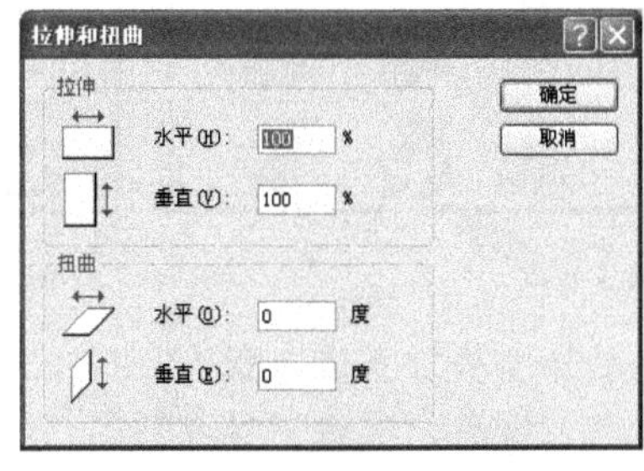

图 2-62 【拉伸和扭曲】对话框

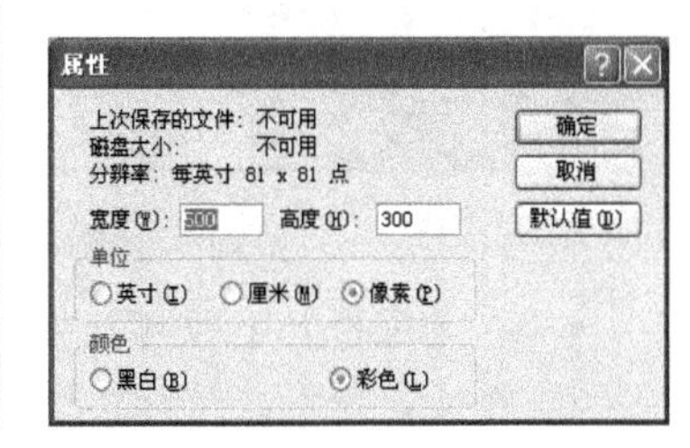

图 2-63 【属性】对话框

（4）反色处理

选择【图像】/【反色】命令，或者按 Ctrl+I 组合键，如果事先选定了图片，则将选定的图片设置为反色，否则将整个图片设置为反色。

6. 文件操作

画图程序的文件操作与记事本程序的文件操作类似，不再赘述。

2.7 Windows XP 中的系统设置

Windows XP 中有一个控制面板，是对 Windows XP 进行设置的工具集，使用该工具集中的工具能够对系统进行各种设置，可个性化用户的计算机。最常用的设置有设置日期和时间、设置键盘、设置鼠标、设置显示和设置打印机。

2.7.1 控制面板

选择【开始】/【设置】/【控制面板】命令，或在【我的电脑】窗口中双击【控制面板】图标，弹出如图 2-64 所示的【控制面板】窗口，该窗口中包含近 30 个系统设置工具的图标，每个图标对应一种系统设置。在【控制面板】窗口中，双击某个图标，或单击某个图标后按回车键，即可启动该设置程序，系统会打开一个窗口或对话框。在窗口或对话框中可以对系统进行相应的设置。

2.7.2 设置日期和时间

如果系统显示的日期或时间不准确，可对其重新设置。双击【控制面板】窗口中的【日期和时间】图标，或双击任务栏状态区中的时间，将弹出如图 2-65 所示的【日期和时间属性】对话框。在【时间和日期】选项卡中，可进行以下操作。

图 2-64 【控制面板】窗口

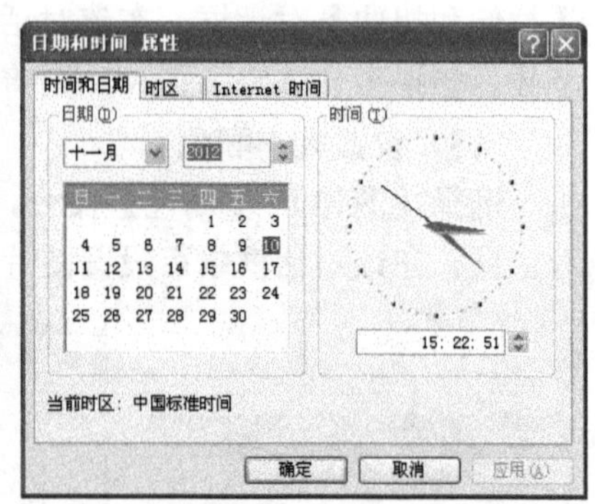

图 2-65 【日期/时间属性】对话框

- 在【月份】下拉列表中，选择所要设置的月份。
- 在【年份】数值框中，输入或调整所要设置的年份。
- 在【日期】列表框中，单击所要设置的日期。
- 将插入点光标定位到【时间】数值框中的时、分、秒域上，输入或调整相应的值。
- 单击 应用(A) 按钮，完成对日期和时间的设置，不关闭该对话框。
- 单击 确定 按钮，完成对日期和时间的设置，同时关闭该对话框。

2.7.3 设置键盘

如果对键盘的反应速度或插入点光标的闪烁频率不满意，可对其重新设置。双击【控制面板】窗口中的【键盘】图标，在弹出的【键盘属性】对话框中，打开【速度】选项卡，如图 2-66 所示，在其中可进行以下操作。

- 拖动【重复延迟】滑块，调整重复延迟，即在按住一个键后，字符重复出现的延迟时间。
- 拖动【重复率】滑块，调整重复速度，即按住一个键时字符重复的速度。
- 在该对话框中部的文本框中，按住一个键，可以测试重复率。
- 拖动【光标闪烁频率】滑块，调整插入点光标闪烁的频率。
- 单击 确定 按钮，完成对键盘的设置，同时关闭该对话框。
- 单击 应用(A) 按钮，完成对键盘的设置，不关闭该对话框。
- 单击 取消 按钮，取消对键盘的设置操作，同时关闭该对话框。

2.7.4 设置鼠标

如果对鼠标的设置不满意，可对其重新设置。双击【控制面板】窗口中的【鼠标】图标，弹出【鼠标属性】对话框，在该对话框中可对鼠标进行以下设置。

1. 设置鼠标键

在【鼠标属性】对话框中，打开【鼠标键】选项卡，如图 2-67 所示。在【鼠标键】选项卡中，可进行以下操作。

图 2-66 【速度】选项卡

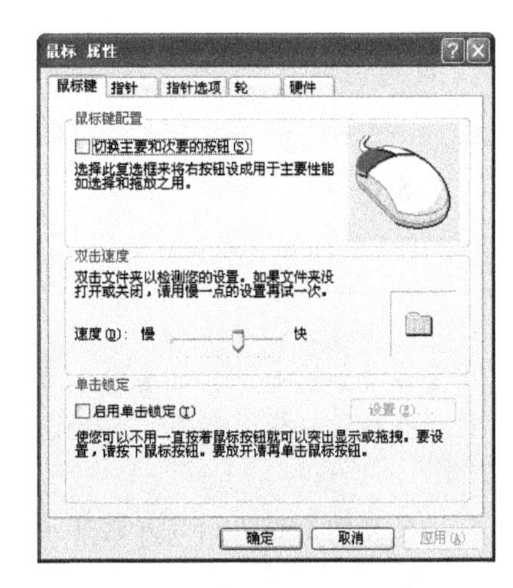

图 2-67 【鼠标键】选项卡

- 如果选择【切换主要和次要的按钮】复选框，则右键用来选择对象，左键用来弹出快捷菜单，与默认的设置刚好相反。除非真的需要，一般不要选择此项。
- 拖动【双击速度】滑块，调整鼠标的双击速度，如果用户双击鼠标的反应比较迟缓，应调低此设置。
- 双击【测试区域】中的图标，根据是否有小丑的形象出现来检测双击的速度。

2. 设置指针

在【鼠标属性】对话框中，打开【指针】选项卡，如图 2-68 所示。在【指针】选项卡中，可进行以下操作。

- 在【方案】的下拉列表中选择一种指针方案，下面的列表框中将列出该方案中各种指针的形状。
- 单击另存为(V)...按钮，系统将弹出一个对话框，在该对话框中，可将当前的指针方案另取名保存。
- 单击删除(D)按钮，则删除所选择的指针方案。
- 在列表框中选择一个指针形状后，单击浏览(B)...按钮，系统将弹出一个【浏览】窗口，显示系统所提供的所有鼠标指针形状，用户可以从中选择一个鼠标指针形状，用来取代当前的鼠标指针形状。
- 如果选择了【启用指针阴影】复选框，则鼠标指针带有阴影，否则不带阴影。
- 如果替换了列表框中的指针形状，单击使用默认值(F)按钮，可把指针形状还原为原先的形状。

3. 设置移动

在【鼠标属性】对话框中，打开【指针选项】选项卡，如图 2-69 所示。在【指针选项】选项卡中，可进行以下操作。

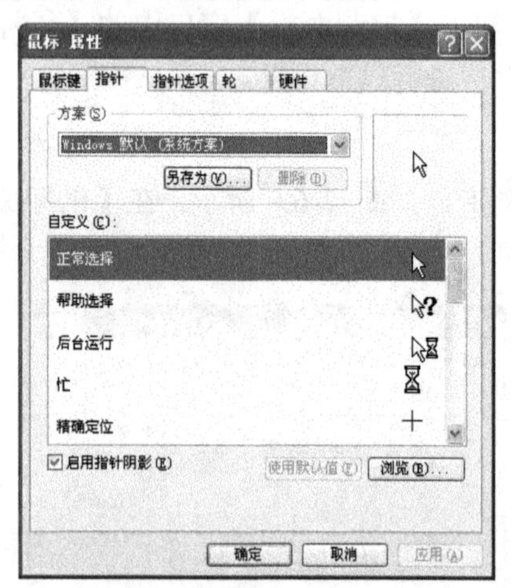

图 2-68 【指针】选项卡

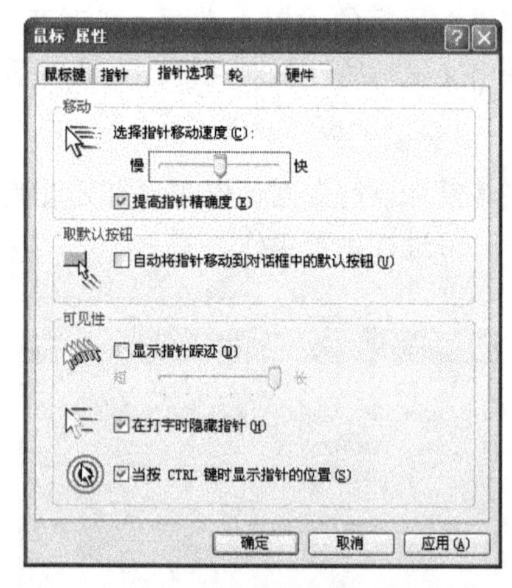

图 2-69 【指针选项】选项卡

- 在【移动】栏中，拖动【选择指针移动速度】滑块，可调整指针移动的速度。
- 在【取默认按钮】栏中，如果选择其中的复选框，当打开一个对话框时，指针会自动移动到其中的默认按钮上。
- 在【可见性】栏中，如果选择【显示指针踪迹】复选框，移动鼠标时，显示鼠标指针的移动轨迹；如果选择【在打字时隐藏指针】复选框，在打字时鼠标指针不出现，当移动鼠标时又重新出现；如果选择【当按 Ctrl 键时显示指针的位置】复选框，按下 Ctrl 键松开后，系统在屏幕上指示鼠标指针的位置。
- 单击确定按钮，完成对鼠标的设置，同时关闭该对话框。
- 单击应用(A)按钮，完成对鼠标的设置，不关闭该对话框。

2.7.5 设置显示

在桌面的空白处单击鼠标右键，在弹出的快捷菜单中选择【属性】命令，或在【控制面板】窗口中双击【显示】图标，都会弹出【显示属性】对话框，可对显示进行以下设置。

1. 设置桌面背景

在【显示属性】对话框中，打开【桌面】选项卡，如图2-70所示。在【桌面】选项卡中，可进行以下操作。

- 在【背景】列表框中，选择一种背景图片，屏幕视图中会显示相应的效果，如果选择“(无)”，则桌面没有背景。
- 单击 浏览(B)... 按钮，弹出一个对话框，可从中选择作为桌面背景的图片文件。
- 选定一种背景后，可从【位置】下拉列表中选择显示方式（有“平铺”、“拉伸”、“居中”等选项），【桌面】选项卡的屏幕视图中会显示该背景的效果。
- 如果没有背景图片，可从【颜色】下拉列表中选择一种颜色，以该颜色作为桌面的背景色。

2. 设置屏幕保护程序

在【显示属性】对话框中，打开【屏幕保护程序】选项卡，如图2-71所示。在【屏幕保护程序】选项卡中，可进行以下操作。

图2-70 【桌面】选项卡

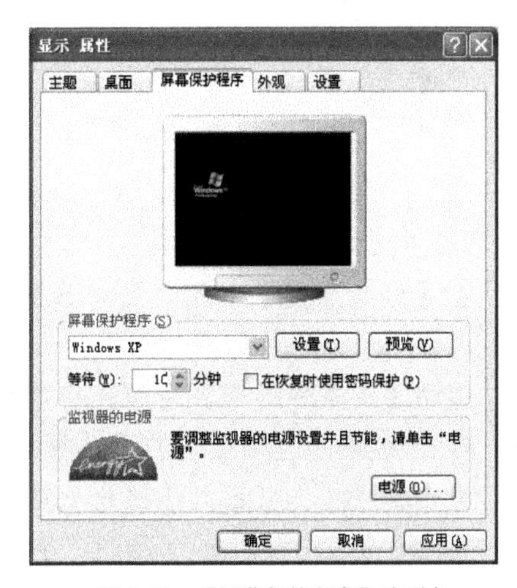

图2-71 【屏幕保护程序】选项卡

- 在【屏幕保护程序】下拉列表中，选择所需要的屏幕保护程序。
- 在【等待】数值框中，输入或调整分钟值。超过这个时间没对电脑进行操作，系统将启动屏幕保护程序。
- 如果已经选择了屏幕保护程序，单击 设置(T) 按钮，弹出一个对话框。可在该对话框中设置屏幕保护程序的参数。
- 单击 预览(V) 按钮，可预览屏幕保护程序的效果。在预览过程中，如果按下了鼠标或键盘上的键，或者移动了鼠标，则会返回【屏幕保护程序】选项卡。
- 如果选择了【在恢复时使用密码保护】复选框，当屏幕保护开始后，必须正确键入密码才能结束屏幕保护程序。屏幕保护程序的密码与登录时的密码相同。
- 单击 电源(O)... 按钮，弹出一个对话框。在该对话框中，可调节监视器的电源节能设置。

3. 设置外观

在【显示属性】对话框中，打开【外观】选项卡，如图2-72所示。在【外观】选项卡中，可进行以下操作。

- 在【窗口和按钮】下拉列表中选择一种外观样式，对话框上面的区域显示该样式的效果。

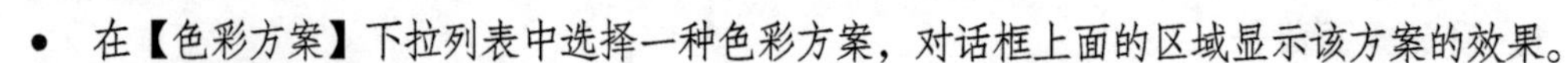

- 在【色彩方案】下拉列表中选择一种色彩方案，对话框上面的区域显示该方案的效果。
- 在【字体大小】下拉列表中选择一种字体大小，对话框上面的区域显示该方案的效果。
- 单击效果(E)...按钮，弹出一个对话框。在该对话框中，可设置外观效果的其他细节。
- 单击高级(D)按钮，弹出一个对话框。在该对话框中，可对外观效果进行高级设置。

4．设置显示器

在【显示属性】对话框中，打开【设置】选项卡，如图 2-73 所示。在【设置】选项卡中，可进行以下操作。

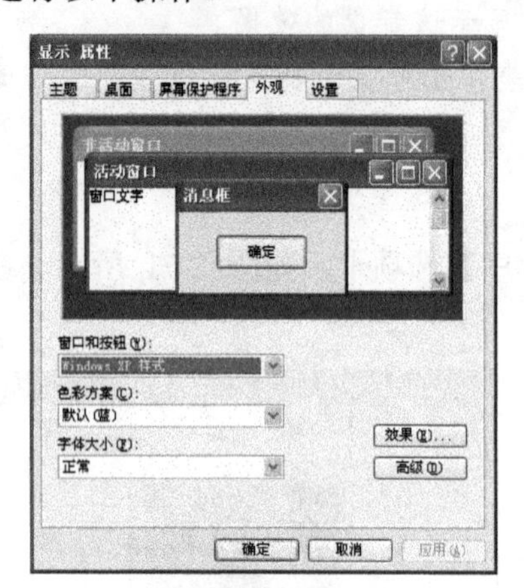

图 2-72 【外观】选项卡

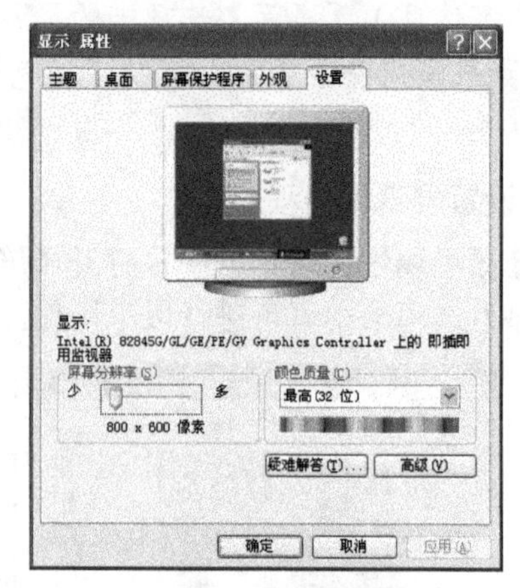

图 2-73 【设置】选项卡

- 在【颜色质量】下拉列表中选择显示器要达到的颜色数。在其下面的区域显示相应的色彩。
- 拖动【屏幕分辨率】滑块，将显示器的分辨率改变为指定的分辨率。
- 单击疑难解答(T)...按钮，打开【帮助和支持中心】窗口，可查阅相关的帮助信息。
- 单击高级(D)按钮，弹出一个对话框。在该对话框中，对显示器进行高级设置。

需要注意的是：设置显示器时，应充分了解自己的显示器和显卡的性能。一些低档次的显卡不支持高的颜色数和分辨率，设置后会显示异常。

在完成所有的显示器设置后，可进行以下操作，以使所做的设置生效。

- 单击确定按钮，完成对显示器的设置，关闭该对话框。
- 单击应用(A)按钮，完成对显示器的设置，不关闭该对话框。

2.8 Windows XP 上机实训

前几节介绍了 Windows XP 中的基本概念和基本操作，下面给出相关的上机操作题，通过上机操作，进一步巩固这些基本概念，熟练这些基本操作。

2.8.1 实训 1——程序的启动与窗口操作

1．实训内容

（1）启动记事本程序。

（2）打开【我的电脑】窗口。
（3）把【记事本】切换为当前窗口。
（4）改变【记事本】窗口的大小，使其约为桌面大小的 1/4。
（5）把【我的电脑】窗口移动到桌面的右上角。
（6）把【记事本】窗口最大化，把【我的电脑】窗口最小化。
（7）将【记事本】窗口和【我的电脑】窗口恢复为原来的大小。
（8）把【记事本】窗口和【我的电脑】窗口在桌面上横向平铺。
（9）取消【记事本】窗口和【我的电脑】窗口的平铺。
（10）关闭【记事本】窗口和【我的电脑】窗口。

2. 操作提示

（1）选择【开始】/【所有程序】/【附件】/【记事本】命令。
（2）双击桌面上的【我的电脑】图标。
（3）在【记事本】窗口内单击，或单击任务栏中的【记事本】任务按钮。
（4）将鼠标指针移动到【记事本】窗口的边角上，当鼠标指针变成↖或↗形状时，沿对角线方向拖动鼠标，改变窗口的高度和宽度，使其约为桌面大小的 1/4。
（5）用鼠标拖动【我的电脑】窗口中的标题栏，会出现一个方框随鼠标指针移动，当方框位于桌面右上角时松开鼠标左键。
（6）单击【记事本】窗口标题栏中的□按钮，单击【我的电脑】窗口标题栏中的_按钮。
（7）单击【记事本】窗口标题栏中的按钮，单击任务栏中的【我的电脑】任务按钮。
（8）右击任务栏的空白处，从弹出的快捷菜单（见图 2-23）中选择【横向平铺窗口】命令。
（9）在任务栏的空白处右击鼠标，从弹出的快捷菜单中选择【撤销平铺】命令。
（10）单击【记事本】窗口标题栏中的☒按钮，单击【我的电脑】窗口标题栏中的☒按钮。

2.8.2 实训 2——搜狗输入法练习

1. 实训内容

在记事本中输入以下文字：

“搜狗拼音输入法”是目前最为流行的汉字输入法，其最主要的特点是可以整句输入。搜狗拼音输入法不是 windows XP 内置的汉字输入法，需要下载安装后才能使用，下载的网站是“http://pinyin.sogou.com/”。

熟练掌握“搜狗拼音输入法”后，顺利输入包括以下 4 个问题的文章不在话下。

① 50℃的水 100ml 与 100℃水 200ml 混合后的温度是多少?

② 某城市人口增长率是 3‰，多少年后人口增长一倍?

③ 已知△ABC∽△DEF，∠ABC=90°，求证 DE⊥EF。

④ 怎样才能使Ⅲ×Ⅲ=Ⅺ成立?（翻过来或转过来）

2. 操作提示

（1）启动【记事本】程序。
（2）把输入法切换到“搜狗拼音输入法”。
（3）如果当前不是中文标点输入状态，单击搜狗拼音输入法状态条中的 ', 按钮，使其成为中文标点输入状态 °,。
（4）要输入文字时，输入相应的拼音，并选择所需要的字、词或句。

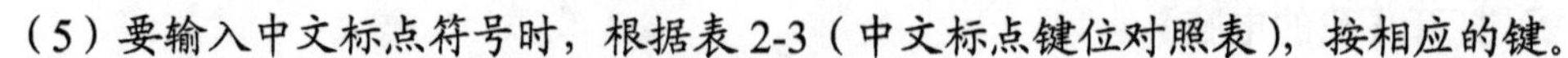

（5）要输入中文标点符号时，根据表2-3（中文标点键位对照表），按相应的键。

（6）要输入英文字符时，按Shift键，切换到英文输入状态，输入完相应的英文后，再按Shift键，切换到中文输入状态。

（7）要输入特殊字符时，右击搜狗拼音输入法状态条中的按钮，从弹出的软键盘列表（见图2-33）中选择所需要的软键盘，输入相应的特殊字符，输入完特殊字符后，单击搜狗拼音输入法状态条中的按钮，关闭软键盘。

2.8.3 实训3——文件、文件夹与快捷方式操作

1. 实训内容

在开始实训前，实验老师先在C:盘根目录下建立“操作文件夹”文件夹，文件夹的结构与内容如图2-74所示。

在以上结构图中，前有的项为文件夹，前有、或的项为文件，对文件的内容没有特别要求。

操作要求如下：

（1）在“操作文件夹”文件夹下创建“备份”文件夹。

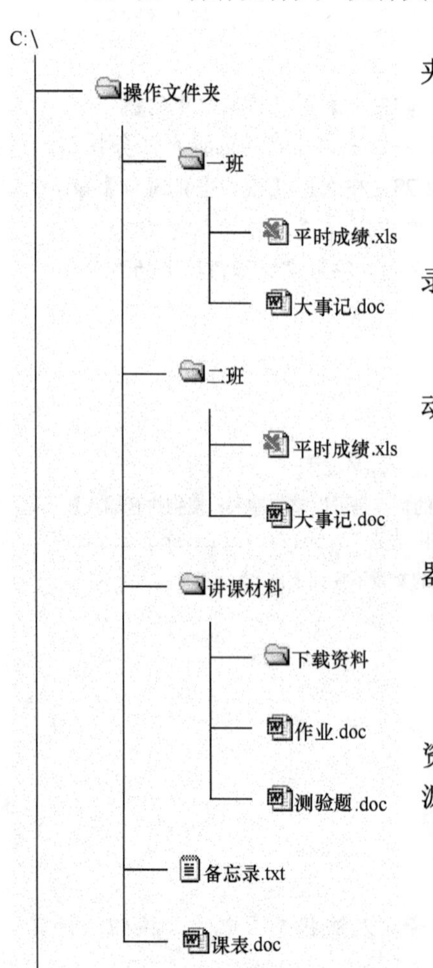

图2-74 操作文件夹

（2）将“下载资料”文件夹移动到“操作文件夹”文件夹中。

（3）把“讲课材料”文件夹重命名为“课件”。

（4）把“一班”文件夹复制到“备份”文件夹中。

（5）删除“备份”文件夹中的“一班”文件夹。

（6）把“操作文件夹”文件夹下的文件“备忘录.txt”文件重命名为“大事记.txt”。

（7）把“课表.doc”文件复制到“备份”文件夹中。

（8）将“课件”文件夹下的“作业.doc”文件移动到“操作文件夹”文件夹中。

（9）删除“备份”文件夹中的“课表.doc”文件。

（10）彻底删除“课表.doc”文件。

（11）在“操作文件夹”文件夹中，建立“计算器”的快捷方式，快捷方式名为“计算器”。

2. 操作提示

以下是准备工作。

选择【开始】/【所有程序】/【附件】/【Windows资源管理器】命令，打开【资源管理器】窗口。在【资源管理器】窗口中，打开“C:\ 操作文件夹”。

以下是操作要求（1）的操作。

（1）选择【文件】/【新建】/【文件夹】命令，【资源管理器】窗口的右窗格中出现一个新文件夹，默认的名称是“新建文件夹”，并且名称的最后有一个插入点光标。

（2）打开汉字输入法，输入“备份”，在【资源管理器】窗口的空白处单击鼠标。

以下是操作要求（2）的操作。

（1）在【资源管理器】窗口的左窗格中，单击“讲课材料”文件夹。

（2）在【资源管理器】窗口的左窗格中，拖动“下载资料”文件夹到“操作文件夹”文件夹上。

以下是操作要求（3）的操作。

（1）在【资源管理器】窗口的右窗格中单击“讲课材料”文件夹。

（2）选择【文件】/【重命名】命令，“讲课材料”文件夹的名称最后有一个插入点光标。

（3）打开汉字输入法，输入“课件”，在【资源管理器】窗口的空白处单击鼠标。

以下是操作要求（4）的操作。

（1）在【资源管理器】窗口的左窗格中，右拖动“一班”文件夹到“备份”文件夹上，弹出快捷菜单。

（2）在快捷菜单中选择【复制到当前位置】命令。

以下是操作要求（5）的操作。

（1）在【资源管理器】窗口的左窗格中，单击“备份”文件夹。

（2）在【资源管理器】窗口的右窗格中，单击“一班”文件夹。

（3）选择【文件】/【删除】命令，弹出【确认文件夹删除】对话框。

（4）在【确认文件夹删除】对话框中，单击 是(Y) 按钮。

以下是操作要求（6）的操作。

（1）在【资源管理器】窗口的左窗格中，单击“操作文件夹”文件夹。

（2）在【资源管理器】窗口的右窗格中，单击“备忘录.txt”文件。

（3）选择【文件】/【重命名】命令，“备忘录.txt”文件名的最后有一个插入点光标。

（4）打开汉字输入法，把“备忘录”改为“大事记”，在【资源管理器】窗口的空白处单击鼠标。

以下是操作要求（7）的操作。

（1）在【资源管理器】窗口的左窗格中，单击“操作文件夹”文件夹。

（2）在【资源管理器】窗口的右窗格中，右拖动“课表.doc”文件到“备份”文件夹中，弹出快捷菜单。

（3）在快捷菜单中选择【复制到当前位置】命令。

以下是操作要求（8）的操作。

（1）在【资源管理器】窗口的左窗格中，单击“课件”文件夹。

（2）在【资源管理器】窗口的右窗格中，拖动“作业.doc”文件到【资源管理器】窗口左窗格的“操作文件夹”文件夹上。

以下是操作要求（9）的操作。

（1）在【资源管理器】窗口的左窗格中，单击“备份”文件夹。

（2）在【资源管理器】窗口的右窗格中，单击“课表.doc”文件。

（3）选择【文件】/【删除】命令，弹出【确认文件删除】对话框。

（4）在【确认文件删除】对话框中，单击 是(Y) 按钮。

以下是操作要求（10）的操作。

（1）在【资源管理器】窗口的左窗格中，单击回收站图标。

（2）在【资源管理器】窗口的右窗格中，单击“课表.doc”文件。

（3）选择【文件】/【删除】命令，弹出【确认文件删除】对话框。

（4）在【确认文件删除】对话框中，单击 是(Y) 按钮。

以下是操作要求（11）的操作。

（1）在【资源管理器】窗口的左窗格中，单击“操作文件夹”文件夹。

（2）选择【文件】/【新建】/【快捷方式】命令，弹出【创建快捷方式】对话框，如图 2-75 所示。

（3）在【创建快捷方式】对话框中，单击 浏览(R)... 按钮，在弹出的对话框中选择“C:\WINDOWS\system32”文件夹中的“calc.exe”文件，单击 下一步(N) > 按钮，【创建快捷方式】对话框变成【选择程序标题】对话框，如图 2-76 所示。

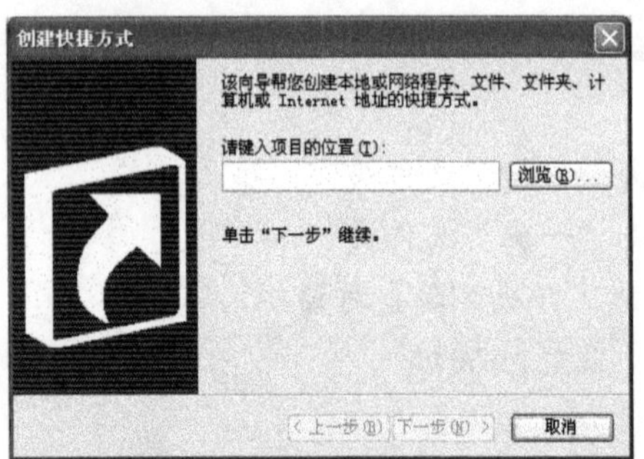

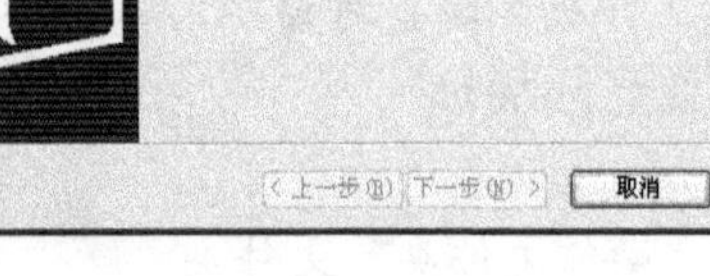

图 2-75 【创建快捷方式】对话框

图 2-76 【选择程序标题】对话框

（4）在【选择程序标题】对话框中，在【键入该快捷方式的名称】文本框内修改快捷方式的名称为“计算器”，单击 完成 按钮。

2.9 习题

一、判断题

1. Windows XP 启动时总会出现“欢迎”画面。 （ ）
2. 窗口最大化后，还可以移动。 （ ）
3. 复制一个文件夹时，文件夹中的文件和子文件夹一同被复制。 （ ）
4. 不同文件夹中的文件可以是同一个名字。 （ ）
5. 删除一个快捷方式时，所指的对象一同被删除。 （ ）
6. 删除回收站中的文件是将该文件彻底删除。 （ ）
7. 附件中只有记事本和图画这两个应用程序。 （ ）
8. 附件中的记事本程序只能编辑文本文件。 （ ）
9. 用户不能调换鼠标左右键的功能。 （ ）
10. 屏幕保护程序中的密码是在启动屏幕保护程序时输入的。 （ ）

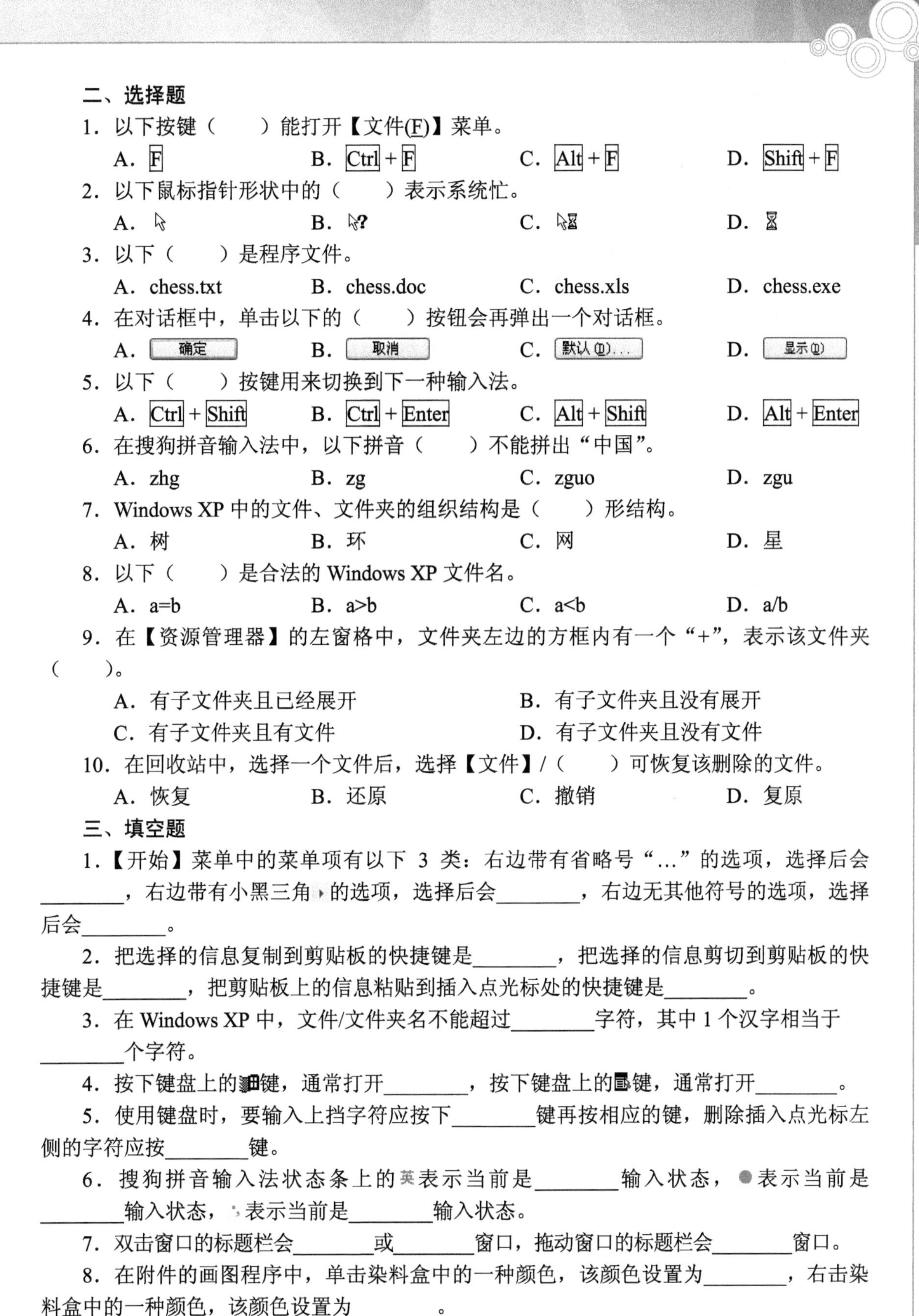

二、选择题

1．以下按键（　　）能打开【文件(F)】菜单。

A．F　　B．Ctrl+F　　C．Alt+F　　D．Shift+F

2．以下鼠标指针形状中的（　　）表示系统忙。

A．　　B．　　C．　　D．

3．以下（　　）是程序文件。

A．chess.txt　　B．chess.doc　　C．chess.xls　　D．chess.exe

4．在对话框中，单击以下的（　　）按钮会再弹出一个对话框。

A．确定　　B．取消　　C．默认(D)...　　D．显示(D)

5．以下（　　）按键用来切换到下一种输入法。

A．Ctrl+Shift　　B．Ctrl+Enter　　C．Alt+Shift　　D．Alt+Enter

6．在搜狗拼音输入法中，以下拼音（　　）不能拼出“中国”。

A．zhg　　B．zg　　C．zguo　　D．zgu

7．Windows XP 中的文件、文件夹的组织结构是（　　）形结构。

A．树　　B．环　　C．网　　D．星

8．以下（　　）是合法的 Windows XP 文件名。

A．a=b　　B．a>b　　C．a<b　　D．a/b

9．在【资源管理器】的左窗格中，文件夹左边的方框内有一个“+”，表示该文件夹（　　）。

A．有子文件夹且已经展开　　B．有子文件夹且没有展开

C．有子文件夹且有文件　　D．有子文件夹且没有文件

10．在回收站中，选择一个文件后，选择【文件】/（　　）可恢复该删除的文件。

A．恢复　　B．还原　　C．撤销　　D．复原

三、填空题

1．【开始】菜单中的菜单项有以下 3 类：右边带有省略号“…”的选项，选择后会________，右边带有小黑三角 ▸ 的选项，选择后会________，右边无其他符号的选项，选择后会________。

2．把选择的信息复制到剪贴板的快捷键是________，把选择的信息剪切到剪贴板的快捷键是________，把剪贴板上的信息粘贴到插入点光标处的快捷键是________。

3．在 Windows XP 中，文件/文件夹名不能超过________字符，其中 1 个汉字相当于________个字符。

4．按下键盘上的键，通常打开________，按下键盘上的键，通常打开________。

5．使用键盘时，要输入上挡字符应按下________键再按相应的键，删除插入点光标左侧的字符应按________键。

6．搜狗拼音输入法状态条上的英表示当前是________输入状态，●表示当前是________输入状态，，表示当前是________输入状态。

7．双击窗口的标题栏会________或________窗口，拖动窗口的标题栏会________窗口。

8．在附件的画图程序中，单击染料盒中的一种颜色，该颜色设置为________，右击染料盒中的一种颜色，该颜色设置为________。

9．在附件的画图程序中，按住________键将绘出圆。橡皮涂过的区域被置成________色。

四、问答题

1．窗口有哪些基本操作？

2．对话框中通常有哪些组件？各有什么功能？

3．在桌面上排列窗口有哪几种方式？

4．剪贴板有哪些基本操作？

5．在【资源管理器】和【我的电脑】窗口中，文件/文件夹有哪几种查看方式？有哪几种排序方式？

6．在记事本程序中，有哪些编辑操作？有哪些文件操作？

7．在画图程序中，有哪些图片编辑操作？有哪些图片设置操作？

8．如何设置鼠标，使其移动时显示指针的移动轨迹？

第3章 文字处理软件 Word 2003

Word 2003 是微软公司开发的办公软件 Office 2003 中的一个组件，用它可以方便地完成打字、排版、制作表格、图形处理等工作，是电脑办公的得力工具。

本章主要介绍文字处理软件 Word 2003 的基础知识与操作，包括以下内容。

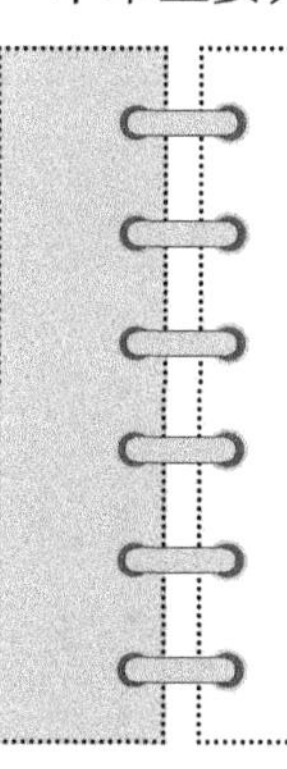

- Word 2003 中的基本操作。
- Word 2003 中的文本编辑。
- Word 2003 中的文档排版。
- Word 2003 中的文档打印。
- Word 2003 中的表格处理。
- Word 2003 中的图形对象处理。
- Word 2003 中的其他功能。

3.1 Word 2003 中的基本操作

本节介绍启动和退出 Word 2003 的方法、Word 2003 主窗口的组成及其操作、Word 2003 中的视图方式及其操作、Word 2003 对文档的操作。

3.1.1 Word 2003 的启动

Word 2003 有多种启动方法，用户可根据自己的习惯或喜好选择其中的一种方法。

- 选择【开始】/【所有程序】/【Microsoft Office】/【Microsoft Word 2003】命令。
- 如果建立了 Word 2003 的快捷方式，双击该快捷方式。
- 打开一个 Word 文档文件（Word 文档文件的图标是）。

使用前两种方法启动 Word 2003 后，系统将自动建立一个名为“文档 1”的空白文档，如图 3-1 所示。使用第 3 种方法启动 Word 2003 后，系统会自动打开相应的文档。

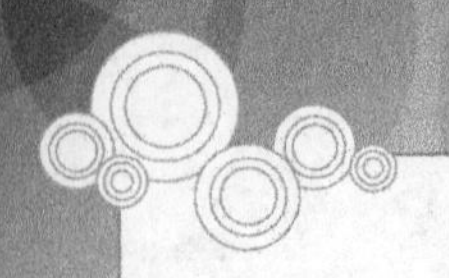

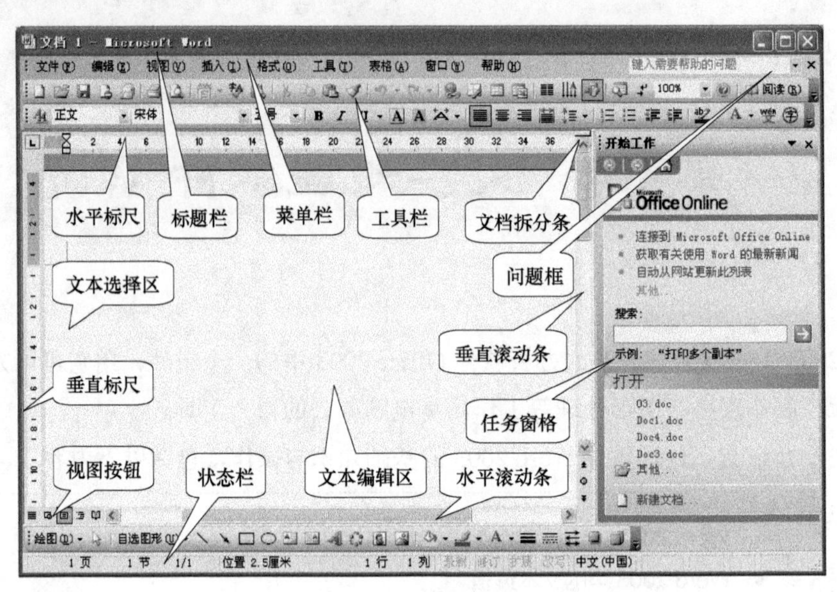

图3-1 Word 2003窗口

3.1.2 Word 2003的退出

退出Word 2003有以下方法。

- 如果只打开了一个文档，关闭Word 2003窗口即可（关闭窗口的方法详见“2.3.4 窗口的操作方法”一节）。
- 选择【文件】/【退出】命令。

退出时Word 2003会关闭所有打开的文档。如果文档改动过并且没有保存，系统会弹出如图3-2所示的【Microsoft Office Word】对话框（以“文档1”为例），以确定是否保存。

图3-2 【Microsoft Office Word】对话框

3.1.3 Word 2003的窗口组成

启动Word 2003后，出现如图3-1所示的窗口。Word 2003的窗口主要包括标题栏、菜单栏、工具栏、状态栏、标尺、滚动条、文档拆分条、任务窗格、问题框、工作区等。

- 标题栏：标题栏位于Word 2003窗口的顶端，包括控制菜单按钮、文档名称（文档1）、程序名称（Microsoft Word）和窗口控制按钮。
- 菜单栏：菜单栏位于标题栏的下面，包括【文件】、【编辑】、【视图】、【插入】、【格式】、【工具】、【表格】、【窗口】及【帮助】9个菜单。用户几乎所有的操作命令都可从菜单中选择。
- 工具栏：工具栏位于菜单栏的下方。Word 2003有近20个工具栏，默认情况下只显示【常用】工具栏和【格式】工具栏。可以右击工具栏或选择【视图】/【工具栏】命令，从菜单中选择各工具栏的显示或隐藏状态。
- 状态栏：状态栏位于Word 2003窗口的最下面，用来显示插入点光标的当前位置、录制宏、修订、扩展选定和改写等状态。
- 标尺：标尺位于文档窗口的左边和上边，分别称为“垂直标尺”和“水平标尺”，设定标尺有两个作用，一是查看正文的宽度，二是设定左右界限、首行缩进位置以及制表符的位置。

- 滚动条：滚动条位于文档窗口的右边和下边，分别称为“垂直滚动条”和“水平滚动条”。使用滚动条可以滚动文档窗口中的内容，以显示窗口以外的内容。
- 文档拆分条：文档拆分条位于垂直滚动条的上方，拖动它可把文档窗口分成两部分。
- 文档编辑区：文档编辑区位于窗口中央右侧，占据窗口的大部分区域，文档编辑工作就在这个区域中进行。
- 文本选择区：文本选择区位于窗口中央左侧，在这个区域中可选定文本。
- 视图按钮：视图按钮位于水平滚动条的左侧，用来将文档切换为不同的视图方式。
- 任务窗格：任务窗格位于 Word 2003 窗口的右边，其中提供了常用的任务命令。选择【视图】/【任务窗格】命令，可使其显示或隐藏。
- 问题框：问题框位于菜单栏的右侧，在该框中输入相应的关键字并按回车键，系统会搜索与该关键字相关的信息，并在任务窗格中显示。

3.1.4 Word 2003 中的视图方式

Word 2003 提供了 5 种视图方式：普通视图、Web 版式视图、页面视图、大纲视图和阅读版式。单击某个视图按钮，或通过【视图】菜单命令，就可以切换到相应的视图方式。

- 普通视图：在普通视图中，简化了页面的布局，主要显示文本及其格式，特别适合对文档进行输入和编辑。
- Web 版式视图：在 Web 版式视图中，可以创建能显示在屏幕上的 Web 页或文档，文本与图形的显示与在 Web 浏览器中的显示是一致的。
- 页面视图：在页面视图中，文档的显示与实际打印效果一致。在页面视图中可以编辑页眉和页脚、调整页边距、处理分栏和图形对象。
- 大纲视图：在大纲视图中，系统根据文档的标题级别，显示文档的框架结构。在大纲视图中，特别适合组织写作大纲。
- 阅读版式：在阅读版式中，文档的内容根据屏幕的大小以适合阅读的方式显示。在阅读版式中，还可以进行文档的编辑工作。

3.1.5 Word 2003 中的文档操作

Word 2003 中常用的文档操作包括新建文档、保存文档、打开文档和关闭文档。

1. 新建文档

启动 Word 2003 时，系统会自动建立一个空白文档，默认的文件名是“文档 1”。在 Word 2003 中，新建文档还有以下方法。

- 单击按钮。
- 按 Ctrl+N 组合键。
- 选择【文件】/【新建】命令。

使用前两种方法，系统将自动建立一个默认模板的空白文档。使用第 3 种方法时，窗口中将出现如图 3-3 所示的【新建文档】任务窗格。在【新建文档】任务窗格中，可进行以下新建文档操作。

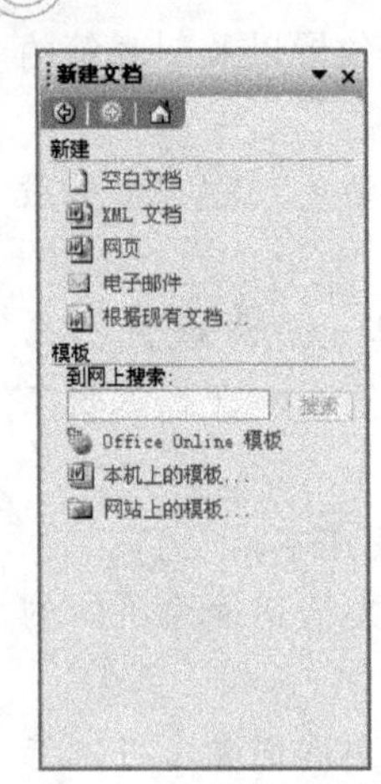

图 3-3 【新建】任务窗格

- 单击【新建】栏中的一个任务链接，建立相应类型的文档。
- 单击【模板】栏中的一个任务链接，系统弹出一个对话框，从中选择一个模板后，建立基于此模板的一个新文档。

2．保存文档

Word 2003 工作时，文档的内容驻留在计算机内存和磁盘的临时文件中，没有正式保存。常用保存文档的方法有保存和另存为。

（1）保存

在 Word 2003 中，保存文档有以下方法。

- 单击按钮。
- 按 Ctrl+S 组合键。
- 选择【文件】/【保存】命令。

如果文档已被保存过，则系统自动将文档以原来的文件名保存在原来的文件夹中；如果文档从未保存过，系统需要用户指定文件名和文件夹，相当于执行下面所讲的另存为操作。

（2）另存为

另存为是指把当前编辑的文档以新文件名保存起来。选择【文件】/【另存为】命令，弹出如图 3-4 所示的【另存为】对话框，在该对话框中，可进行以下操作。

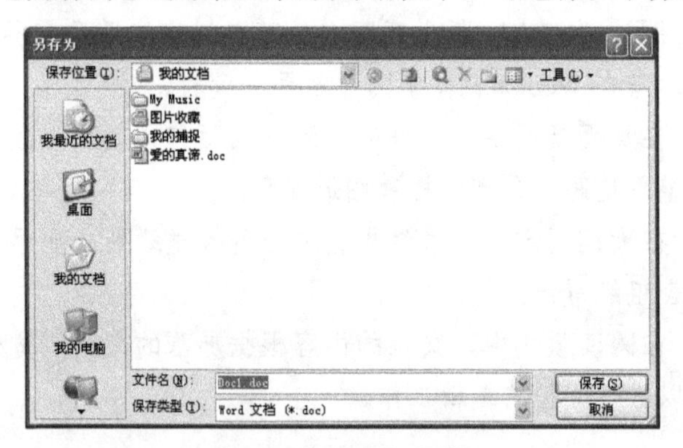

图 3-4 【另存为】对话框

- 在【保存位置】下拉列表中，选择要保存到的文件夹，也可在窗口左侧的预设位置列表中，选择要保存到的文件夹。
- 在【文件名】下拉列表框中，输入或选择另存为的文件名。
- 在【保存类型】下拉列表框中，选择要保存的文件类型。
- 单击 保存(S) 按钮，将文件保存。

3．打开文档

在 Word 2003 中，打开文档有以下方法。

- 单击按钮。
- 按 Ctrl+O 组合键。

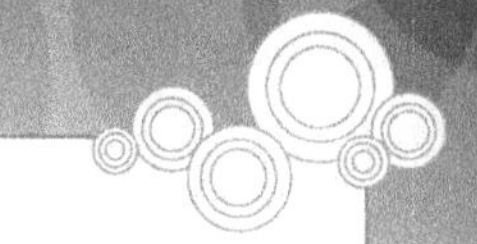

- 选择【文件】/【打开】命令。
- 如果在打开的【文件】菜单底部显示有先前打开过的文档的文件名，单击其中的一个文件名。

采用最后一种方法时，系统直接打开指定的文档。选择前 3 种方法，系统会弹出如图 3-5 所示的【打开】对话框。

图 3-5 【打开】对话框

在【打开】对话框中，可进行以下操作。

- 在【查找范围】下拉列表中，选择要打开文件所在的文件夹，也可在窗口左侧的预设位置列表中，选择要打开文件所在的文件夹。
- 在打开的文件列表中，单击文件图标，选择该文件。
- 在打开的文件列表中，双击文件图标，打开该文件。
- 在【文件名】下拉列表中，输入或选择要打开的文件名。
- 单击 打开(O) 按钮，打开所选择或【文件名】文本框中的文档。

4. 关闭文档

在 Word 2003 中，关闭当前文档有以下方法。

- 选择【文件】/【关闭】命令。
- 关闭 Word 2003 窗口。

用后一种方法将全部文档的 Word 2003 窗口关闭，这时就退出了 Word 2003。如果关闭的文档被修改后还没有保存，Word 2003 会弹出如图 3-2 所示的对话框（以“文档 1”为例），询问用户是否保存所做的修改。

3.2 Word 2003 中的文本编辑

使用 Word 2003 时，大量的工作是对文本进行编辑，这也是对文本进行格式化的前期工作。文本编辑的常用操作包括移动插入点光标、选定文本、插入、改写、删除、移动、复制、查找和替换等。

3.2.1 移动插入点光标

在 Word 2003 的文档编辑区内，有一个闪动的细竖条光标，称为插入点光标。在编辑文

本的过程中，通常根据插入点光标的位置进行操作，所以在进行某个操作之前，要将插入点光标移动到所需要的位置上。用鼠标和键盘都可以移动插入点光标。

1．用鼠标移动插入点光标

用鼠标可以把插入点光标移动到文本的某个位置上，有以下常用方法。

- 当鼠标指针为 I 状时，表明鼠标在文本区中，这时在指定位置单击鼠标，插入点光标就移动到文本区的指定位置。
- 当鼠标指针为 I≡、I̲ 或 ≡I 状时，说明鼠标在编辑空白区中，这时双击鼠标，插入点光标就移到空白区的相应位置，并自动设置该段落的对齐格式为左对齐（I≡）、居中（I̲）或右对齐（≡I）。

如果要移动到的位置不在窗口中，可先滚动窗口，使目标位置出现在窗口中。滚动窗口有以下常用方法。

- 单击水平滚动条上的◀（▶）按钮，使窗口左（右）滚动。
- 单击垂直滚动条上的▲（▼）按钮，使窗口上（下）滚动一行。
- 拖动水平或垂直滚动条上的滚动滑块，使文档窗口较快地滚动。
- 默认状态下，单击▲、▼按钮，窗口向上、下滚动一页。

2．用键盘移动插入点光标

用键盘移动光标的方法很多，表 3-1 列出了一些常用的移动光标按键。

表 3-1　常用的移动光标按键

按　键	移　动　到	按　键	移　动　到
←	左侧一个字符	Ctrl+←	向左一个词
→	右侧一个字符	Ctrl+→	向右一个词
↑	上一行	Ctrl+↑	前一个段落
↓	下一行	Ctrl+↓	后一个段落
Home	行首	Ctrl+Home	文档开始
End	行尾	Ctrl+End	文档最后
PageUp	上一屏	Ctrl+PageUp	上一页的开始
PageDown	下一屏	Ctrl+PageDown	下一页的开始
Alt+Ctrl+PageUp	窗口的顶端	Alt+Ctrl+PageDown	窗口的底端

3.2.2　选定文本

Word 2003 中的许多操作都需要先选定文本。用鼠标和键盘都可选定文本，被选定的文本底色为黑色。选定文本后，按任意光标移动键，或在文档任意位置单击鼠标，可取消所选定文本的选定状态。

1．用鼠标选定文本

用鼠标选定文本有两种方法：在文档编辑区内选定和在文本选择区内选定。

在文本编辑区内选定文本有以下方法。

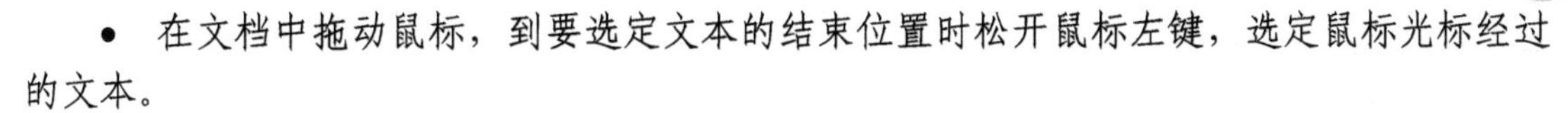

- 在文档中拖动鼠标，到要选定文本的结束位置时松开鼠标左键，选定鼠标光标经过的文本。
- 双击鼠标，选定插入点光标所在位置的单词。
- 快速单击鼠标3次，选定插入点光标所在位置的段。
- 按住 Ctrl 键单击鼠标，选定插入点光标所在位置的句子。
- 按住 Alt 键拖动鼠标，选定竖列文本。

文档正文左边的空白区域为文本选择区，在文本选择区中，鼠标指针变为↗状。在文本选择区内选定文本有以下方法。

- 单击鼠标，选定插入点光标所在的行。
- 双击鼠标，选定插入点光标所在的段。
- 拖动鼠标，选定从开始行到结束行。
- 快速单击鼠标3次，选定整个文档，与选择【编辑】/【全选】命令效果相同。
- 按住 Ctrl 键单击鼠标，选定整个文档。

2. 用键盘选定文本

使用键盘选定文本有以下方法。

- 按住 Shift 键的同时，按键盘上的快捷键使插入点光标移动，就可选定插入点光标经过的文本。表3-2中列出了选定文本的快捷键。

表3-2　　选定文本的快捷键

按　键	将选定范围扩大到	按　键	将选定范围扩大到
Shift+↑	上一行	Ctrl+Shift+↑	段首
Shift+↓	下一行	Ctrl+Shift+↓	段尾
Shift+←	左侧一个字符	Ctrl+Shift+←	单词开始
Shift+→	右侧一个字符	Ctrl+Shift+→	单词结尾
Shift+Home	行首	Ctrl+Shift+Home	文档开始
Shift+End	行尾	Ctrl+Shift+End	文档结尾

- 按 F8 键后移动插入点光标，再按 Esc 键，从插入点光标起初位置到插入点光标最后位置间的文本被选定。
- 按 Ctrl+Shift+F8 组合键后移动插入点光标，从插入点光标起初位置到插入点光标最后位置间的竖列文本被选定。按 Esc 键可取消所选定竖列文本的选定状态。
- 按 Ctrl+A 组合键选定整个文档，与选择【编辑】/【全选】命令效果相同。

3.2.3　插入、删除与改写文本

在文档的输入过程中，如果有漏掉的内容，则需要插入；如果有多输入的内容，则需要将其删除；如果有错误的内容，则需要更改。

1. 插入文本

在文本的编辑过程中，如果状态栏中“改写”二字是阴文，则表明当前状态为插入状

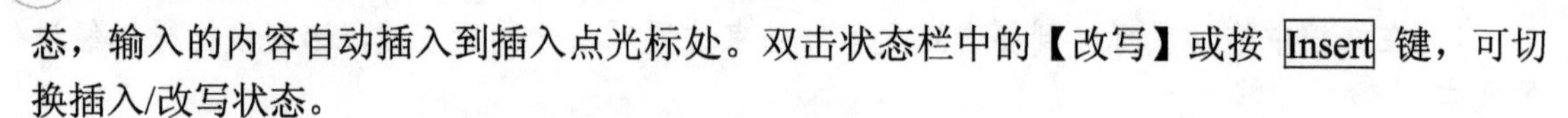

态，输入的内容自动插入到插入点光标处。双击状态栏中的【改写】或按 Insert 键，可切换插入/改写状态。

实际应用中，经常遇到无法从键盘上直接输入的符号，如“★”。选择【插入】/【特殊符号】命令，弹出如图 3-6 所示的【插入特殊符号】对话框，可进行以下操作。

- 打开不同的选项卡，会出现不同的特殊符号页。
- 单击要插入的符号，该对话框右下角会给出放大显示（见图 3-6）。
- 单击 确定 按钮，选择的符号就插入到插入点光标处并关闭该对话框。

在 Word 2003 中还有一种插入符号的方法。选择【插入】/【符号】命令，弹出如图 3-7 所示的【符号】对话框，可进行以下操作。

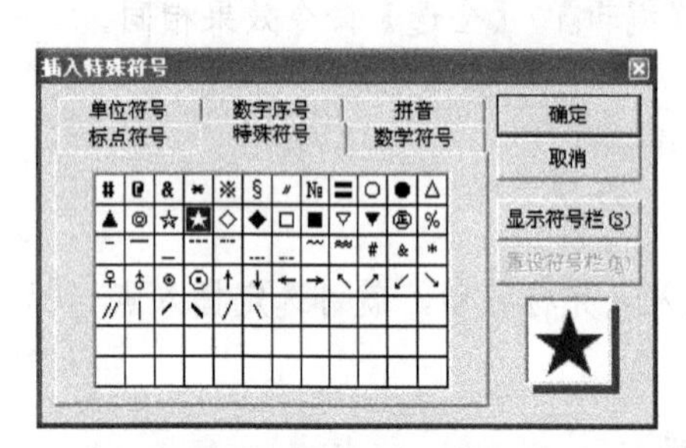

图 3-6　【插入特殊符号】对话框

图 3-7　【符号】对话框

- 在【字体】下拉列表中，选择一种字体的符号，符号列表框随之更改。
- 单击要插入的符号，在原处放大显示。
- 单击 自动更正(A)... 按钮，弹出【自动更正】对话框，可在该对话框中输入要更正的字符，以后输入该字符时，将自动更正为所选择的字符。
- 单击 快捷键(K)... 按钮，弹出【自定义键盘】对话框，在该对话框中可以为所选择的符号定义一个按键，以后需要输入这个符号时，按该键即可。
- 单击 插入(I) 按钮，选择的符号插入到插入点光标处，该对话框不关闭。

2. 删除文本

删除文本有以下方法。

- 按 Backspace 键，删除插入点光标左面的一个汉字或字符。
- 按 Delete 键，删除插入点光标右面的一个汉字或字符。
- 按 Ctrl+Backspace 组合键，删除插入点光标左面的一个词。
- 按 Ctrl+Delete 组合键，删除插入点光标右面的一个词。
- 如果选定了文本，按 Backspace 键或 Delete 键，删除所选定的文本。
- 如果选定了文本，按 Ctrl+X 组合键将其剪切到剪贴板，即可将选定的文本删除。

3. 改写文本

改写文本有以下方法。

- 在【改写】状态下输入内容，会覆盖掉插入点光标处原有的内容。
- 选定要改写的内容，输入改写后的内容。

使用第 1 种方法时应特别小心，若不及时取消改写状态，很有可能会把不想改写的内

容改写掉，造成不必要的麻烦。

3.2.4 复制与移动文本

在文档的输入过程中，如果要输入的内容在前面已经出现过，无须每次都重复输入，只要把它们复制到相应位置即可。如果输入的内容位置不对，也无须删除后再重新输入，只要把它们移动到相应位置即可。

1. 复制文本

复制文本前，首先选定要复制的文本。有以下复制方法。

- 将鼠标指针移动到选定的文本上，当鼠标指针变为↖时，按住Ctrl键的同时拖动鼠标，鼠标指针变成↖，同时，旁边有一条表示插入点的虚竖线，当虚竖线到达目标位置后，松开鼠标左键和Ctrl键，选定的文本被复制到目标位置。
- 先将选定的文本复制到剪贴板上，再将插入点光标移动到目标位置，然后把剪贴板上的文本粘贴到插入点光标处。剪贴板操作见“2.2.3 剪贴板”一节。

复制完成后，如果复制内容的字符格式与目标位置的字符格式不同，则在复制内容的右下方有一个粘贴选项按钮，单击按钮，会弹出如图 3-8 所示的粘贴选项，用户可根据需要选择保留原来的格式，或匹配目标的格式，或仅保留文本，或选择另外一种格式。

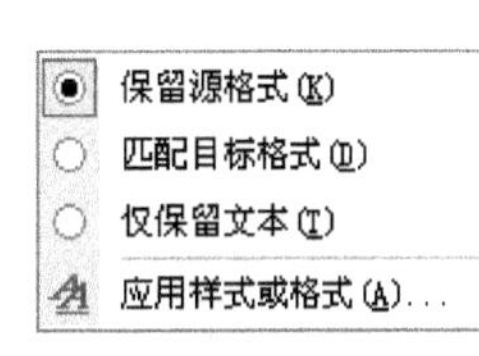

图 3-8 粘贴选项

2. 移动文本

移动文本前，首先选定要移动的文本。移动文本有以下方法。

- 将鼠标指针移动到选定的文本上，当鼠标指针变为↖状时拖动鼠标，鼠标指针变成↖，同时，旁边出现一条表示插入点的虚竖线，当虚竖线到达目标位置后，松开鼠标左键，选定的文本被移动到目标位置。
- 先将选定的文本剪切到剪贴板上，再将插入点光标移动到目标位置，然后把剪贴板上的文本粘贴到插入点光标处。

3.2.5 查找、替换与定位文本

Word 2003 提供了查找、替换和定位功能，可以很方便地完成查找、替换和定位操作。

1. 查找文本

按Ctrl+F组合键或选择【编辑】/【查找】命令，弹出【查找和替换】对话框，默认选项卡是【查找】选项卡，如图 3-9 所示。在【查找】选项卡中，可进行以下操作。

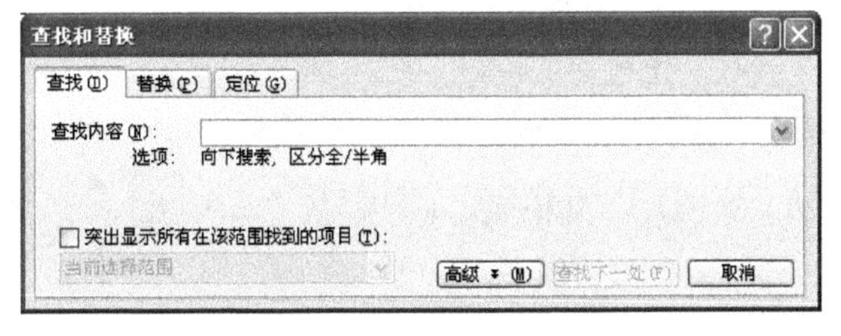

图 3-9 【查找】选项卡

- 在【查找内容】文本框中，输入要查找的文本。
- 单击[查找下一处(F)]按钮，从插入点光标处开始查找，查找到的内容被选定。可多次单击该按钮，进行多处查找。
- 单击[高级 ▾(M)]按钮，展开搜索选项，可进行高级查找设置。

2. 替换文本

按 Ctrl+H 组合键或选择【编辑】/【替换】命令，弹出【查找和替换】对话框，默认选项卡是【替换】选项卡，如图 3-10 所示。在【替换】选项卡中，可进行以下操作。

图 3-10 【替换】选项卡

- 在【查找内容】文本框中，输入被替换的文本。
- 在【替换为】文本框中，输入替换后的文本。
- 单击[查找下一处(F)]按钮，从插入点光标处开始查找，查找到的内容被选定。
- 单击[替换(R)]按钮，替换查找到的内容。
- 单击[全部替换(A)]按钮，替换全部查找到的内容，并在替换完后弹出一个对话框，提示完成了多少处替换。

3. 定位文本

按 Ctrl+G 组合键或选择【编辑】/【定位】命令，弹出【查找和替换】对话框，默认选项卡是【定位】选项卡，如图 3-11 所示。在【定位】选项卡中，可进行以下操作。

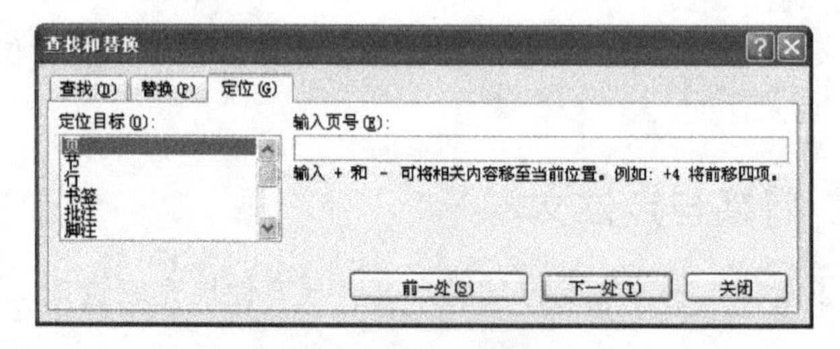

图 3-11 【定位】选项卡

- 在【定位目标】列表框中选择要定位的目标。
- 在【输入页号】文本框中输入一个数，指示要定位到哪一页。
- 单击[前一处(S)]按钮，定位到前一处。
- 单击[下一处(T)]按钮，定位到下一处。

3.3 Word 2003 中的文档排版

文档排版可以使文档更加规范和美观，文档排版有 3 个级别：字符级别、段落级别和页面级别。另外，Word 2003 还提供了样式和模板等快速排版方式。

3.3.1 字符级别排版

在 Word 2003 中，字符级别排版包括设置字体、字号、粗体、斜体、下画线、边框、底纹和颜色等。如果选定文本后进行格式设置，选定的内容会设置成相应格式，否则，所做的设置仅对插入点光标处再输入的新内容起作用。

1. 设置字体

单击【格式】工具栏下拉列表框 宋体 中的 ▾ 按钮，打开字体下拉列表，从中选择一种字体。通常英文的字体名对英文字符起作用，中文的字体名对英文、汉字都起作用。

以下是常用中文字体的效果。

字体	效果	字体	效果
宋体	中文 Word 2003	仿宋	中文 Word 2003
楷体	中文 Word 2003	黑体	中文 Word 2003

以下是常用英文字体的效果。

字体	效果	字体	效果
Times New Roman	Word 2003	Arial	Word 2003
Courier New	Word 2003	Impact	Word 2003

2. 设置字号

单击【格式】工具栏下拉列表框 五号 中的 ▾ 按钮，打开字号下拉列表，从中选择一种字号。字号有“号数”和“磅值”两种表示方式，表 3-3 中列出了两者之间的对应关系。

表 3-3 “号数”和“磅值”的对应关系

号数	磅值	号数	磅值	号数	磅值	号数	磅值
初号	42 磅	二号	22 磅	四号	14 磅	六号	7.5 磅
小初	36 磅	小二	18 磅	小四	12 磅	小六	6.5 磅
一号	26 磅	三号	16 磅	五号	10.5 磅	七号	5.5 磅
小一	24 磅	小三	15 磅	小五	9 磅	八号	5 磅

以下是常用“号数”字号的效果。

一号 二号 三号 四号 五号 六号 七号 八号

3. 设置粗体、斜体、下画线

对字符除了可以设置字体、字号外，还可以设置效果。最常见的效果有粗体、斜体、下画线，也可以同时设置这 3 种效果。设置这 3 种效果的方法如下。

- 单击 B 按钮或按 Ctrl+B 组合键设置粗体效果。
- 单击 I 按钮或按 Ctrl+I 组合键设置斜体效果。

- 单击U按钮或按Ctrl+U键设置下画线效果。

以下是字符设置为粗体、斜体、下画线的效果。

正常字体	**粗体**	*斜体*	下画线	***粗体+斜体***	*斜体+下画线*

下画线除了默认的“单线”样式外，还可以设置其他样式。单击U按钮右边的▾按钮，可在打开的下拉列表中选择下画线样式。

如果要取消粗体、斜体、下画线设置，则选定文本后，单击B按钮、I按钮、U按钮或按Ctrl+B组合键、Ctrl+I组合键、Ctrl+U组合键即可。

4. 设置边框、底纹

单击A按钮，可给选定的字符加上一个边框。单击A按钮，可给选定的字符加上灰色的底纹。以下是字符加边框和底纹的效果。

正常文字	汉字加边框	汉字加底纹	边框+底纹

如果要取消所加的边框或底纹，则选定文本后，单击A或A按钮即可。

5. 设置颜色

单击A按钮，选定字符的颜色被设置为按钮上标注的颜色，单击A按钮右侧的▾按钮，可在打开的下拉列表中选择要设置的颜色。

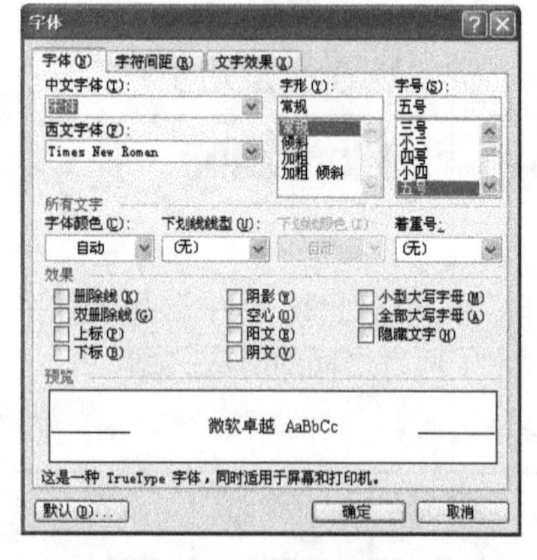

图3-12 【字体】选项卡

6. 其他设置

用【字体】对话框不仅能完成以上的设置，还可完成其他设置。选择【格式】/【字体】命令，弹出【字体】对话框。【字体】对话框中有【字体】、【字符间距】和【文字效果】3个选项卡，图3-12所示的是【字体】选项卡。

【字体】选项卡主要完成字符字体的设置，除了前面介绍的以外，还有删除线、双删除线、上标、下标、阴影、空心、阴文、阳文、小型大写字母、全部大写字母和隐藏文字。【字符间距】选项卡主要完成字符位置和间距的设置，包括缩放、间距、位置等。【文字效果】选项卡主要完成文字的动态效果设置，动态效果只能用于显示。

用户在进行设置时，只要在选项卡中选择相应的选项或输入相应的数值，就可完成相应的设置，同时【预览】区域显示相应的效果，用户可根据需要决定是否进一步设置。

3.3.2 段落级别排版

两个回车符之间的内容（包括后一个回车符）为一个段落。段落格式主要包括文本的对齐、缩进、行间距、段间距以及边框和底纹等。在设置段落格式时，如果选定段落，那么设置对选定的段落生效，否则对插入点光标所在的段落生效。

段落级别排版包括设置对齐方式、设置段落缩进、设置行间距、设置段落间距、设置项目符号、设置编号、设置多级编号、设置首字下沉。

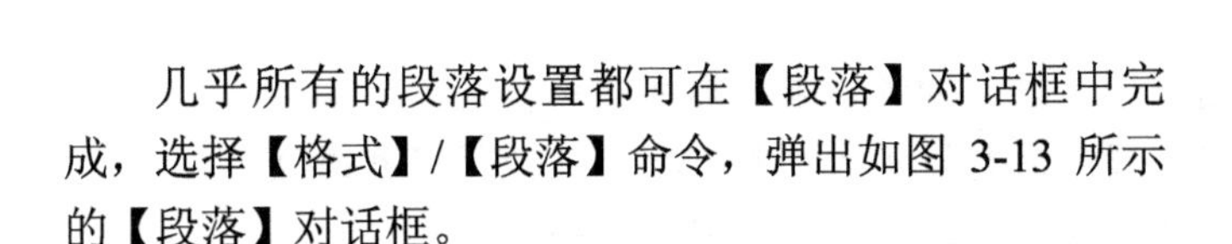

几乎所有的段落设置都可在【段落】对话框中完成，选择【格式】/【段落】命令，弹出如图 3-13 所示的【段落】对话框。

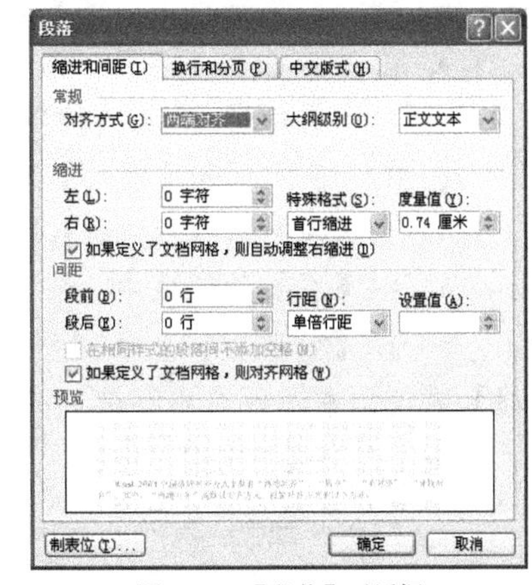

图 3-13 【段落】对话框

1. 设置对齐方式

Word 2003 中段落的对齐方式主要有“两端对齐”、“居中”、“右对齐”和“分散对齐”。其中，“两端对齐”是默认的对齐方式。用【格式】工具栏上的按钮设置对齐方式有以下方法。

- 单击▤按钮，将当前段或选定的各段设置成“两端对齐”方式，正文沿页面的左右边对齐。
- 单击▤按钮，将当前段或选定的各段设置成“居中”方式，段落最后一行正文在本行中间。
- 单击▤按钮，将当前段或选定的各段设置成“右对齐”方式，段落最后一行正文沿页面的右边对齐。
- 单击▤按钮，将当前段或选定的各段设置成“分散对齐”方式，段落最后一行正文均匀分布。

用图 3-13 所示的【段落】对话框设置对齐方式的方法是：在【对齐方式】下拉列表框中选择一种对齐方式，当前段落或被选定的各段设置成所选择的对齐方式。

以下是段落对齐的效果。

示例	对齐方式
培训班开学通知书	居中对齐
________先生/女士:	左 对 齐
“微机实用操作”培训班将于 5 月 18 日开课，时间是每星期四下午 2:00~4:00，由经验丰富的专家讲授，采取边学习边实践的教学方法，请准时上课。	两端对齐
上 课 地 点 ： 三 楼 微 机 室	分散对齐
2012 年 5 月 16 日	右 对 齐

2. 设置段落缩进

段落缩进是指正文与页边距之间保持的距离，有“左缩进”、“右缩进”、“首行缩进”、“悬挂缩进”等方式。用【格式】工具栏上的工具按钮设置段落缩进有以下方法。

- 单击▤按钮一次，当前段或选定各段的左缩进位置减少一个汉字的距离。
- 单击▤按钮一次，当前段或选定各段的左缩进位置增加一个汉字的距离。

Word 2003 的水平标尺（见图 3-14）上有 4 个小滑块，不仅体现了相应缩进的位置，还可以设置相应的缩进。

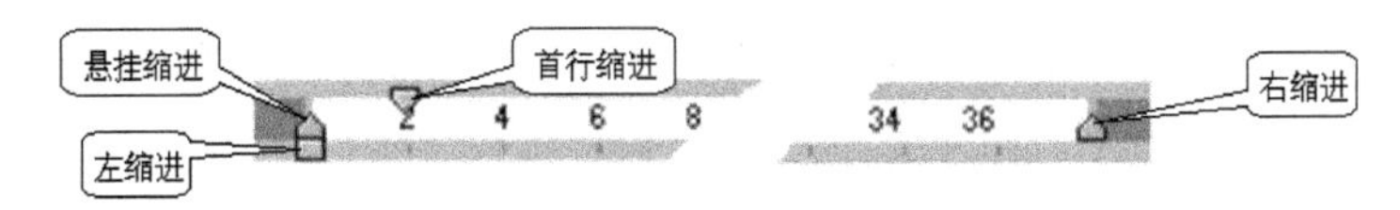

图 3-14 标尺栏

用水平标尺设置段落缩进有以下方法。

- 拖动首行缩进标记，调整当前段或所选定的各段第 1 行缩进的位置。

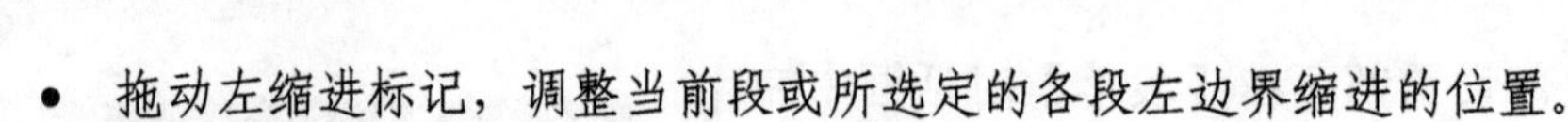

- 拖动左缩进标记，调整当前段或所选定的各段左边界缩进的位置。
- 拖动悬挂缩进标记，调整当前段或所选定各段中除首行外其他行缩进的位置。
- 拖动右缩进标记，调整当前段或所选定的各段右边界缩进的位置。

在图 3-13 所示的【段落】对话框中，用以下方法可以精确地设置段落缩进。

- 在【左】数值框中，输入或调整左缩进的数值。
- 在【右】数值框中，输入或调整右缩进的数值。
- 在【特殊格式】下拉列表框中选择“首行缩进”或“悬挂缩进”，在其后的【度量值】数值框中输入或调整缩进的数值。

以下是段落缩进的示例。

2 4 6 8 10 12 14 16 18 20 22 “微机实用操作”培训班将于 5 月 18 日开课，时间是每星期四下午 2:00~4:00，由经验丰富的专家讲授，采取边学习边实践的教学方法，请准时上课。	设置首行缩进
2 4 6 8 10 12 14 16 18 20 22 “微机实用操作”培训班将于 5 月 18 日开课，时间是每星期四下午 2:00~4:00，由经验丰富的专家讲授，采取边学习边实践的教学方法，请准时上课。	设置右缩进
2 4 6 8 10 12 14 16 18 20 22 “微机实用操作”培训班将于 5 月 18 日开课，时间是每星期四下午 2:00~4:00，由经验丰富的专家讲授，采取边学习边实践的教学方法，请准时上课。	设置悬挂缩进

3．设置行间距

行距表示段落中各行文本间的垂直距离。Word 2003 默认的行间距是单倍行距，单倍行距是指每行中最大字体的高度加上很小的额外间距。根据需要，可以设置除单倍行距外的行间距。

在图 3-13 所示的【段落】对话框中，打开【行距】的下拉列表，可以从中选择要设置的行距（有“单倍行距“、“1.5 倍行距”、“2 倍行距”、“最小值”、“固定值”、“多倍行距”等选项），单击 确定 按钮，即可完成行间距的设置。

4．设置段落间距

段落间距是指相邻两段除行距外所加大的距离，分为段前间距和段后间距。段落间距默认的单位是“行”，段落间距的单位还可以是“磅”。Word 2003 默认的段前间距和段后间距都是“0”行。可以根据需要改变段前间距和段后间距的值和单位。

在图 3-13 所示的【段落】对话框中，在【段前】数值框或【段后】数值框中，调整所需要的行值，或者输入一个磅值以及单位“磅”后，单击 确定 按钮，即可完成段落间距的设置。

5．设置项目符号

单击【格式】工具栏上的按钮，系统自动给当前段或所选定的各段加上一个项目符号，并且将其设置成悬挂缩进方式，所用项目符号的样式与上一次使用的项目符号相同。如

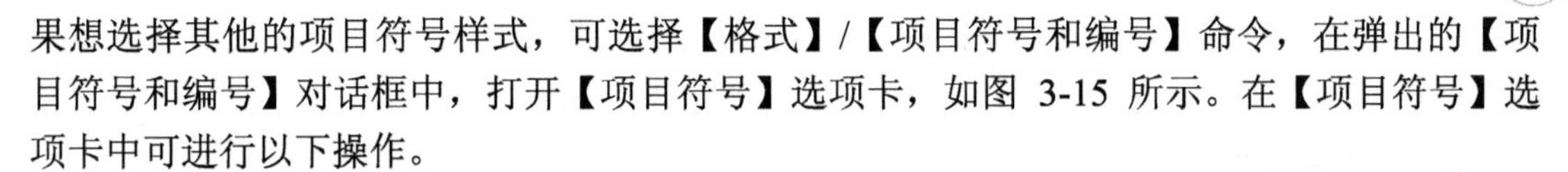

果想选择其他的项目符号样式，可选择【格式】/【项目符号和编号】命令，在弹出的【项目符号和编号】对话框中，打开【项目符号】选项卡，如图 3-15 所示。在【项目符号】选项卡中可进行以下操作。

- 选择一种项目符号样式，当前段或所选定的段则设定为该项目符号。如果选择“无”，则取消项目符号。
- 单击 自定义(T)... 按钮，打开【自定义项目符号列表】对话框，可从中选择一个符号作为项目符号。
- 单击 确定 按钮，按所做的选择设置项目符号。

6．设置编号

单击【格式】工具栏上的按钮，系统自动给当前段或所选定的各段加上编号，如果前面的段已经有编号，系统会自动继续前面的编号。如果想改变编号的样式或重新编号，选择【格式】/【项目符号和编号】命令，在弹出的【项目符号和编号】对话框中，打开【编号】选项卡，如图 3-16 所示。在【编号】选项卡中，可进行以下操作。

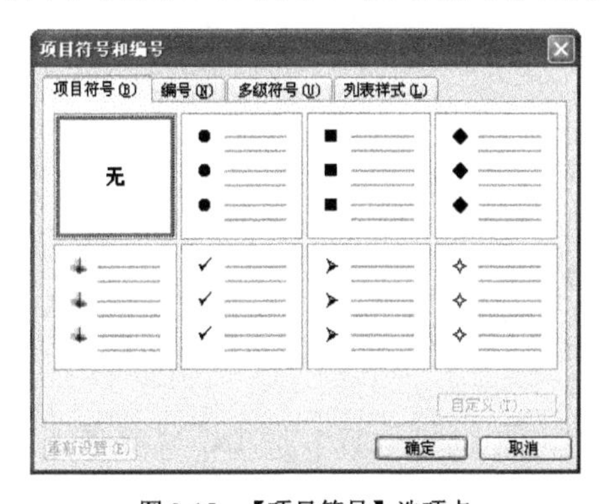

图 3-15 【项目符号】选项卡

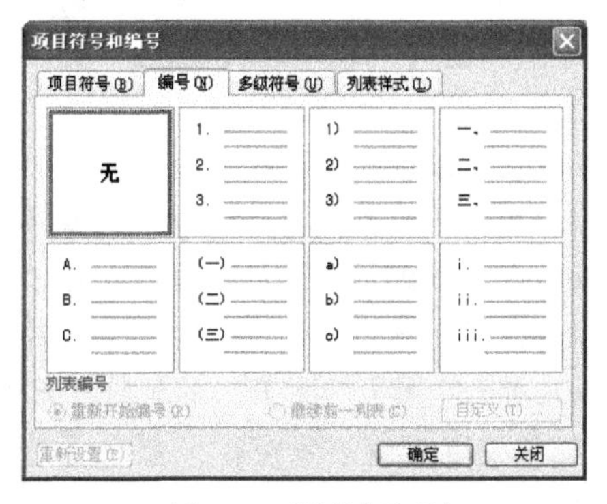

图 3-16 【编号】选项卡

- 在编号样式列表中，选择所需要的编号样式。
- 选择【重新开始编号】单选钮，则编号从 1 开始。
- 选择【继续前一列表】单选钮，则编号紧接着前一列表。
- 单击 自定义(T)... 按钮，弹出一个对话框，在该对话框中可设置编号格式、编号样式、编号位置和文字位置等。
- 单击 确定 按钮，按所做的选择设置编号。

7．设置多级符号

设置多级符号与设置项目符号或编号列表的操作相似，但多级列表中每段的项目符号或编号根据其缩进范围而变化。多级列表最多可以有 9 级，每一级的编号都可以改变。

要为当前段或所选定各段设置多级列表，选择【格式】/【项目符号和编号】命令，在弹出的【项目符号和编号】对话框中，打开【多级符号】选项卡，如图 3-17 所示。在【多级符号】选项卡中，可进行以下操作。

- 在多级符号样式列表中，选择所需要的多级符号样式。
- 单击 自定义(T)... 按钮，弹出一个对话框。在该对话框中，可以设置编号的级别、格式、样式、起始编号、编号位置、前一级别编号、编号位置和文字位置等。
- 单击 确定 按钮，按所做的选择设置多级符号。

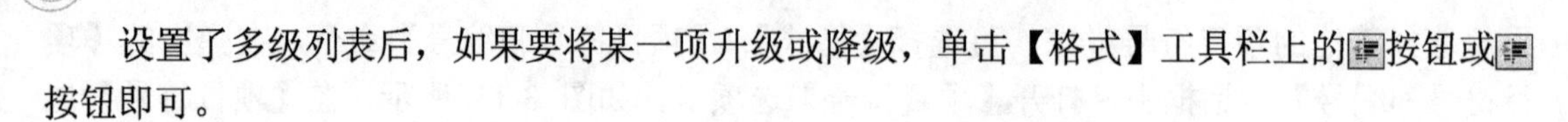

设置了多级列表后，如果要将某一项升级或降级，单击【格式】工具栏上的按钮或按钮即可。

8．设置首字下沉

一些报刊、杂志的正文有首字下沉效果。选择【格式】/【首字下沉】命令，弹出如图3-18所示的【首字下沉】对话框。在【首字下沉】对话框中，可进行以下操作。

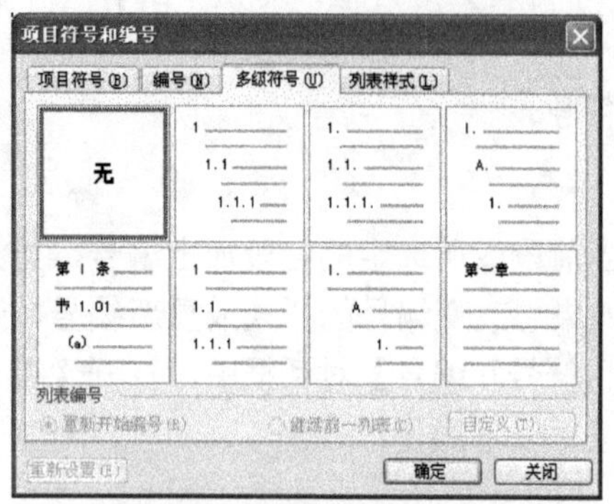

图3-17 【多级符号】选项卡

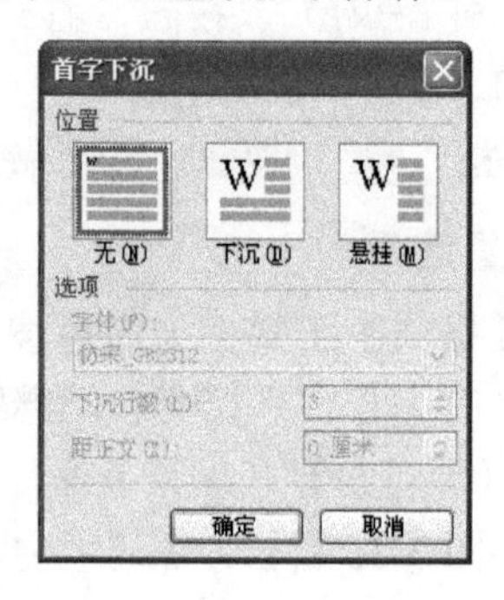

图3-18 【首字下沉】对话框

- 在【位置】组中，选择【下沉】或【悬挂】。
- 在【字体】下拉列表中，选择下沉字的字体。
- 在【下沉行数】数值框中，输入或调整下沉的行数。
- 在【距正文】数值框中，输入或调整与正文的距离。
- 单击 确定 按钮，当前段设置首字下沉。

如果要取消首字下沉，只要在【首字下沉】对话框中的【位置】选项中选择【无】选项即可。

3.3.3 页面级别排版

页面就是文档打印时一页的总体版面，常见的页面级别排版包括设置纸张、页边距、页眉和页脚、页边框、分栏等。

1．设置纸张

选择【文件】/【页面设置】命令，在弹出的对话框中打开【纸张】选项卡，如图3-19所示。在【纸张】选项卡中，可进行以下操作。

- 在【纸张大小】的下拉列表中选择所需要的标准纸张类型。
- 如果【纸张大小】的下拉列表中没有所需要的纸张类型，可在【高度】和【宽度】数值框中指定纸张的高和宽。
- 在【首页】列表框和【其他页】列表框中，选择首页和其他页的纸张来源。
- 在【应用于】下拉列表中，选择要应用的文档范围。
- 单击 确定 按钮，完成纸张设置。

2．设置页边距

选择【文件】/【页面设置】命令，在弹出的对话框中打开【页边距】选项卡，如图3-20所示。

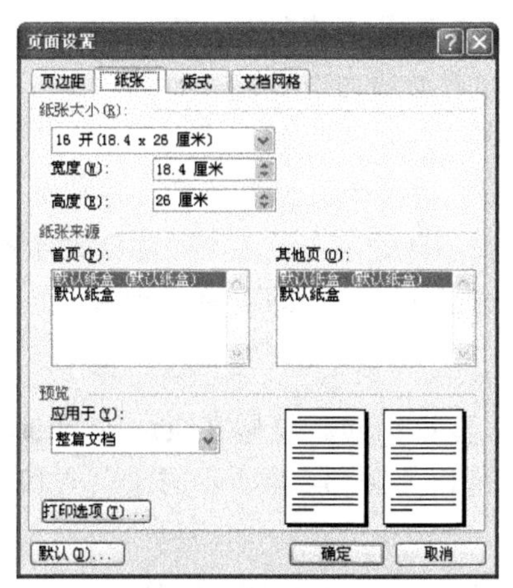

图 3-19 【纸张】选项卡

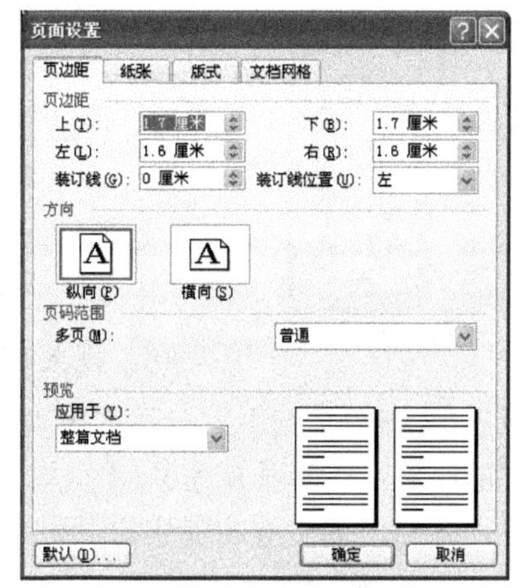

图 3-20 【页边距】选项卡

在【页边距】选项卡中，可进行以下操作。

- 在【上】、【下】、【左】、【右】数值框中，输入或调整数值，改变相应的边距。
- 在【装订线】数值框中，输入或调整数值，用来设置打印时所要保留的相应距离。
- 在【装订线位置】下拉列表框中选择装订线的位置。
- 在【方向】栏中选择【横向】或【纵向】，指定打印纸的方向。
- 在【多页】的下拉列表中，选择页码的位置。
- 在【应用于】的下拉列表中，选择页边距的作用范围。
- 单击 确定 按钮，完成页边距设置。

3. 插入页码

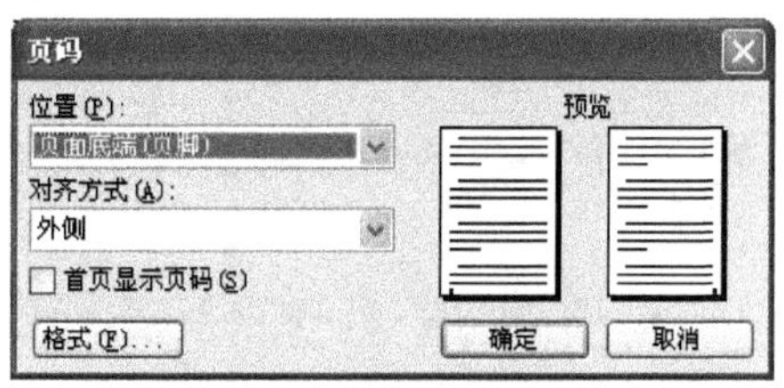

图 3-21 【页码】对话框

页码是文档的当前页号，通常放在页眉或页脚中。选择【插入】/【页码】命令，弹出如图 3-21 所示的【页码】对话框。在【页码】对话框中，可进行以下操作。

- 在【位置】下拉列表中，选择插入页码的位置，有“页面顶端（页眉）”、“页面底端（页脚）”、“页面纵向中心”、“纵向内侧”和“纵向外侧”选项。

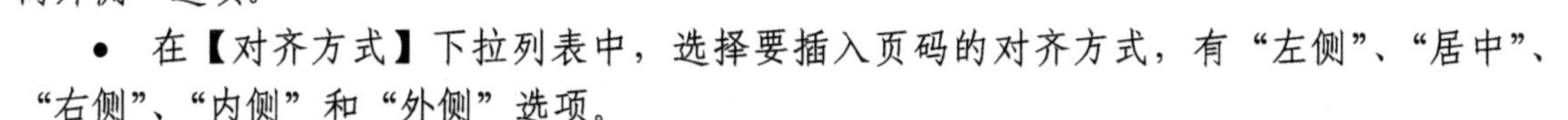

- 在【对齐方式】下拉列表中，选择要插入页码的对齐方式，有“左侧”、“居中”、“右侧”、“内侧”和“外侧”选项。
- 选择【首页显示页码】复选框，则文档的第 1 页显示页码，否则文档的第 1 页不显示页码。
- 单击 格式(F)... 按钮，弹出【页码格式】对话框，在该对话框中可设置页码的格式。
- 单击 确定 按钮，完成页码设置。

在页眉/页脚编辑状态下（参见本节后面），选定页码并按 Delete 键，即可将其删除。

4. 插入分隔符

Word 2003 能根据页面版式的设置为文档自动换行和分页，也可以手动插入分隔符。选择【插入】/【分隔符】命令，弹出如图 3-22 所示的【分隔符】对话框，在该对话框中选择一种分隔符后，单击 确定 按钮，即可在插入点光标处插入该分隔符。分隔符的作用如下。

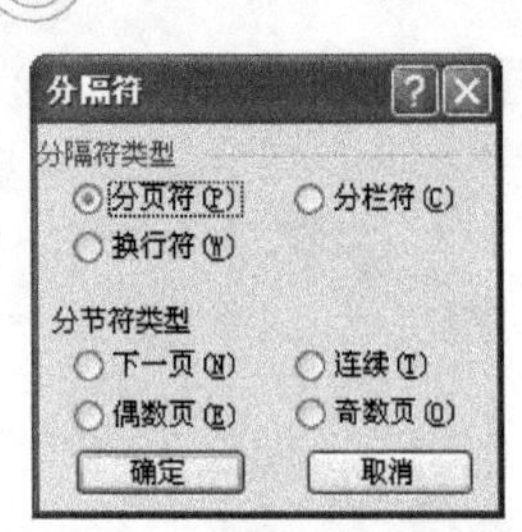

图3-22 【分隔符】对话框

- 分页符：强制分页，其后面的内容另起一页。
- 换行符：强制换行，其后面的内容另起一行。
- 分栏符：其后面的文本另起一栏排版。
- 分节符：Word 2003 默认为整个文档是一节，插入分节符，可将文档分成不同的节，便于在不同的节中设置不同的排版方式。

在文档中选定分隔符后，按Delete键即可将其删除。

5. 插入页眉/页脚

页眉/页脚在文档中每一页都出现，并且各页内容基本相同。页眉在页面的顶部，页脚在页面的底部。选择【视图】/【页眉和页脚】命令，弹出如图3-23所示的【页眉和页脚】工具栏，同时出现由虚线围住的页眉编辑区。

图3-23 【页眉和页脚】工具栏

- 页码 -
创建日期
第 X 页 共 Y 页
机密、页码、日期
上次保存者
上次打印时间
文件名
文件名和路径
作者
作者、页码、日期

图3-24 【插入“自动图文集”】下拉菜单

- 如果要在页眉/页脚中插入标准的条目，单击插入“自动图文集”(S)按钮，弹出如图3-24所示的下拉菜单，从中可以选择要插入的条目。
- 单击按钮，在页眉/页脚中插入页码。
- 单击按钮，在页眉/页脚中插入总页数。
- 单击按钮，弹出【页码格式】对话框，从中可以设置页码的格式。
- 单击按钮，在页眉/页脚中插入当前日期。
- 单击按钮，在页眉/页脚中插入当前时间。
- 单击按钮，在编辑页眉/页脚时设置页面。
- 单击按钮，显示/隐藏文档文字。
- 单击按钮，切换页眉和页脚编辑。
- 单击按钮，编辑前一页的页眉/页脚。
- 单击按钮，编辑下一页的页眉/页脚。
- 单击关闭(C)按钮，完成页眉/页脚的设置，返回到文档编辑状态。

在文档中插入页眉/页脚后，只有在页面视图方式下才能看到它们，在其他视图方式下都看不到。此外，在页面视图方式下，还可以修改和删除页眉/页脚，方法如下。

- 双击页眉/页脚区域，进入页眉/页脚编辑状态，可以修改相应的内容。
- 双击页眉/页脚区域，进入页眉/页脚编辑状态，可以选定并删除相应的内容。

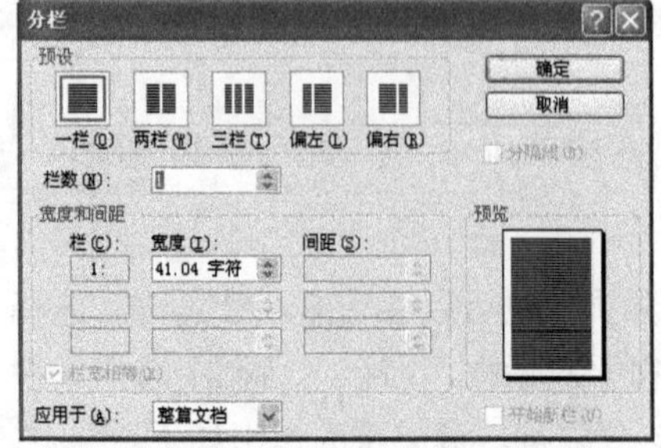

图3-25 【分栏】对话框

6. 设置分栏

要想对文档内容设置分栏格式，先选定文档内容，再选择【格式】/【分栏】命令，弹出如图3-25所示的【分栏】对话框。在【分栏】对话框中，可进行以下操作。

- 在【预设】栏中选择所需的分栏样式。
- 如果【预设】栏中的样式不满足要求，可在

【栏数】数值框中输入或调整所需的栏数。

- 如果栏宽不等，可在各【栏宽】框中输入所需的栏宽度，在各【间距】框中输入本栏与其右边栏之间的间距。
- 选择【分隔线】复选框，则栏间加分隔线。
- 选择【栏宽相等】复选框，则各栏的宽度相同。
- 单击 确定 按钮，完成分栏设置。

如果要取消分栏，先选定相应内容，再选择【格式】/【分栏】命令，然后在图3-25所示的【分栏】对话框的【预设】组中选择“一栏”，最后单击 确定 按钮。

3.3.4 高级排版方式

Word 2003提供了两种高级排版方式：样式和模板。

1．使用样式

样式是一系列排版格式的集合。每一种样式都包括字体、段落对齐、段落缩进、制表位、边框和底纹等。使用样式，可以快捷地编排出具有统一格式的段落。Word 2003中预定义了一系列标准样式，同时也允许用户自定义样式。

（1）使用预定义样式

在【格式】工具栏最左边的下拉列表框就是【样式】下拉列表框，单击该下拉列表框右侧的 ▾ 按钮，在打开的下拉列表中列出了常用的样式，如图3-26所示，从中选择一种样式，即可把该样式对文字以及段落的设置作用于当前段落。

图3-26 【样式】下拉列表

（2）自定义样式

在Word 2003中自定义样式很容易，操作步骤如下。

（1）把一段文本设置成所要求的格式后再选定它。

（2）选择【格式】/【样式和格式】命令，任务窗格变成【样式和格式】任务窗格。

（3）在【样式和格式】任务窗格中，单击 新样式... 按钮，弹出如图3-27所示的【新建样式】对话框。

（4）在【新建样式】对话框中，为样式取一个名字，输入在【名称】文本框中。

（5）单击 确定 按钮。

执行自定义样式操作后，将在【样式】的下拉列表中看到所定义的样式，用户可以像预定义样式一样使用它。

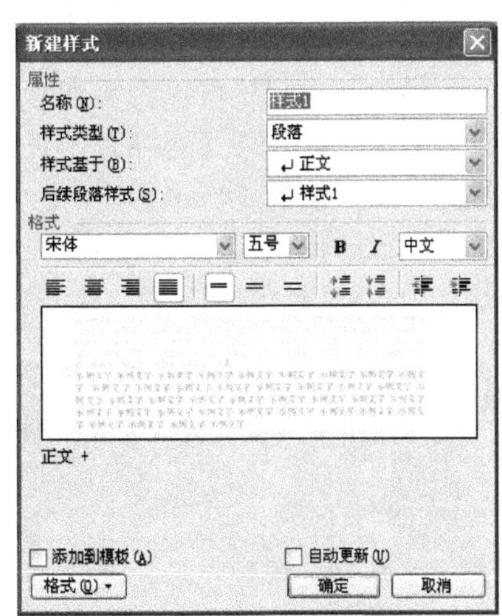

图3-27 【新建样式】对话框

2．使用模板

模板是一个特殊的文档文件，内部预先设置了一些特定格式的内容。利用模板创建文档时，由于文档的一些内容以及格式都已确定，用户只需要填入相应的信息即可，这样既节省了文档的排版时间，又能保持文档格

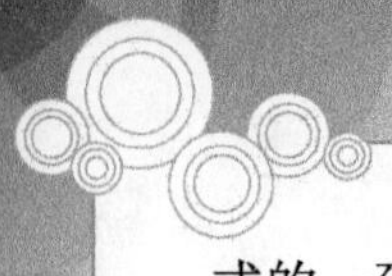

式的一致性。

（1）使用已有模板建立文档

Word 2003 的文档都是以模板为基础的，启动 Word 2003 时自动创建的空白文档是基于“空白文档”模板的。用户还可以建立基于其他模板的文档，具体步骤如下。

（1）在 Word 窗口中，选择【文件】/【新建】命令，任务窗格变成【新建文档】任务窗格。

（2）在【新建文档】任务窗格中，单击【本机上的模板】链接，弹出如图 3-28 所示的【模板】对话框。

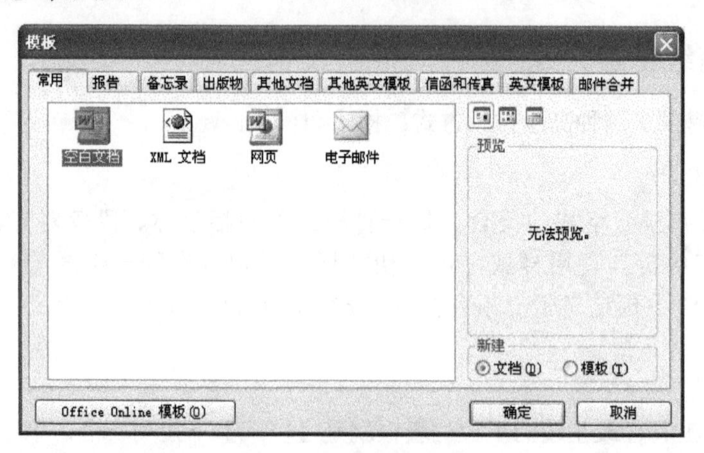

图 3-28 【模板】对话框

（3）在【模板】对话框中，切换到一个选项卡，选项卡中显示该类的所有模板。

（4）单击模板列表中所需要的模板图标后，单击 确定 按钮，或者双击模板列表中所需要的模板图标，系统即自动创建一个基于该模板的文档。

（2）建立自己的模板

如果 Word 2003 提供的模板不能满足要求，用户还可以建立自己的模板，建立模板的具体步骤与建立文档类似，不同的是在如图 3-28 所示的【模板】对话框的【新建】选项组中选择【模板】单选钮。

模板的编辑和格式设置与普通文档的编辑和格式设置几乎完全一样，这里不再重复。模板的保存与普通文档类似，不同的是，模板文件的扩展名是“.dot”。

另外，用户还可以将现有的文档文件转换为模板文件。具体方法是选择【文件】/【另存为】命令，打开【另存为】对话框（见图 3-4）。在该对话框【保存类型】的下拉列表中选择“文档模板（*.dot）”。

自己的模板建立并保存后，当选择【文件】/【新建】命令新建文档时，在【新建】对话框中会看到新建的模板，用户可以像使用 Word 2003 预定的模板一样使用它。

3.4 Word 2003 中的文档打印

文档编辑排版完后，通常要打印输出，在打印前应当对页面进行设置，以使文档的版面更具特色。

3.4.1 打印预览

虽然 Word 2003 是“所见即所得”的文字处理软件，但由于受屏幕大小的限制，往往不能看到一个文档的实际打印效果，这时可以用打印预览功能预览打印效果。单击【常用】工具栏中的按钮或选择【文件】/【打印预览】命令，出现打印预览窗口，窗口中有如图 3-29 所示的【打印】工具栏。

图 3-29 【打印】工具栏

- 单击按钮，开始打印文档。
- 单击按钮时，鼠标指针变成状，在页面上单击鼠标，预览的页面放大到“100%”显示比例。放大页面后，鼠标指针变成状，单击鼠标又恢复到原来的显示比例。
- 单击按钮时，一次只能预览文档的一页，如果想查看其他页，可以按 PageUp 键或 PageDown 键。
- 单击按钮，出现一个页面排列的表格，从中选择相应的行和列后，屏幕上就显示相应页数的文档。
- 在【显示比例】下拉列表框中，输入或选择一个显示比例，页面按此比例显示。
- 单击按钮，在预览页上方会出现标尺，使用它可以调整页边距。
- 单击按钮，把最后一页的内容（内容很少时）分配到前面的页面内。
- 单击按钮，可以全屏显示文档。
- 单击关闭(C)按钮，关闭预览窗口，返回到文档窗口。

3.4.2 打印文档

在 Word 2003 中，打印文档有以下 3 种常用方法。

- 按 Ctrl+P 组合键。
- 选择【文件】/【打印】命令。
- 单击按钮。

用最后一种方法，按默认方式打印一份全部文档。用前两种方法，则弹出如图 3-30 所示的【打印】对话框。在【打印】对话框中，可进行以下操作。

- 在【名称】的下拉列表中，选择所用的打印机。
- 单击 属性(P) 按钮，弹出【打印机属性】对话框，从中可以选择纸张大小、方向、纸张来源、打印质量、打印分辨率等。
- 选择【打印到文件】复选框，则把文档打印到某个文件上。
- 选择【手动双面打印】复选框，则在一张纸的正反面打印文档。
- 选择【全部】单选钮，则打印

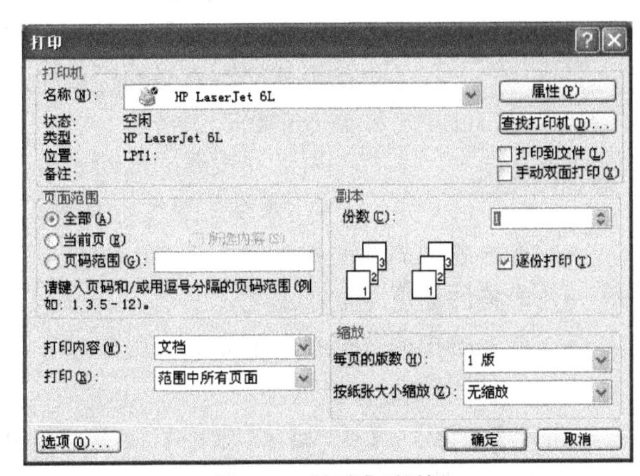

图 3-30 【打印】对话框

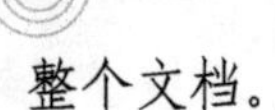

整个文档。

- 选择【当前页】单选钮，则只打印插入点光标所在的页。
- 选择【页码范围】单选钮，则可以在其右侧的文本框中输入所要打印的页码范围。
- 如果事先已选定打印内容，则【选定的内容】单选钮被激活，否则该单选钮未被激活（按钮呈灰色），不能使用。
- 在【份数】数值框中，可输入或调整要打印的份数。
- 选择【逐份打印】复选框，则打印完从起始页到结束页一份后，再打印其余各份，否则起始页打印完指定的张数后，再打印下一页。
- 在【每页的版数】下拉列表中选择一页打印的版数。
- 在【按纸张大小缩放】下拉列表中选择纸张的大小。
- 单击选项(O)...按钮，出现一个【打印】对话框，从中可以选择是否后台打印、纸张来源、双面打印顺序等。
- 单击确定按钮，完成打印设置。

3.5 Word 2003 中的表格处理

在文档中，用表格显示数据既简明又直观。Word 2003 提供了强大的表格处理功能，包括建立表格、编辑表格、设置表格格式等。

3.5.1 建立表格

表格是行与列的集合，行和列交叉形成的单元叫做单元格。在 Word 2003 中可以插入一个规则的表格，也可以绘制一个不规则的表格，还可以把文本数据转换为表格。

表格建立后，可以在单元格中输入文字、数据、图形等信息。如果表格需要有斜线表头，还可以绘制表格斜线表头。

1. 插入表格

插入表格通常有两种方法：使用工具按钮和使用菜单命令。

（1）使用【常用】工具栏中的工具按钮

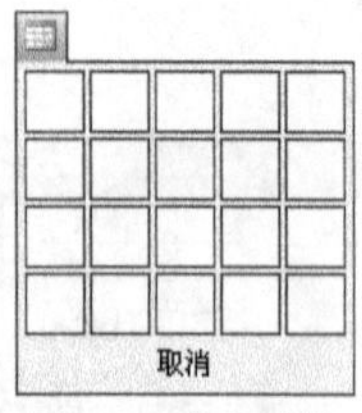

图 3-31 插入表格

单击【常用】工具栏中的按钮，弹出如图 3-31 所示的表格框。用鼠标拖动出表格的行数和列数，松开鼠标左键后，即可在插入点光标处插入相应的表格。

用工具按钮插入的表格有以下特点。

- 表格的宽度与页面正文的宽度相同。
- 表格各列的宽度相同。
- 表格的高度是最小高度。
- 单元格中的数据在水平方向上两端对齐，在垂直方向上顶端对齐。

（2）使用菜单命令

选择【表格】/【插入】/【表格】命令，弹出如图 3-32 所示的【插入表格】对话框。在【插入表格】对话框中，可进行以下操作。

- 在【列数】和【行数】数值框中输入或调整列数和行数。
- 选择【固定列宽】单选钮（默认设置），则表格的列宽固定，宽度的默认值是“自动”，即表格宽度与正文宽度相同，表格各列的宽度相同。也可在右边的数值框中输入或调整列宽。
- 选择【根据内容调整表格】单选钮，则表格将根据内容的多少调整大小。
- 选择【根据窗口调整表格】单选钮，则插入的表格将根据窗口的大小调整表格的大小。

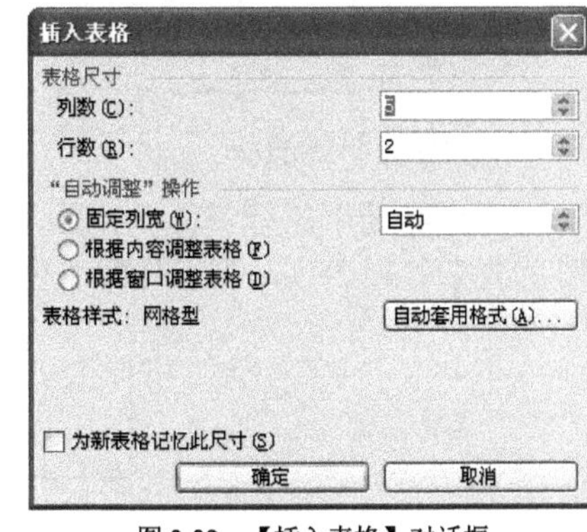

图 3-32 【插入表格】对话框

- 单击自动套用格式(A)...按钮，弹出一个【表格自动套用格式】对话框，从中可以选择需要的表格格式，按照选择的格式建立表格。
- 选择【为新表格记忆此尺寸】复选框，则之后新建的表格将使用当前表格所设置的尺寸。
- 单击确定按钮，系统按所做的设置插入表格。

2. 绘制表格

在 Word 2003 中，单击【表格和边框】工具栏中的按钮，或选择【表格】/【绘制表格】命令，可以随心所欲地绘制表格。如果【表格和边框】工具栏没有显示出来，可选择【视图】/【工具栏】/【表格和边框】命令使其出现。绘制表格常用的操作有如下几种。

- 画线：单击按钮或选择【表格】/【绘制表格】命令后，鼠标指针变为状，在文档中拖动鼠标，可在文档中绘制表格线。
- 擦线：单击按钮，鼠标指针变成状，在要擦除的表格线上拖动鼠标，就可擦除一条表格线。
- 结束：绘制完表格后，双击鼠标或者再次单击或按钮，结束表格绘制，鼠标指针恢复为正常形状。

3. 将文字转换成表格

可以将已经按一定格式输入的文本（一段转换为表格一行，各列之间用分隔符分隔，分隔符号可以是制表符、英文逗号、空格、段落标记等字符）很方便地转换为表格。

先选定要转换的文本，再选择【表格】/【转换】/【文字转换成表格】命令，弹出如图 3-33 所示的【将文字转换成表格】对话框。在【将文字转换成表格】对话框中，可进行以下操作。

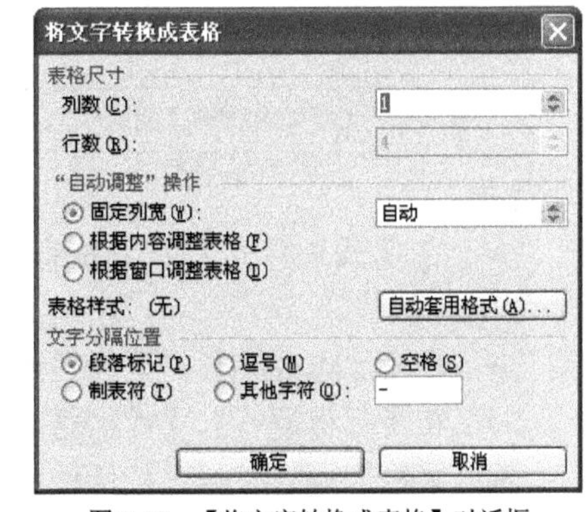

图 3-33 【将文字转换成表格】对话框

- 在【列数】数值框中，系统根据选定文本自动产生一个列数，如果必要，可输入或调整这个数值。
- 在【“自动调整”操作】栏中选择一种表格调整方式，其意义同前。
- 单击自动套用格式(A)...按钮，弹出一个【表格自动套用格式】对话框，从中可以选择需要的表格格式，按照选择的格式建立表格。

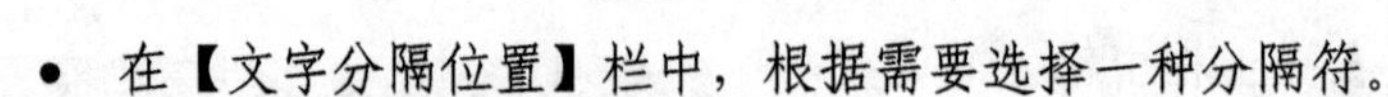

- 在【文字分隔位置】栏中，根据需要选择一种分隔符。
- 单击 确定 按钮，选定的文本就转换为相应的表格。

4．绘制斜线表头

许多表格有斜线表头，只有一条斜线的表头称为简单斜线表头，多于一条斜线的表头称为复杂斜线表头，以下是两个带斜线表头的表格。

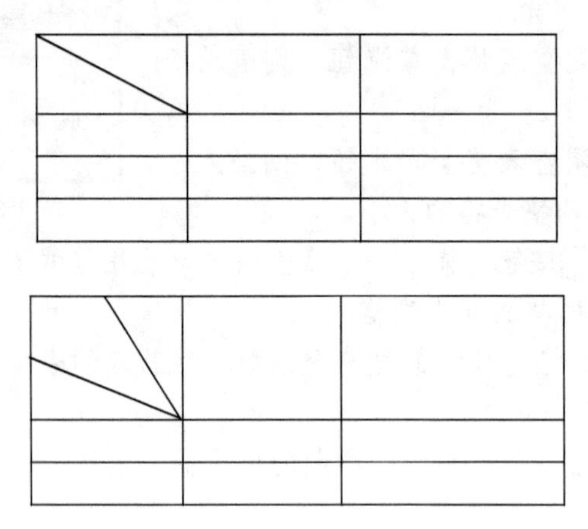

绘制简单斜线表头有以下方法。

- 绘制法。单击【表格和边框】工具栏中的按钮，鼠标指针变为状，在要加斜线处拖动鼠标，即可绘出斜线表头。

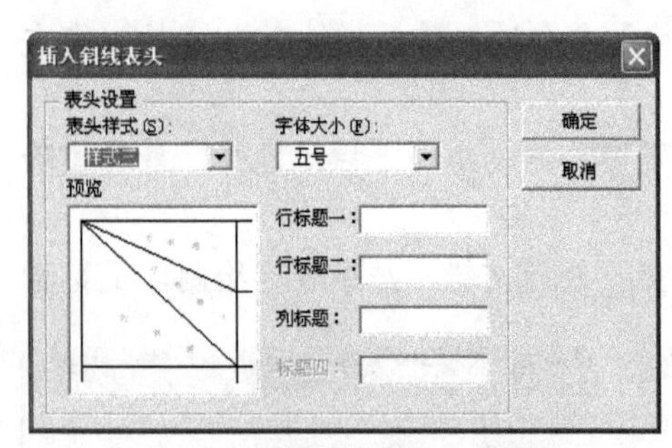

图 3-34 【插入斜线表头】对话框

- 设置边框法。将插入点光标移动到相应单元格后，单击【表格和边框】工具栏中按钮旁的按钮，在打开的列表中选择按钮，绘出斜线表头。

绘制复杂斜线表头有专门的命令。将插入点光标移动到表格中，选择【表格】/【绘制斜线表头】命令，弹出如图 3-34 所示的【插入斜线表头】对话框。

在【插入斜线表头】对话框中，可进行以下操作。

- 在【表头样式】的下拉列表中，选择所需要的样式，预览框中同时给出相应的效果图。
- 在【字体大小】的下拉列表中，选择表头标题的字号。
- 在【行标题一】、【行标题二】、【列标题】等文本框中，输入表头文本。
- 单击 确定 按钮，按所做设置为表格建立斜线表头。

5．输入文本

将插入点光标移动到表格的一个单元格，可以在该单元格中输入文本。单击某单元格，插入点光标会自动移动到该单元格，也可通过快捷键移动插入点光标，表 3-4 中列出了常用的移动插入点光标的快捷键。

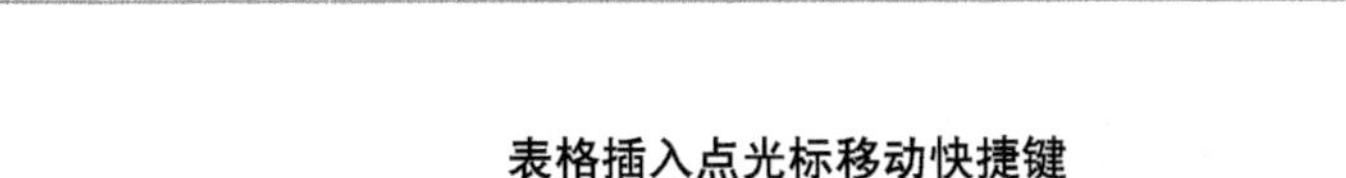

表3-4　　表格插入点光标移动快捷键

按键	功　能	按键	功　能
↑	向上移动一个单元格	Alt+Home	移到当前行的第一个单元格
↓	向下移动一个单元格	Alt+End	移到当前行的最后一个单元格
←	向左移动一个字符的位置	Alt+Page Up	移到当前列的第一个单元格
→	向右移动一个字符的位置	Alt+Page Down	移到当前列的最后一个单元格
Tab	移到下一个单元格	Shift+Tab	移到上一个单元格

在表格中移动插入点光标有以下特点。

- 插入点光标位于单元格第一个字符时，按←键插入点光标向左移动一个单元格。
- 插入点光标位于单元格最后一个字符时，按→键插入点光标向右移动一个单元格。
- 插入点光标位于表格最后一个单元格时，按Tab键会增加一个新行。
- 如果输入的文本有多段，按回车键另起一段。如果输入的文本超过了单元格的宽度，系统会自动换行并调整单元格的高度。

3.5.2　编辑表格

建立表格以后，如果表格不满足要求，可以对表格进行编辑。常用的表格编辑操作有：选定表格、行、列和单元格，插入表格、行、列和单元格，删除表格、行、列和单元格，合并、拆分单元格，合并、拆分表格。

1．选定表格、行、列和单元格

（1）选定表格

- 把鼠标指针移动到表格中，表格的左上方会出现一个表格移动手柄⊞，单击该手柄即可选定表格。
- 选择【表格】/【选定】/【表格】命令。

（2）选定表格行

- 将鼠标指针移动到表格左侧，当鼠标指针变为↗状时单击鼠标，选定相应行。
- 将鼠标指针移动到表格左侧，当鼠标指针变为↗状时拖动鼠标，选定多行。
- 选择【表格】/【选定】/【行】命令，选定插入点光标所在的行。

（3）选定表格列

- 将鼠标指针移动到表格顶部，当鼠标指针变为↓状时单击鼠标，选定相应列。
- 将鼠标指针移动到表格顶部，当鼠标指针变为↓状时拖动鼠标，选定多列。
- 选择【表格】/【选定】/【列】命令，选定插入点光标所在列。
- 按住Alt键单击鼠标，选定指定的列。

（4）选定单元格

- 将鼠标指针移动到单元格左侧，当鼠标指针变为↗状时单击，选定该单元格。
- 将鼠标指针移动到单元格左侧，当鼠标指针变为↗状时拖动鼠标，选定多个相邻的单元格。
- 选择【表格】/【选定】/【单元格】命令，选定插入点光标所在的单元格。

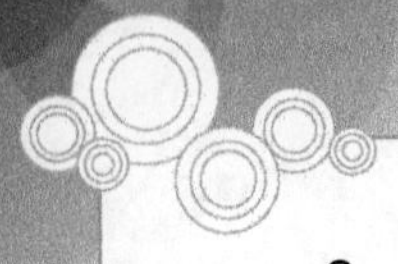

2．插入表格、行、列和单元格

向一个表格中可以插入表格、行、列和单元格。在执行插入操作之前，要先将插入点光标移到表格中。

（1）插入表格

- 单击【常用】工具栏中的按钮，具体的操作步骤与3.5.1小节相同。
- 选择【表格】/【插入】/【表格】命令，具体的操作步骤与3.5.1小节相同。
- 把一个表格复制或剪切到剪贴板，再把插入点光标移动到相应的单元格中，把剪贴板上的表格粘贴到当前位置。

（2）插入表格行

- 选择【表格】/【插入】/【行（在上方）】命令，在当前行的上方插入一行。
- 选择【表格】/【插入】/【行（在下方）】命令，在当前行的下方插入一行。
- 如果选定了若干行，执行以上操作时，则插入的行数与所选定的行数相同。
- 将插入点光标移动到表格的最后一个单元格中，按 Tab 键，在表格的末尾增加一行。
- 将插入点光标移动到表格最后一行的段落分隔符上，按回车键，在表格的末尾增加一行。

（3）插入表格列

- 选择【表格】/【插入】/【列（在右侧）】命令，在当前列右侧插入一列。
- 选择【表格】/【插入】/【列（在左侧）】命令，在当前列左侧插入一列。
- 如果选定了若干列，执行以上操作时，则插入的列数与所选定的列数相同。

（4）插入单元格

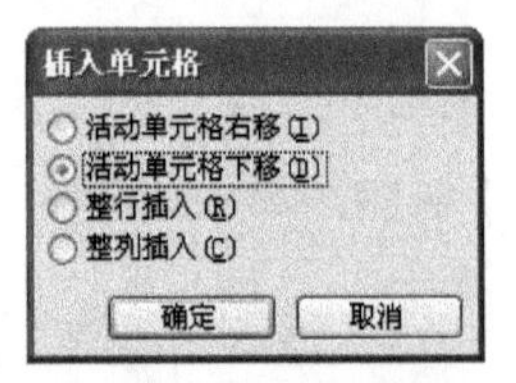

图3-35 【插入单元格】对话框

选择【表格】/【插入】/【单元格】命令，弹出如图3-35所示的【插入单元格】对话框。【插入单元格】对话框中各选项的作用如下。

- 选择【活动单元格右移】单选钮，则在选定的单元格左边插入新单元格，并且活动单元格右移。
- 选择【活动单元格下移】单选钮，在选定的单元格上方插入新单元格，并且活动单元格下移，表格底部自动补齐。
- 选择【整行插入】单选钮，在插入点光标所在行的上方插入一行。
- 选择【整列插入】单选钮，在插入点光标所在列的左侧插入一列。

需要注意的是，如果选择【活动单元格右移】，插入单元格后，会使表格右端变得不齐，应用中尽量不要使用这种方式。

3．删除表格、行、列和单元格

（1）删除表格

- 选择【表格】/【删除】/【表格】命令。
- 选定表格后，把表格剪切到剪贴板。
- 选定表格后，按 Backspace 键。

（2）删除表格行

- 选择【表格】/【删除】/【行】命令，删除插入点光标所在行或选定的行。

- 选定一行或多行后，把选定的行剪切到剪贴板。
- 选定一行或多行后，按 Backspace 键。

（3）删除表格列

- 选择【表格】/【删除】/【列】命令，删除插入点光标所在列或选定的列。
- 选定一列或多列后，把选定的列剪切到剪贴板。
- 选定一列或多列后，按 Backspace 键。

（4）删除单元格

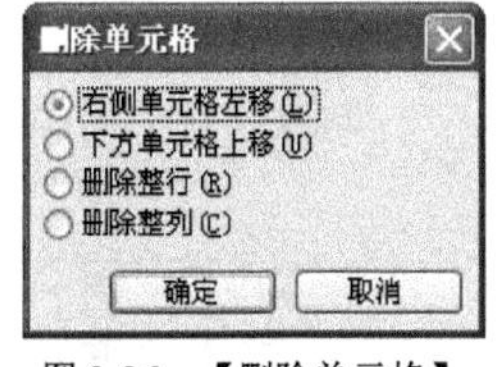

图 3-36 【删除单元格】对话框

选择【表格】/【删除】/【单元格】命令，弹出如图 3-36 所示的【删除单元格】对话框。【删除单元格】对话框中各选项的作用如下。

- 选择【右侧单元格左移】单选钮，删除当前或选定的单元格，并且其右侧单元格左移。
- 选择【下方单元格上移】单选钮，删除当前或选定的单元格，下方单元格上移，表格底部自动补齐。
- 选择【删除整行】单选钮，删除当前行或选定的行。
- 选择【删除整列】单选钮，删除当前列或选定的列。

需要注意的是，如果选择【右侧单元格左移】，删除单元格后，会使表格右端变得不齐，应用中尽量不要使用这种方式。

4．合并、拆分单元格

合并单元格就是把多个单元格合并成一个单元格。拆分单元格是将一个或多个单元格拆分成多个单元格。

（1）合并单元格

合并单元格前，应先选定要合并的单元格。合并单元格有以下方法。

- 单击【表格和边框】工具栏中的按钮，将选定的单元格合并成一个单元格。
- 选择【表格】/【合并单元格】命令，将选定的单元格合并成一个单元格。
- 单击【表格和边框】工具栏上的按钮，拖动鼠标擦除表格中的线，相邻的两个单元格就合并成一个单元格。

（2）拆分单元格

拆分单元格前，应先选定要拆分的单元格或单元格区域。拆分单元格有以下方法。

- 单击【表格和边框】工具栏中的按钮。
- 选择【表格】/【拆分单元格】命令。
- 单击【表格和边框】工具栏上的按钮，在单元格中拖动鼠标画表格线，该单元格被拆分成两个单元格，多次画表格线，可拆分成多个单元格。

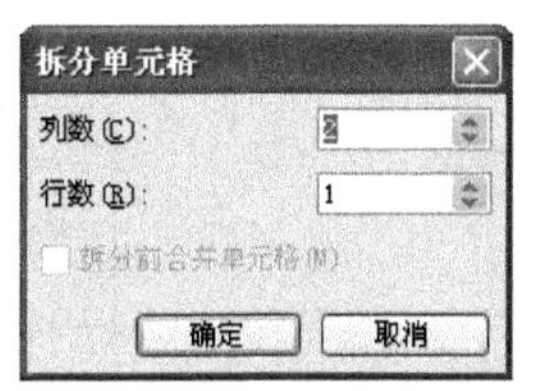

图 3-37 【拆分单元格】对话框

执行前两个操作，都弹出如图 3-37 所示的【拆分单元格】对话框。在【拆分单元格】对话框中，可进行以下操作。

- 在【列数】数值框中，输入或调整拆分后的列数。
- 在【行数】数值框中，输入或调整拆分后行数。
- 单击 确定 按钮，按所做设置拆分表格，拆分后的单元格宽度相同。

以下是合并和拆分单元格的示例（左边是原表格，右边是经合并和拆分单元格后的表格）。

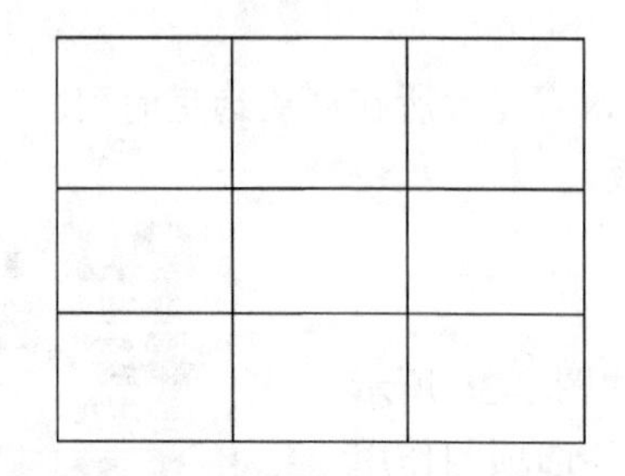

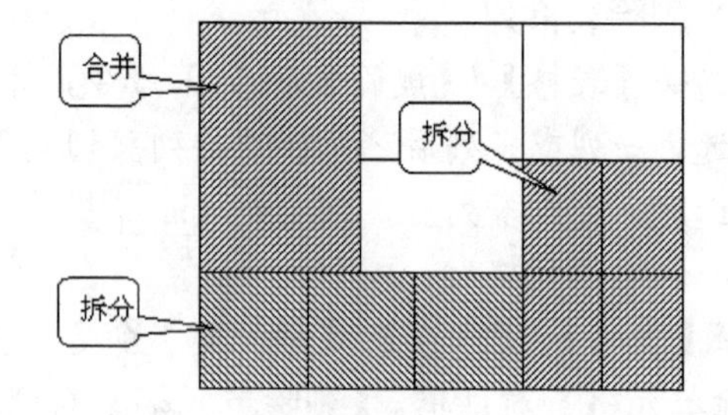

5. 合并、拆分表格

拆分表格就是把一个表格分成两个或多个表格，合并表格就是把两个多个表格合并成一个表格。

（1）拆分表格

将插入点光标移动到要拆分的行中，选择【表格】/【拆分表格】命令，就可将表格拆分成两个独立的表格。

（2）合并表格

将两个或多个表格合并成一个表格，在 Word 2003 中没有专门的工具按钮和菜单命令，只要将表格之间的空行（段落标识符）删除，它们就会自动合并。

3.5.3 设置表格格式

建立和编辑好表格以后，可对表格进行各种格式设置，使其更加美观。常用的格式化操作有设置数据的对齐方式，设置行高、列宽，设置位置、大小，设置对齐、环绕，设置边框、底纹，还可以自动套用预设的格式。

1. 设置数据的对齐方式

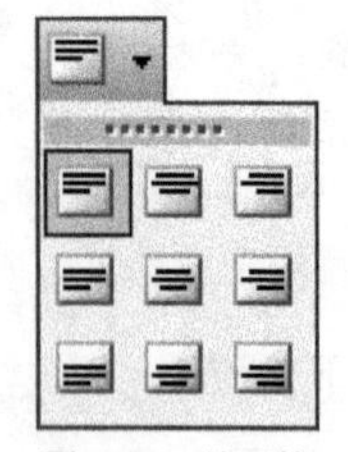

图 3-38 单元格对齐按钮列表

表格中数据格式的设置与“3.3.1 字符级别排版”和“3.3.2 段落级别排版”大致相同，这里不再赘述。

与段落格式设置不同的是，单元格内的数据不仅有水平对齐，而且有垂直对齐。单击【表格和边框】工具栏中按钮旁的按钮，弹出如图 3-38 所示的单元格对齐按钮列表，这 9 个按钮都可以同时设置水平对齐和垂直对齐。

单击单元格对齐按钮列表中的一个按钮，可以将当前单元格或选定单元格中的数据设置成相应的对齐方式。以下是这些对齐方式的示例。

靠上两端对齐	靠上居中	靠上右对齐
中部两端对齐	中部居中	中部右对齐
靠下两端对齐	靠下居中	靠下右对齐

2. 设置行高、列宽

（1）设置行高的方法

- 将鼠标指针移动到一行的底边框线上，这时鼠标指针变为÷状，拖动鼠标即可调整该行的高度。
- 将插入点光标移动到表格内，拖动垂直标尺上的行标志，也可调整行高。
- 选定表格中的若干行，单击按钮，或选择【表格】/【自动调整】/【平均分布各行】命令，将选定的行设置成相同的高度，它们的总高度不变。

（2）设置列宽的方法

- 将鼠标指针移动到列的边框线上，这时鼠标指针变为+||+状，拖动鼠标可增加或减少边框线左侧列的宽度，同时边框线右侧列减少或增加相同的宽度。
- 将鼠标指针移动到列的边框线上，这时鼠标指针变为+||+状，双击鼠标，表格线左边的列设置成最合适的宽度。双击表格最左边的表格线，所有列均被设置成最合适的宽度。
- 将插入点光标移动到表格内，拖动水平标尺上的列标志，可调整列标志左边列的宽度，其他列宽度不变。拖动水平标尺上的最左列标志，可移动表格的位置。
- 选定表格中的若干列，单击按钮，或选择【表格】/【自动调整】/【平均分布各列】命令，将选定的列设置成相同的宽度，它们的总宽度不变。

3. 设置表格的位置、大小

（1）设置表格的位置

将鼠标指针移动到表格内，表格的左上方会出现表格移动手柄⊞，拖动⊞可将表格移动到不同的位置。

（2）设置表格大小

将鼠标指针移动到表格内，表格的右下方会出现表格缩放手柄□，拖动□可改变整个表格的大小，同时保持行和高的比例不变。

4. 设置对齐、环绕

表格文字环绕是指表格被嵌在文字段中的情况下，文字环绕表格的方式，默认情况下表格无文字环绕。若表格无文字环绕，表格的对齐相对于页面。若表格有文字环绕，表格的对齐相对于环绕的文字。

将插入点光标移至表格内，选择【表格】/【表格属性】命令，弹出如图3-39所示的【表格属性】对话框。

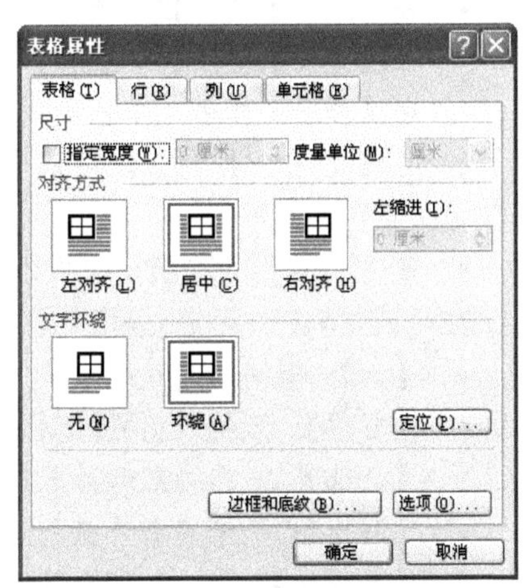

图3-39 【表格属性】对话框

在【表格属性】对话框的【表格】选项卡中，可进行以下的对齐、环绕设置。

- 单击【左对齐】框，表格左对齐。
- 单击【居中】框，表格居中对齐。
- 单击【右对齐】框，表格右对齐。
- 在【左缩进】数值框中，输入或调整表格左缩进的大小。
- 单击【无】框，表格无文字环绕。

- 单击【环绕】框，表格有文字环绕。
- 单击 确定 按钮，表格按所做设置对齐和环绕。

表格的对齐也可通过【格式】工具栏来完成。选定表格后，单击【格式】工具栏上的、、按钮，也可以实现表格的左对齐、居中和右对齐。以下是表格对齐和环绕的示例。

计算机实用操作培训班将于5月18日开课，时间是每星期四下午2:00~4:00，由经验丰富的专家讲授，采取边学习边实践的教学方法，请准时上课。	环绕左对齐
计算机实用操作培训班将于5月18日开课，时间是每星期四下午2:00~4:00，由经验丰富的专家讲授，采取边学习边实践的教学方法，请准时上课。	环绕居中
150 计算机实用操作培训班将于5月18日开课，时间是每星期四下午2:00~4:00，由经验丰富的专家讲授，采取边学习边实践的教学方法，请准时上课。	无环绕居中

5. 设置边框、底纹

（1）设置边框

选定表格或单元格，选择【格式】/【边框和底纹】命令，在弹出的【边框和底纹】对话框中，打开【边框】选项卡，如图3-40所示。在【边框】选项卡中可进行以下操作。

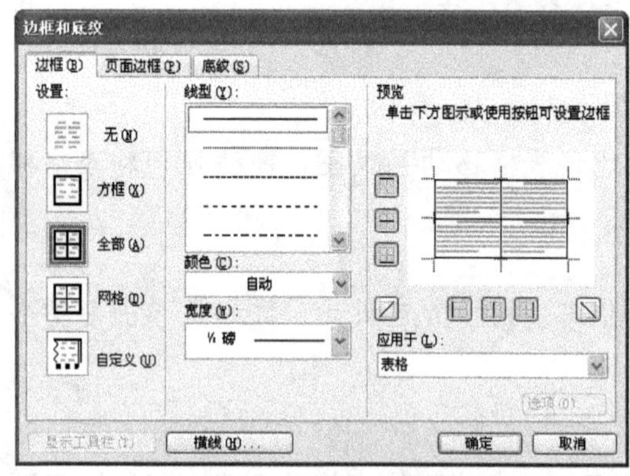

图3-40 【边框】选项卡

在【设置】栏中，选择表格或单元格的边框类型。

- 在【线型】列表框中，选择边框的线型。
- 在【颜色】的下拉列表中，选择边框的颜色。
- 在【宽度】的下拉列表中，选择边框线的宽度。
- 在【预览】栏中，单击某一边线按钮，设置或取消相应的边线。
- 在【应用于】的下拉列表中，选择边框应用的范围（有“表格”、“单元格”、“段落”、“文字”等选项）。
- 单击 确定 按钮，完成设置边框操作。

在【设置】栏中，各边框方式的含义如下。

- 【无】：取消所有边框。
- 【方框】：只给表格最外面加边框，并取消内部单元格的边框。
- 【全部】：表格内部和外部都加相同的边框。
- 【网格】：只给表格外部的边设置线型，表格内部的边框不改变样式。
- 【自定义】：在【预览】区内选择不同的框线进行自定义。

（2）设置底纹

选定表格或单元格，选择【格式】/【边框和底纹】命令，在弹出的【边框和底纹】对话框中，打开【底纹】选项卡，如图 3-41 所示。

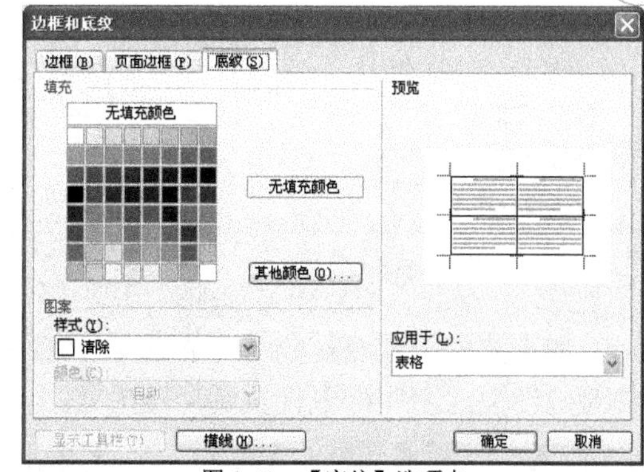
图 3-41 【底纹】选项卡

在【底纹】选项卡中，可进行以下操作。

- 在【填充】列表框中，选择填充颜色。
- 在【样式】的下拉列表中，选择图案的式样。
- 如果【样式】不是“清除”，在【颜色】下拉列表框中选择样式的颜色。
- 在【应用于】的下拉列表中，选择边框应用的范围（有“表格”、“单元格”、“段落”、“文字”等选项）。
- 单击 确定 按钮，完成设置底纹的操作。

6. 自动套用格式

Word 2003 预设了许多常用的表格格式，如古典型、竖列型、网格型、精巧型、Web 页型等。利用表格自动套用格式，可以简化表格的设置。

将插入点光标移到表格内，选择【表格】/【表格自动套用格式】命令，弹出如图 3-42 所示的【表格自动套用格式】对话框。

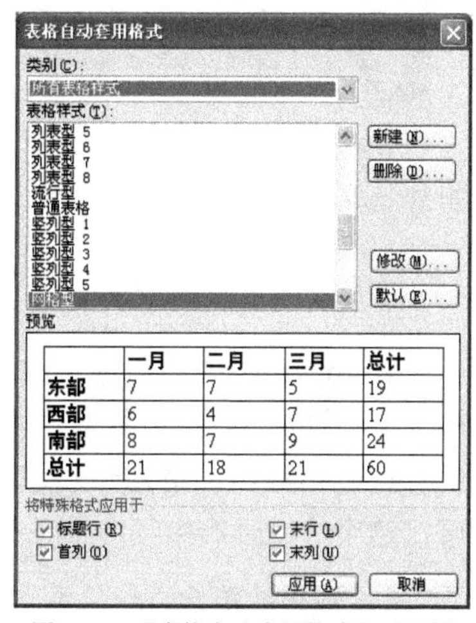
图 3-42 【表格自动套用格式】对话框

在【表格自动套用格式】对话框中，可进行以下操作。

- 在【表格样式】列表框中，选择需要的格式，选择某一格式后，在【预览】框中显示所选格式的表格外观。
- 在【将特殊格式应用于】栏中，根据需要选择相应的复选框。
- 单击 应用(A) 按钮，按所做设置自动套用格式。

以下是套用“典雅型”格式的表格示例。

学号	语文	数学	英语	物理	化学	生物	历史	地理	体育
990001	90	85.5	99.3	67	100	85.5	100	90	89
990002	100	90	89	90	85.5	99.3	88	70	79.5
990003	67	100	85.5	100	90	89	67	100	85.5
990004	88	70	79.5	90	85.5	99.3	88	70	79.5
990005	97	86	79	67	100	85.5	100	90	89
990006	56	67	68	69	70	71	72	73	74

7. 自动重复标题行

在文档的编辑过程中，有时表格不能在一页内显示，默认情况下，下一页的表格没有

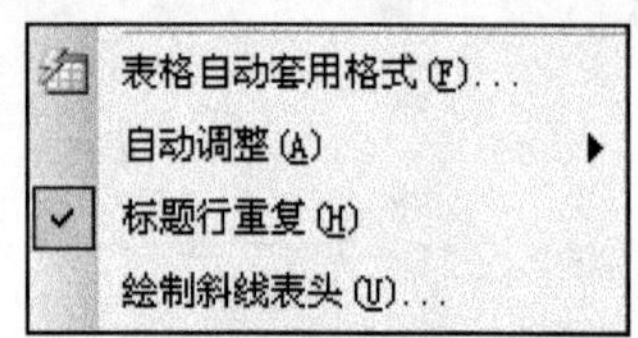

图 3-43 【标题行重复】选项

标题行。以下操作可以使表格自动重复标题行。

（1）选定作为表格标题的一行或多行，但必须包括表格的第 1 行。

（2）选择【表格】/【标题行重复】命令。

完成以上操作后，【表格】菜单中的【标题行重复】选项前面会出现一个对勾（见图 3-43），表明标题行重复的操作生效。

如果要取消重复标题行，再按以上步骤操作，【表格】菜单中【标题行重复】选项左侧的对勾消失，表明标题行重复功能失效。

3.6 Word 2003 中的图形对象处理

Word 2003 不仅提供了文字处理功能，还提供了强大的图形对象处理功能，包括图形、图片、文本框、艺术字等。

3.6.1 图形操作

Word 2003 中的图形对象包括基本图形（直线、有向直线、正方形、长方形、圆、椭圆等）、系统提供的自选图形以及这些基本图形和自选图形的组合。Word 2003 提供的图形操作有绘制图形、编辑图形和设置图形。在绘制图形时，系统会自动创建一个绘图画布，用户可在这个绘图画布中绘制图形，也可直接在文档中绘制图形。

1．画布的概念

绘图画布是文档中的一个区域，可在该区域中绘制多个图形。因为图形包含在绘图画布内，所以它们可作为一个整体移动、调整大小以及删除。绘制图形时，如果有当前活动绘图画布（出现斜线边框），则在该绘图画布中绘制图形，否则系统会建立一个空白画布（见图 3-44），用户可以在这个画布中绘制图形。绘图画布有以下常用操作。

- 单击绘图画布，绘图画布被选定，成为当前活动绘图画布，绘图画布出现斜线边框，边框上出现 8 个尺寸控点（见图 3-45）。单击绘图画布外任意空白处，可取消绘图画布的选定状态。

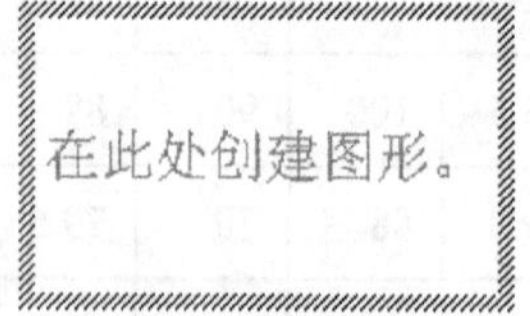

图 3-44 空白绘图画布

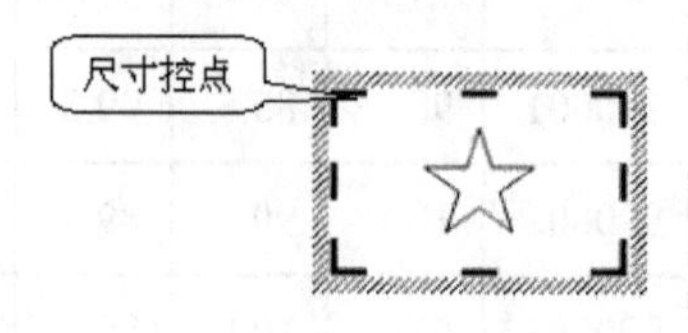

图 3-45 活动绘图画布

- 将鼠标指针移动到绘图画布尺寸控点上，鼠标指针变成┌、┴、┐、├、┘、┬、└或┤状，直接拖动鼠标，可以在相应的方向上改变画布大小。按住 Alt 键拖动鼠标，以小步长改变画布大小。按住 Shift 键拖动鼠标，只在水平或垂直方向上改变画布大小。按住 Ctrl 键拖动鼠标，以中心点改变画布大小。画布改变大小后，其中图形的大小不变。
- 将鼠标指针移动到绘图画布边框上，鼠标指针变成状，直接拖动鼠标，可移动绘图画布。按住 Ctrl 键拖动鼠标，可复制绘图画布。

- 选定绘图画布，并且没选定任何图形对象，按 Delete 键可删除绘图画布。

2. 绘制图形

绘制图形的操作大都通过【绘图】工具栏来完成。【绘图】工具栏通常在 Word 2003 窗口的底部。如果【绘图】工具栏没有出现，单击【常用】工具栏上的按钮，或选择【视图】/【工具栏】/【绘图】菜单命令使其出现，如图 3-46 所示。

图 3-46 【绘图】工具栏

在 Word 2003 中，图形通常有两类：基本图形和自选图形。

（1）绘制基本图形

基本图形包括直线、有向直线、正方形、长方形、圆、椭圆等，单击【绘图】工具栏中的、、、按钮，鼠标指针变成十状，可以进行绘图操作，操作方法有以下两种。

- 单击鼠标，在单击处绘制一个默认大小的相应图形。
- 拖动鼠标，在拖动的区域内绘制相应图形。

在绘制图形过程中，拖动鼠标有以下 4 种方式。

- 直接拖动，按默认的步长移动鼠标指针。
- 按住 Alt 键拖动鼠标，以小步长移动鼠标指针。
- 按住 Ctrl 键拖动鼠标，以起始点为中心绘制图形。
- 按住 Shift 键拖动鼠标，如果用的是（矩形）或（椭圆）按钮，则绘制结果是正方形或圆。

绘制完的图形处于选定状态，其周围有几个小圆圈，称为尺寸控点，顶部有一个绿色小圆圈，称为旋转控点，如图 3-47 所示。

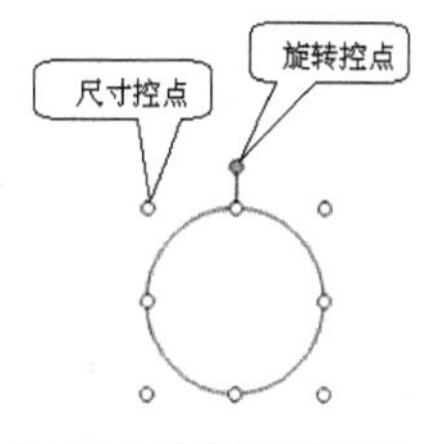

图 3-47 选定的基本图形

（2）绘制自选图形

自选图形是系统提供的一些图形，以方便用户的使用。单击【绘图】工具栏中的自选图形(U)按钮，弹出【自选图形】菜单如图 3-48 所示，将鼠标指针移动到菜单的某一选项上，会弹出该菜单项的子菜单。图 3-48 所示为【基本形状】选项的子菜单。

在子菜单中单击需要的图标，这时鼠标指针变成十状，可以进行绘图操作，具体方法与绘制基本图形相同。绘制完的自选图形处于选定状态，图形周围除了有尺寸控点和旋转控点外，在图形内部还有一个黄色的菱形框，称为图形的形态控点，如图 3-49 所示。

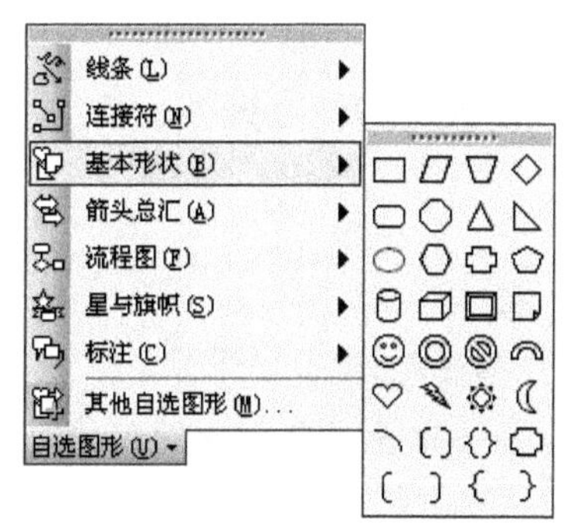

图 3-48 【自选图形】菜单及【基本形状】子菜单

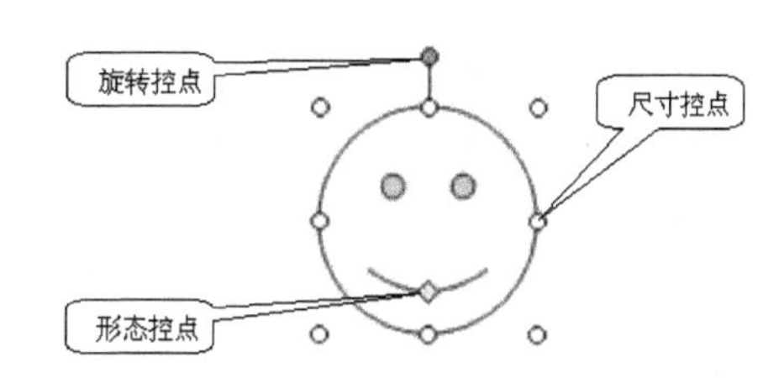

图 3-49 选定的自选图形

3．编辑图形

对绘制完成的图形可以进行编辑，常用的编辑操作包括选定图形、移动图形、复制图形、删除图形、缩放图形、改变形态以及组合图形。

（1）选定图形

通常情况下，对图形的操作需要选定后才能进行，选定图形有以下方法。

- 将鼠标指针移动到某个图形上，单击鼠标即可选定该图形。
- 单击【绘图】工具栏中的按钮，然后在文档中拖动鼠标，这时会出现一个虚线矩形框，框内的所有图形被选定。
- 按住Shift键逐个单击图形，所单击的图形被选定，如果单击的图形已被选定，再次按住Shift键单击这个图形，则取消这个图形的选定状态。

图形被选定后，会出现尺寸控点和旋转控点，如果是自选图形，还会出现形态控点。在图形以外单击鼠标，可取消图形的选定状态。

（2）移动图形

移动图形有以下方法。

- 选定图形后，按↑、↓、←、→键可上、下、左、右移动图形。
- 将鼠标指针移动到某个图形上，鼠标指针变成状，拖动鼠标可以移动该图形。

在后一种方法中，拖动鼠标又有以下方式。

- 直接拖动，按默认的步长移动图形。
- 按住Alt键拖动鼠标，以小步长移动图形。
- 按住Shift键拖动鼠标，只在水平或垂直方向上移动图形。

（3）复制图形

复制图形有以下常用方法。

- 将鼠标指针移动到某个图形上，按住Ctrl键拖动鼠标，这时鼠标指针变成状，到达目标位置后，松开鼠标左键和Ctrl键。
- 先把选定的图形复制到剪贴板，再将剪贴板上的图形粘贴到文档中，如果复制的位置不是目标位置，可以再把它们移动到目标位置。

（4）删除图形

选定一个或多个图形后，可用以下方法删除。

- 按Delete键或Backspace键。
- 选择【编辑】/【删除】命令。
- 把选定的图形剪切到剪贴板。

（5）缩放图形

选定一个图形，把鼠标指针移动到图形的尺寸控点上，鼠标指针变为↔、↕、⤢、⤡状，拖动鼠标可缩放图形，拖动鼠标有以下方式。

- 直接拖动鼠标，以默认步长按相应方向缩放图形。
- 按住Alt键拖动鼠标，以小步长按相应方向缩放图形。
- 按住Shift键拖动鼠标，在水平和垂直方向按相同比例缩放图形。
- 按住Ctrl键拖动鼠标，以图形中心点为中心，在4个方向上按相同比例缩放图形。

（6）改变形态

选定一个自选图形后，把鼠标指针移动到图形的形态控点上，鼠标指针变为▷状，拖

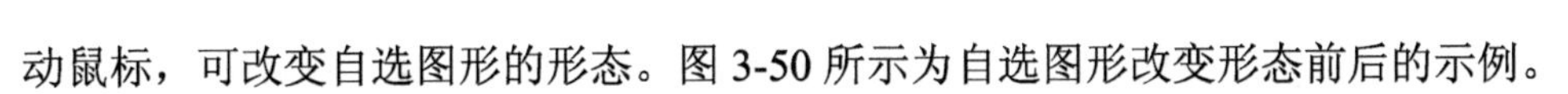
动鼠标，可改变自选图形的形态。图3-50所示为自选图形改变形态前后的示例。

（7）组合图形

组合图形就是把多个图形组合成一个图形，以便统一操作。选定多个图形后，单击【绘图】工具栏上的绘图(D)▾按钮，弹出如图3-51所示的【绘图】菜单。

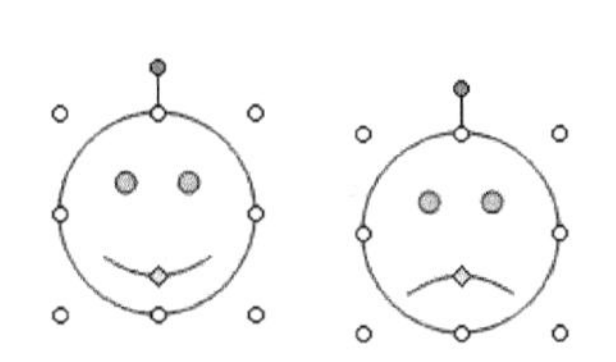
图3-50 自选图形改变形态

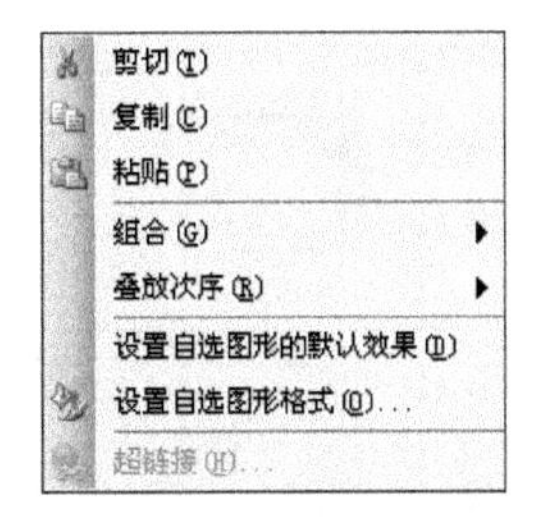

图3-51 【绘图】菜单

在【绘图】菜单中选择【组合】命令，这些图形就被组合成一个图形。如果要取消组合，可单击组合图形中的任一个，单击【绘图】工具栏上的绘图(D)▾按钮，在弹出的【绘图】菜单中选择【取消组合】命令即可。

4．设置图形

图形的设置包括设置颜色，设置线条和箭头，设置阴影和三维效果，设置文字环绕，设置叠放次序，设置对齐或分布，设置旋转或翻转等。

（1）设置颜色

选定图形后，可用以下方法设置颜色。

- 单击【绘图】工具栏中按钮右边的▾按钮，弹出一个填充颜色列表，从中选择一种图形的填充色。
- 单击【绘图】工具栏中按钮右边的▾按钮，弹出一个线条颜色列表，从中选择一种图形的线条颜色。
- 单击【绘图】工具栏中A按钮右边的▾按钮，弹出一个字体颜色列表，从中选择一种字体颜色。

（2）设置线条和箭头

选定图形后，可用以下方法设置线条和箭头。

- 单击【绘图】工具栏中的按钮，弹出一个线型列表，从中选择一种线型。
- 单击【绘图】工具栏中的按钮，弹出一个虚线线型列表，从中选择一种虚线线型。
- 单击【绘图】工具栏中的按钮，弹出一个箭头列表，从中选择一种箭头。

以下是线条和箭头的示例。

线条				
箭头				

（3）设置阴影和三维效果

选定图形后，可用以下方法设置阴影和三维效果。

- 单击【绘图】工具栏中的按钮，弹出一个阴影列表，从中选择一种阴影。
- 单击【绘图】工具栏中的按钮，弹出一个三维效果列表，从中选择一种三维效果。

以下是正方形的阴影和三维效果的示例。

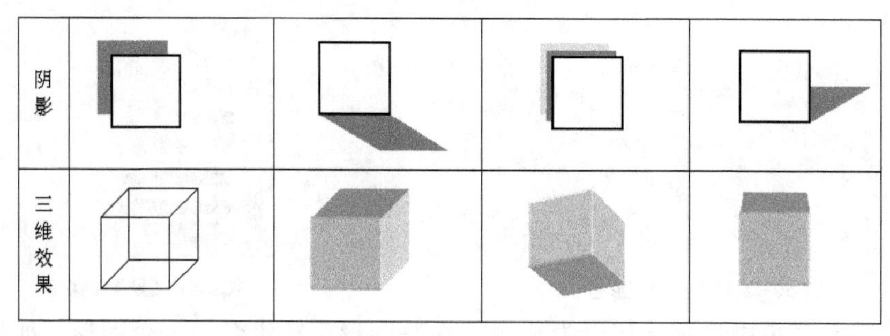

（4）设置文字环绕

如果文档中图文混排，往往需要设置文字的环绕方式。选定图形后，从【绘图】/【文字环绕】的子菜单中选择一种文字环绕方式。以下是文字环绕的示例。

嵌入型环绕	四周型环绕	上下型环绕	浮于文字上方
11111111 111111111111 1111111111	111111111111 1111 111 1111 111 1111 111 111111111111	11111111111 11111111111	11111111111 11111111111 11111111111 11111111111 11111111111
嵌入型环绕	紧密型环绕	穿越型环绕	衬于文字下方
11111111111 1111 1111 11111111111	111111111111 111 111 111 111 1111 1111 111111111111	11111111111 111 11 11111 111 1111 1111 1111 11111111111	11111111111 11111111111 11111111111 11111111111 11111111111

（5）设置叠放次序

选定一个图形后，选择【绘图】/【叠放次序】命令，弹出【叠放次序】子菜单。在子菜单中选择一种叠放次序，选定的图形则被设置为相应的叠放次序。以下是不同叠放次序的示例（所操作的图形对象是菱形）。

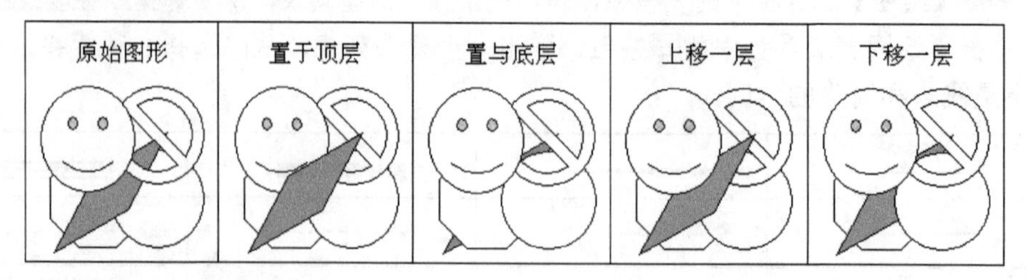

（6）设置对齐或分布

选择【绘图】/【对齐或分布】命令，弹出【对齐或分布】子菜单，在子菜单中选择一种对齐或分布命令后，选定的图形则按某个方向对齐或均匀分布。

（7）设置旋转或翻转

选择【绘图】/【旋转或翻转】命令，弹出【旋转或翻转】子菜单，在子菜单中可选择旋转或翻转命令。如果选择【左转】、【右转】、【水平翻转】、【垂直翻转】命令，选定的图形立即翻转。如果选择【自由旋转】命令，鼠标指针变成状，图形的四角出现 4 个绿色小圆圈，称为旋转控点，如图 3-52 所示。用鼠标拖动某一旋转控点，则以图形的中心点旋转图形。此外，选定图形后，拖动旋转控点也可旋转图形。

图 3-52　旋转控点

以下是图形旋转或翻转的示例。

原图形	向左旋转	向右旋转	水平翻转	垂直翻转	旋转 30°	旋转 45°

3.6.2　图片操作

在 Word 2003 中，除了可以在文档中绘制图形外，还可以将各种图片插入到文档中。Word 2003 提供的图片操作有插入图片、编辑图片和设置图片。

1．插入图片

Word 2003 提供了一个剪辑库，其中包含数百个各种各样的剪贴画，内容包括建筑、卡通、通信、地图、音乐、人物等。用户可以使用剪辑库提供的查找工具进行浏览，找到合适的图形后，将其插入到文档中。

单击【绘图】工具栏中的按钮或选择【插入】/【图片】/【剪贴画】命令，出现如图 3-53 所示的【剪贴画】任务窗格。在【剪贴画】任务窗格中，可进行以下操作。

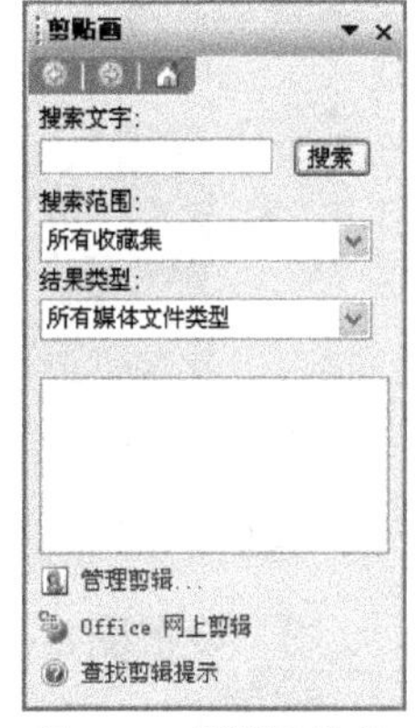

图 3-53　【剪贴画】任务窗格

- 在【搜索文字】文本框内输入所需剪贴画的名称或类别，再单击搜索按钮，在任务窗格中列出搜索到的剪贴画的图标，单击某一图标，该剪贴画插入到文档中。
- 在【搜索范围】的下拉列表中，选择要搜索的文件夹。
- 在【结果类型】的下拉列表中，选择要搜索剪贴画的类型。

如果当前有活动的绘图画布，剪贴画插入到绘图画布中，无环绕方式，并根据绘图画布的大小调整剪贴画的大小，否则剪贴画插入到插入点光标处，环绕方式是“嵌入型”。

Word 2003 还可以插入用其他图像处理软件制作的图片文件。选择【插入】/【图片】/【来自文件】命令，弹出如图 3-54 所示的【插入图片】对话框。

在【插入图片】对话框中，可进行以下操作。

- 在【查找范围】的下拉列表中选择图片文件所在的文件夹，也可在窗口左侧的预设位置列表中，选择要保存到的文件夹。文件列表框（窗口右边的区域）中列出该文件夹中的图片和子文件夹的图标。
- 在文件列表框中，单击一个图片文件的图标，选择该图片。

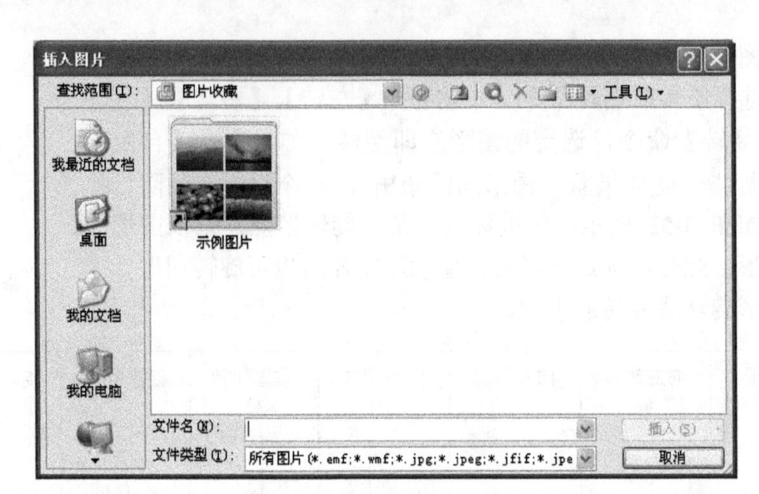

图 3-54 【插入图片】对话框

- 在文件列表框中，双击一个图片文件的图标，插入该图片。
- 单击 插入(S) 按钮，插入所选择的图片。

如果当前有活动的绘图画布，图片插入到绘图画布中，无环绕方式，并根据绘图画布的大小调整图片的大小，否则图片插入到插入点光标处，环绕方式是“嵌入型”。

2. 编辑图片

图 3-55 嵌入型图片的尺寸控点

在 Word 2003 中，编辑图片常用的操作有选定图片、缩放图片、复制图片、移动图片和删除图片，这些操作与图形的相应操作大致相同。不同的是，图形默认的环绕方式是“浮于文字上方”，而插入到绘图画布外的图片默认的环绕方式是“嵌入型”。选定图片后，其尺寸控点是 8 个小方块，如图 3-55 所示。这时的图片可作为一个字符来移动，具体方法参见“3.2.4 复制与移动文本”一节。

3. 设置图片

选定图片后，系统会自动出现如图 3-56 所示的【图片】工具栏。通过【图片】工具栏可对图片进行设置。【图片】工具栏上按钮的作用如下。

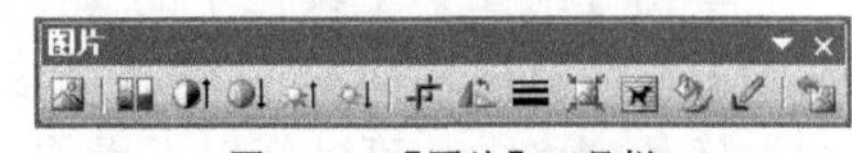

图 3-56 【图片】工具栏

- 按钮：单击该按钮，弹出【插入图片】对话框，可插入图片。
- 按钮：单击该按钮，弹出图像控制菜单，选择某个命令可进行相应设置。
- 按钮：单击该按钮，增加图片的对比度。
- 按钮：单击该按钮，降低图片的对比度。
- 按钮：单击该按钮，增加图片的亮度。
- 按钮：单击该按钮，降低图片的亮度。
- 按钮：单击该按钮，鼠标指针变成状，把鼠标指针移动到图片的一个尺寸控点上，拖动鼠标，虚框内的图片是剪裁后的图片，可多次剪裁。
- 按钮：单击该按钮，图片向左旋转 90°。
- 按钮：单击该按钮，出现线型列表，从中选择一种线型，使图片边框为该线型。
- 按钮：单击该按钮，出现【文字环绕】下拉菜单，可从中选择一种文字环绕方式，图片的文字环绕与图形相同，参见“3.6.1 图形操作”一节。

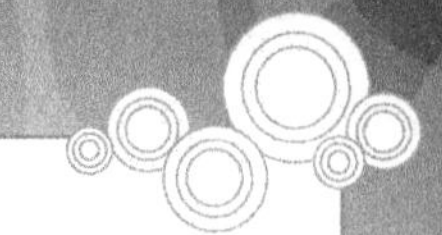

- 按钮：单击该按钮，弹出【设置对象格式】对话框，用来设置图片。
- 按钮：单击该按钮，鼠标指针变成状，在要设为透明的部分颜色上单击鼠标，图片中所有该颜色的部分都被设为透明。
- 按钮：单击该按钮，图片恢复到插入时的格式。
- 按钮：单击该按钮，弹出【压缩图片】对话框，可改变图片的分辨率或删除图片剪裁的区域，以节省图片的存储空间。

以下是图片设置的示例。

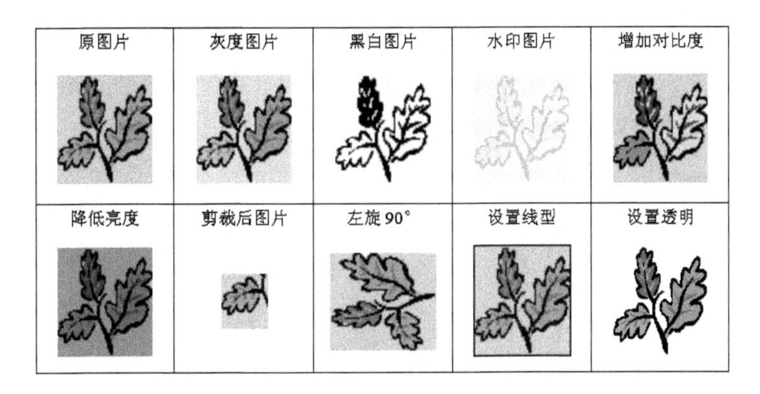

3.6.3 艺术字操作

通常 Word 2003 中的字体没有艺术效果，而实际应用中经常要用到艺术效果较强的字，通过插入艺术字可满足这种需要。Word 2003 提供的艺术字操作包括插入艺术字、编辑艺术字、设置艺术字等。

1. 插入艺术字

将插入点光标移动到要插入艺术字的位置，单击【绘图】工具栏中的按钮，或者选择【插入】/【图片】/【艺术字】命令，弹出如图 3-57 所示的【艺术字库】对话框。

在【艺术字库】对话框中选择一种艺术字样式，单击确定按钮，弹出如图 3-58 所示的【编辑“艺术字”文字】对话框。

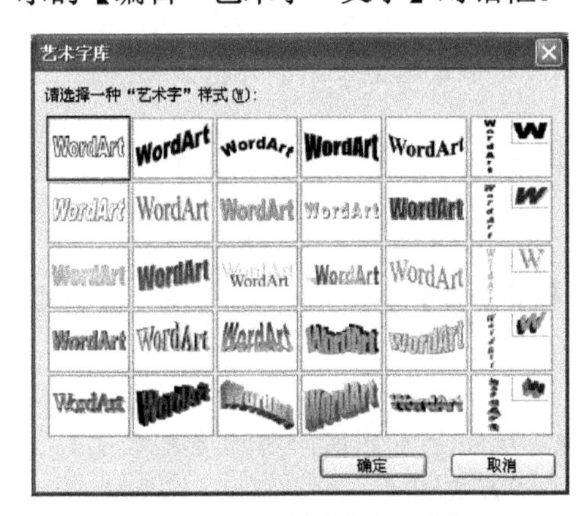

图 3-57 【艺术字库】对话框

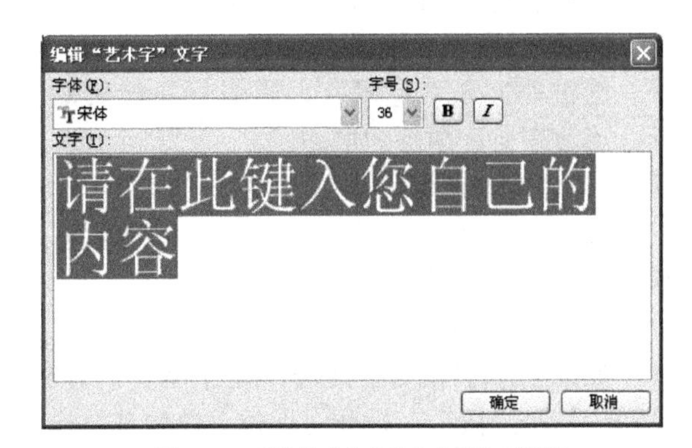

图 3-58 【编辑“艺术字”文字】对话框

在【编辑“艺术字”文字】对话框中，输入艺术字的文字，设置艺术字的字体、字号以及字形后，单击确定按钮，插入相应的艺术字。

如果当前没有活动的绘图画布，艺术字插入到插入点光标处，环绕方式是“嵌入型”。如果当前活动画布容不下插入的艺术字，艺术字插入到页面中，其环绕方式是“浮于文字上方”，否则将艺术字插入到绘图画布中，无环绕方式。图 3-59 所示为一种艺术字的示例。

2．编辑艺术字

插入艺术字后，如果不满足需要，可以对其进行编辑。常用的编辑操作有：选定艺术字、移动艺术字、缩放艺术字、复制艺术字、旋转艺术字、改变形态、删除艺术字等。

环绕方式是“嵌入型”的艺术字被选定后，艺术字周围出现 8 个小方块，称为尺寸控点。环绕方式不是“嵌入型”的艺术字被选定后，艺术字周围出现 8 个小圆圈，称为尺寸控点。在艺术字的顶部出现一个绿色圆圈，称为旋转控点。在艺术字的变形位置出现一个黄色的菱形，称为形态控点，如图 3-60 所示。

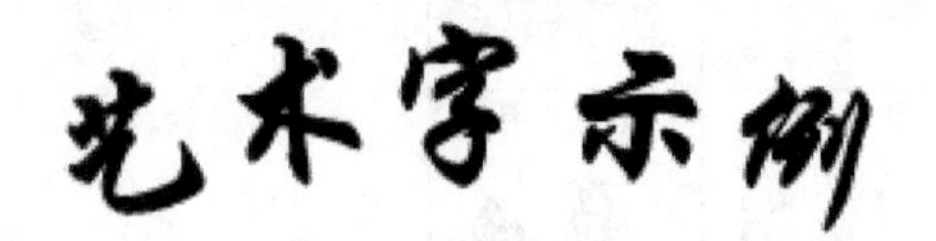

图 3-59　艺术字示例

图 3-60　选定的艺术字

艺术字的编辑操作与相应的图片编辑操作大致相同，参见“3.6.2 图片操作”一节，这里不再赘述。

3．设置艺术字

艺术字常用的设置有设置艺术字样式、设置艺术字形状、改变艺术字形态、旋转艺术字、设置文字环绕、设置文字属性等。艺术字被选定后，弹出如图 3-61 所示的【艺术字】工具栏，通过该工具栏，可进行艺术字的设置操作。

艺术字
编辑文字(X)...

图 3-61　【艺术字】工具栏

（1）设置艺术字样式

选定艺术字后，单击【艺术字】工具栏中的按钮，弹出【“艺术字”库】对话框（见图 3-57），在该对话框中可选择所需要的艺术字样式。

（2）设置艺术字形状

选定艺术字后，单击【艺术字】工具栏中的按钮，弹出一个【艺术字形状】列表，可在该列表中选择所需要的艺术字形状。

（3）改变艺术字形态

选定非嵌入型艺术字，将鼠标指针移动到形态控点上，鼠标指针变为▷状，拖动鼠标，可改变自选图形的形态。

（4）旋转艺术字

选定非嵌入型艺术字后，把鼠标指针移动到艺术字的旋转控点上，鼠标指针变成↻状，拖动旋转控点即可旋转艺术字。

（5）设置文字环绕

如果艺术字和文字混排，往往需要设置文字环绕。选定艺术字后，单击【艺术字】工具栏中的按钮，在打开的下拉菜单中选择一种文字环绕方式即可。

（6）设置文字属性

设置文字属性除了在如图 3-58 所示的【编辑“艺术字”文字】对话框中设置字体、字号、加粗和倾斜外，还有以下操作。

- 单击【艺术字】工具栏中的Aa按钮，使艺术字中的字母高度相同。
- 单击【艺术字】工具栏中的按钮，使艺术字中的文字竖排。
- 单击【艺术字】工具栏中的按钮，弹出一个对齐方式菜单，可从中选择一种对齐方式。
- 单击【艺术字】工具栏中的AV按钮，弹出一个字符间距菜单，可从中选择一种字符间距。

3.7 Word 2003 中的其他功能

Word 2003 除了提供文字处理、表格处理和图形对象处理功能外，还有其他高级功能，包括公式操作、邮件合并、超级链接等。

3.7.1 文本框操作

文本框是文档中用来标记一块文档的方框。插入文本框的目的是为了在文档中形成一块独立的文本区域，在里面可以输入文字、插入图形和图表等。Word 2003 常用的文本框操作有插入文本框、编辑文本框和设置文本框。

1. 插入文本框

单击【绘图】工具栏中的或按钮，或者选择【插入】/【文本框】/【横排】或【插入】/【文本框】/【竖排】命令，出现一个空画布，鼠标指针变为"+"状。如果在当前活动绘图画布中拖动鼠标，则空文本框插入到画布中，文本框无环绕方式；否则空文本框插入到页面中，环绕方式是"浮于文字上方"。

插入的空文本框处于编辑状态，边框为斜线，文本框周围有 8 个小圆圈，称为文本框的尺寸控点（见图 3-62），内部有一个插入点光标，可以在其中输入文字，还可以设置文字格式。

文本框

图 3-62 编辑状态的文本框

2. 编辑文本框

编辑文本框常用的操作有选定文本框、编辑文本框中的文字、复制文本框、移动文本框、缩放文本框和删除文本框。编辑文本框的操作与图形操作大致相同，参见"3.6.1 图形操作"一节。要编辑文本框中的文字，只需单击文本框内部区域，使文本框处于编辑状态，同时出现插入点光标，可根据需要编辑文字。在文本框以外单击，可结束对文本框文字的编辑。

3. 设置文本框

插入文本框后，还可以对其进行设置。图形的一些设置大都可用于文本框，包括设置填充色、边框颜色、文字颜色、边框线型、虚线线型、阴影、三维效果等。

文本框有一个特殊的设置，即文本框链接。如果多个文本框建立链接，那么当一个文本框中的内容满了以后，其余的内容自动移到下一个文本框中。

选定文本框后或有文本框处于活动状态时，系统会自动出现如图 3-63 所示的【文本框】工具栏。通过【文本框】工具栏可设置文本框的链接。

图 3-63 【文本框】工具栏

【文本框】工具栏上按钮的作用如下。

- 按钮：单击该按钮，鼠标指针变成状，单击一个空文本框，将其作为当前文本框的后一个链接，鼠标指针恢复原状。如果不想链接，按Esc键，鼠标指针恢复原状。
- 按钮：单击该按钮，断开与前一文本框的链接，但与下一文本框的链接（如果存在）不断开。
- 按钮：单击该按钮，跳到链中的前一个文本框。
- 按钮：单击该按钮，跳到链中的后一个文本框。

3.7.2 公式操作

通过 Word 2003 中字体的设置可以建立一些简单的数学公式，如 $ax^2+bx+c=0$ 等，但无法建立复杂的公式。通过插入公式对象可建立复杂的公式。

Word 2003 提供了插入公式对象功能，可以很方便地进行公式操作。常用的公式操作包括插入公式和编辑公式。

1. 插入公式

将插入点光标移动到要插入公式的位置，选择【插入】/【对象】命令，弹出【对象】对话框，在【对象】对话框中的【对象类型】列表框中选择【Microsoft 公式 3.0】，如图 3-64 所示。然后单击确定按钮，进入公式插入状态，这时 Word 2003 窗口的菜单栏变成公式操作的菜单，文档中出现一个公式编辑框（见图 3-65），同时出现【公式】工具栏（见图 3-66）。需要说明的是，按默认方式安装 Microsoft Office 2003 时，【Microsoft 公式 3.0】没有安装，使用【Microsoft 公式 3.0】前需要先安装。

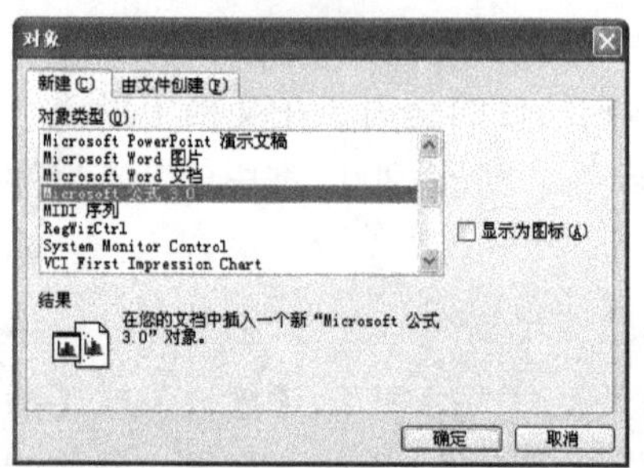

图 3-64 【对象】对话框

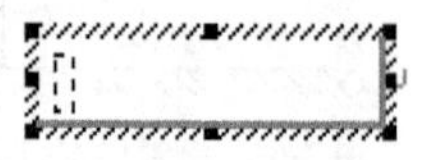

图 3-65 公式编辑框

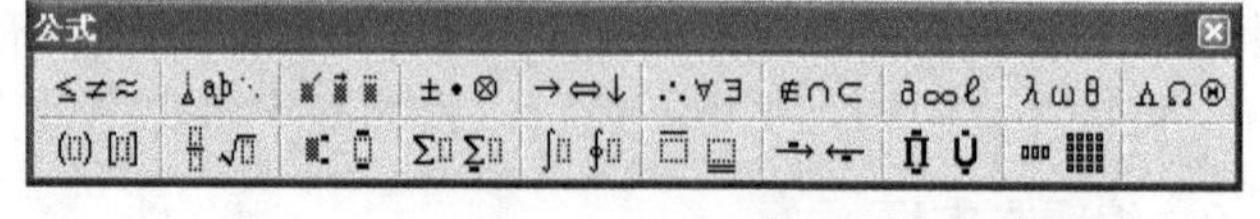

图 3-66 【公式】工具栏

在公式编辑框中有一个虚线的方框，称为公式插槽，插入点光标在公式插槽内。新插入的公式中都默认包含一个空公式插槽。

【公式】工具栏中包含以下两类按钮。

- 符号按钮。符号是指像逻辑符号、集合符号和希腊字母这样的单个字符。单击某个符号按钮将弹出该类符号的一个列表，单击列表中的一个符号，即可插入该符号。例如，单击【公式】工具栏中的按钮，弹出如图 3-67 所示的【希腊字母】符号列表。
- 模板按钮。模板是指带有一个或多个空插槽的符号，如根号或平方根号。例如，单击【公式】工具栏中的按钮，将弹出如图 3-68 所示的【矩阵】模板列表。

图 3-67 【希腊字母】符号列表

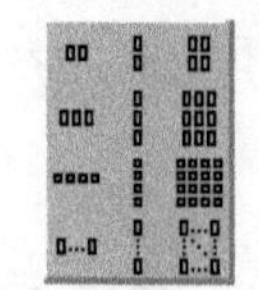

图 3-68 【矩阵】模板列表

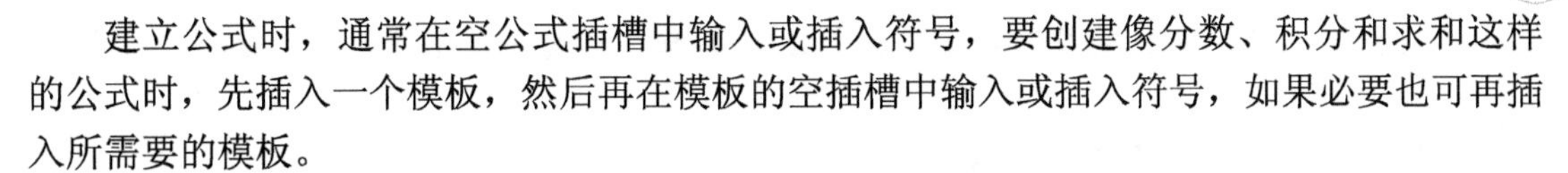

建立公式时，通常在空公式插槽中输入或插入符号，要创建像分数、积分和求和这样的公式时，先插入一个模板，然后再在模板的空插槽中输入或插入符号，如果必要也可再插入所需要的模板。

在编辑公式的过程中，插入点光标总是位于当前的插槽中，插入一个模板后，插入点光标自动移动到该模板的空插槽中。通过键盘上的光标移动键或在某一插槽中单击鼠标，可移动插入点光标的位置，以使插入点光标位于不同的插槽中。公式建立后，在公式编辑框以外的区域单击鼠标，即可退出公式编辑状态，使文档窗口恢复到原来的状态。

下面以一个一元二次方程 $ax^2+bx+c=0$ 解的公式（见图 3-69）为例，来介绍插入公式的步骤。

$$x_{1,2}=\frac{-b\pm\sqrt{b^2-4ac}}{2a}$$

图 3-69　一元二次方程解的公式

（1）按照前面所说的方法进入公式插入状态，这时当前插槽为默认公式插槽。

（2）在默认公式插槽中输入“x”。

（3）单击【公式】工具栏中的按钮，弹出如图 3-70 所示的【上标和下标】模板列表。

（4）单击【上标和下标】模板列表中的按钮，这时当前插槽为下标插槽，在下标插槽中输入“1,2”，结果如图 3-71 所示。

（5）按键盘上的→键，这时当前插槽为默认公式插槽，在默认公式插槽中输入“=”。

（6）单击【公式】工具栏中的按钮，弹出如图 3-72 所示的【分式和根式】模板列表。

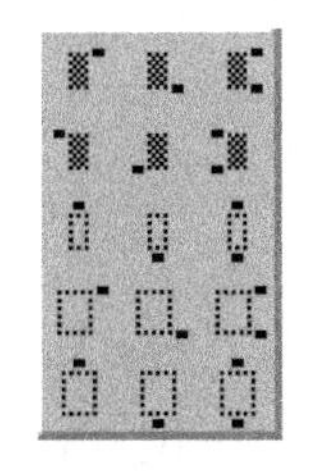

图 3-70　【上标和下标】模板列表

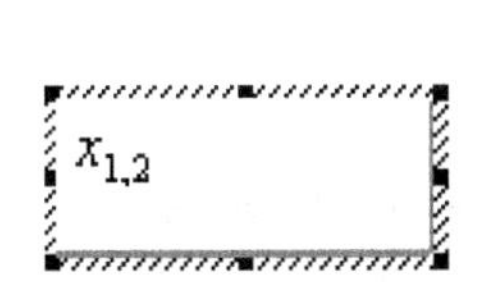

图 3-71　输入完下标

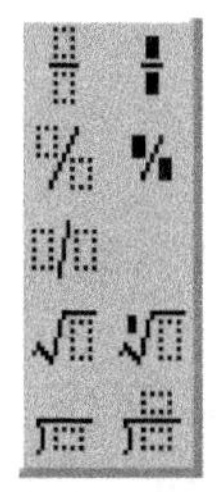

图 3-72　【分式和根式】模板列表

（7）单击【分式和根式】模板列表中的按钮，这时当前插槽为分子插槽，如图 3-73 所示。

（8）在分子插槽中输入“-b”。

（9）单击【公式】工具栏中的按钮，弹出如图 3-74 所示的【运算符】符号列表。

（10）单击【运算符】符号列表中的按钮，插入“±”，结果如图 3-75 所示。

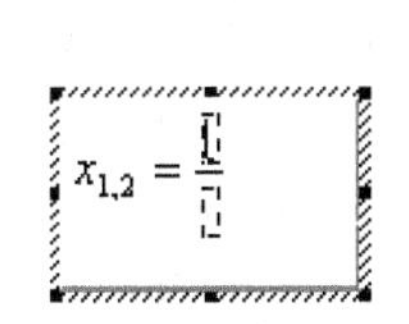

图 3-73　插入分式模板后

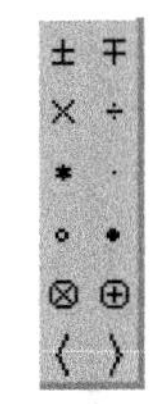

图 3-74　【运算符】符号列表

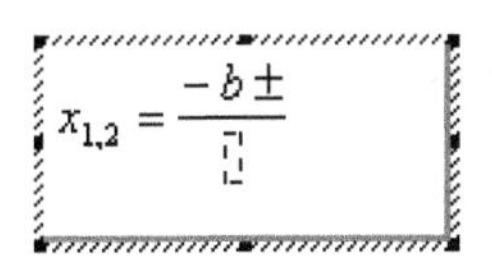

图 3-75　插入运算符

（11）单击【分式和根式】模板列表中的按钮，这时当前插槽为根式插槽，如图 3-76 所示。

（12）在根式插槽中输入“b”。

（13）单击【公式】工具栏中的按钮，弹出【上标和下标】模板列表（见图 3-70）。

（14）单击【上标和下标】模板列表中的按钮，这时当前插槽为上标插槽，在上标插槽中输入“2”。

（15）按编辑键盘上的→键，这时当前插槽为根式插槽，在根式插槽中输入“−4ac”，结果如图 3-77 所示。

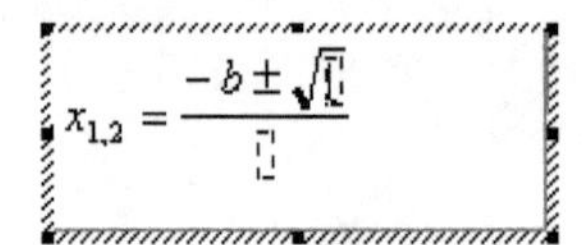

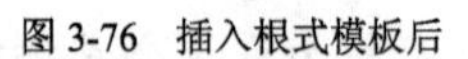

图 3-76　插入根式模板后

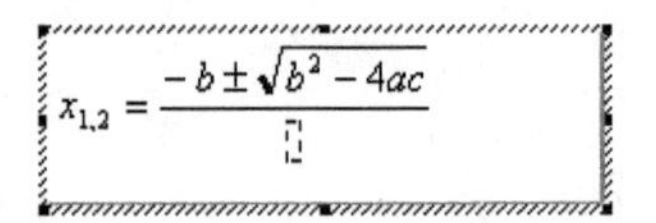

图 3-77　输入完根式后

（16）在分母插槽中单击鼠标，这时当前插槽为分母插槽，在分母插槽中输入“2a”，完成根式的输入。

（17）在公式编辑框以外的区域单击鼠标，即可退出公式编辑状态。

2. 编辑公式

在 Word 2003 中插入的公式，默认的文字环绕方式是“嵌入型”，在这种方式下，对公式进行编辑时，可将公式作为一个字符对待，公式的编辑操作（选定、移动、复制、删除等）与字符的相应操作相同，这里不再赘述。有关公式的编辑操作，以下两点需要特别说明。

- 单击公式，可选定该公式。
- 双击公式，进入公式的编辑状态，可将插入点光标移动到相应的插槽中，对公式进行修改，其操作与公式的插入操作类似。

3.7.3 邮件合并

实际应用中，经常会把一些内容相同的通知、信函等发给不同的个人或单位，利用本章前面所讲的知识，可以针对每一个人或单位建立一个文档，但是，这样不仅费时费力，而且容易出错。Word 2003 提供了邮件合并功能，可以很方便地完成这类操作。

邮件合并需要两个文档，一个是数据源（即名单文档，通常是一个表格），一个是主文档（即信函文档，仅包含公共内容）。例如，要生成准考证，先建立数据源，文档文件名为“名单.doc”，内容如下所示。

考号	姓名	性别	专业	考点	场次	考场	座号	日期	时间
20020102	赵东梅	男	会计	第一中学	1	301	1	10月22日	8:00~10:00
20020203	钱南兰	女	旅游	第一中学	1	301	2	10月22日	8:00~10:00
20030301	孙西竹	男	英语	第一中学	2	301	1	10月22日	13:30~15:30
20030412	李北菊	女	中文	第一中学	2	301	2	10月22日	13:30~15:30
……	……	……	……	……	……	……	……	……	……

再建立主文档，文档文件名为“准考证.doc”，内容如下所示。

计算机应用基础考试
准考证

考号：	考点：
考生姓名：	场次：
性别：	考场：
专业：	座号：
考试时间：	

下面，以生成以上准考证为例，介绍邮件合并的步骤。

（1）在 Word 2003 中打开先前建立的文档“准考证.doc”。

（2）选择【工具】/【信函与邮件】/【邮件合并】命令，窗口中出现如图 3-78 所示的【邮件合并】任务窗格。

（3）在【邮件合并】任务窗格中，选择【信函】单选钮，再单击【下一步】链接，这时的【邮件合并】任务窗格如图 3-79 所示。

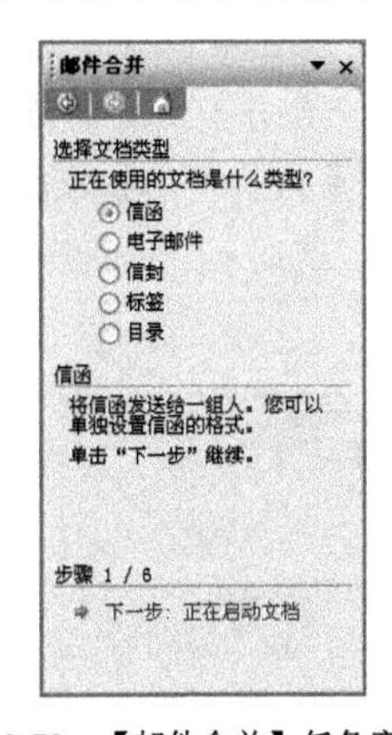

图 3-78 【邮件合并】任务窗格 1

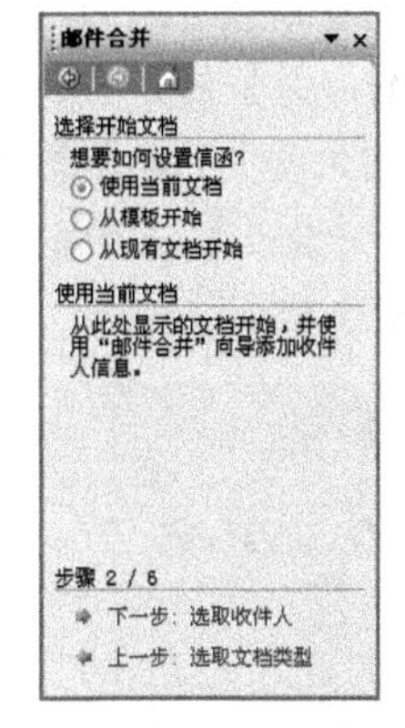

图 3-79 【邮件合并】任务窗格 2

（4）在【邮件合并】任务窗格中，选择【使用当前文档】单选钮，再单击【下一步】链接，这时的【邮件合并】任务窗格如图 3-80 所示。

（5）在【邮件合并】任务窗格中，单击【浏览】链接，在弹出的【选取数据源】对话框中找到并选择先前建立的“名单.doc”文档，这时弹出“邮件合并收件人”对话框，在该对话框中单击 确定 按钮，然后在【邮件合并】任务窗格中单击【下一步】链接，这时的【邮件合并】任务窗格如图 3-81 所示。

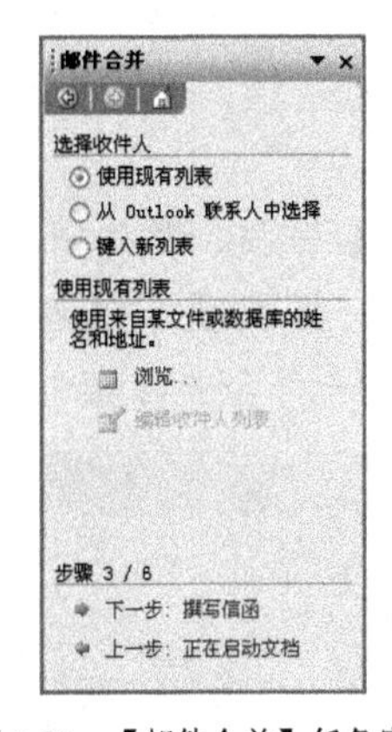

图 3-80 【邮件合并】任务窗格 3

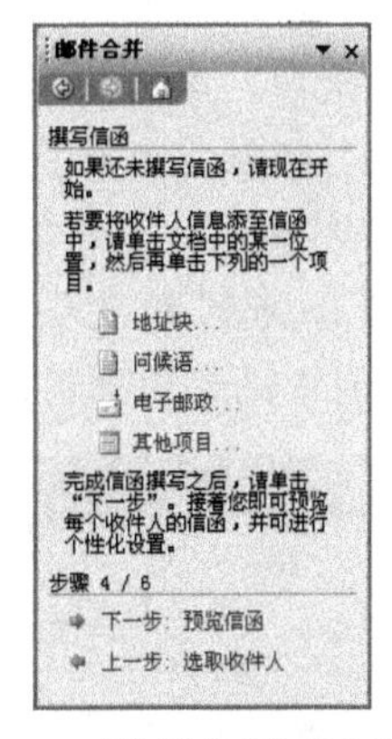

图 3-81 【邮件合并】任务窗格 4

（6）把插入点光标标定位到文档的“考号”文字后，在【邮件合并】任务窗格中，单

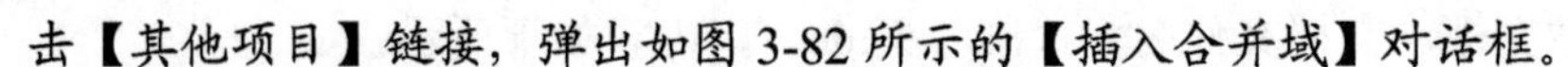

击【其他项目】链接，弹出如图 3-82 所示的【插入合并域】对话框。

（7）在【插入合并域】对话框中，选择【域】列表框中的【考号】，单击 插入(I) 按钮，再单击 取消 按钮，“考号”域被插入。

（8）用类似步骤（6）至步骤（7）的方法，插入其他域，结果如图 3-83 所示。

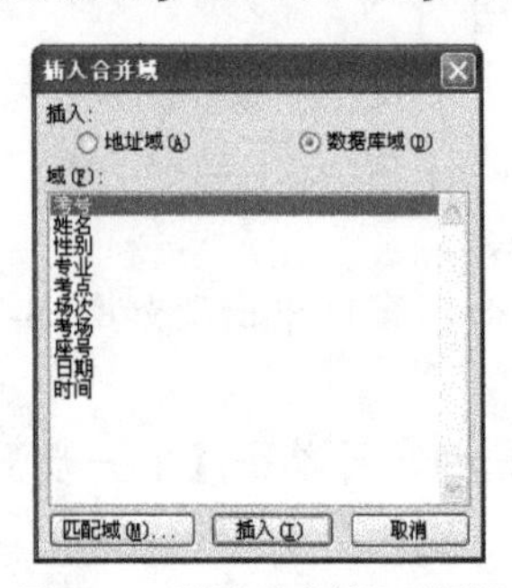

图 3-82 【插入合并域】对话框

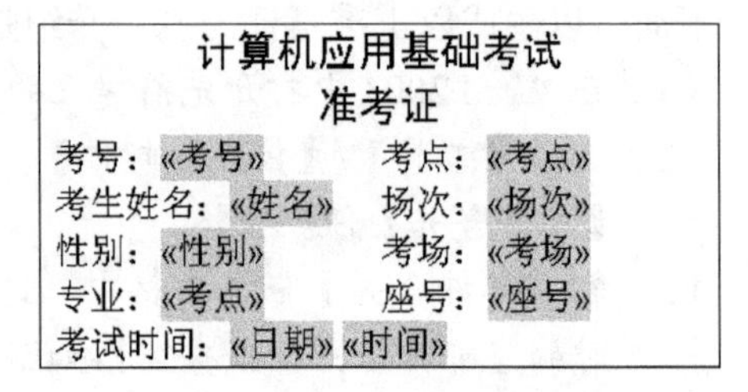

图 3-83 插入合并域后的文档内容

（9）在【邮件合并】任务窗格中，单击【下一步】链接，【邮件合并】任务窗格如图 3-84 所示。同时文档中的各合并域被数据源（名单.doc）中第一条记录中的相应数据所替代。

（10）在【邮件合并】任务窗格中，单击【下一步】链接，这时的【邮件合并】任务窗格如图 3-85 所示。

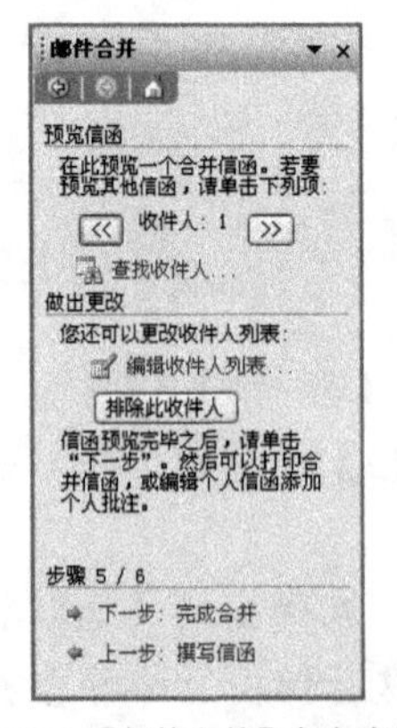

图 3-84 【邮件合并】任务窗格 5

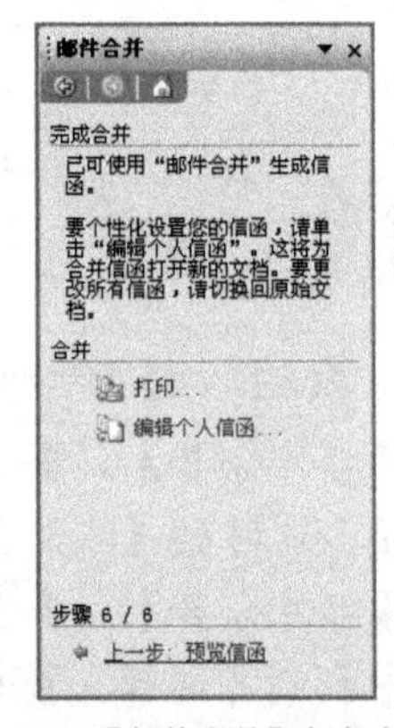

图 3-85 【邮件合并】任务窗格 6

（11）在【邮件合并】任务窗格中，如果单击【打印】链接，将弹出如图 3-86 所示的【合并到打印机】对话框。在该对话框中，根据要求选择数据源（名单.doc）中记录的范围，单击 确定 按钮后，弹出【打印】对话框，根据需要设置打印选项，在打印机上打印出合并后的文档。

（12）在【邮件合并】任务窗格中，单击【编辑个人信函】链接，将弹出如图 3-87 所示的【合并到新文档】对话框。在该对话框中，根据要求选择数据源（名单.doc）中记录的范围，单击 确定 按钮后，产生一个合并后的文档。

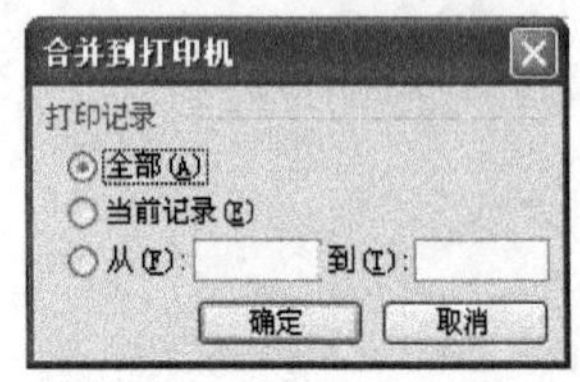

图 3-86 【合并到打印机】对话框

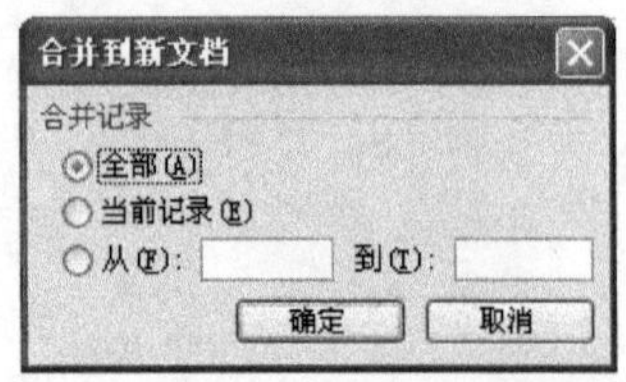

图 3-87 【合并到新文档】对话框

在第（12）步中，从数据源中选择了多少记录，在新文档中主文档（准考证.doc）的内容就被复制多少份，并且用数据源中的数据替代主文档中相应的合并域。以下是与“名单.doc”中第一条记录相对应的合并效果。

计算机应用基础考试
准考证

考号：20020102　　考点：第一中学
考生姓名：赵东梅　　场次：1
性别：男　　考场：301
专业：第一中学　　座号：1
考试时间：10月22日 8:00~10:00

3.8 Word 2003 上机实训

前几节介绍了 Word 2003 中的基本概念和基本操作，下面给出相关的上机操作题，通过上机操作，进一步巩固这些基本概念，熟练这些基本操作。

3.8.1 实训 1——编辑文档

1．实训内容

修改文档“狼来了.doc”内容并保存。文档原始内容如下：

狼来了

从前,有一个在山上面方羊。有一天这个小孩突然大汉：“狼来了,狼来了,狼来了！在地里的农民听道了叫喊,急忙那这镰刀扁担……跑上了山坡。大家看了一看,那儿来的狼阿？小孩哈哈大小,说：“我这是脑这完呢”农民大声批评小孩,教他不要说慌。

国了好几天,狼长这大嘴,见了羊就咬……小孩大喊：“浪来了,救命呀”大家都因为小孩有在说慌,结果狼咬死了。小孩跑的快,检了一条命。

过了今天,有听见再喊：“浪来了,狼来了” 在地里的农民听到喊声,有都跑到了上,大家又骗了,还是小孩在玩。

从此以后,他再也不说谎了。

修改后的内容如下：

狼来了

从前，有一个小孩在山上放羊。

有一天，这个小孩忽然大喊：“狼来了，狼来了！”在地里干活的农民听到了，急忙拿着镰刀、扁担……跑上了山。大家一看，羊还在吃草，哪儿来的狼呀？小孩哈哈大笑，说：“我是闹着玩呢。”农民批评了小孩，叫他以后不要说谎。

过了几天，又听见小孩在喊：“狼来了，狼来了！”农民们听到喊声，又都跑到山上，大家又受骗了，还是小孩在闹着玩。

又过了几天，狼真的来了，张着大嘴，见了羊就咬……小孩大喊：“狼来了，救命呀！”大家都以为小孩又在说谎，谁也没上山，结果羊全被狼咬死了。小孩跑得快，捡了一条命。

从此以后，他再也不说谎了。

2．操作提示

（1）启动 Word 2003，打开文档“狼来了.doc”。

（2）在正文第 1 句后按回车键。删除正文中的空行。

（3）将倒数第 2 段剪切到剪贴板，然后粘贴到倒数第 2 段前。

（4）修改正文中的错别字，删除多余的字，添加缺少的字。

（5）用查找替换的方法，把正文中的所有英文逗号（,）全部替换为中文逗号（，）。

（6）保存文档。

3.8.2 实训 2——排版文档

1．实训内容

排版文档“计算机之父.doc”并保存。原始文档如下：

冯·诺依曼小传

冯·诺依曼（Von Neumann，1903.12.28－1957.2.8），20 世纪最伟大的数学家之一，由于他提出了对现代计算机影响深远的“存储程序”体系结构，因而被誉为“计算机之父”。

冯·诺依曼 1903 年 12 月 28 日生于匈牙利的布达佩斯，父亲是一个银行家，家境富裕，十分注意对孩子的教育。冯·诺依曼从小聪颖过人，兴趣广泛，读书过目不忘。1921 年，冯·诺依曼在布达佩斯的卢瑟伦中学读书期间，与费克特老师合作发表了第一篇数学论文，此时冯·诺依曼还不到 18 岁。

1921 年—1925 年，冯·诺依曼在苏黎世大学学习化学，很快又在 1926 年以优异的成绩获得了布达佩斯大学数学博士学位，此时冯·诺依曼年仅 22 岁。1930 年，冯·诺依曼接受了普林斯顿大学客座教授的职位，1931 年成为该校的终身教授。1933 年，他又与爱因斯坦一起，被聘为普林斯顿高等研究院第一批终身教授，此时冯·诺依曼还不到 30 岁。冯·诺依曼在普林斯顿高等研究院工作到去世。1951 年—1953 年任美国数学学会主席。1954 年任美国原子能委员会委员。1954 年夏，冯·诺依曼诊断患有癌症，1957 年 2 月 8 日在华盛顿去世，终年 54 岁。

冯·诺依曼在纯粹数学和应用数学的诸多领域都进行了开创性的工作，并做出了重大贡献。他早期主要从事算子理论、量子理论、集合论等方面的研究，后来在格论、连续几何、理论物理、动力学、连续介质力学、气象计算、原子能和经济学等领域都做过重要的工作。

1945 年，冯·诺依曼在分析了第一台电子计算机 ENIAC 的不足后，执笔起草了一个全新的计算机方案——EDVAC 方案。在这个方案中，他提出了“存储程序”的计算机体系结构，后来人们称为“冯·诺依曼体系结构”或“冯·诺依曼机”。至今，计算机仍然采用“存储程序”计算机体系结构。

排版后的文档：

冯·诺依曼小传

冯·诺依曼（Von Neumann，1903.12.28－1957.2.8），20世纪最伟大的数学家之一，由于他提出了对现代计算机影响深远的“存储程序”体系结构，因而被誉为“计算机之父”。

冯·诺依曼1903年12月28日生于匈牙利的布达佩斯，父亲是一个银行家，家境富裕，十分注意对孩子的教育。冯·诺依曼从小聪颖过人，兴趣广泛，读书过目不忘。1921年，冯·诺依曼在布达佩斯的卢瑟伦中学读书期间，与费克特老师合作发表了第一篇数学论文，*此时冯·诺依曼还不到18岁。*

1921年—1925年，冯·诺依曼在苏黎世大学学习化学，很快又在1926年以优异的成绩获得了布达佩斯大学数学博士学位，*此时冯·诺依曼年仅22岁*。1930年，冯·诺依曼接受了普林斯顿大学客座教授的职位，1931年成为该校的终身教授。1933年，他又与爱因斯坦一起，被聘为普林斯顿高等研究院第一批终身教授，*此时冯·诺依曼还不到30岁。*冯·诺依曼在普林斯顿高等研究院工作到去世。1951年—1953年任美国数学学会主席。1954年任美国原子能委员会委员。1954年夏，冯·诺依曼诊断患有癌症，1957年2月8日在华盛顿去世，终年54岁。

冯·诺依曼在纯粹数学和应用数学的诸多领域都进行了开创性的工作，并做出了重大贡献。他早期主要从事算子理论、量子理论、集合论等方面的研究，后来在格论、连续几何、理论物理、动力学、连续介质力学、气象计算、原子能和经济学等领域都做过重要的工作。

1945年，冯·诺依曼在分析了第一台电子计算机ENIAC的不足后，执笔起草了一个全新的计算机方案——EDVAC方案。在这个方案中，他提出了“存储程序”的计算机体系结构，后来人们称为“冯·诺依曼体系结构”或“冯·诺依曼机”。至今，计算机仍然采用“存储程序”计算机体系结构。

2．操作提示

（1）启动Word 2003，打开文档“计算机之父.doc”。

（2）设置标题字体为“黑体”、字号为“二号”，利用【格式】对话框设置标题为“空心”字。

（3）依次选定正文中的“冯·诺依曼”，设置字体为“楷体_GB2312”（提示：共有13处需要设置）。

（4）选定文字“爱因斯坦”等，设置字体为“楷体_GB2312”，设置下画线（提示：共有2处需要设置）。

（5）依次选定相应的文字（如“普林斯顿大学”等），设置字体为“仿宋_GB2312”（提示：共有8处需要设置）。

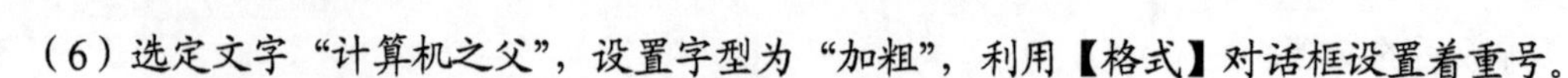

（6）选定文字“计算机之父”，设置字型为“加粗”，利用【格式】对话框设置着重号。

（7）依次选定相应的文字（如“此时冯·诺依曼还不到 18 岁。”等），设置字型为“倾斜”（提示：共有 3 处需要设置）。

（8）依次选定相应的文字（如“存储程序”等），设置波浪下画线（提示：共有 5 处需要设置）。

（9）选定正文第 2、3 段，设置分栏（分两栏，加分割线）。

（10）保存文档。

3.8.3 实训 3——创建表格

1. 实训内容

建立以下表格，并保存到文档“登记表.doc”中。

<table>
<tr><td>姓名</td><td></td><td>性别</td><td></td><td>出生日期</td><td></td><td colspan="3" rowspan="5">照片</td></tr>
<tr><td>曾用名</td><td></td><td>民族</td><td></td><td>家庭出身</td><td></td></tr>
<tr><td>毕业学校</td><td colspan="3"></td><td>政治面貌</td><td></td></tr>
<tr><td>籍贯</td><td colspan="3"></td><td>健康状况</td><td></td></tr>
<tr><td>家庭住址</td><td colspan="5"></td></tr>
<tr><td rowspan="2">考试成绩</td><td>数学</td><td>语文</td><td>英语</td><td>政治</td><td>物理</td><td>化学</td><td>体育</td><td>总分</td></tr>
<tr><td></td><td></td><td></td><td></td><td></td><td></td><td></td><td></td></tr>
</table>

2. 操作提示

（1）启动 Word 2003。

（2）创建一个 6 行 7 列的表格。

（3）调整各列的宽度，使其与要求表格相符。

（4）合并第 7 列的第 1~5 行；合并第 3 行的第 2~4 列；合并第 4 行的第 2~4 列；合并第 5 行的第 2~6 列；把第 6 行的第 2~7 列拆分成 2 行 8 列。

（5）在表格中输入相应的文字。设置表格第 1 列中的文字对齐方式为“左对齐”。设置其他列中的文字对齐方式为“中部居中”。

（6）将插入点光标移动到“照片”单元格内，单击【常用】工具栏中的按钮。

（7）设置表格的外围边框线型为，设置第 5 行和第 6 行之间的表格线型为。

（8）以“登记表.doc”为文件名保存文档。

3.8.4 实训 4——绘制幽默画

1. 实训内容

绘制以下图形，并保存到文档“眼歪心斜.doc”中。

眼歪心能正乎？

2．操作提示

（1）启动 Word 2003。

（2）在文档中插入艺术字“眼歪心能正乎？”，艺术字样式为艺术字库的第 1 种样式，字体为隶书，字号为 36 磅。

（3）设置艺术字的对齐方式为“居中”。

（4）绘制铜钱形状。

绘制一个大小适中的圆（按住 Shift 键）。在圆中绘制一个大小适中的正方形（按住 Shift 键），选定绘制的正方形，设置正方形的格式，使其旋转 45°。

（5）在铜钱左上方的位置，绘制一个大小适中的笑脸（按住 Shift 键），拖动笑脸的形态控点，使其变成哭脸。

（6）在哭脸眼睛的位置绘制两个与眼睛大致相同的圆（按住 Shift 键），使其位置恰当。

（7）选定哭脸及添加的眼睛，把将其复制到铜钱右上方的位置，然后调整眼睛到恰当位置。用同样的方法，复制并调整其余两个哭脸。

（8）以“眼歪心邪.doc”为文件名保存文档。

3.8.5 实训 5——图文混排

1．实训内容

建立以下文档，并保存到文档“进化.doc”中。

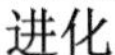

20 世纪 60 年代的试题：“一位伐木者砍下一卡车木材，卖了 100 美元。他的生产成本是这个数目的五分之四。请问，他的利润是多少？”

20 世纪 70 年代的试题：“一位伐木者用定量的木材数（L）交换了定量的钱数（M）。M 的值是 100，生产成本值 C 为 80。请问，他的利润值 P 是多少？”

20 世纪 80 年代的题目：“一位伐木者砍下一卡车木材，卖了 100 美元。他的成本是 80 美元，他的利润是（ ）美元。供选择的答案是：A.10 B.20 C.30 D.40。”

20 世纪 90 年代的试题：“一位无知的伐木者砍下了 100 株美丽挺拔的树木，以获得 20 美元的利润。写一篇议论文解释您如何看待此种生财之道。文章题目是：‘林中的鸟儿和松鼠有什么感觉？’”

21 世纪的试题：“一位利欲熏心的伐木者偷砍了 100 株枝盛叶茂的树木，以获得 20 美元的利润，造成了 20 万美元的生态损失。写一篇议论文解释您如何看待此种生财之道。文章题目是：‘人类行为与生态环境’。”

2. 操作提示

（1）启动 Word 2003。

（2）输入文档中的文字，并设置相应的格式。

（3）在文档中插入“老虎”剪贴画（在【剪贴画】任务窗格中以“老虎”为关键字搜索该图片）。

（4）设置“老虎”剪贴画的【高度】和【宽度】为原来的 50%。

（5）设置“老虎”剪贴画的【环绕方式】为“四周型”，水平对齐方式为【左对齐】。

（6）如果“老虎”剪贴画的位置不合适，拖动剪贴画到合适的位置。

（7）用类似的方法插入“兔子”剪贴画。

（8）以“进化.doc”为文件名保存文档。

3.9 习题

一、判断题

1．在 Word 2003 的普通视图中可看到页眉和页脚。（　　）

2．在 Word 2003 中，鼠标指针在文本区和空白编辑区的形状是相同的。（　　）

3．在文本选择区中单击鼠标可选定相应的段落。（　　）

4．在 Word 2003 中，五号字比四号字大。（　　）

5．一个字符可同时设置为加粗和倾斜。（　　）

6．Word 2003 默认的段前间距和段后间距都是 1 行。（　　）

7．项目编号是固定不变的。（　　）

8．设置分栏时，可以使各栏的宽度不同。（　　）

9．不能使页码位于页眉中。（　　）

10．打印预览时，可同时预览多页。（　　）

11．打印文档时，可打印指定的若干页。（　　）

12．选定表格后，按 Delete 键和按 Backspace 键的作用相同。（　　）

13．表格自动重复标题行的行数只能是 1 行。（　　）

14．图形既可浮于文字上方，也可衬于文字下方。（　　）

15．文本框中的文字只能横排，不能竖排。（　　）

二、选择题

1．保存文档的按键是（　　）。

A．Ctrl + S　　B．Alt + S　　C．Shift + S　　D．Shift + Alt + S

2．将插入点光标移动到文档开始处的按键是（　　）。

A．Home　　B．Alt + Home　　C．Shift + Home　　D．Ctrl + Home

3．在文本选择区中三击鼠标，可选定（　　）。

A．一句　　B．一行　　C．一段　　D．整个文档

4．在Word 2003中，五号字的大小与（　　）磅字的大小相同。

A．5　　B．10.5　　C．15　　D．15.5

5．【页眉和页脚】命令位于（　　）菜单中。

A．文件　　B．工具　　C．视图　　D．格式

6．在【页眉和页脚】工具栏中，以下（　　）按钮用来插入总页码数。

A．　　B．　　C．　　D．

7．打印文档时，以下页码范围（　　）有4页。

A．2-6　　B．1,3-5,7　　C．1-2,4-5　　D．1,4

8．以下表格操作（　　）没有对应的菜单命令。

A．插入表格　　B．删除表格　　C．合并表格　　D．拆分表格

9．按住（　　）键绘制图形会以起始点为中心绘制图形。

A. Ctrl　　B. Alt　　C. Shift　　D. Alt + Shift

10．与图形、图片、艺术字相比，以下（　　）是文本框特有的设置。

A．边框颜色　　B．环绕　　C．阴影　　D．链接

三、填空题

1．在文本区内选定文本时，拖动鼠标，选定________________，双击鼠标，选定________________，快速单击鼠标3次，选定________________，按住Ctrl键单击鼠标，选定________________，按住Alt键拖动鼠标，选定________________。

2．选定文本后，把鼠标指针移动到选定的文本上，拖动鼠标会________选定的文本，把鼠标指针移动到选定的文本上，按住Ctrl键拖动鼠标会________选定的文本。

3．选定默认格式的文本后，按Ctrl+B组合键，可将选定的文本设置为________效果；按Ctrl+I组合键，可将选定的文本设置为________效果；按Ctrl+U组合键，可将选定的文本设置为________效果。

4．Word 2003中段落的对齐方式有________、________、________和________4种。

5．Word 2003中段落的缩进方式有________、________、________和________4种。

6．设置图形的叠放次序有_______、_______、_______、_______、_______和_______6种类型。

四、问答题

1．文档有哪几种视图方式？各有什么特点？如何切换？

2．在文档中移动插入点光标有哪些方法？选定文本有哪些操作？编辑文本有哪些操作？

3．在文档中设置文本格式有哪些操作？设置文本段落有哪些操作？设置页面有哪些操作？

4．在文档中插入表格有哪些方法？编辑表格有哪些操作？设置表格有哪些操作？

5．在文档中插入文本框有哪些方法？编辑文本框有哪些操作？设置文本框有哪些操作？

6．在文档中插入图形有哪些操作？编辑图形有哪些操作？设置图形有哪些操作？

7．在文档中插入图片有哪些操作？编辑图片有哪些操作？设置图片有哪些操作？

8．在文档中插入艺术字有哪些操作？编辑艺术字有哪些操作？设置艺术字有哪些操作？

第4章 电子表格制作软件 Excel 2003

Excel 2003 是微软公司开发的办公软件 Office 2003 中的一个组件，利用它可以方便地制作电子表格，是计算机办公的得力工具。

本章主要介绍电子表格软件 Excel 2003 中的基础知识与操作，包括以下内容。

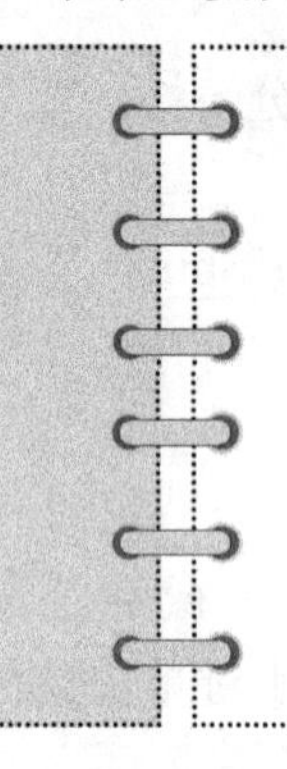

- Excel 2003 中的基本操作。
- Excel 2003 中的工作表编辑。
- Excel 2003 中的工作表格式化。
- Excel 2003 中公式的使用。
- Excel 2003 中的数据管理。
- Excel 2003 中图表的使用。
- Excel 2003 中的页面设置与打印。

4.1 Excel 2003 中的基本操作

本节介绍 Excel 2003 的启动和退出的方法、Excel 2003 窗口的组成、工作簿和工作表、对工作簿的基本操作。

4.1.1 Excel 2003 的启动

启动 Excel 2003 有以下常用方法。

- 选择【开始】/【所有程序】/【Microsoft Office】/【Microsoft Excel 2003】命令。
- 如果建立了 Excel 2003 的快捷方式，双击该快捷方式。
- 打开一个 Excel 工作簿文件（Excel 工作簿文件的图标是 ）。

使用前两种方法启动 Excel 2003 后，系统自动建立一个名为“Book1”的空白工作簿，如图 4-1 所示。使用最后一种方法启动 Excel 2003 后，系统自动打开相应的工作簿。

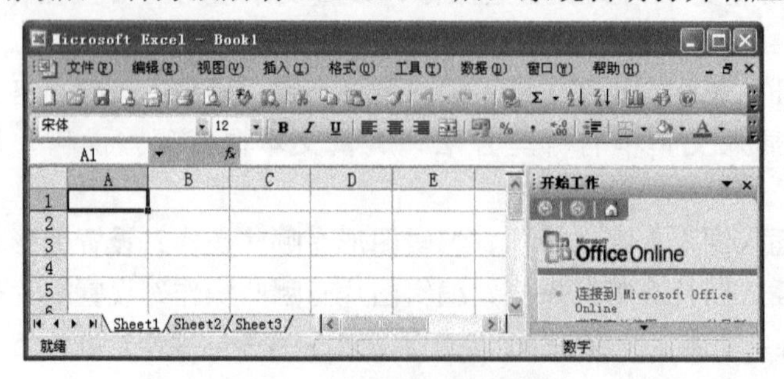

图 4-1 Excel 2003 应用程序窗口

4.1.2　Excel 2003 的退出

关闭 Excel 2003 窗口即可退出 Excel 2003，关闭窗口的方法详见“2.3.4 窗口的操作方法”一节。退出 Excel 2003 时，系统会关闭所有打开的工作簿。如果工作簿没有保存，系统会弹出如图 4-2 所示的【Microsoft Excel】对话框（以“Book1”为例），以确定是否保存。

图 4-2　【Microsoft Excel】对话框

4.1.3　Excel 2003 窗口的组成

Excel 2003 启动后出现如图 4-1 所示的窗口，称作 Excel 2003 应用程序窗口。在该窗口中还包含一个工作簿窗口和任务窗格，由于默认情况下工作簿窗口被最大化，工作簿窗口的标题栏等不大明显。单击菜单栏右边的按钮，可把工作簿窗口恢复为原来的大小，这时 Excel 2003 应用程序窗口变成如图 4-3 所示，能很清楚地看到应用程序窗口和工作簿窗口。

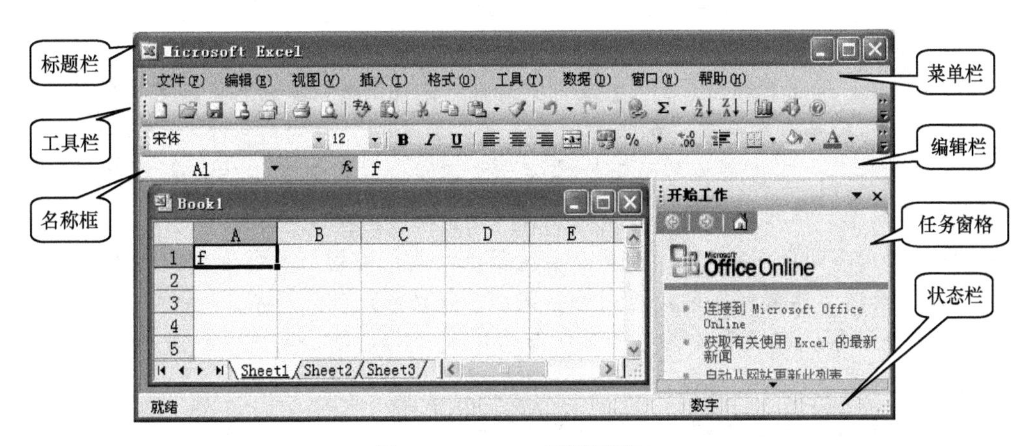

图 4-3　Excel 2003 应用程序窗口

1. 应用程序窗口

Excel 2003 应用程序窗口中的标题栏、菜单栏、工具栏、状态栏等与 Word 2003 应用程序窗口类似，这里不再赘述。与 Word 2003 应用程序窗口不同的是，Excel 2003 应用程序窗口中有名称框和编辑栏。

- 名称框：名称框位于工具栏下方的左面，用来显示活动单元格的名称。如果单元格被命名，则显示其名称，否则显示单元格的地址。
- 编辑栏：编辑栏位于工具栏下方的右面，用来显示、输入或修改活动单元格中的内容，当单元格中的内容为公式时，在编辑栏中可显示单元格中的公式。

2. 工作簿窗口

Excel 2003 的工作簿窗口包含在应用程序窗口中，默认情况下，工作簿窗口被最大化（见图 4-1）。工作簿窗口的大小被恢复后（见图 4-3），可以看出工作簿窗口包括标题栏和一张工作表。工作表内包括行号按钮、列号按钮、全选按钮、单元格、工作表标签、标签滚动按钮、水平滚动条和垂直滚动条，如图 4-4 所示。

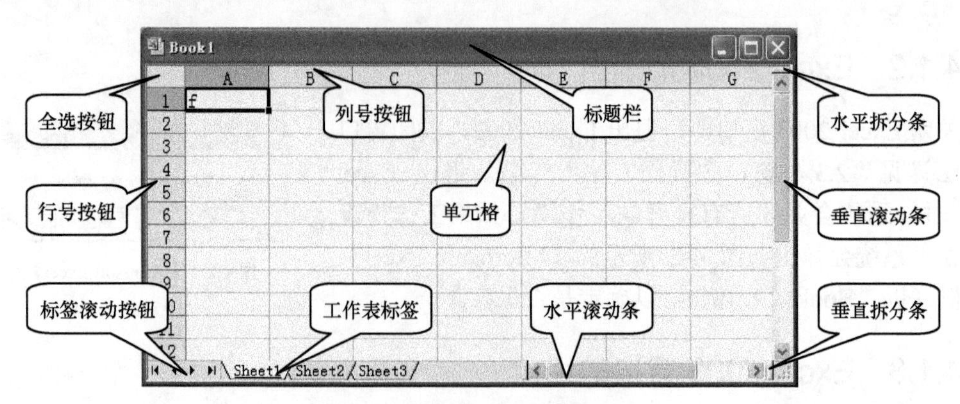

图 4-4 Excel 2003 的工作簿窗口

- 标题栏：标题栏位于工作簿窗口的顶端，包括控制菜单按钮、窗口名称（Book1）、窗口控制按钮。工作簿窗口最大化后，标题栏消失，窗口名并到 Excel 2003 应用程序窗口的标题栏中，窗口控制菜单按钮并到【文件】菜单左边，窗口的控制按钮并到菜单栏的最右边。
- 行号按钮：行号按钮在工作簿窗口的左面，顺序为数字 1、2、3 等。
- 列号按钮：列号按钮位于标题栏的下面，顺序为字母 A、B、C 等。
- 全选按钮：全选按钮位于行号按钮与列号按钮的交叉处，单击它可选定整个工作表。
- 单元格：行号和列号交叉的方框为单元格。每个单元格对应一个行号和列号。
- 工作表标签：工作表标签位于标签滚动按钮右侧，代表各工作表的名称。底色为白色的标签所对应的工作表为当前工作表（见图 4-3 中的“Sheet1”）。
- 标签滚动按钮：标签滚动按钮位于工作簿窗口底部的左侧。当工作簿窗口中不能显示所有的工作表标签时，可用标签滚动按钮滚动工作表标签。
- 水平滚动条：水平滚动条位于工作簿窗口底部的右侧，用来水平滚动工作表，显示工作簿窗口外的工作表列的内容。
- 垂直滚动条：垂直滚动条位于工作簿窗口的右边，用来垂直滚动工作表，显示工作簿窗口外的工作表行的内容。
- 水平拆分条：水平拆分条位于垂直滚动条的上方，拖动它能把工作表窗口水平分成两部分。
- 垂直拆分条：垂直拆分条位于水平滚动条的右侧，拖动它能把工作表窗口垂直分成两部分。

4.1.4 Excel 2003 中的工作簿与工作表

在 Excel 2003 中，用户的大多数操作是针对工作簿和工作表进行的，因此应正确理解这两个概念。

1．工作簿

工作簿是用 Excel 2003 建立和操作的文件，用来存储用户建立的工作表。工作簿文件的扩展名是“.xls”，一个工作簿对应一个扩展名为“.xls”的文件，该类文件的图标是。

一个工作簿由若干个工作表组成，最多可包括 255 个工作表。在 Excel 2003 新建的工作簿中，默认包含 3 个工作表，名字分别是“Sheet1”、“Sheet2”、“Sheet3”。

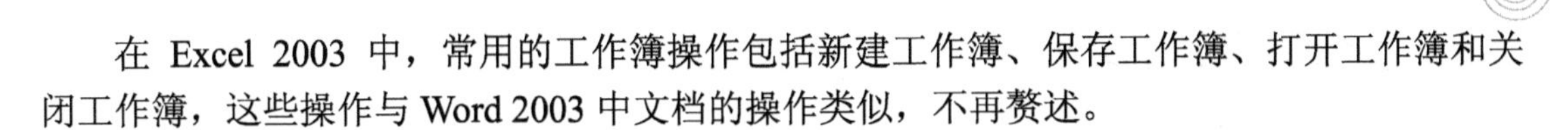

在 Excel 2003 中，常用的工作簿操作包括新建工作簿、保存工作簿、打开工作簿和关闭工作簿，这些操作与 Word 2003 中文档的操作类似，不再赘述。

2. 工作表

工作表隶属于工作簿，由若干行和列组成，行号和列号交叉的方框称为单元格。一个工作表最多有 65 536 行和 256 列，行号依次是 1，2，3，…，65 536，列号依次是 A，B，C，…，Y，Z，AA，AB，…，IV。

每个工作表有一个名字，显示在工作表标签上。工作表标签在顶层的工作表是当前工作表，任何时候只有一个工作表是当前工作表。

Excel 2003 的主要工作都是在工作表中进行的，除了在工作表中输入数据、格式化数据、进行公式计算外，还可以进行数据管理与分析。

4.1.5 Excel 2003 中的工作表管理

Excel 2003 常用的工作表的管理操作包括插入工作表、删除工作表、重命名工作表、移动工作表、复制工作表、切换工作表等。

1. 插入工作表

选择【插入】/【工作表】命令，在当前工作表之前插入一个新工作表后，系统自动将其作为当前工作表，并命名为“Sheet4”（如果以前新建过工作表，工作表名中的序号依次递增）。如果对默认的名称不满意，可给工作表改名。

2. 删除工作表

选择【编辑】/【删除工作表】命令，可删除当前工作表。删除工作表时，系统会弹出如图 4-5 所示的【Microsoft Excel】对话框，让用户确定是否真正删除工作表。

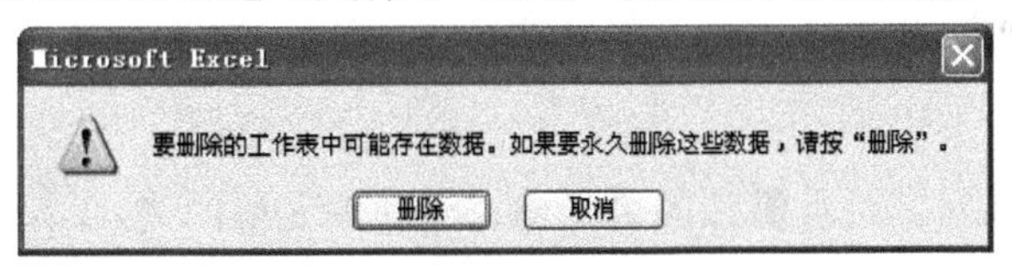

图 4-5 【Microsoft Excel】对话框

3. 重命名工作表

双击工作表标签，工作表标签变为黑色，这时可输入工作表名，然后按回车键（或在工作表标签外单击鼠标），工作表名被更改。输入工作表名后按 Esc 键，则工作表名不变。

4. 复制工作表

复制工作表有以下方法。

- 选择【编辑】/【移动或复制工作表】命令。
- 按住 Ctrl 键拖动当前工作表标签到某位置，复制当前工作表到目的位置。

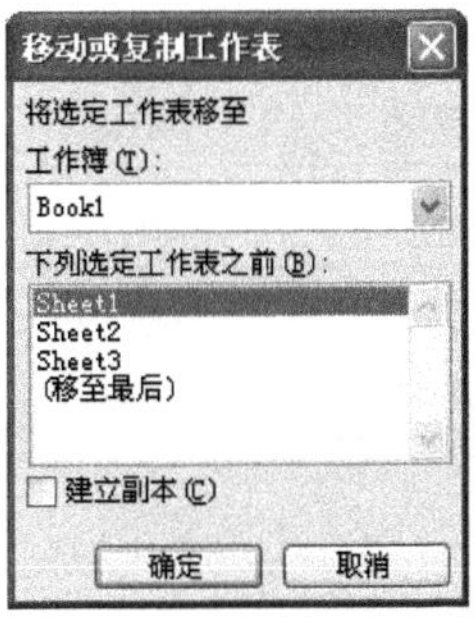

使用第一种方法，系统会弹出如图 4-6 所示的【移动或复制工作表】对话框。在该对话框【工作簿】的下拉列表中选择要复制到的工作簿，在【下列选定工作表之前】列表框中选择一个工作表，选择【建立副本】复选框，单击 确定 按钮，可把当前

图 4-6 【移动或复制工作表】对话框

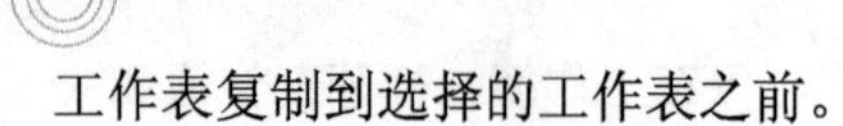

工作表复制到选择的工作表之前。

5．移动工作表

移动工作表有以下方法。

- 选择【插入】/【移动或复制工作表】命令。
- 拖动当前工作表标签到目的位置，该工作表即移动到相应的位置。

使用第一种方法，也弹出如图 4-6 所示的【移动或复制工作表】对话框，除了不选择【建立副本】复选框外，其他操作与复制工作表相同。

6．切换工作表

切换工作表有以下方法。

- 单击工作表标签，对应的工作表成为当前工作表。

按 Ctrl+Page Up（或 Ctrl+Page Down）组合键，上（或下）一工作表成为当前工作表，无上（或下）一工作表时，当前工作表不变。

4.2 Excel 2003 中的工作表编辑

工作表编辑的常用操作包括单元格的激活与选定，向单元格中输入数据、填充数据、输入公式，单元格内容的编辑，单元格的插入与删除等。

4.2.1 单元格的激活与选定

对某一单元格进行操作，必须先激活该单元格，被激活的单元格称为活动单元格。要对某些单元格统一处理（如设置字体、字号等），需要选定这些单元格。

1．活动单元格

活动单元格是当前对其进行操作的单元格，活动单元格的边框比其他单元格的边框粗黑（见图 4-7）。新工作表默认 A1 单元格为活动单元格。

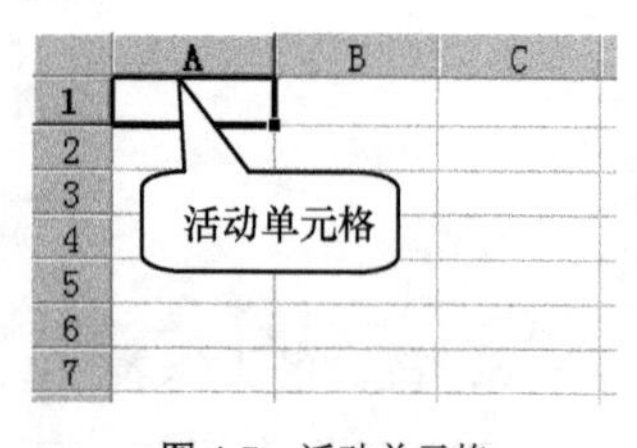

图 4-7 活动单元格

利用键盘上的光标移动键可以移动活动单元格的位置，当移动到某个单元格时，该单元格就成为活动单元格。具体操作如表 4-1 所示。

表 4-1 移动活动单元格

按键	功能	按键	功能	按键	功能	按键	功能
↑	上移一格	↓	下移一格	←	左移一格	→	右移一格
Shift+Enter	上移一格	Enter	下移一格	Shift+Tab	左移一格	Tab	右移一格
PageUp	上移一屏	PageDown	下移一屏	Home	到本行 A 列	Ctrl+Home	到 A1 单元格

2．选定单元格区域

被选定的单元格区域被粗黑边框包围，有一个单元格的底色为白色，其余单元格的底色为浅

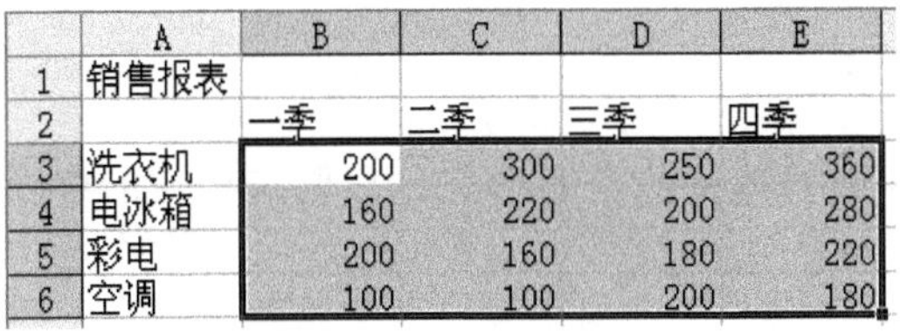

	A	B	C	D	E
1	销售报表				
2		一季	二季	三季	四季
3	洗衣机	200	300	250	360
4	电冰箱	160	220	200	280
5	彩电	200	160	180	220
6	空调	100	100	200	180

图 4-8　选定单元格

蓝色（见图 4-8），底色为白色的单元格是活动单元格。

用以下方法可选定一个矩形单元格区域。

- 按住 Shift 键移动光标，选定以开始单元格和结束单元格为对角的矩形区域。
- 拖动鼠标从一个单元格到另一个单元格，选定以这两个单元格为对角的矩形区域。
- 按住 Shift 键单击一个单元格，选定以活动单元格和单击单元格为对角的矩形区域。

选定若干相邻的行或列，可用以下方法完成。

- 单击工作表的行号（列号），选定该行（列）。
- 按住 Shift 键单击工作表的行号（列号），选定从当前行（列）到单击行（列）之间的行（列）。
- 拖动鼠标从一行（列）号到另一行（列）号，选定两行（列）之间的行（列）。

此外，按 Ctrl+A 组合键或单击全选按钮可以选定整个工作表。选定单元格后，在工作表中单击任意一个单元格，或者按键盘上的任一个光标移动键，即可取消所做的选定操作。

4.2.2　向单元格中输入数据

在向单元格内输入内容前，应先激活或选定单元格。向单元格内输入数据有不同的方式。单元格内输入的数据有若干类型。

1．数据输入方式

向单元格内输入数据有 3 种不同的方式：在活动单元格内输入数据、在选定的单元格区域内输入数据、在不同单元格内输入相同的数据。

（1）在活动单元格内输入数据

当激活一个单元格后，用户可以在单元格内输入数据。所输入的数据在单元格和编辑栏内同时显示。当输入完数据后，可以进行以下操作。

- 用光标移动键改变活动单元格的位置（见表 4-1），接受输入的内容，活动单元格做相应改变。
- 按 Esc 键，取消输入的内容，活动单元格不变。
- 单击编辑栏左边的✓按钮，接受输入的内容，活动单元格做相应改变。
- 单击编辑栏左边的☒按钮，取消输入的内容，活动单元格不变。

（2）在选定单元格区域内输入数据

当选定单元格区域后，如果输入数据时只用 Tab 键和 Enter 键移动活动单元格，则活动单元格不会超越选定的单元格区域，到达单元格区域边界后，插入点光标自动移动到单元格区域内下一行或下一列的开始处。

（3）在不同单元格内输入相同数据

在若干单元格内输入同样的数据时，无须逐个输入，可以在这些单元格内一次输入完成。方法是：先选定这些单元格，然后输入数据，输入完后，再按 Ctrl+Enter 组合键，这

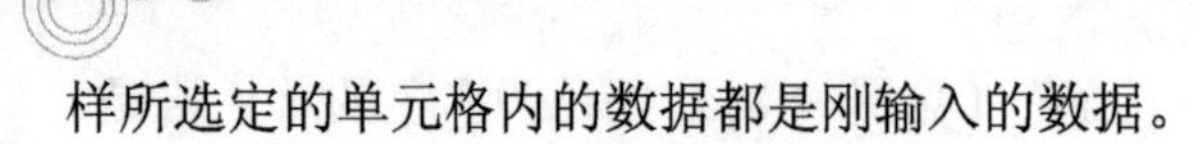

样所选定的单元格内的数据都是刚输入的数据。

2. 不同类型数据的输入方法

数据有文本型、数值型和日期时间型，每种类型都有各自的格式，只要按相应的格式输入，系统就会自动辨认并自动转换。

（1）输入文本数据

文本数据用来表示一个名字或名称，可以是汉字、英文字母、数字、空格等键盘输入的字符。文本数据仅供显示或打印用，不能进行算术运算。

输入文本数据时，应注意以下特殊情况。

- 如果要输入的文本可视作数值数据（如“12”）、日期数据（如“3 月 5 日”）或公式（如“=A1*0.5”），应先输入一个英文单引号（′），再输入文本。
- 如果要输入文本的第 1 个字符是英文单引号（′），则应连续输入两个。
- 如果要输入分段的文本，则应输入完一段后按 Alt+Enter 组合键，再输入下一段。

文本数据在单元格内显示时有以下特点。

- 文本数据在单元格内自动左对齐。
- 有分段文本的单元格，单元格高度根据文本高度自动调整。
- 当文本的长度超过单元格宽度时，如果右边单元格无数据，文本扩展到右边单元格显示，否则文本根据单元格宽度截断显示。

图 4-9 所示为文本“计算机应用基础”在不同单元格中的显示情况。

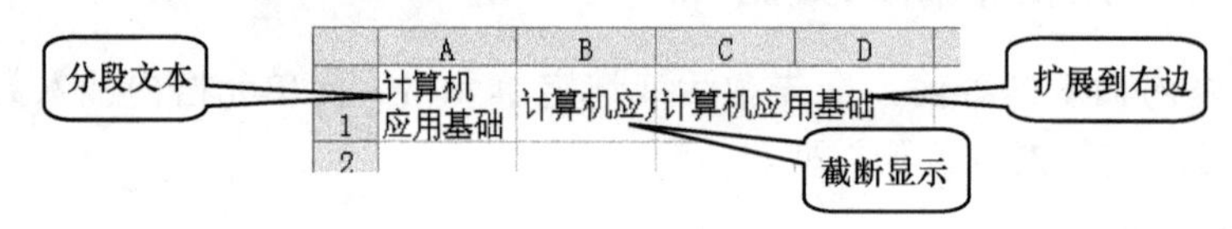

图 4-9　文本的显示

（2）输入数值数据

数值数据表示一个有大小值的数，可以进行算术运算，可以比较大小。在 Excel 2003 中，数值数据可以用以下 5 种形式输入。

- 整数形式（如 100）。
- 小数形式（如 3.14）。
- 分数形式（如 1 1/2，等于 1.5。注意，在这里两个 1 之间有空格）。
- 百分数形式（如 10%，等于 0.1）。
- 科学记数法形式（如 1.2E3，等于 1 200）。

对于整数和小数，输入时还可以带千分位（如 10,000）或货币符号（如$100）。输入数值数据时，应注意以下特殊情况。

- 如果输入一个用英文小括号括起来的正数，系统会将其当做有相同绝对值的负数对待。例如输入“(100)”，系统将其作为“-100”。
- 如果输入的分数没有整数部分，系统将其作为日期数据或文本数据对待，只要将“0”作为整数部分加上，就可避免这种情况。如输入“1/2”，系统将其作为“1 月 2 日”，而输入“0 1/2”，系统将其作为 0.5。

数值数据在单元格内显示时有以下特点。

- 数值数据在单元格内自动右对齐。

- 当数值的长度超过 12 位时，自动以科学记数法形式表示。
- 当数值的长度超过单元格宽度时，如果未设置单元格宽度，单元格宽度自动增加，否则以科学记数法形式表示。
- 如果科学记数法形式仍然超过单元格的宽度，则单元格内显示“####”。
- 如果数值数据在单元格内显示“####”，只要单元格增大到一定宽度（详见“4.3.2 单元格表格的格式化”一节），就能将其正确显示。

图 4-10 所示为数“12345678”在不同宽度单元格中的显示情况。

图 4-10　数的显示

（3）输入日期

输入日期有以下 6 种格式。

① M/D（如 3/14）。

② M-D（如 3-14）。

③ M 月 D 日（如 3 月 14 日）。

④ Y/M/D（如 2012/3/14）。

⑤ Y-M-D（如 2012-3-14）。

⑥ Y 年 M 月 D 日（如 2012 年 3 月 14 日）。

输入日期时，应注意以下情况。

- 按④~⑥3 种格式输入，则默认的年份是系统时钟的当前年份。
- 按①~③3 种格式输入，则年份可以是两位（系统规定，00-29 表示 2000-2029，30-99 表示 1930-1999），也可以是 4 位。
- 按 Ctrl+; 组合键，则输入系统时钟的当前日期。

日期在单元格内显示时有以下特点。

- 日期在单元格内自动右对齐。
- 按①~③这 3 种格式输入，显示形式是“M 月 D 日”，不显示年份。
- 按第④、第⑤种格式输入，显示形式是“Y-M-D”，其中年份显示 4 位。
- 按第⑥种格式输入，则显示形式是“Y 年 M 月 D 日”，其中年份显示 4 位。
- 按 Ctrl+; 组合键，输入系统的当前日期，显示形式是“Y-M-D”，年份显示 4 位。
- 当日期的长度超过单元格宽度时，如果未设置单元格宽度，单元格宽度自动增加，否则单元格内显示“####”。
- 如果日期在单元格内显示“####”，只要单元格增大到一定宽度，就能将其正确显示。

图 4-11 所示为日期“2012 年 3 月 14 日”在不同输入形式下的显示情况。

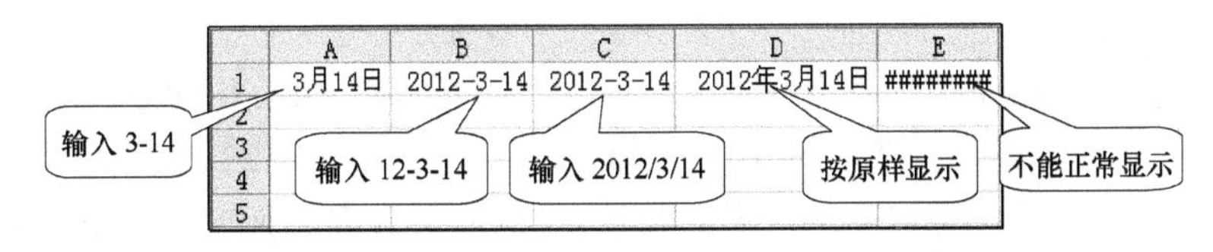

图 4-11　日期的显示

（4）输入时间

输入时间有以下 6 种格式。

① H:M。

② H:M　AM。

③ H:M　PM。

④ H:M:S。

⑤ H:M:S　AM。

⑥ H:M:S　PM。

输入时间时，应注意以下情况。

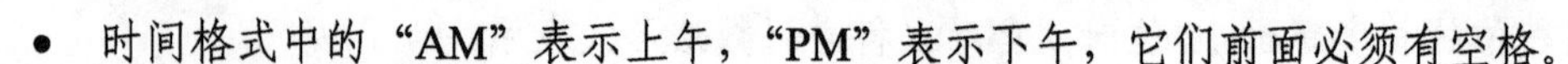

- 时间格式中的“AM”表示上午，“PM”表示下午，它们前面必须有空格。
- 带“AM”或“PM”的时间，H的取值范围从“0”～“12”。
- 不带“AM”或“PM”的时间，H的取值范围从“0”～“23”。
- 按Ctrl+Shift+;组合键，输入系统时钟的当前时间，显示形式是“H:M”。
- 如果输入时间的格式不正确，则系统当做文本数据对待。

时间在单元格内显示时有以下特点。

- 时间在单元格内自动右对齐。
- 时间在单元格内按输入格式显示，如果输入的“AM”或“PM”是小写，自动转换成大写。
- 当时间的长度超过单元格宽度时，如果未设置单元格宽度，单元格宽度自动增加，否则单元格内显示“####”。
- 如果时间在单元格内显示“####”，只要单元格增大到一定宽度，就能将其正确显示。

图4-12所示为时间“20点30分”在不同输入形式下的显示情况。

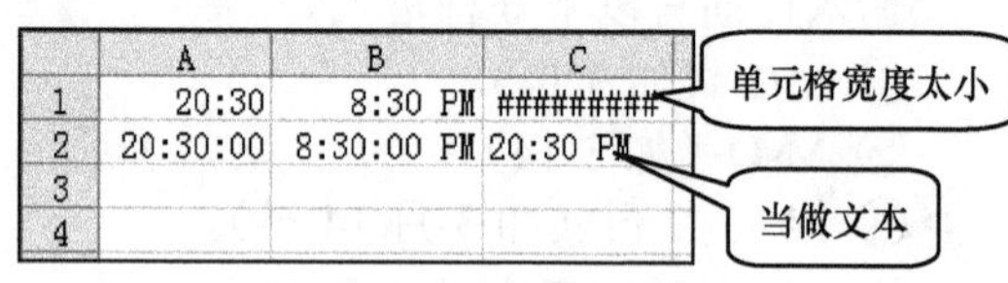

图4-12 时间的显示

4.2.3 向单元格中填充数据

如果要输入到某行或某列的数据有规律，用户可使用自动填充功能来完成数据输入。自动填充有两种常用方法：利用填充柄和利用菜单命令。

1. 利用填充柄填充

填充柄是活动单元格或所选定单元格区域右下角的黑色小方块（见图4-13），将鼠标指针移动到填充柄上面时，鼠标指针变成**+**状，在这种状态下拖动鼠标，拖动所覆盖的单元格被相应的内容填充。

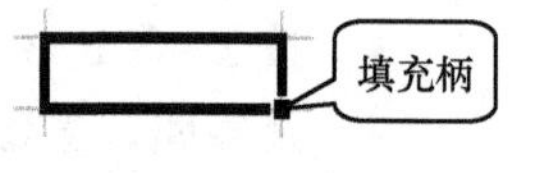

图4-13 填充柄

利用填充柄进行填充时，有以下不同情况。

- 如果当前单元格中的内容是数，则该数被填充到所覆盖的单元格中。
- 如果当前单元格中的内容是文字，并且该文字的开始和最后都不是数字，该文字被填充到所覆盖的单元格中。
- 如果当前单元格中的内容是文字，并且文字的最后是阿拉伯数字，填充时文字中的数自动增加，步长是1（如“零件1”、“零件2”、“零件3”等）。
- 如果当前单元格中的内容是文字，并且文字的开始是阿拉伯数字，最后不是数字，填充时文字中的数自动增加，步长是1（如“1班”、“2班”、“3班”等）。
- 如果当前单元格中的内容是日期，公差为1天的日期序列依次被填充到所覆盖的单元格中。
- 如果当前单元格中的内容是时间，公差为1小时的时间序列依次被填充到所覆盖的单元格中。
- 如果当前单元格中的内容是公式，填充方法详见“4.4.3 公式的填充与复制”一节。

2. 利用菜单命令填充

除了用填充柄填充外，用菜单命令也可进行填充。选定一个单元格区域后，可选择以

下命令完成不同的填充。

- 选择【编辑】/【填充】/【向上填充】命令，单元格区域最后一行中的数据填充到其他行中，其他行单元格中原有的内容被覆盖。
- 选择【编辑】/【填充】/【向下填充】命令，单元格区域第一行中的数据填充到其他行中，其他行单元格中原有的内容被覆盖。
- 选择【编辑】/【填充】/【向左填充】命令，单元格区域最右一列中的数据填充到其他列中，其他列单元格中原有的内容被覆盖。
- 选择【编辑】/【填充】/【向右填充】命令，单元格区域最左一列中的数据填充到其他列中，其他列单元格中原有的内容被覆盖。

图 4-14 所示为单元格区域填充的示例。

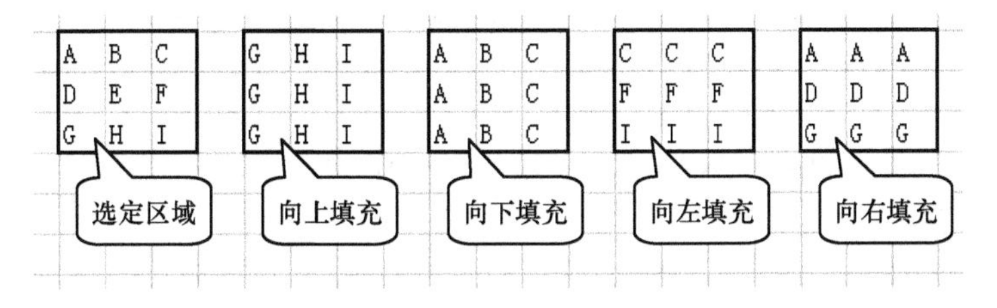

图 4-14　单元格区域填充的示例

4.2.4　单元格中内容的编辑

向单元格中输入内容后，可以对单元格中的内容进行编辑，常用的编辑操作有修改、删除、查找和替换。

1．修改内容

要对单元格中的数据进行修改，通常有以下过程：进入修改状态、移动插入点光标、插入与删除、确认或取消修改。

（1）进入修改状态

- 单击要修改的单元格，再单击编辑栏，插入点光标出现在编辑栏内。
- 单击要修改的单元格，再按 F2 键，插入点光标出现在该单元格内。
- 双击要修改的单元格，插入点光标出现在该单元格内。

（2）移动插入点光标

- 在编辑栏或单元格内某一点单击鼠标，插入点光标定位到该位置。
- 用键盘上的光标移动键也可移动插入点光标，如表 4-2 所示。

表 4-2　　常用的移动光标按键

按键	移动到	按键	移动到	按键	移动到
←	左侧一个字符	Ctrl+←	左侧一个词	Home	当前行的行首
→	右侧一个字符	Ctrl+→	右侧一个词	End	当前行的行尾
↑	上一行	Ctrl+↑	前一个段落	Ctrl+Home	数据开始
↓	下一行	Ctrl+↓	后一个段落	Ctrl+End	数据最后

（3）插入与删除

- 如果状态栏上有“OVR”字样，表明当前的编辑状态为改写状态，输入的字符将覆盖插入点光标右边的字符。否则，表明当前的编辑状态为插入状态，输入的字符将插入到插入点光标处。按Insert键可切换插入/改写状态。
- 按Backspace键，可删除插入点光标左边的一个字符或选定的字符，按Delete键，可删除插入点光标右边的一个字符或选定的字符。

（4）确认或取消修改

- 单击编辑栏左边的✓按钮，所做修改有效，活动单元格不变。
- 单击编辑栏左边的✕按钮或按Esc键，取消所做的修改，活动单元格不变。
- 按Enter键，所做修改有效，本列下一行的单元格为活动单元格。
- 按Tab键，所做修改有效，本行下一列的单元格为活动单元格。

2. 删除内容

用以下方法可以删除活动单元格或所选定单元格中的所有内容。

- 按Delete键。
- 按Backspace键。
- 选择【编辑】/【清除】/【内容】命令。

单元格中的内容被删除后，单元格以及单元格中内容的格式仍然保留，以后再往此单元格内输入数据时，数据采用原来的格式。

3. 查找内容

查找和替换都是从当前活动单元格开始搜索整个工作表，若只搜索工作表的一部分，应先选定相应的区域。选择【编辑】/【查找】命令或按Ctrl+F组合键，弹出【查找和替换】对话框，当前选项卡是【查找】选项卡。在【查找】选项卡中单击 选项(T) >> 按钮，展开所有选项（见图4-15），可进行以下操作。

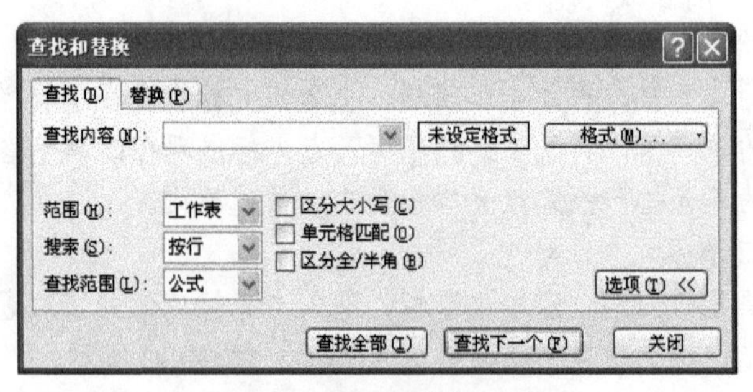

图4-15 【查找和替换】对话框

- 在【查找内容】文本框中输入或选择要查找的内容。
- 单击 格式(M)... 按钮，弹出下拉菜单，可从该菜单中选择一个命令，用来设置要查找文本的格式，查找过程中，将查找内容与格式都相同的文本。
- 在【搜索】的下拉列表中，选择所需要的查找方式（有“按行”和“按列”两个选项）。“按行”是指逐行搜索工作表，“按列”是指逐列搜索工作表。
- 在【查找范围】的下拉列表中，选择所需要的查找范围（有“公式”、“值”、“批注”等选项）。“公式”是从工作表单元格中的公式中查找，“值”是从工作表单元格中的数

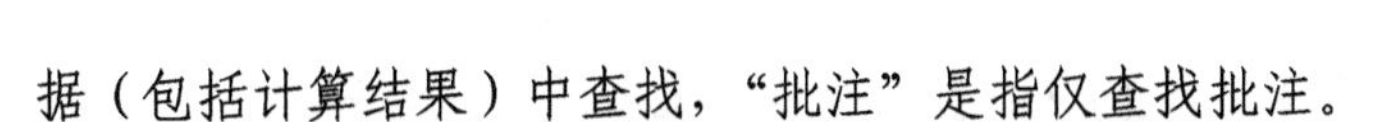

据（包括计算结果）中查找，“批注”是指仅查找批注。

- 选择【区分大小写】复选框，则查找时将区分大小写字母。
- 选择【单元格匹配】复选框，则只查找与查找内容完全相同的单元格。
- 选择【区分全/半角】复选框，则查找时区分全角和半角字符。
- 单击 查找下一个(F) 按钮，开始按所做设置查找。如果搜索成功，则搜索到的单元格为活动单元格，否则弹出一个对话框，提示没找到。
- 单击 关闭 按钮，关闭【查找和替换】对话框。

4. 替换内容

选择【编辑】/【替换】命令或按 Ctrl+H 组合键，弹出【查找和替换】对话框，当前选项卡是【替换】选项卡。在【替换】选项卡中单击 选项(T) >> 按钮，展开所有选项（见图 4-16），【替换】选项卡与【查找】选项卡的差别不大，对不同部分解释如下。

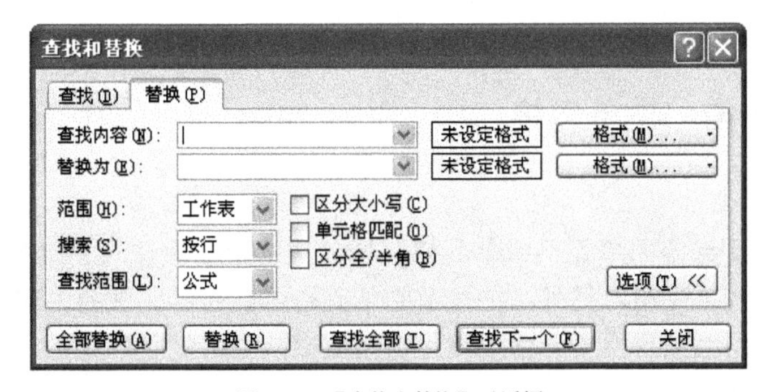

图 4-16 【查找和替换】对话框

- 在【替换为】文本框中输入要替换成的内容。
- 单击 查找下一个(F) 按钮，查找被替换的内容。
- 单击 替换(R) 按钮，将【替换为】文字框中的内容替换查找到的内容，并自动查找下一个被替换的内容。
- 单击 全部替换(A) 按钮，将【替换为】文字框中的内容替换所有查找到的内容。

4.2.5 插入与删除单元格

1. 插入单元格

选择【插入】/【单元格】命令，弹出如图 4-17 所示的【插入】对话框。【插入】对话框中 4 个单选钮的作用如下。

- 选择【活动单元格右移】单选钮，则插入单元格，并且活动单元格及其右侧的单元格依次向右移动。
- 选择【活动单元格下移】单选钮，则插入单元格，并且活动单元格及其下方的单元格依次向下移动。
- 选择【整行】单选钮，则插入一行，并且当前行及其下方的行依次向下移动。
- 选择【整列】单选钮，则插入一列，并且当前列及其右侧的列依次向右移动。

图 4-17 【插入】对话框

选择【插入】/【行】命令或选择【插入】/【列】命令也可插入整行或整列。

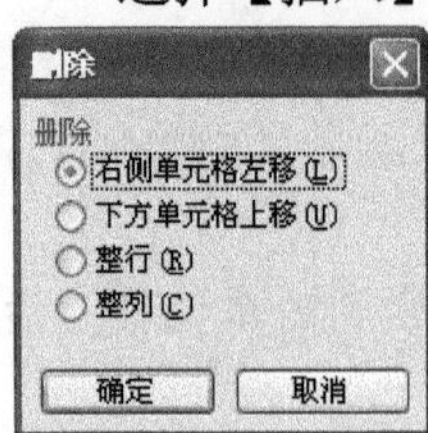

图 4-18 【删除】对话框

2. 删除单元格

选择【编辑】/【删除】命令，弹出如图 4-18 所示的【删除】对话框。【删除】对话框中 4 个单选钮的作用如下。

- 选择【右侧单元格左移】单选钮，则删除活动单元格，并且右侧的单元格依次向左移动。
- 选择【下方单元格上移】单选钮，则删除活动单元格，并且下方的单元格依次向上移动。
- 选择【整行】单选钮，则删除活动单元格所在的行，并且下方的行依次向上移动。
- 选择【整列】单选钮，则删除活动单元格所在的列，并且右侧的列依次向左移动。

4.2.6 复制与移动单元格

1. 复制单元格

把鼠标指针放到选定的单元格或单元格区域的边框上，按住 Ctrl 键的同时拖动鼠标到目标单元格，可复制单元格。另外，把选定的单元格或单元格区域的内容复制到剪贴板，再将剪贴板上的内容粘贴到目标单元格或单元格区域中，也可复制单元格。

2. 移动单元格

把鼠标指针放到选定的单元格或单元格区域的边框上，拖动鼠标到目标单元格，可移动单元格。另外，把选定的单元格或单元格区域的内容剪切到剪贴板，再将剪贴板上的内容粘贴到目标单元格或单元格区域中，也可移动单元格。

移动或复制单元格有以下特点。

- 复制或移动单元格时，内容和格式也随之复制或移动。
- 如果单元格中的内容是公式，复制后的公式根据目标单元格的地址进行调整，而移动后的公式不根据目标单元格的地址进行调整。

4.3 Excel 2003 中的工作表格式化

工作表中的数据和单元格表格采用默认格式，用户可以改变它们的格式。改变格式后，选择【编辑】/【清除】/【格式】命令，可清除所设置的格式，恢复成默认格式。

4.3.1 单元格数据的格式化

单元格内数据的格式化主要包括：设置字符格式、设置数字格式、设置对齐方式、设置缩进等。在对单元格内的数据格式化时，如果选定了单元格，则格式化所选定单元格中的数据，否则格式化当前单元格中的数据。

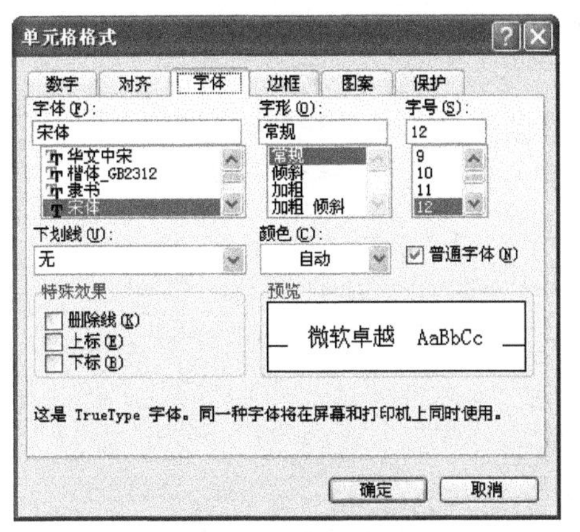

图 4-19 【字体】选项卡

1. 设置字符格式

通过【格式】工具栏或快捷键，可以很容易地设置数据的字符格式，这些设置与 Word 2003 中的几乎相同，不再赘述。

通过菜单命令也可以进行字符格式设置。选择【格式】/【单元格】命令，在弹出的【单元格格式】对话框中，打开【字体】选项卡，如图 4-19 所示。在【字体】选项卡中进行字符格式设置与 Word 2003 中的几乎相同，不再赘述。

与 Word 2003 不同的是，Excel 2003 不支持中文的“号数”，只支持“磅值”。“号数”和“磅值”的对应关系详见“3.3.1 字符级别排版”一节。

2. 设置数字格式

Excel 2003 中有多种数字格式，可通过以下工具按钮设置常用的格式。

- 单击按钮，设置数字为货币样式（数值前加“¥”符号，千分位用“,”分隔，小数按 4 舍 5 入原则保留两位）。
- 单击按钮，设置数字为百分比样式（如 1.23 变为 123%）。
- 单击按钮，为数字加千分位（如 123456.789 变为 123,456.789）。
- 单击按钮，增加小数位数（以“0”补）。
- 单击按钮，减少小数位数（4 舍 5 入）。

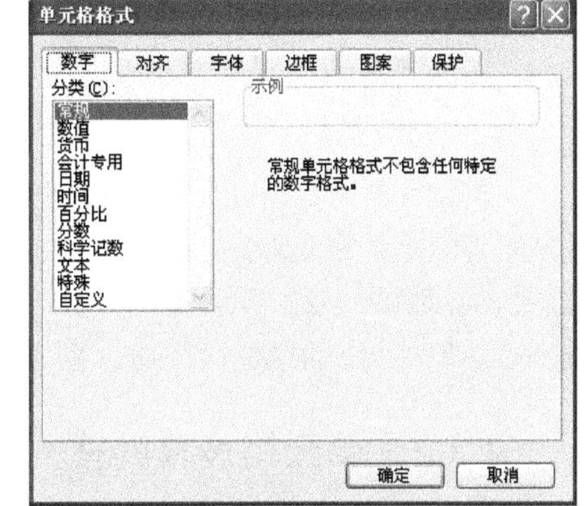

图 4-20 【数字】选项卡

通过菜单命令也可以设置数字格式。选择【格式】/【单元格】命令，在弹出的【单元格格式】对话框中，打开【数字】选项卡，如图 4-20 所示。在【数字】选项卡中，可进行以下操作。

- 在【分类】列表中选择一种数字类型，右侧会出现该类型的说明、示例和若干选项，可根据需要对这些选项进行设置。
- 单击 确定 按钮，系统按所做的选择设置数字格式。

图 4-21 所示为数 123456.789 的各种数字格式的示例。

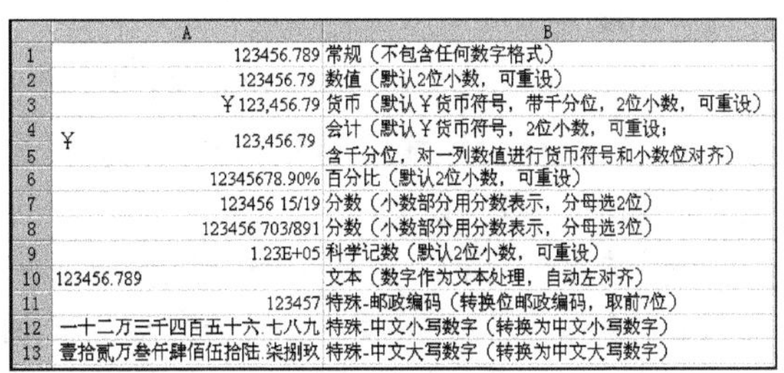

	A	B
1	123456.789	常规（不包含任何数字格式）
2	123456.79	数值（默认2位小数，可重设）
3	¥123,456.79	货币（默认¥货币符号，带千分位，2位小数，可重设）
4	¥ 123,456.79	会计（默认¥货币符号，2位小数，可重设；
5		含千分位，对一列数值进行货币符号和小数位对齐）
6	12345678.90%	百分比（默认2位小数，可重设）
7	123456 15/19	分数（小数部分用分数表示，分母选2位）
8	123456 703/891	分数（小数部分用分数表示，分母选3位）
9	1.23E+05	科学记数（默认2位小数，可重设）
10	123456.789	文本（数字作为文本处理，自动左对齐）
11	123457	特殊-邮政编码（转换位邮政编码，取前7位）
12	一十二万三千四百五十六.七八九	特殊-中文小写数字（转换为中文小写数字）
13	壹拾贰万叁仟肆佰伍拾陆.柒捌玖	特殊-中文大写数字（转换为中文大写数字）

图 4-21 数字格式示例

3. 设置对齐方式

利用【格式】工具栏上的、和按钮，可以设置数据在单元格中水平居左对齐、水平居中对齐和水平居右对齐。

通过菜单命令可以统一设置水平对齐、垂直对齐、垂直排列和转动。选择【格式】/【单元格】命令，在弹出的【单元格格式】对话框中，打开【对齐】选项卡，如图 4-22 所示。在【对齐】选项卡中，可进行以下操作。

- 在【水平对齐】的下拉列表中，选择一种水平对齐方式。
- 在【垂直对齐】的下拉列表中，选择一种垂直对齐方式。
- 单击【方向】栏左边的方框，设置数据为竖排方式。

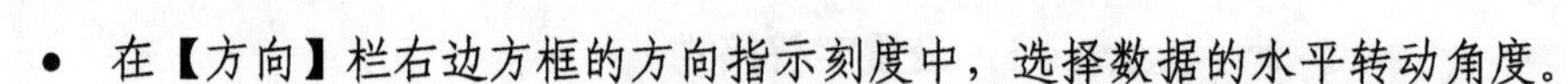

- 在【方向】栏右边方框的方向指示刻度中，选择数据的水平转动角度。
- 在【度】数值框中，输入或调整数值，设置数据的水平转动角度。
- 选择【自动换行】复选框，则当数据超过单元格宽度时，自动换行。
- 选择【缩小字体填充】复选框，则当数据超过单元格宽度时，缩小字体。
- 选择【合并单元格】复选框，则合并选定的单元格。
- 单击 确定 按钮，数据按所做设置对齐。

图 4-23 所示为各种对齐方式的示例。

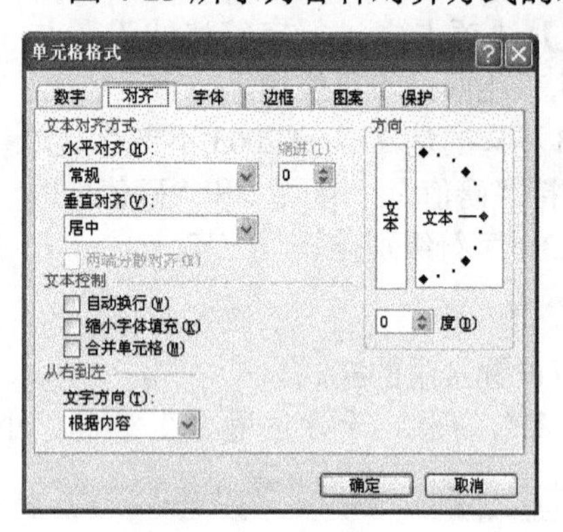

图 4-22 【对齐】选项卡

图 4-23 对齐、排列和转动示例

4．设置缩进

单元格内的数据左边可以缩进若干空格，单击按钮（或按钮）可增加（或减少）缩进 1 个单位（两个字符）。如果要精确缩进，在如图 4-22 所示【对齐】选项卡中的【缩进】数值框内，输入或调整缩进的单位数即可。图 4-24 所示为不同缩进的示例。

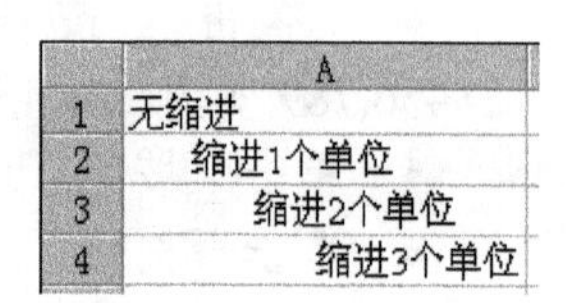

图 4-24 不同缩进示例

4.3.2 单元格表格的格式化

单元格表格的格式化常用的操作包括设置行高、设置列宽、设置边框、合并居中等。

1．设置行高

改变某一行或某些行的高度，有以下方法。

- 将鼠标指针移动到要调整行高的行分隔线上，鼠标指针变成✢状（见图 4-25），垂直拖动鼠标，即可改变行高。
- 选定若干行，用前面的方法调整其中一行的高度，则其他各行设置成同样高度。
- 选择【格式】/【行】命令，弹出如图 4-26 所示的子菜单，可用来设置行高。

【格式】/【行】子菜单中各命令的作用如下。

- 选择【行高】命令，弹出如图 4-27 所示的【行高】对话框。在【行高】输入框中输入数值，单击 确定 按钮，将当前行或被选定的行设置成相应的高度。

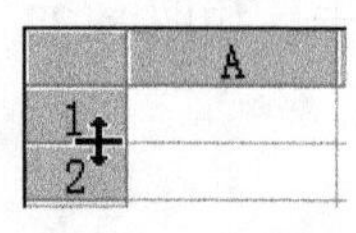

图 4-25 行分隔线

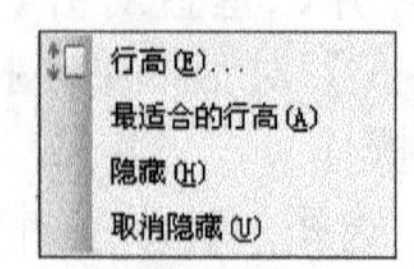

图 4-26 【格式】/【行】子菜单

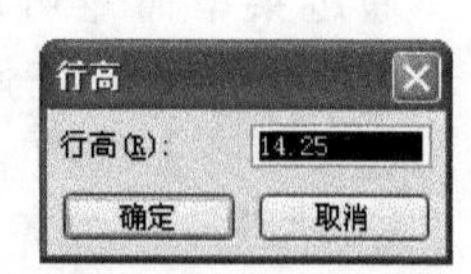

图 4-27 【行高】对话框

- 选择【最适合的行高】命令，当前行或被选定的行根据行中的数据自动调整高度。双击行边界也可实现这一功能。
- 选择【隐藏】命令，当前行或被选定的行被隐藏。如果某行被隐藏，选定被隐藏行的上下相邻的两行，再选择【格式】/【行】/【取消隐藏】命令，隐藏的行就又会出现。

2. 设置列宽

改变某一列或某些列的宽度，有以下方法。

- 将鼠标指针移动到要调整列宽的列分隔线上，鼠标指针变成✛状（见图 4-28），水平拖动鼠标，即可改变列宽。
- 选定若干列，用上面的方法调整其中一列的宽度，则其他各列设置成同样宽度。
- 选择【格式】/【列】命令，弹出如图 4-29 所示的子菜单，可用来设置列宽。

【格式】/【列】子菜单中各命令的作用如下。

- 选择【列宽】命令，弹出如图 4-30 所示的【列宽】对话框。在【列宽】输入框中输入数值后，单击 确定 按钮，当前列或被选定的列即设置成相应的宽度。

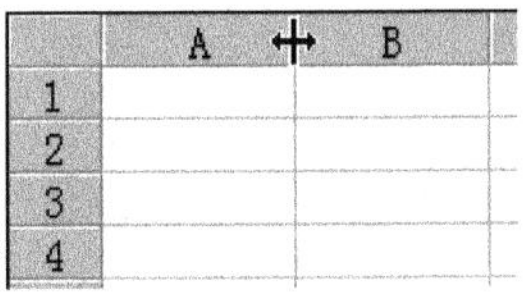

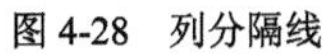

图 4-28 列分隔线

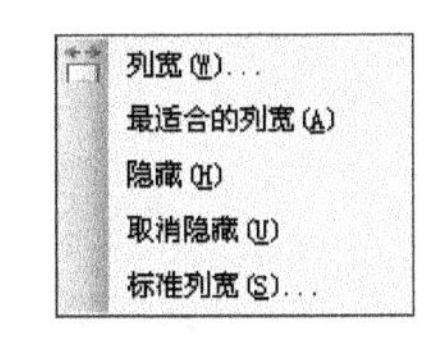

图 4-29 【格式】/【列】子菜单

图 4-30 【列宽】对话框

- 选择【最适合的列宽】命令，当前列或被选定的列根据列中的数据自动调整宽度。双击列边界也可实现这一功能。
- 选择【隐藏】命令，当前列或被选定的列被隐藏。如果某列被隐藏，选定被隐藏列的左右相邻的两列，再选择【格式】/【列】/【取消隐藏】命令，隐藏的列就又会出现。

3. 设置边框

选定单元格后，单击▦按钮右边的▾按钮，弹出如图 4-31 所示的边框按钮列表。在边框按钮列表中，单击其中的一个按钮，即可将选定单元格的边框设置成相应格式。图 4-32 所示为边框设置的示例。

图 4-31 边框按钮列表

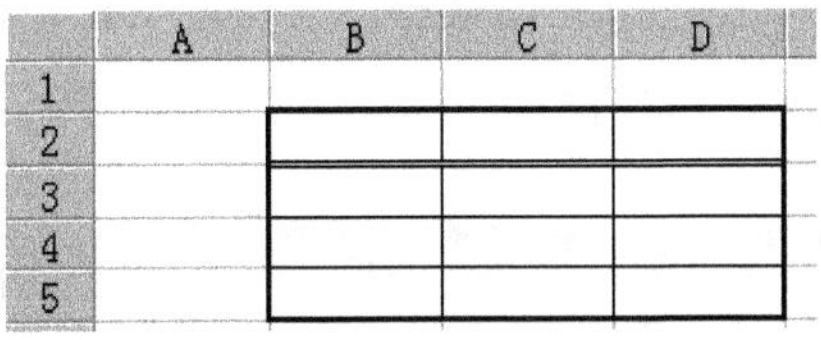

图 4-32 边框设置示例

用户还可以用菜单命令设置边框。选定单元格，再选择【格式】/【单元格】命令，在弹出的【单元格格式】对话框中，打开【边框】选项卡，如图 4-33 所示。在【边框】选项卡中，可进行以下操作。

- 单击【预置】栏内的按钮（共 3 个），可取消边框、设置外边框和设置内框线。
- 单击【边框】栏中的按钮（共 8 个），可设置或取消上外边线、下外边线、左外边线、右外边线、内横线、内竖线、左斜线和右斜线。
- 在【样式】列表中，可选择边框线的样式。

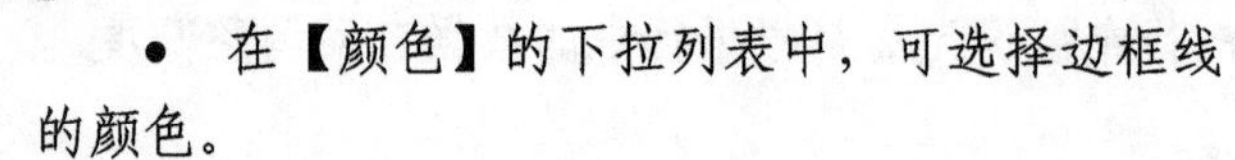

- 在【颜色】的下拉列表中，可选择边框线的颜色。

执行以上操作时，在【边框】选项卡中会出现相应的边框效果，根据边框效果，用户可设置成所需要的边框。图 4-34 所示为边框设置的示例。

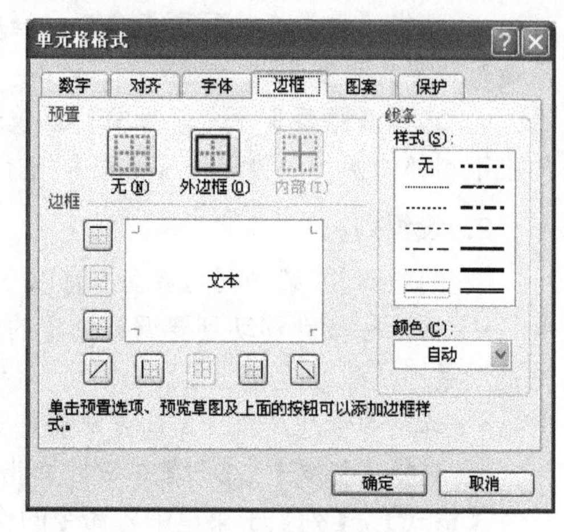

图 4-33 【边框】选项卡

4. 合并居中

表格的标题常常需要跨若干列居中，表格中也常常遇到需要跨若干行居中的情况，在 Excel 2003 中很容易实现合并居中。合并居中有以下方法。

- 水平合并居中。选定要合并的横向单元格，单击按钮即可完成水平合并居中。
- 垂直合并居中。选定要合并的纵向单元格，单击按钮即可完成垂直合并，这时的数据水平排列。再采用“4.3.1 单元格数据的格式化”一节中所讲述的方法，改变数据为竖排及垂直居中即可。

图 4-35 所示为合并居中的示例。

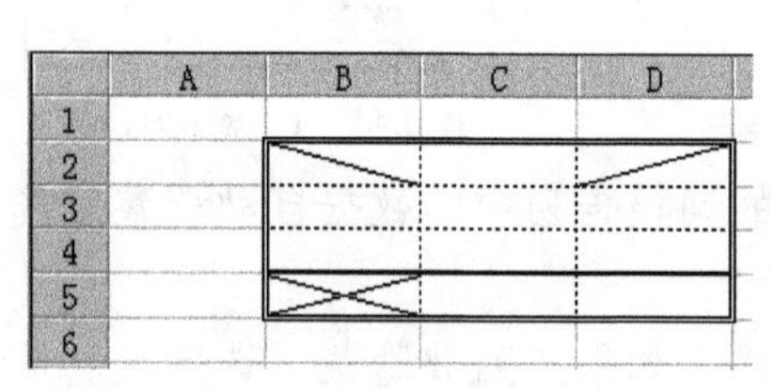

图 4-34 边框设置示例

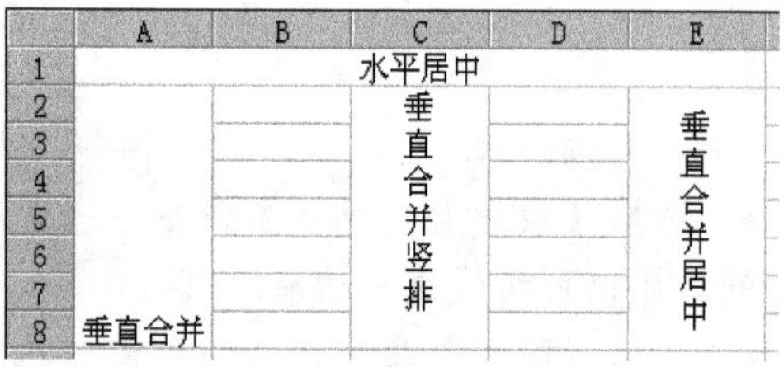

	A	B	C	D	E
1			水平居中		
2			垂直合并竖排		垂直合并居中
3					
4					
5					
6					
7					
8	垂直合并				

图 4-35 合并居中示例

4.3.3 单元格的高级格式化

Excel 2003 中的高级格式化操作包括自动套用格式和条件格式化。

1. 自动套用格式

Excel 2003 中预定义了 10 多种表格格式，用户可以自动套用这些格式，无须对单元格逐一进行格式化。

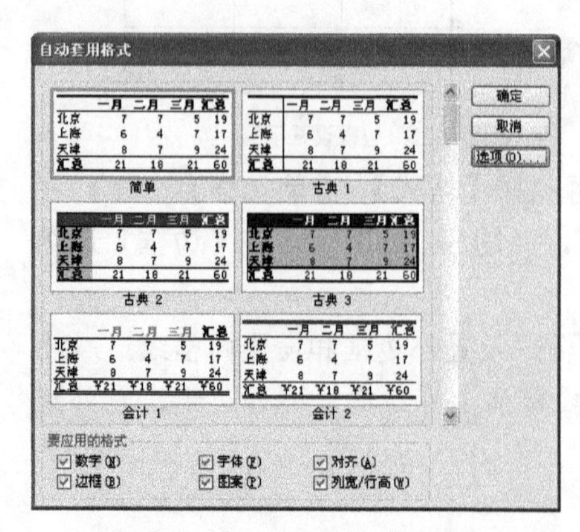

图 4-36 【自动套用格式】对话框

选定要格式化的区域，选择【格式】/【自动套用格式】命令，弹出如图 4-36 所示的【自动套用格式】对话框。在【自动套用格式】对话框中，可进行以下操作。

- 在自动套用格式列表中选择一种格式。
- 单击 选项(O)... 按钮，展开或折叠【要应用的格式】栏。
- 选择【要应用的格式】栏中的某个复选框，相应的格式被设置或取消。
- 单击 确定 按钮，所选定的区域按所做选择自动套用相应的格式。

2. 条件格式化

条件格式化是指单元格中数据的格式依赖于某个条件，当条件的值为真时，数据的格式为指定的格式，否则为原来的格式。例如学生成绩单中，及格的成绩为默认的格式，不及格的成绩用另外的格式显示。如果数据变化引起条件变化，其格式也会随之变化。

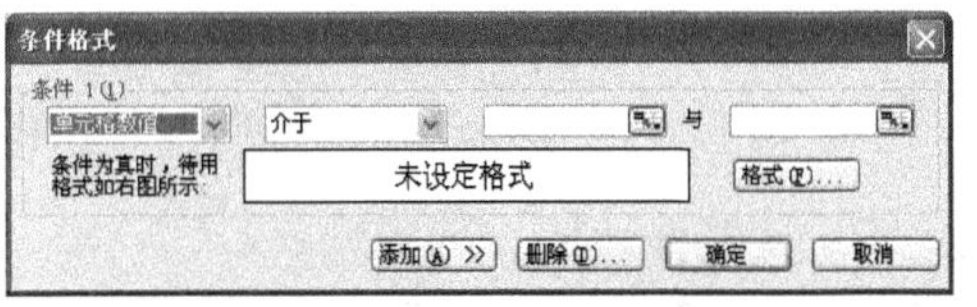

图 4-37 【条件格式】对话框

选定要设置格式的区域，再选择【格式】/【条件格式】命令，弹出如图 4-37 所示的【条件格式】对话框。在【条件格式】对话框中，可进行以下操作。

- 在【条件 1】选项的第 1 个下拉列表中，选择“单元格数值”或“公式”。
- 在【条件 1】选项的第 2 个下拉列表中，选择一种比较方式。
- 在【条件 1】选项的第 3 个下拉列表中，输入要比较的数值，或者单击其中的按钮，从工作表中选择要比较的单元格，再单击按钮返回到【条件格式】对话框中。
- 如果有必要，在【条件 1】选项的第 4 个下拉列表中，输入要比较的数值，或者单击其中的按钮，从工作表中选择要比较的单元格，再单击按钮返回到【条件格式】对话框中。
- 单击格式(F)...按钮，弹出一个对话框，可设置满足条件数据的格式。
- 单击添加(A) >>按钮，进行条件 2 的格式设置，最多可设置 3 个条件。
- 单击删除(D)...按钮，弹出一个对话框，指定要删除的条件。
- 单击确定按钮，完成条件格式的设置。

图 4-38 所示为将成绩不及格的单元格底色设置为红色。

	A	B	C	D
1	姓名	数学	语文	英语
2	赵东春	52	78	84
3	钱南夏	69	74	43
4	孙西秋	83	92	88
5	李北冬	72	56	69

图 4-38 条件格式示例

4.4 Excel 2003 中公式的使用

Excel 2003 的一个强大功能是可在单元格内输入公式，系统自动在单元格内显示计算结果。公式中除了使用一些数学运算符外，还可使用系统提供的强大的数据处理函数。

4.4.1 公式的基本概念

Excel 2003 中的公式是对表格中的数据进行计算的一个运算式，参加运算的数据可以是常量，也可以是代表单元格中数据的单元格地址，还可以是系统提供的一个函数（称作内部函数）。每个公式都能根据参加运算的数据计算出一个结果。

1. 常量

常量是一个固定的值，从字面上就能知道该值是什么或它的大小是多少。公式中的常量有数值型常量、文本型常量和逻辑常量。

- 数值型常量：数值型常量可以是整数、小数、分数、百分数，不能带千分位和货币符号。例如 100、2.8、1 1/2、15%等都是合法的数值型常量，2A、1,000、$123 等都是非法的数值型常量。

- 文本型常量：文本型常量是用英文双引号（""）引起来的若干字符，但其中不能包含英文双引号。例如"平均值是"、"总金额是"等都是合法的文本型常量。
- 逻辑常量：逻辑常量只有 TRUE 和 FALSE 这两个值，分别表示真和假。

2．单元格地址与单元格区域地址

单元格地址也叫单元格引用，有相对地址、绝对地址和混合地址 3 种类型。

- 相对地址：相对地址仅包含单元格的列号与行号（列号在前，行号在后），如 A1、B2。相对地址是 Excel 2003 默认的单元格引用方式。在复制或填充公式时，系统根据目标位置自动调节公式中的相对地址。例如，C2 单元格中的公式是“=A2+B2”，如果将 C2 中的公式复制或填充到 C3 单元格，则 C3 单元格中的公式自动调整为“=A3+B3”，即公式中相对地址的行坐标加 1。
- 绝对地址：绝对地址是在列号与行号前均加上“$”符号，如$A$1、$B$2。在复制或填充公式时，系统不改变公式中的绝对地址。例如 C2 单元格中的公式是“=$A$2+$B$2”，如果将 C2 中的公式复制或填充到 C3 单元格，则 C3 单元格中的公式仍然为“=$A$2+$B$2”。
- 混合地址：混合地址是在列号和行号中的一个之前加上“$”符号，如$A1、B$2。在复制或填充公式时，系统改变公式中的相对部分（不带“$”者），不改变公式中的绝对部分（带“$”者）。例如 C2 单元格中的公式是“=$A2+B$2”，如果把它复制或填充到 C3 单元格，则 C3 单元格中的公式变为“=$A3+C$2”。

单元格区域地址也叫单元格区域引用，包括以下 3 部分。

- 单元格区域左上角的单元格地址。
- 英文冒号“:”。
- 单元格区域右下角的单元格地址。

单元格区域左上角（或右下角）的单元格地址可以是相对地址，也可以是绝对地址。合法的单元格区域地址如 A1:F4、B2:E10。

3．运算符

公式要进行运算通常应使用运算符，运算符根据参与运算数据的个数分为单目运算符和双目运算符。单目运算符只有一个数据参与运算，双目运算符有两个数据参与运算。

运算符根据参与运算的性质分为算术运算符、比较运算符和文字连接符 3 类。

（1）算术运算符

算术运算符用来对数值进行算术运算，结果还是数值。算术运算符及其含义如表 4-3 所示。

表 4-3　　算术运算符

算术运算符	类型	含义	示例
–	单目	求负	–A1（等于–1* A1）
+	双目	加	3+3
–	双目	减	3–1

续表

算术运算符	类型	含义	示例
*	双目	乘	3*3
/	双目	除	3/3
%	单目	百分比	20%（等于 0.2）
^	双目	乘方	3^2（等于 3*3）

算术运算符的优先级由高到低为：–（求负）、%、^、*和/、+和–。如果优先级相同（如*和/），则按从左到右的顺序计算。例如，运算式“1+2%–3^4/5*6”的计算顺序是：%、^、/、*、+、–，计算结果是-9618%。

（2）比较运算符

比较运算符用来比较两个文本、数值、日期和时间的大小，结果是一个逻辑值（TRUE 或 FALSE）。比较运算符的优先级比算术运算符的优先级低。比较运算符及其含义如表 4-4 所示。

表 4-4 比较运算符

比较运算符	含义	比较运算符	含义
=	等于	>=	大于等于
>	大于	<=	小于等于
<	小于	<>	不等于

各种类型数据的比较规则如下。

- 数值型数据的比较规则：按照数值的大小进行比较。
- 日期型数据的比较规则：昨天<今天<明天。
- 时间型数据的比较规则：过去<现在<将来。
- 文本型数据的比较规则：按照字典顺序比较。

字典顺序的比较规则如下。

- 从左向右进行比较，第 1 个不同字符的大小就是两个文本数据的大小。
- 如果前面的字符都相同，则没有剩余字符的文本小。
- 英文字符<中文字符。
- 英文字符按在 ASCII 码表（见表 1-1）中的顺序进行比较，位置靠前的小。从表 1-1 中不难看出：空格<数字<大写字母<小写字母。
- 中文字符中，中文符号（如★）<汉字。
- 汉字的大小按字母顺序，即汉字的拼音顺序，如果拼音相同则比较声调，如果声调相同则比较笔画。如果一个汉字有多个读音，或者一个读音有多个声调，则系统选取最常用的读音和声调。

例如，"12"<"3"、"AB"<"AC"、"A"<"AB"、"AB"<"ab"、"AB"<"中"、"美国"<"中国"的结果都为 TRUE。

（3）文字连接符

文字连接符只有一个“&”，是双目运算符，用来连接文本或数值，结果是文本类型。

文字连接符的优先级比算术运算符低，但比比较运算符高。以下是文字连接的示例。

- "计算机" & "应用"，其结果是"计算机应用"。
- 12&34，其结果是"1234"。
- "总成绩是" & 543，其结果是"总成绩是 543"。
- "总分是" & 87+88+89，其结果是"总分是 264"。

4．常用的内部函数

内部函数是 Excel 2003 预先定义的计算公式或计算过程。按要求传递给函数一个或多个数据，就能计算出一个唯一的结果。例如，SUM（1,3,5,7）产生一个唯一的结果 16。

使用内部函数时，必须以函数名称开始，后面是左圆括号、以逗号分隔的参数和右圆括号，如 SUM（1,3,5,7）。参数可以是常量、单元格地址、单元格区域地址、公式或其他函数，给定的参数必须符合函数的要求，如 SUM 函数的参数必须是数值型数据。

在函数的参数中，可以是两个或多个单元格区域的交（即公共区域）。单元格区域的运算符是空格，如 A1:C3 B1:D3 的结果为 B1:C3。

Excel 2003 提供了近 200 个内部函数，以下介绍 8 个常用的函数。

（1）SUM 函数

SUM 函数用来将各参数累加，求它们的和。参数可以是一个数值常量，也可以是一个单元格地址，还可以是一个单元格区域引用。下面是 SUM 函数的例子。

- SUM(1,2,3)：计算 1+2+3 的值，结果为 6。
- SUM(A1,A2,A3)：求 A1、A2 和 A3 单元格中数的和。
- SUM(A1:F4)：求 A1:F4 单元格区域中数的和。
- SUM(A1:C3 B1:D3)：求 B1:C3 单元格区域中数的和。

（2）AVERAGE 函数

AVERAGE 函数用来求参数中数值的平均值，其参数要求与 SUM 函数相同。下面是 AVERAGE 函数的例子。

- AVERAGE(1,2,3)：求 1、2 和 3 的平均值，结果为 2。
- AVERAGE(A1,A2,A3)：求 A1、A2 和 A3 单元格中数的平均值。

（3）COUNT 函数

COUNT 函数用来计算参数中数值项的个数，只有数值类型的数据才被计数。下面是 COUNT 函数的例子。

- COUNT (A1,B2,C3,E4)：统计 A1、B2、C3、E4 单元格中数值项的个数。
- COUNT (A1:A8)：统计 A1:A8 单元格区域中数值项的个数。

（4）MAX 函数

MAX 函数用来求参数中数值的最大值，其参数要求与 SUM 函数相同。下面是 MAX 函数的例子。

- MAX(1,2,3)：求 1、2 和 3 中的最大值，结果为 3。
- MAX(A1,A2,A3)：求 A1、A2 和 A3 单元格中数的最大值。

（5）MIN 函数

MIN 函数用来求参数中数值的最小值，其参数要求与 SUM 函数相同。下面是 MIN 函数的例子。

- MIN(1,2,3)：求 1、2 和 3 中的最小值，结果为 1。
- MIN(A1,A2,A3)：求 A1、A2 和 A3 单元格中数的最小值。

（6）LEFT 函数

LEFT 函数用来取文本数据左面的若干个字符。它有两个参数，第 1 个是文本常量或单元格地址，第 2 个是整数，表示要取字符的个数。在 Excel 2003 中，系统把一个汉字当做一个字符处理。下面是 LEFT 函数的例子。

- LEFT("Excel 2003",3)：取"Excel 2003"左边的 3 个字符，结果为"Exc"。
- LEFT("计算机",2)：取"计算机"左边的 2 个字符，结果为"计算"。

（7）RIGHT 函数

RIGHT 函数用来取文本数据右面的若干个字符，其参数要求与 LEFT 函数相同。下面是 RIGHT 函数的例子。

- RIGHT("Excel 2003",3)：取"Excel 2003"右边 3 个字符，结果为"003"。
- RIGHT("计算机",2)：取"计算机"右边的 2 个字符，结果为"算机"。

（8）IF 函数

IF 函数检查第 1 个参数的值是真还是假，如果是真，则返回第 2 个参数的值，如果是假，则返回第 3 个参数的值。此函数包含 3 个参数：要检查的条件、当条件为真时的返回值、当条件为假时的返回值。下面是 IF 函数的例子。

- IF（1+1=2, "天才", "奇才"）：因为"1+1=2"为真，所以结果为"天才"。
- IF(B5<60,"不及格","及格")：如果 B5 单元格中的值小于 60，则结果为"不及格"，否则结果为"及格"。

5．公式举例

公式在工作表中的应用非常广泛，以下是应用公式的几个例子。

（1）计算销售额

单元格 F3 中为商品单价，单元格 F4 中为商品销售量，单元格 F5 中为商品销售额，则单元格 F5 中的公式应为："=F3*F4"。

（2）合并单位、部门名

单元格 D5 中为单位名，单元格 E5 中为部门名，单元格 F5 中为单位名和部门名，则单元格 F5 中的公式应为："=D5&E5"。

（3）按百分比增加

单元格 F5 中为一个初始值，单元格 F6 中为计算初始值增长 5%的值，则单元格 F6 中的公式应为："=F5*(1+5%)"。

（4）增长或减少百分比

单元格 F5 中为初始值，单元格 F6 中为变化后的值，单元格 F7 中为增长或减少的百分比，则单元格 F7 中的公式应为："=((F6-F5)/F5)%"。

4.4.2　公式的输入

在 Excel 2003 中，可直接输入公式，也可用求和按钮产生公式。

1．直接输入公式

直接输入公式的过程与单元格内容编辑的过程大致相同（参见"4.2.4 单元格中内容的编辑"一节），不同之处如下。

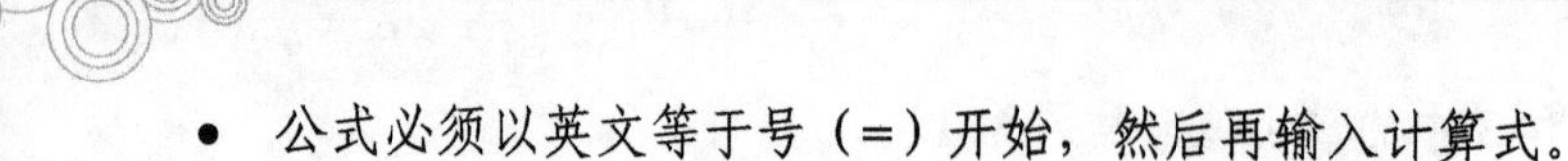

- 公式必须以英文等于号（=）开始，然后再输入计算式。
- 输入完公式后，单元格中显示的是公式的计算结果。

输入公式时，应特别注意以下问题。

- 常量（文本型常量除外）、单元格引用、函数名和运算符等必须是英文符号。
- 括号必须成对出现，并且配对正确。

如果输入的公式中有错误，系统会弹出如图 4-39 所示的【Microsoft Excel】对话框。

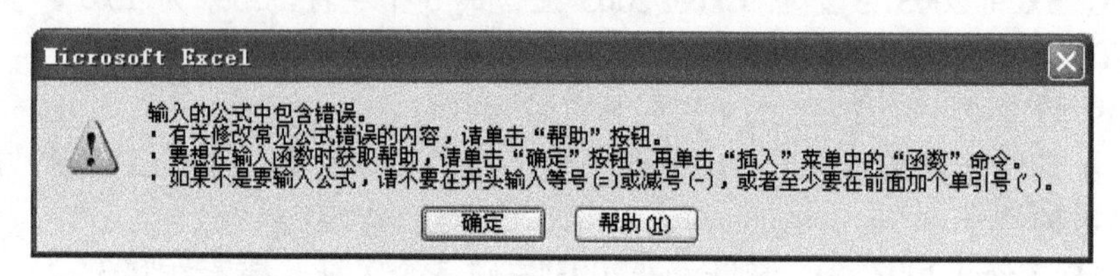

图 4-39 【Microsoft Excel】对话框

输入公式后，在单元格中显示的信息有以下 3 种情况。

- 如果公式正确，系统自动在单元格内显示计算结果。
- 如果公式中有单元格地址，当相应单元格中的数据变化时，公式的计算结果也随之变化。
- 如果公式运算出现错误，在单元格中显示错误信息代码，表 4-5 所示为常见的错误信息代码。

表 4-5 错误信息代码与错误原因对照表

错误信息代码	错误原因
#DIV/0	除数为 0
#N/A	公式中无可用数值或缺少函数参数
#NAME?	使用了 Excel 不能识别的名称
#NULL!	使用了不正确的区域运算或不正确的单元格引用
#NUM!	在需要数值参数的函数中使用了不能接受的参数或结果数值溢出
#REF!	公式中引用了无效的单元格
#VALUZ!	需要数值或逻辑值时输入了文本

图 4-40 所示为不同的计算总分方式在单元格中的显示情况。图 4-41 所示为数据变化后公式计算结果的显示情况。

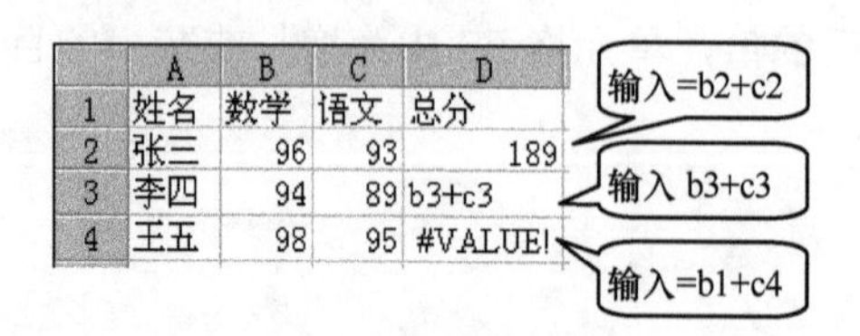

图 4-40 公式输入说明

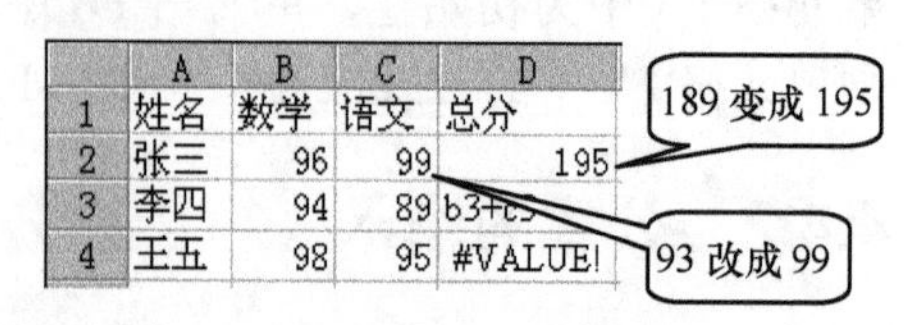

图 4-41 公式结果同步更新

通常，在单元格中用户只能看到公式的计算结果，单击相应的单元格，在编辑框内就可看到相应的公式，如图 4-42 所示。双击单元格，单元格和编辑框内都可看到相应的公式，并且在单元格内可编辑其中的公式，如图 4-43 所示。

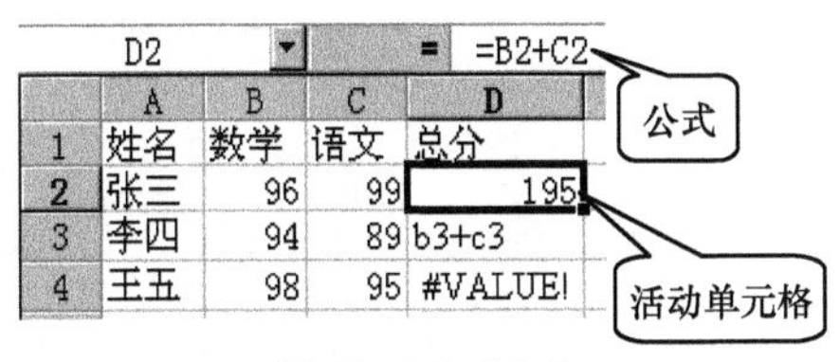

	A	B	C	D
1	姓名	数学	语文	总分
2	张三	96	99	195
3	李四	94	89	b3+c3
4	王五	98	95	#VALUE!

图 4-42　查看公式

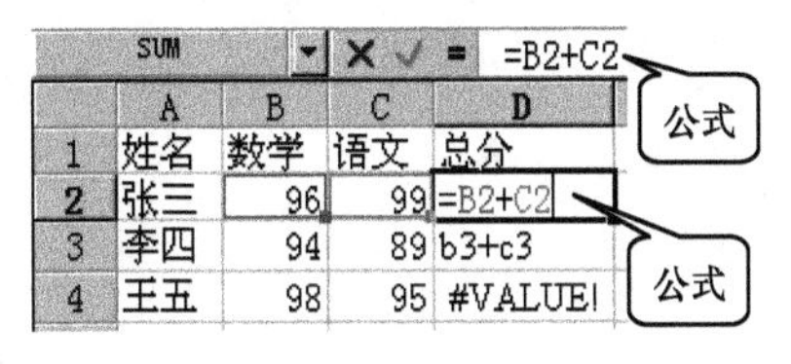

	A	B	C	D
1	姓名	数学	语文	总分
2	张三	96	99	=B2+C2
3	李四	94	89	b3+c3
4	王五	98	95	#VALUE!

图 4-43　编辑公式

2．用求和按钮产生公式

求和除了用手工输入公式的方法实现外，还可以使用工具栏上的求和按钮Σ来实现。单击Σ按钮，当前单元格中出现一个包含 SUM 函数的公式，同时出现被虚线方框围住的用于求和的单元格区域，如图 4-44 所示。如果要改变求和的单元格区域，用鼠标选定所需的区域。然后按 Enter 键，或按 Tab 键，或单击编辑栏中的✓按钮，完成公式的输入。

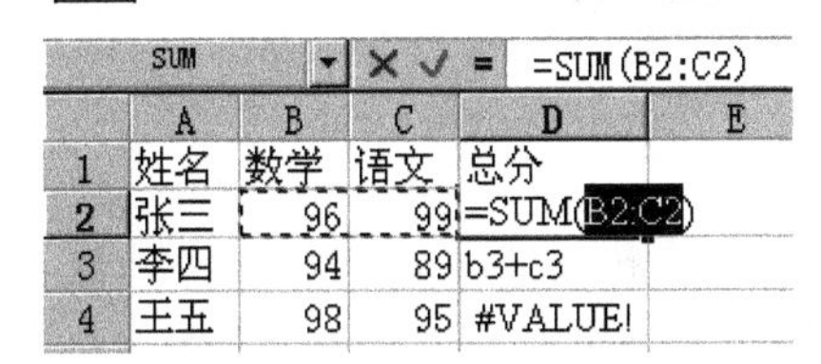

	A	B	C	D	E
1	姓名	数学	语文	总分	
2	张三	96	99	=SUM(B2:C2)	
3	李四	94	89	b3+c3	
4	王五	98	95	#VALUE!	

图 4-44　SUM 函数与单元格区域

4.4.3　公式的填充与复制

填充公式与填充单元格数据的方法大致相同（参见“4.2.3 向单元格中填充数据”一节），不同的是，填充的公式根据目标单元格与原始单元格的位移，自动调整原始公式中的相对地址或混合地址的相对部分，并且填充公式后，填充的单元格或单元格区域中显示公式的计算结果。

用填充柄填充公式时，只能把原始单元格中的公式填充到相邻的单元格或单元格区域中。对于不相邻的单元格或单元格区域，不能把一个单元格指定的公式填充到其他单元格中。这时，用户可以用复制公式的方法来完成。

复制公式的方法与复制单元格的方法大致相同（参见“4.2.6 复制与移动单元格”一节），不同的是，复制的公式根据目标单元格与原始单元格的位移，自动调整原始公式中的相对地址或混合地址中的相对部分，并且复制公式后，复制的单元格或单元格区域中显示公式的计算结果。

由于填充和复制的公式仅调整原始公式中的相对地址或混合地址的相对部分，因此输入原始公式时，一定要正确使用相对地址和绝对地址。

以图 4-45 所示的工作表中计算美元换算人民币值为例，如果 B3 单元格中输入公式“=A3*B1”，虽然 B3 单元格中的结果正确，但是将公式复制或填充到 B4、B5 单元格时，公式分别是“=A4*B2”、“=A5*B3”，结果不正确，如图 4-46 所示。原因是 B3 单元格公式中的汇率采用相对地址 B1，将公式填充到 B4、B5 单元格后，公式中的汇率变成 B2 和 B3，因而出现错误。

如果在 B3 单元格中输入公式“=A3*$B$1”，即汇率使用绝对地址，再将公式填充到 B4、B5 单元格时，公式分别是“= A4*$B$1”、“= A5*$B$1”，结果正确，如图 4-47 所示。

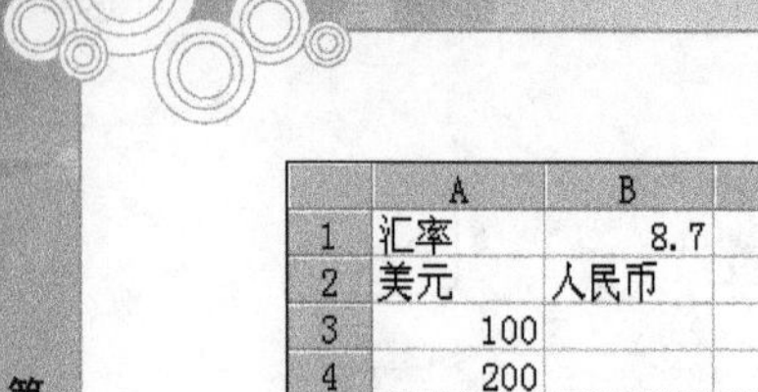

	A	B
1	汇率	8.7
2	美元	人民币
3	100	
4	200	
5	300	

图 4-45　美元换算人民币

	A	B
1	汇率	8.7
2	美元	人民币
3	100	870
4	200	#VALUE!
5	300	261000

图 4-46　错误的原始公式

	A	B
1	汇率	8.7
2	美元	人民币
3	100	870
4	200	1740
5	300	2610

图 4-47　正确的原始公式

4.5　Excel 2003 中的数据管理

Excel 2003 具有强大的数据管理功能，它的数据管理通常基于数据清单。数据管理功能包括数据排序、数据筛选、分类汇总等。

4.5.1　数据清单

数据清单是工作表中包含相关数据的一系列数据行，是一种特殊的工作表。用户可以创建一个数据清单，还可以使用记录单对数据清单进行操作。

1．数据清单的概念

数据清单是增加某些限制的工作表，也称为工作表数据库。按照以下规则建立的工作表即为数据清单。

- 每列必须有一个标题，称为列标题，列标题必须唯一，并且不能重复。
- 各列标题必须在同一行上，称为标题行，标题行必须在数据的上方。
- 每列中的数据必须是基本的，不能再分的，并且是同一种类型。
- 不能有空行或空列，也不能有空单元格（除非必要）。
- 与非数据清单中的数据必须留出一个空行和空列。

数据清单的一列为一个字段，列标题名为字段名，数据清单的一行为一条记录。用编辑工作表的方法很容易建立数据清单。图 4-48 所示就是一个数据清单。

	A	B	C	D	E	F	G
1							
2	姓名	系别	性别	英语	计算机	体育	总分
3	赵东春	数学	男	52	78	84	214
4	钱南夏	中文	男	69	74	43	186
5	孙西秋	数学	女	83	92	88	263
6	李北冬	中文	女	72	56	69	197
7	周前梅	数学	男	76	83	84	243
8	吴后兰	中文	女	79	67	77	223
9	郑左竹	中文	男	84	78	46	208
10	王右菊	数学	女	54	93	64	211

图 4-48　数据清单

2．使用记录单

把插入点光标移动到数据清单内，再选择【数据】/【记录单】命令，弹出如图 4-49 所示的记录单编辑对话框（以图 4-48 所示的数据清单为例）。在记录单编辑对话框中可进行以下操作。

- 在字段名右边的文本框中修改数据，按回车键确认修改。
- 单击 新建(W) 按钮，增加一条记录，字段名右边的文本框会被清空，在其中可输入

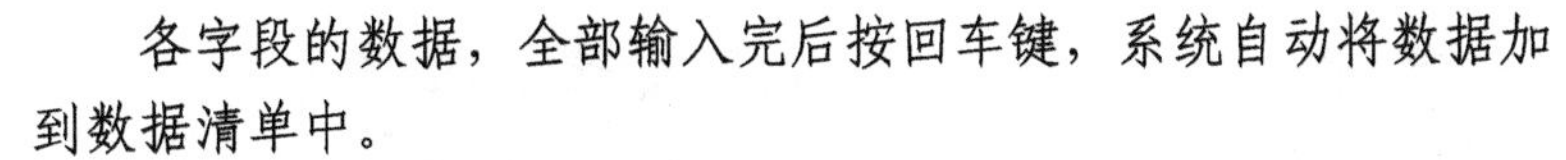

各字段的数据，全部输入完后按回车键，系统自动将数据加到数据清单中。

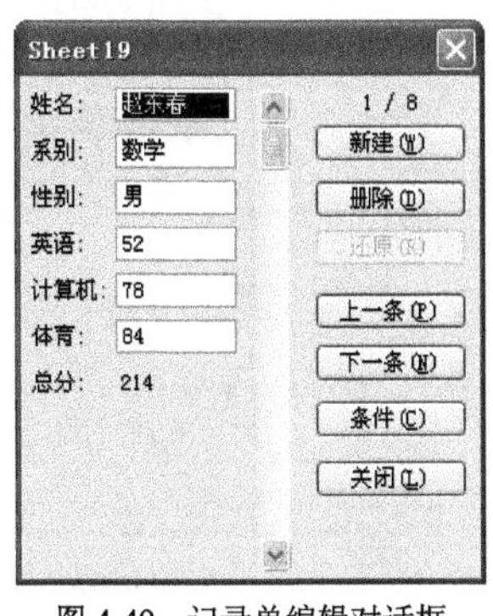

图 4-49 记录单编辑对话框

- 单击删除(D)按钮，删除当前显示的记录。
- 单击上一条(P)按钮，显示上一条记录。
- 单击下一条(N)按钮，显示下一条记录。
- 单击还原(R)按钮，把还没确认更改的数据还原为原来的数据。
- 单击条件(C)按钮，查找符合条件的记录，单击后左侧的输入框清空，按钮变为表单(F)。
- 单击条件(C)按钮后，字段名右边的文本框被清空，在文本框内输入条件（如<60），单击表单(F)按钮，显示符合条件的记录。
- 单击关闭(L)按钮，关闭记录单编辑对话框。

4.5.2 数据排序

实际应用中，往往需要按数据清单中的某个字段排序，以便对照分析。在 Excel 2003 中，可以通过工具按钮进行排序，也可以通过菜单命令进行排序。

1．用工具按钮排序

把插入点光标移到数据清单中要排序的列，单击升序按钮，数据则按从小到大的顺序排序；单击降序按钮，数据则按从大到小的顺序排序。数据清单排序有以下特点。

- 排序时数值、日期、时间的大小比较，参见“4.4.1 公式的基本概念”一节。
- 文本数据的大小比较有两种方法：字母顺序和笔画顺序，排序时采用前一次选择的方法，默认方法是按字母顺序排序。
- 如果当前列或选定单元格区域的内容是公式，则按公式的计算结果进行排序。
- 如果两个关键字段的数据相同，则原来在前面的数据排序后仍然排在前面，原来在后面的数据排序后仍然排在后面。

2．用菜单命令排序

排序的字段通常称为关键字段，用工具按钮仅能对一个关键字段排序，用菜单命令最多可对 3 个关键字段排序。选择【数据】/【排序】命令，弹出如图 4-50 所示的【排序】对话框。在【排序】对话框中，可进行以下操作。

- 在【主要关键字】的下拉列表中选择排序的主要关键字。
- 选择【升序】单选钮，则从小到大排序。
- 选择【降序】单选钮，则从大到小排序。
- 如果有次要关键字和第三关键字，要在相应的下拉列表中选择相应的关键字，并选择【升序】或【降序】单选钮。
- 选择【有标题行】单选钮，则认为工作表有标题行。
- 选择【无标题行】单选钮，则认为工作表无标题行。
- 单击确定按钮，系统按所做设置进行排序。

在【排序】对话框中单击选项(O)...按钮，将弹出如图 4-51 所示的【排序选项】对话框。

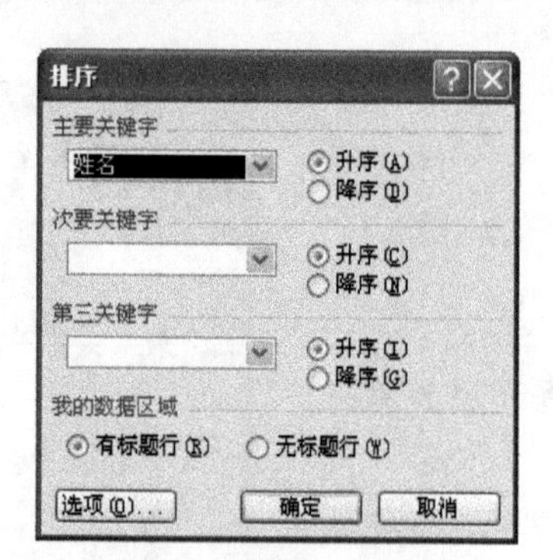

图 4-50 【排序】对话框

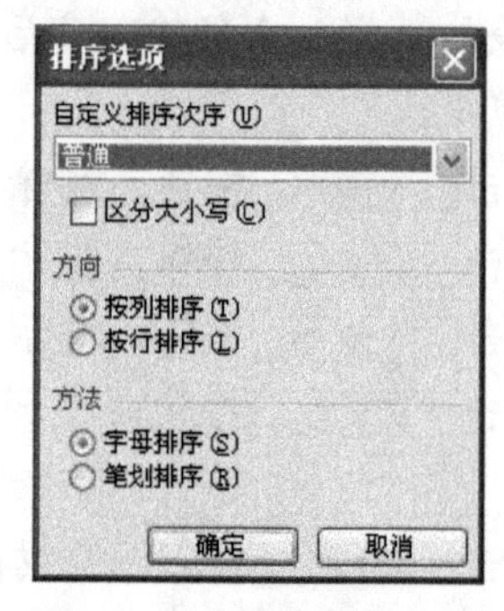

图 4-51 【排序选项】对话框

在【排序选项】对话框中，可进行以下排序设置操作。

- 如果想按内置序列或用户自定义序列排序，要在【自定义排序次序】的下拉列表中选择所需要的序列。
- 选择【区分大小写】复选框，则排序时字母区分大小写。
- 选择【按列排序】单选钮，则按列中数据的大小排列各行。
- 选择【按行排序】单选钮，则按行中数据的大小排列各列。
- 选择【字母排序】单选钮，则汉字按拼音字母的顺序排序。
- 选择【笔画排序】单选钮，则汉字按笔画数的多少排序。
- 单击 确定 按钮，以上设置生效，同时关闭该对话框，返回到【排序】对话框。

4.5.3 数据筛选

数据筛选是只显示那些满足条件的记录，隐藏其他记录。Excel 2003 中有两种数据筛选的方法：自动筛选和高级筛选。

1. 自动筛选

单击数据清单中的一个单元格，再选择【数据】/【自动筛选】命令，数据清单中各字段名称变成下拉列表。以图 4-48 所示的数据清单为例，筛选后的结果如图 4-52 所示。

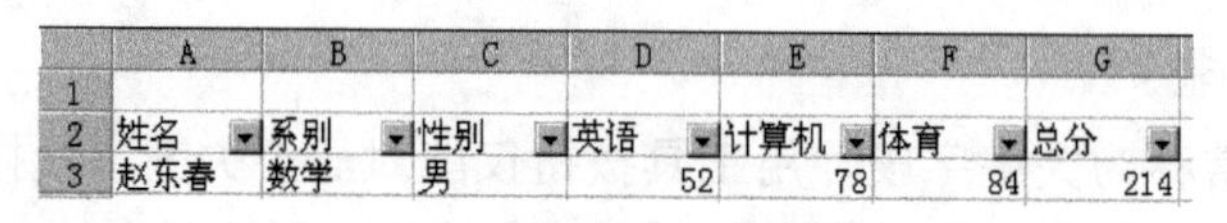

	A	B	C	D	E	F	G
1							
2	姓名	系别	性别	英语	计算机	体育	总分
3	赵东春	数学	男	52	78	84	214

图 4-52 自动筛选

在自动筛选状态下，用户可以从字段下拉列表中选择一个字段值进行筛选，也可以自定义一个条件进行筛选，还可以进行多次筛选。

（1）选择字段值

从字段下拉列表中选择一个值，筛选出字段为该值的所有记录。以图 4-48 所示的数据清单为例，在【系别】的下拉列表中选择“数学”，结果如图 4-53 所示。

	A	B	C	D	E	F	G
1							
2	姓名	系别	性别	英语	计算机	体育	总分
3	赵东春	数学	男	52	78	84	214
5	孙西秋	数学	女	83	92	88	263
7	周前梅	数学	男	76	83	84	243
10	王右菊	数学	女	54	93	64	211

图 4-53 根据字段值的筛选结果

（2）自定义筛选

如果要按某个条件筛选，可在相应字段的下拉列表中选择“自定义”。例如，在图 4-52 中的【计算机】的下拉列表中选择“自定义”后，弹出如图 4-54 所示的【自定义自动筛选方式】对话框。在【自定义自动筛选方式】对话框中，可进行以下操作。

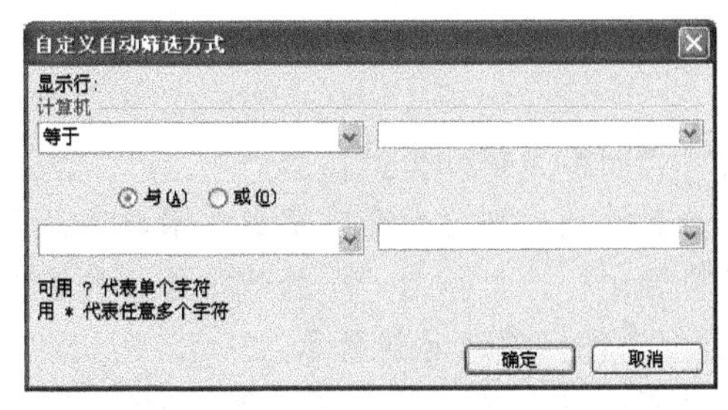

图 4-54 【自定义自动筛选方式】对话框

- 在第 1 个条件的左边下拉列表中选择一种比较方式。
- 在第 1 个条件的右边下拉列表中输入或选择一个值。
- 选择【与】单选钮，则筛选出同时满足两个条件的记录。
- 选择【或】单选钮，则筛选出满足任何一个条件的记录。
- 如果必要，在第 2 个条件的左边下拉列表中选择一种比较方式，在第 2 个条件的右边下拉列表中输入或选择一个值。
- 单击 确定 按钮，系统按所做设置进行筛选。

在【自定义自动筛选方式】对话框中，如果第 1 个条件为“大于”“70”，第 2 个条件为“小于”“90”，选择【与】单选钮，则图 4-48 所示数据清单的筛选结果如图 4-55 所示。

	A	B	C	D	E	F	G
1							
2	姓名	系别	性别	英语	计算机	体育	总分
3	赵东春	数学	男	52	78	84	214
4	钱南夏	中文	男	69	74	43	186
7	周前梅	数学	男	76	83	84	243
9	郑左竹	中文	男	84	78	46	208

图 4-55 自定义条件的筛选结果

（3）多次筛选

对一个字段筛选完后，还可以用以上方法对其他字段再次筛选。例如，在图 4-55 所示的筛选基础上，对“体育”字段进行筛选，条件是“大于”“80”，结果如图 4-56 所示。

	A	B	C	D	E	F	G
1							
2	姓名	系别	性别	英语	计算机	体育	总分
3	赵东春	数学	男	52	78	84	214
7	周前梅	数学	男	76	83	84	243

图 4-56 多次筛选

（4）取消筛选

数据清单经过筛选后，只显示那些满足条件的记录，用户还可以取消某一次筛选或取消所有筛选，方法如下。

- 在某个字段的下拉列表中选择【全部】，取消对该字段的筛选。
- 选择【数据】/【自动筛选】命令，取消所有筛选，恢复原样。

2．高级筛选

和自动筛选一样，高级筛选也是用来筛选数据清单的。高级筛选不显示字段的下拉列表，而是在数据清单上单独的条件区域中键入筛选条件，系统根据条件区域中的条件进行筛选。

（1）条件区域

条件区域是一个矩形单元格区域，用来表达高级筛选的筛选条件。使用条件区域有以下要求。

- 条件区域与数据清单之间至少留一个空白行。
- 条件区域中可以包含若干列，列标题必须是数据清单中某列的列标题。
- 条件区域中可以包含若干行，每行为一个筛选条件（称为条件行），数据清单中的记录只要满足其中一个条件行的条件，筛选时就显示。
- 如果在一个条件行的多个单元格中输入了条件，当这些条件都满足时，该条件行的条件才算满足。
- 条件行单元格中条件的格式是在比较运算符后面跟一个数据（例如，>60）。无运算符表示=（例如，60表示等于60），无数据表示0（例如，>表示大于0）。

条件区域中的条件有以下几种常见情况。

- 单列上具有多个条件行。图4-57所示的条件区域作用是：显示“姓名”列中有“钱南夏”或者“周前梅”的行。
- 多列上具有单个条件行。图4-58所示的条件区域作用是：显示“系别”列中为“数学”并且“英语”列中的值小于60的行。
- 多列上具有多个简单条件行。图4-59所示的条件区域作用是：显示“系别”列中为“数学”或者“英语”列中的值小于60的行。
- 多列上具有多个复杂条件行。图4-60所示的条件区域作用是：显示“系别”列中为“数学”并且“英语”列中的值大于80的行，也显示“系别”列中为“中文”并且“英语”列中的值大于75的行。
- 多个相同列。图4-61所示条件区域的作用是：显示“英语”列中的值大于等于80并且小于90的行，也显示小于60的行。

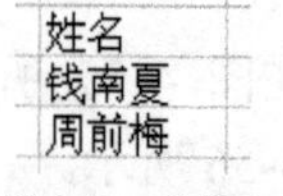

图4-57　条件1

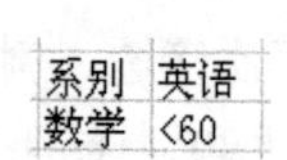

图4-58　条件2

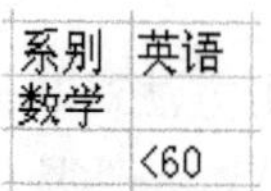

图4-59　条件3

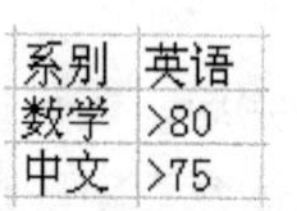

图4-60　条件4

英语	英语
>=80	<90
<60	

图4-61　条件5

（2）进行高级筛选

高级筛选
方式
在原有区域显示筛选结果(F)
将筛选结果复制到其他位置(O)
列表区域(L): $A$2:$G$10
条件区域(C):
复制到(T):
选择不重复的记录(R)
确定　取消

图4-62　【高级筛选】对话框

设定好条件区域后，选择【数据】/【筛选】/【高级筛选】命令，弹出如图4-62所示的【高级筛选】对话框。在【高级筛选】对话框中，可进行以下操作。

- 选择【在原有区域显示筛选结果】单选钮，则筛选结果在原有区域显示。
- 选择【将筛选结果复制到其他位置】单选钮，则将筛选结果复制到其他位置，位置在【复制到】文本框内输入或在工作表中选定。
- 在【列表区域】文本框内输入或在工作表中选定筛选数据的区域。

- 在【条件区域】文本框内输入或在工作表中选定筛选条件的区域。
- 如果选择【选择不重复的记录】复选框，重复记录只显示一条，否则全显示。
- 单击 确定 按钮，按所做设置进行高级筛选。

（3）取消高级筛选

选择【数据】/【显示所有记录】命令，取消所做的高级筛选，数据清单恢复到筛选以前的状态。

4.5.4 分类汇总

将数据清单中同一类别的数据放在一起，求出它们的总和、平均值或个数等，称为分类汇总。对同一类数据分类汇总后，用户还可以再对其中的另一类数据分类汇总，称为多级分类汇总，如按各系别分类汇总后，再统计各系男生和女生的平均成绩。

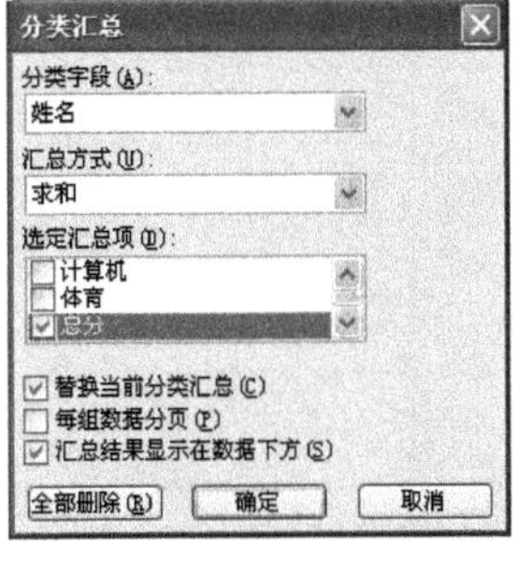

图 4-63 【分类汇总】对话框

Excel 2003 在分类汇总前，必须先按分类的字段进行排序，否则分类汇总的结果不是所要求的结果。

1. 单级分类汇总

按分类字段（如系别）排序（不限升序和降序），再将插入点光标移动到数据清单中，选择【数据】/【分类汇总】命令，弹出如图 4-63 所示的【分类汇总】对话框。在【分类汇总】对话框中，可进行以下操作。

- 在【分类字段】的下拉列表中，选择一个分类字段，这个字段必须是排序时的关键字段。
- 在【汇总方式】的下拉列表中，选择一种汇总方式，有“求和”、“平均值”、“计数”、“最大值”、“最小值”等选项。
- 在【选定汇总项】列表框中，选择按【汇总方式】进行汇总的字段名，可以选择多个字段名。
- 选择【替换当前分类汇总】复选框，则先前的分类汇总结果被删除，以最新的分类汇总结果取代，否则再增加一个分类汇总结果。
- 选择【每组数据分页】复选框，则分类汇总后，在每组数据后自动插入分页符，否则不插入分页符。
- 选择【汇总结果显示在数据下方】复选框，则汇总结果放在数据下方，否则放在数据上方。
- 单击 确定 按钮，系统按所做设置进行分类汇总。

图 4-64 所示为按“系别”对各科成绩求平均值的结果，行标左侧是分类汇总控制区域。

单级分类汇总可以有多个汇总行。选择【数据】/【分类汇总】命令，弹出【分类汇总】对话框（见图 4-63）。以下是增加一个汇总行的方法。

- 在【分类字段】的下拉列表中，选择先前的分类字段。
- 在【汇总方式】的下拉列表中，选择一种新的汇总方式。
- 在【选定汇总项】列表框中，选择汇总的字段名。
- 不选择【替换当前分类汇总】复选框。
- 单击 确定 按钮，系统按所做设置进行分类汇总，增加一个汇总行。

图 4-65 所示为多个分类汇总行的示例。

	A	B	C	D	E	F	G
1							
2	姓名	系别	性别	英语	计算机	体育	总分
3	赵东春	数学	男	52	78	84	214
4	孙西秋	数学	女	83	92	88	263
5	周前梅	数学	男	76	83	84	243
6	王右菊	数学	女	54	93	64	211
7		**数学 平均值**		66.25	86.5	80	232.75
8	钱南夏	中文	男	69	74	43	186
9	李北冬	中文	女	72	56	69	197
10	吴后兰	中文	女	79	67	77	223
11	郑左竹	中文	男	84	78	46	208
12		**中文 平均值**		76	68.75	58.75	203.5
13		**总计平均值**		71.125	77.625	69.375	218.125

图 4-64 分类汇总结果

	A	B	C	D	E	F	G
1							
2	姓名	系别	性别	英语	计算机	体育	总分
3	赵东春	数学	男	52	78	84	214
4	孙西秋	数学	女	83	92	88	263
5	周前梅	数学	男	76	83	84	243
6	王右菊	数学	女	54	93	64	211
7		**数学 最大值**		83	93	88	263
8		**数学 平均值**		66.25	86.5	80	232.75
9	钱南夏	中文	男	69	74	43	186
10	李北冬	中文	女	72	56	69	197
11	吴后兰	中文	女	79	67	77	223
12	郑左竹	中文	男	84	78	46	208
13		**中文 最大值**		84	78	77	223
14		**中文 平均值**		76	68.75	58.75	203.5
15		**总计最大值**		84	93	88	263
16		**总计平均值**		71.125	77.625	69.375	218.125

图 4-65 多个分类汇总行

2．多级分类汇总

要进行多级分类汇总，必须按分类汇总级别进行排序。比如要按系别求平均成绩，每个系再按性别求平均成绩，则必须以“系别”为第 1 关键字排序，以“性别”为第 2 关键字排序，然后再分类汇总。多级分类汇总时先分类汇总的关键字为第 1 关键字，后分类汇总的关键字分别为第 2、第 3 关键字。Excel 2003 最多可有 3 级分类汇总。

用前面的方法，先增加第 1 级分类汇总结果，再增加第 2 级分类汇总结果，这样就完成了多级分类汇总。图 4-66 所示为多级分类汇总的示例。

	A	B	C	D	E	F	G
1							
2	姓名	系别	性别	英语	计算机	体育	总分
3	赵东春	数学	男	52	78	84	214
4	周前梅	数学	男	76	83	84	243
5			**男 平均值**	64	80.5	84	228.5
6	孙西秋	数学	女	83	92	88	263
7	王右菊	数学	女	54	93	64	211
8			**女 平均值**	68.5	92.5	76	237
9		**数学 平均值**		66.25	86.5	80	232.75
10	钱南夏	中文	男	69	74	43	186
11	郑左竹	中文	男	84	78	46	208
12			**男 平均值**	76.5	76	44.5	197
13	李北冬	中文	女	72	56	69	197
14	吴后兰	中文	女	79	67	77	223
15			**女 平均值**	75.5	61.5	73	210
16		**中文 平均值**		76	68.75	58.75	203.5
17			**总计平均值**	71.125	77.625	69.375	218.125
18		**总计平均值**		71.125	77.625	69.375	218.125

图 4-66 多级分类汇总

3. 分类汇总控制

分类汇总完成后，可以利用分类汇总控制区域中的按钮，折叠或展开数据清单中的数据，还可以删除全部分类汇总结果，恢复到分类汇总前的状态。

（1）折叠或展开数据

分类汇总后，利用分类汇总控制区域的按钮，可折叠或展开数据，常用的操作如下。

- 单击[-]按钮，折叠该组中的数据，只显示分类汇总结果，同时该按钮变成[+]。
- 单击[+]按钮，展开该组中的数据，显示该组中全部数据，同时该按钮变成[-]。
- 单击分类汇总控制区域顶端的数字按钮，只显示该级别的分类汇总结果。

在图 4-66 所示的分类汇总结果中，单击第 2 级的第 1 个[-]按钮，折叠该组数据，结果如图 4-67 所示。

	A	B	C	D	E	F	G
1							
2	姓名	系别	性别	英语	计算机	体育	总分
9		数学 平均值		66.25	86.5	80	232.75
10	钱南夏	中文	男	69	74	43	186
11	郑左竹	中文	男	84	78	46	208
12			男 平均值	76.5	76	44.5	197
13	李北冬	中文	女	72	56	69	197
14	吴后兰	中文	女	79	67	77	223
15			女 平均值	75.5	61.5	73	210
16		中文 平均值		76	68.75	58.75	203.5
17			总计平均值	71.125	77.625	69.375	218.125
18		总计平均值		71.125	77.625	69.375	218.125

图 4-67 折叠一组数据

（2）删除分类汇总

删除全部分类汇总结果，恢复到分类汇总前的状态。方法是：把插入点光标移动到数据清单中，再选择【数据】/【分类汇总】命令，这时弹出【分类汇总】对话框（见图 4-63）。在该对话框中，单击[全部删除(R)]按钮，即可删除全部分类汇总结果。

4.6 Excle 2003 中图表的使用

图表就是将数据清单中的数据以各种图表的形式显示，使得数据更加直观。图表具有较好的视觉效果，可方便用户比较数据、预测趋势。Excel 2003 提供了一个图表向导，利用它可以方便地创建图表。图表建立后，用户还可以对其进行设置，使其更加美观。

4.6.1 图表的概念

图表有多种类型，每一种类型又有若干子类型。图表和工作表是密切相关的，当工作表中的数据发生变化时，图表也随之变化。图 4-68 所示为一个图表的示例。

图表由标题、绘图区、数值轴、分类轴和图例 5 部分组成。

（1）标题

标题在图表的顶端，用来表明图表的名称、种类或性质。

（2）绘图区

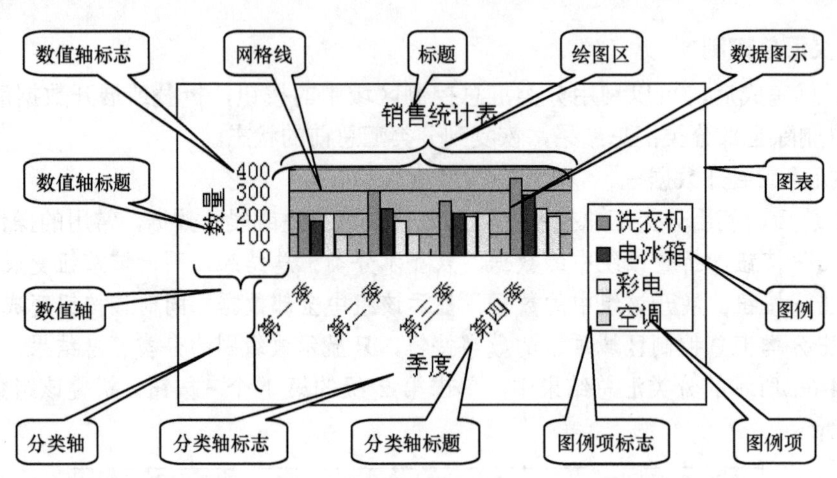

图 4-68　图表示例

绘图区是图表中数据的图形显示，包括网格线和数据图示。

- 网格线：把数值轴水平分成若干相同部分。
- 数据图示：根据数据的大小和分类，显示相应高度的图例项标志。

（3）数值轴

数值轴是图表中的垂直轴，用来区分数据的大小。

- 数值轴标题：在图表左边，用来说明数值数据的种类。
- 数值轴标志：数值数据大小的刻度值。

（4）分类轴

分类轴是图表的水平轴，用来区分数据的类别。

- 分类轴标题：在图表底端，用来说明数据分类种类。
- 分类轴标志：数据的各分类名称。

（5）图例

图例用于区分数据各系列的彩色小方块和名称。

- 图例项：数据的系列名称。
- 图例项标志：代表某一系列的彩色小方块。

4.6.2　创建图表

Excel 2003 提供了两种建立图表的方法：按默认方式建立图表和用图表向导建立图表。按默认方式是将图表建立到一个新工作表中，用图表向导既可以将图表建立在一个新工作表中，也可以将其嵌入原来的工作表中。

1. 按默认方式建立图表

按默认方式建立图表的方法是：激活数据清单（以图 4-69 所示的数据清单为例）中的一个单元格，按 F11 键，系统自动产生一个工作表，工作表名为“Chart1”（如果前面创建过图表工作表，名称中的序号依次递增），工作表的内容是该数据清单的图表，如图 4-70 所示。

按默认方式建立的图表的大小充满一个页面，打印的页面设置自动调整为“横向”。图表没有图表标题、分类轴标题和数值轴标题，图例的位置靠右。如果对图表不满意，可以用本节后面介绍的方法对其进行设置。

	A	B	C	D	E
1					
2		第一季	第二季	第三季	第四季
3	洗衣机	200	300	250	360
4	电冰箱	160	220	200	280
5	彩电	200	160	180	220
6	空调	100	100	200	180

图 4-69　数据清单

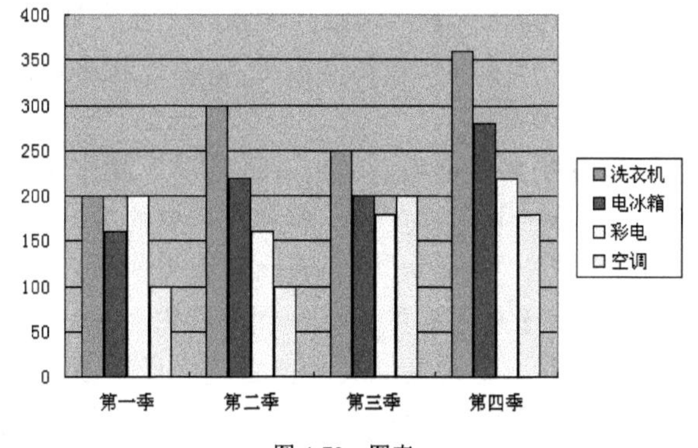

图 4-70　图表

2. 用图表向导建立图表

Excel 2003 提供了一个创建图表向导，按照向导中依次出现的对话框可一步一步地建立图表。下面以图 4-69 所示的数据清单表为例，介绍如何利用图表向导建立一个图表。

（1）选定要建立图表的单元格区域，包括行标题和列标题。

（2）单击按钮或选择【插入】/【图表】命令，弹出如图 4-71 所示的【图表向导-4 步骤之 1-图表类型】对话框。

在【图表向导-4 步骤之 1-图表类型】对话框中，可进行以下操作。

- 从【图表类型】列表框中选择一种类型，本例选择第 1 种（柱形图）。
- 从【子图表类型】列表框中选择一种子类型，本例选择第 1 种。

（3）单击下一步(N) >按钮，【图表向导-4 步骤之 1-图表类型】对话框变成如图 4-72 所示的【图表向导-4 步骤之 2-图表源数据】对话框。

图 4-71　【图表向导-4 步骤之 1-图表类型】对话框

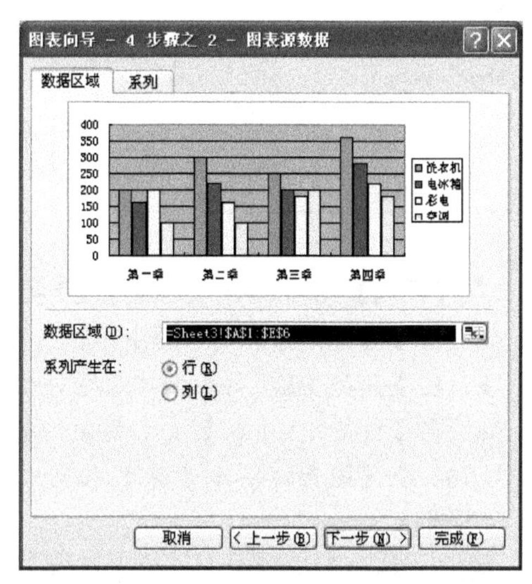

图 4-72　【图表向导-4 步骤之 2-图表源数据】对话框

在【图表向导-4 步骤之 2-图表源数据】对话框中，可进行以下操作。

- 在【数据区域】文本框中输入数据区域，也可单击该框右边的按钮，在数据清单中选择数据区域。本例采用默认值，即整个数据清单。
- 选择【行】单选钮，则系列产生在行，即把每一季度作为一组。本例中选择【行】单选钮。

- 选择【列】单选钮，则系列产生在列，即把每种商品作为一组。

（4）在【图表向导-4 步骤之 2-图表源数据】对话框中，打开【系列】选项卡，结果如图 4-73 所示。

在【系列】选项卡中，可进行以下操作（本例取默认值）。

- 单击添加(A)按钮，添加系列中的项。
- 单击删除(R)按钮，删除系列中的项。
- 在【系列】中选择一项，在右边的【名称】下拉列表中出现对应工作表中的区域，可以重新输入名称区域或单击右边的按钮，选择名称区域。
- 在【系列】中选择一项，在右边的【值】下拉列表中出现对应工作表中的区域，可重新输入值区域或单击右边的按钮，选择值区域。
- 在【分类（X）轴标志】文本框中，出现分类轴标志所对应工作表中的区域，可输入区域或单击右边的按钮，选择区域。

（5）单击下一步(N) >按钮，【图表向导-4 步骤之 2-图表源数据】对话框变成【图表向导-4 步骤之 3-图表选项】对话框，打开【标题】选项卡，结果如图 4-74 所示。

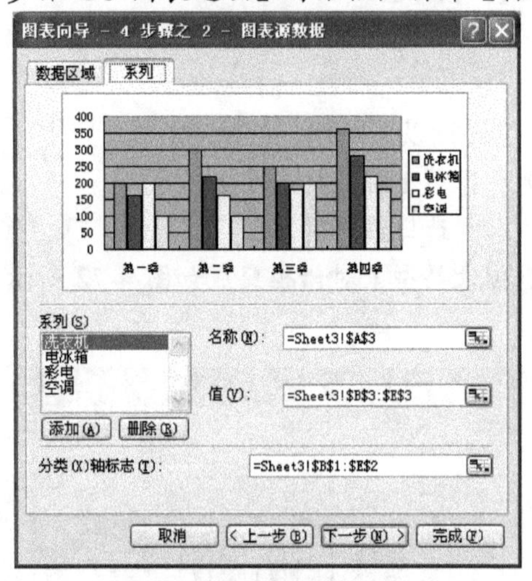

图 4-73 【系列】选项卡

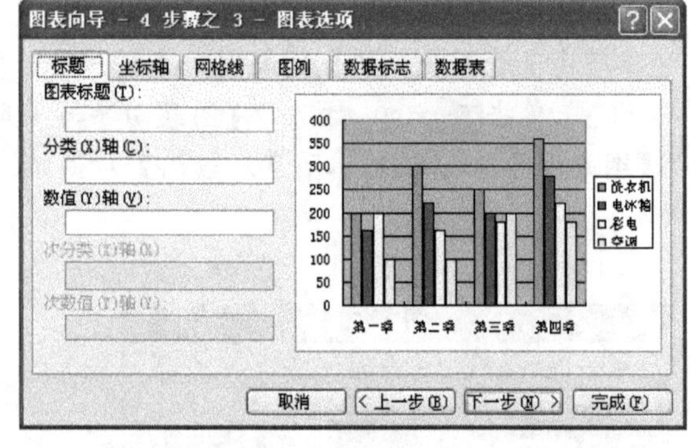

图 4-74 【图表向导-4 步骤之 3-图表选项】对话框

在【标题】选项卡中，可进行以下操作（本例中无标题）。

- 在【图表标题】文本框中，输入图表的标题。
- 在【分类（X）轴】文本框中，输入（X）轴的标题。
- 在【数值（Y）轴】文本框中，输入（Y）轴的标题。

（6）在【图表向导-4 步骤之 3-图表选项】对话框中，打开【坐标轴】选项卡，结果如图 4-75 所示。

在【坐标轴】选项卡中，可进行以下操作（本例中取默认值）。

- 选择【分类（X）轴】复选框，则显示分类轴（可从【自动】、【分类】、【时间刻度】中选择一种分类轴类型），否则不显示分类轴。
- 选择【数值（Y）轴】复选框，则显示数值轴，否则不显示数值轴。

（7）在【图表向导-4 步骤之 3-图表选项】对话框中，打开【网格线】选项卡，结果如图 4-76 所示。

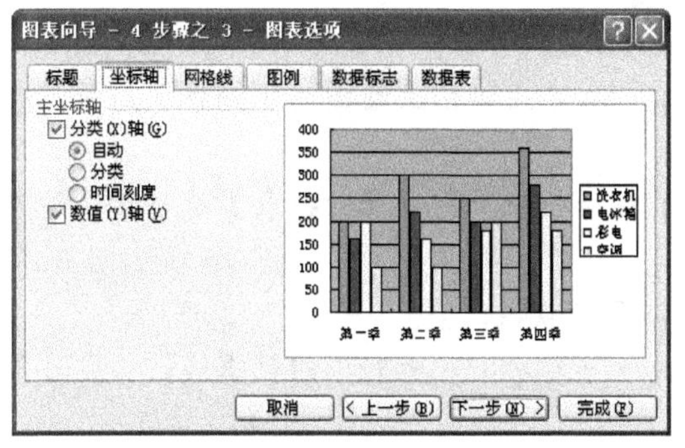

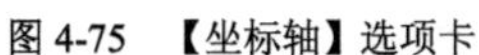
图4-75 【坐标轴】选项卡

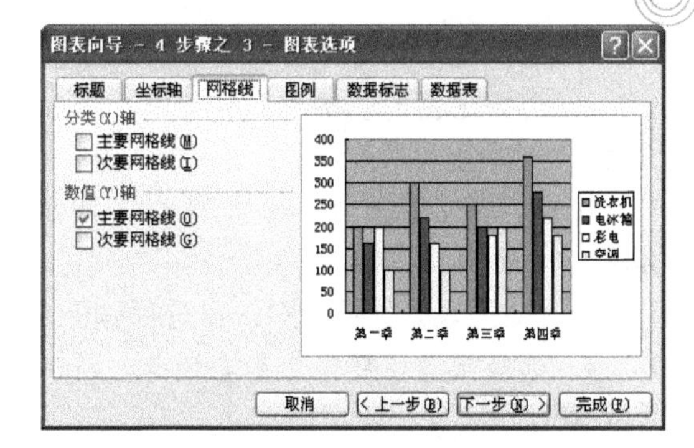

图4-76 【网格线】选项卡

在【网格线】选项卡中，可进行以下操作（本例中取默认值）。

- 选择分类（X）轴中的【主要网格线】复选框，则显示主要网格线（网格线较疏），否则不显示主要网格线。
- 选择分类（X）轴中的【次要网格线】复选框，则显示次要网格线（网格线较密），否则不显示次要网格线。
- 选择数值（Y）轴中的【主要网格线】复选框，则显示主要网格线刻度值（刻度值较疏），否则不显示主要网格线刻度值。
- 选择数值（Y）轴中的【次要网格线】复选框，则显示次要网格线刻度值（刻度值较密），否则不显示次要网格线刻度值。

（8）在【图表向导-4 步骤之 3-图表选项】对话框中，打开【图例】选项卡，结果如图4-77所示。

在【图例】选项卡中，可进行以下操作（本例中取默认值）。

- 选择【显示图例】复选框，则图表中显示图例，否则不显示图例。
- 选择【显示图例】复选框后，可在【位置】栏的单选项中选择一个位置（有【底部】、【右上角】、【靠上】、【靠右】、【靠左】5种选择）。

（9）在【图表向导-4 步骤之 3-图表选项】对话框中，打开【数据标志】选项卡，结果如图4-78所示。

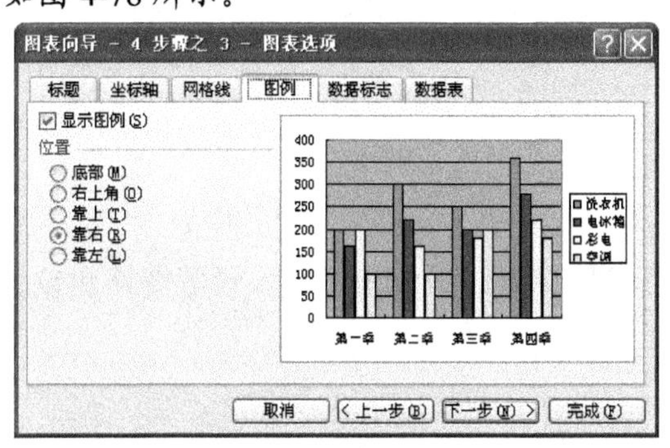

图4-77 【图例】选项卡

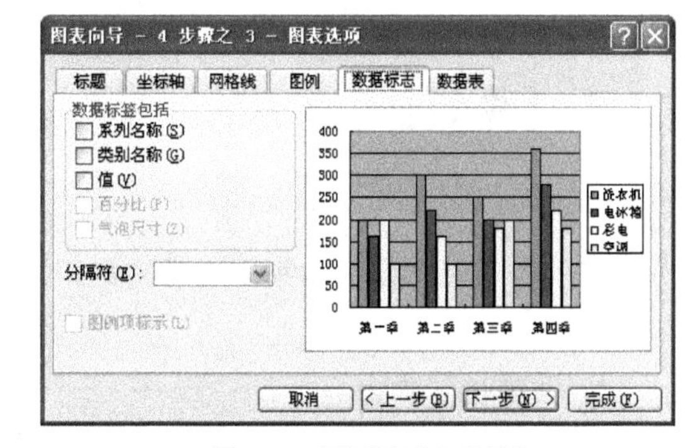

图4-78 【数据标志】选项卡

在【数据标志】选项卡中，可进行以下操作（本例中取默认值）。

- 选择【系列名称】复选框，则在数据图示上方显示相应的系列名称（即本例中的电器名称）。
- 选择【类别名称】复选框，则在数据图示上方显示相应的类别名称（即本例中的季度）。

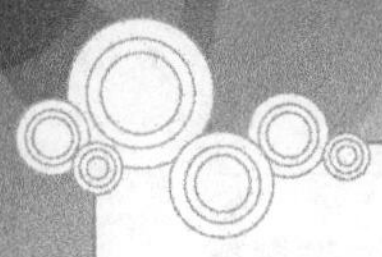

- 选择【值】复选框，则在数据图示上方显示值（即本例中的销售量）。
- 选择【图例项标示】复选框，则在数据图示上方显示相应的图例（即相应颜色的小方块）。

（10）在【图表向导-4 步骤之 3-图表选项】对话框中，打开【数据表】选项卡，结果如图 4-79 所示。

在【数据表】选项卡中，可进行以下操作（本例中取默认值）。

- 选择【显示数据表】复选框，则在图表的下方显示图表所对应的数据表，否则不显示数据表。
- 选择【显示数据表】复选框后，如果选择【显示图例项标示】复选框，则在数据表中显示图例项标示，否则不显示图例项标示。

（11）在【图表向导-4 步骤之 3-图表选项】对话框中，单击[下一步(N) >]按钮，【图表向导-4 步骤之 3-图表选项】对话框变成如图 4-80 所示的【图表向导-4 步骤之 4-图表位置】对话框。

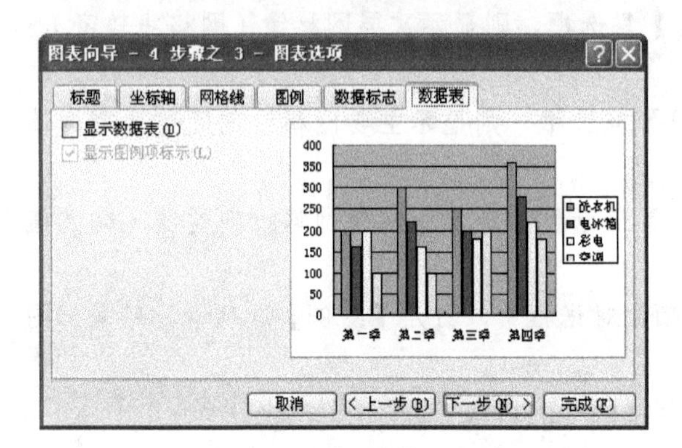

图 4-79 【数据表】选项卡

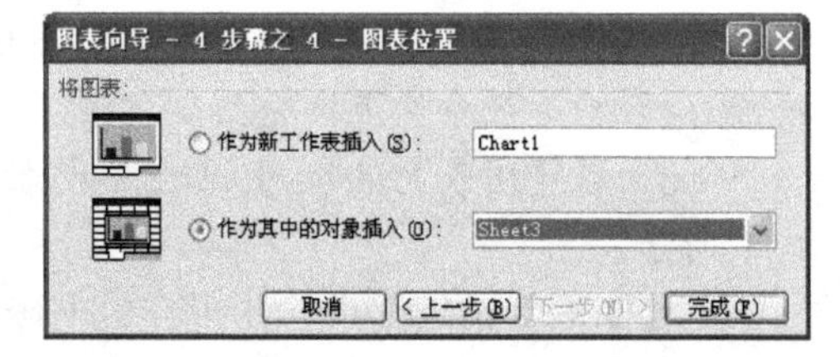

图 4-80 【图表向导-4 步骤之 4-图表位置】对话框

在【图表向导-4 步骤之 4-图表位置】对话框中，可进行以下操作。

- 选择【作为新工作表插入】单选钮，则图表建立在新工作表上，工作表名为“Chart1”（如果前面创建过图表工作表，名称中的序号依次递增），本例中选择此项。
- 选择【作为其中的对象插入】单选钮，则图表作为一个对象插入在当前工作表中。

（12）在【图表向导-4 步骤之 4-图表位置】对话框中，单击[完成(F)]按钮，完成图表的创建（见图 4-70）。

4.6.3 设置图表

常用的图表设置操作包括改变位置和大小、设置标题、设置坐标轴、设置图例和设置绘图区。

1．改变位置和大小

单击图表，图表四周出现 8 个黑色方块，称为图表的尺寸控点。将鼠标指针移动到图表内，拖动图表，鼠标指针变成✥状，同时有一个虚框随之移动，松开鼠标左键，虚框的位置就是图表移动到的位置。

将鼠标指针移动到图表的尺寸控点上，鼠标指针变成↕、↔、↖或↗状，拖动鼠标就可以改变图表的大小。图表的大小改变时，图表内的图也随之改变大小。

2. 设置标题

单击图表标题、数值轴标题或分类轴标题，该标题被选定，四周出现黑框。对标题可进行以下操作。

- 选定标题后，再单击标题，标题内出现插入点光标，这时可编辑标题。
- 选定标题后，将鼠标指针移动到边框上，拖动鼠标，可移动标题的位置。
- 双击标题或者选定标题后，选择【格式】/【图表标题】或【格式】/【数值轴标题】或【格式】/【分类轴标题】命令，弹出如图 4-81 所示的【图表标题格式】对话框。

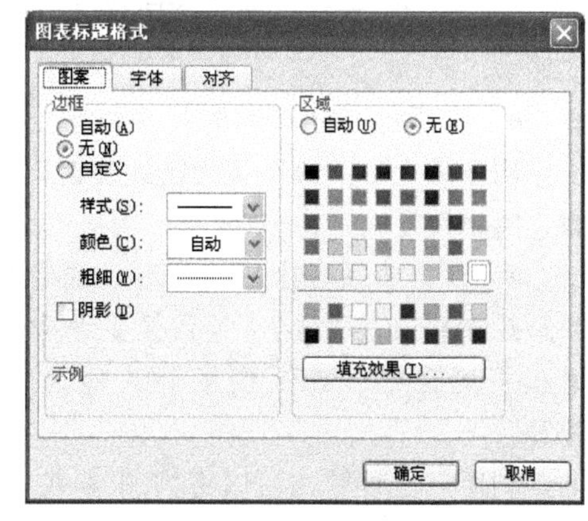

图 4-81 【图表标题格式】对话框

在该对话框中的【图案】、【字体】、【对齐】选项卡中可以设置标题的图案、字体、对齐等格式。

3. 设置坐标轴

双击数值轴或分类轴，或者先选定数值轴或分类轴，再选择【格式】/【坐标轴格式】命令，弹出如图 4-82 所示的【坐标轴格式】对话框。在【图案】、【刻度】、【字体】、【数字】和【对齐】选项卡中，可设置坐标轴的图案、刻度、字体、数字、对齐等格式。

4. 设置图例

单击图例将其选定，四周出现 8 个黑色方块，称为尺寸控点。对图例可进行以下操作。

- 拖动图例可改变它的位置。
- 将鼠标指针移动到尺寸控点上，拖动鼠标可改变图例的大小。图例的大小改变时，图表内的图和文字不改变大小。
- 双击图例，或者选定图例后选择【格式】/【图例】命令，弹出如图 4-83 所示的【图例格式】对话框。在该对话框的【图案】、【字体】和【位置】选项卡中，可设置图例的图案、字体和位置。

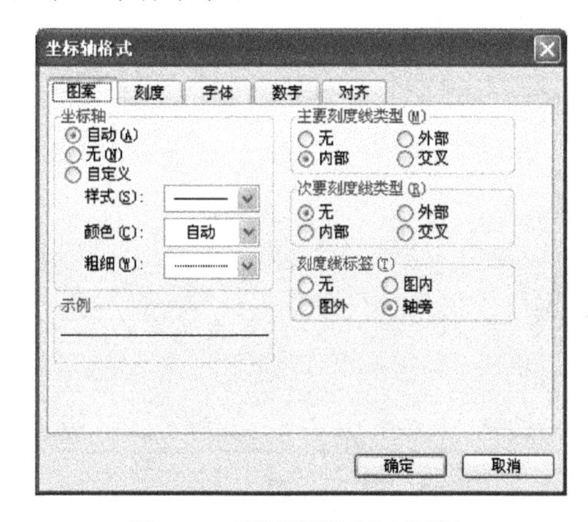

图 4-82 【坐标轴格式】对话框

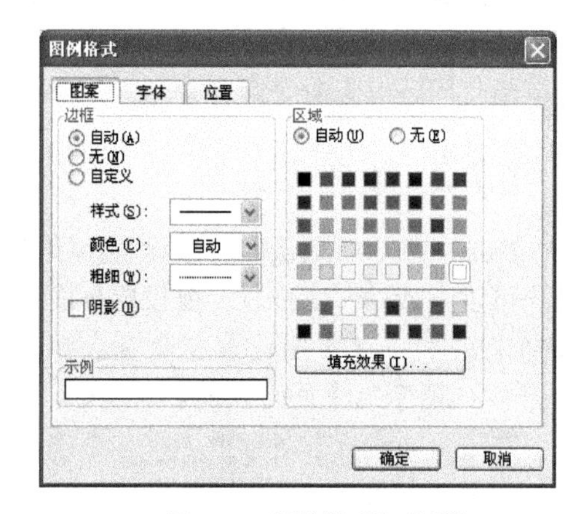

图 4-83 【图例格式】对话框

5. 设置绘图区

单击绘图区的空白处，绘图区被选定，四周出现 8 个黑色方块，称为尺寸控点。对绘图区可进行以下操作。

- 将鼠标指针移动到绘图区边上，拖动绘图区可改变其位置，坐标轴和坐标标题也随之移动。
- 将鼠标指针移动到尺寸控点上，拖动鼠标可改变绘图区的大小。绘图区大小改变时，坐标轴和坐标标题也随之改变大小。
- 双击绘图区内部的图形，或者单击绘图区内的图形后选择【格式】/【绘图区】命令，弹出【绘图区格式】对话框。在【图案】选项卡中设置绘图区的图案。

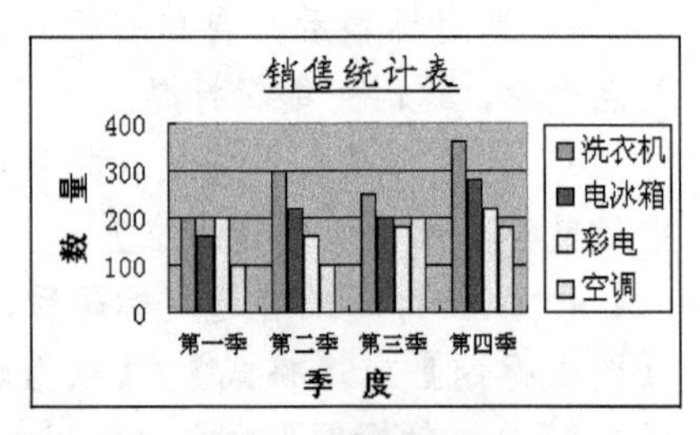

图 4-84 设置后的图表

利用以上设置，可以将如图 4-70 所示的图表设置成如图 4-84 所示的图表。

4.7 Excel 2003 中的页面设置与打印

工作表创建好后，为了便于提交或留存查阅，常常需要把它打印出来。打印前通常需要设置工作表的打印区域，设置打印页面，预览打印结果，一切满意后，再打印输出。

4.7.1 设置打印区域

Excel 2003 打印工作表时，默认情况下打印整个工作表。如果想打印工作表中的一部分，需要设置打印区域。要设置工作表的打印区域，首先选定该区域，再选择【文件】/【打印区域】/【设置打印区域】命令，当选定区域的边框上出现虚线时，表示打印区域已设置好了。

设置好打印区域后，打印时只打印该区域中的数据。如果要取消该打印区域的选定状态，选择【文件】/【打印区域】/【取消打印区域】命令即可。

4.7.2 设置页面

Excel 2003 有默认的页面设置，因此用户可以直接打印工作表。要设置页面，选择【文件】/【页面设置】命令，弹出如图 4-85 所示的【页面设置】对话框。

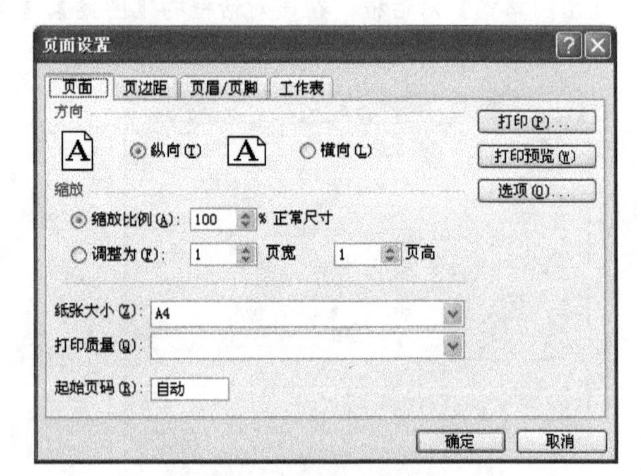

图 4-85 【页面设置】对话框

在【页面设置】对话框中有 4 个选项卡，选择其中的选项卡，可进行相应设置。单击 确定 按钮，则所做设置生效。单击 取消 按钮，则取消设置操作。

1. 【页面】选项卡

在【页面】选项卡中，可进行以下操作。

- 选择【纵向】单选钮，则打印纸需竖放。
- 选择【横向】单选钮，则打印纸需横放。
- 选择【缩放比例】单选钮，打印时将进行缩放。
- 选择【缩放比例】单选钮后，在【缩放比例】数值框内输入或调整比例值。
- 选择【调整为】单选钮，则将打印内容调整为整页。
- 选择【调整为】单选钮后，在【调整为】数值框内输入或调整水平页数和垂直页数。
- 在【纸张大小】的下拉列表中，选择打印的纸张类型。
- 在【打印质量】的下拉列表中选择一种类型，改变打印质量。线数越大质量越高。
- 在【起始页码】文本框中输入起始页码，则从该页码开始打印，默认设置是从第 1 页开始打印。

2.【页边距】选项卡

在【页面设置】对话框中，打开【页边距】选项卡，如图 4-86 所示。在【页边距】选项卡中，可进行以下操作。

- 在【上】、【下】、【左】、【右】、【页眉】、【页脚】数值框内输入或调整数值，进行相应的边距设置，该选项卡当中的页面效果图会随之变化。
- 选择【水平】复选框，则使打印的数据水平居中。
- 选择【垂直】复选框，则使打印的数据垂直居中。

3.【页眉/页脚】选项卡

在【页面设置】对话框中，打开【页眉/页脚】选项卡，如图 4-87 所示。在【页眉/页脚】选项卡中，可进行以下操作。

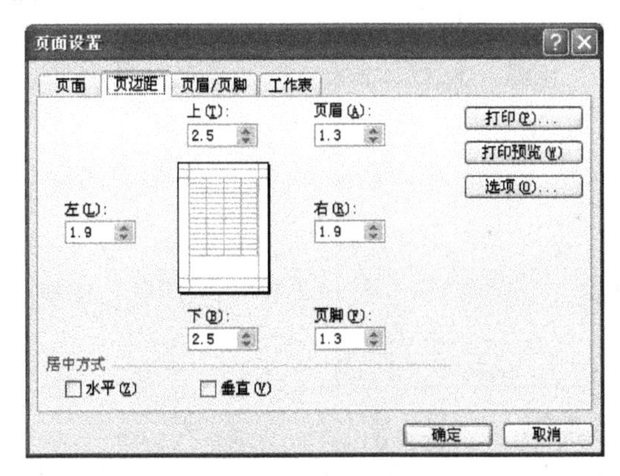

图 4-86 【页边距】选项卡

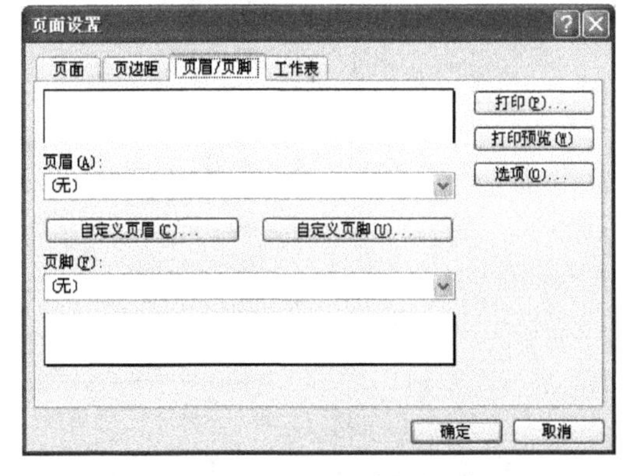

图 4-87 【页眉/页脚】选项卡

- 在【页眉】的下拉列表中，选择预定义的页眉格式。
- 在【页脚】的下拉列表中，选择预定义的页脚格式。
- 单击【自定义页眉(C)...】按钮，弹出如图 4-88 所示的【页眉】对话框。
- 单击【自定义页脚(U)...】按钮，弹出【页脚】对话框，具体操作与【页眉】对话框相似。

在【页眉】对话框中，可进行以下操作。

- 在【左】、【中】、【右】3 个文本框内分别输入页眉的内容。
- 单击[A]按钮，可设置页眉中的字体。
- 单击[#]按钮，可在页眉中插入页码。

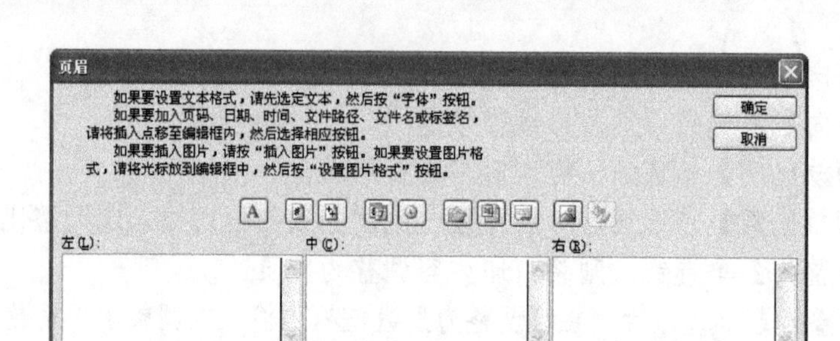

图4-88 【页眉】对话框

- 单击按钮，可在页眉中插入总页码。
- 单击按钮，可在页眉中插入当前日期。
- 单击按钮，可在页眉中插入当前时间。
- 单击按钮，可在页眉中插入工作簿文件所在的路径名和文件名。
- 单击按钮，可在页眉中插入工作簿名。
- 单击按钮，可在页眉中插入工作表名。
- 单击按钮，可在页眉中插入图片。
- 单击按钮，可设置插入图片的格式。

4.【工作表】选项卡

在【页面设置】对话框中，打开【工作表】选项卡，如图4-89所示。在【工作表】选项卡中，可进行以下操作。

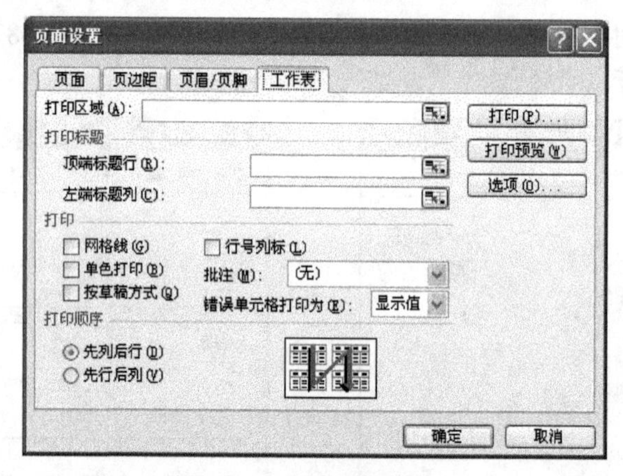

图4-89 【工作表】选项卡

- 在【打印区域】文本框中输入打印区域（如A1:G20），或者单击右边的按钮，在工作表中选定所要打印的区域。
- 在【顶端标题行】文本框中输入顶端标题行在工作表中的位置，或者单击右边的按钮，在工作表中选定顶端标题行。
- 在【左端标题列】文本框中输入左端标题列在工作表中的位置，或者单击右边的按钮，在工作表中选定左端标题列。
- 选择【网格线】复选框，则打印时带网格线输出，否则不带网格线输出。
- 选择【行号列标】复选框，则打印时输出行号和列标，否则不输出行号和列标。
- 选择【按草稿方式】复选框，则按草稿方式打印（可加快打印速度，但会降低打印质量），否则按标准方式打印。

- 选择【先列后行】单选钮，则当工作表超出一页宽和一页高时，按垂直方向分页打印。
- 选择【先行后列】单选钮，则当工作表超出一页宽和一页高时，按水平方向分页打印。

4.7.3 打印预览

在 Excel 2003 中，单击按钮或选择【文件】/【打印预览】命令后，将转换到打印预览窗口，窗口顶端有如图 4-90 所示的【打印预览】工具栏。

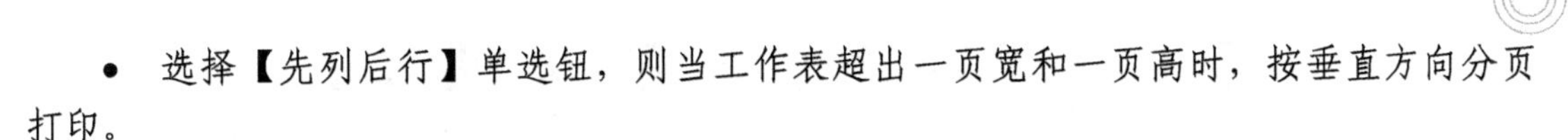

图 4-90 【打印预览】工具栏

【打印预览】工具栏中各工具按钮的功能如下。

- 单击下一页(N)按钮，可预览下一页。
- 单击上一页(P)按钮，可预览上一页。
- 单击缩放(Z)按钮，可缩小或放大显示效果。
- 单击打印(T)...按钮，将弹出【打印】对话框，可在该对话框中进行打印设置，详细操作见“4.7.4 打印工作表”一节。
- 单击设置(S)...按钮，弹出如图 4-85 所示的【页面设置】对话框，可设置页面。
- 单击页边距(M)按钮，显示或关闭页边距边框，当页边距边框显示时，可拖动边框改变页边距。
- 单击分页预览(V)按钮，将转换到分页预览视图，在分页预览视图中，拖动分页符，可调整分页符的位置。
- 单击关闭(C)按钮，关闭打印预览窗口，回到工作表编辑窗口。

4.7.4 打印工作表

在 Excel 2003 中，打印工作表有以下 3 种方法。

- 按 Ctrl+P 组合键。
- 选择【文件】/【打印】命令。
- 单击按钮。

选择第 3 种方法，系统将按默认方式打印全部工作表或所选定的打印区域一份，采用前两种方法，将弹出如图 4-91 所示的【打印内容】对话框。

在【打印内容】对话框中，可进行以下操作。

- 在打印机【名称】的下拉列表中，选择所用的打印机。
- 单击属性(R)...按钮，弹出【打印机属性】对话框，从中可以选择纸张大小、方向、纸张来源、打印质量、打印分辨率等。
- 选择【打印到文件】复选框，则把文档输出到某个文件上，否则在打印机上打印出来。
- 选择【全部】单选钮，则打印整个工作簿。
- 选择【页】单选钮后，需在其右侧的【从】数值框中输入或调整要打印的起始页码，在【到】数值框中输入或调整要打印的终止页码。

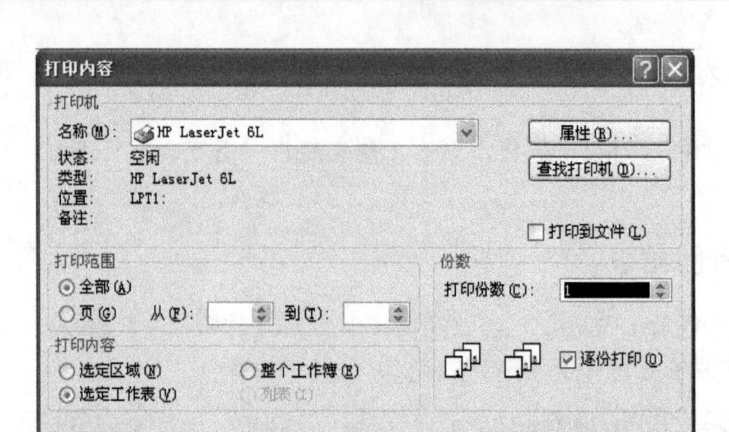

图 4-91 【打印内容】对话框

- 选择【选定区域】单选钮，则打印工作表中所选定的区域。
- 选择【整个工作簿】单选钮，则打印整个工作簿。
- 选择【选定工作表】单选钮，则打印选定的工作表。
- 在【份数】数值框中输入或调整要打印的份数。
- 选择【逐份打印】复选框，则逐份打印，否则逐张打印。
- 单击 预览(W) 按钮，转到打印预览窗口。
- 单击 确定 按钮，系统按所做设置进行打印。

4.8 Excel 2003 上机实训

前几节介绍了 Excel 2003 中的基本概念和基本操作，下面给出相关的上机操作题，通过上机操作，进一步巩固这些基本概念，熟练这些基本操作。

4.8.1 实训 1——建立工作表

1. 实训内容

建立如图 4-92 所示的工作表，保存到“成绩表.xls”文件中。

2. 操作提示

（1）启动 Excel 2003。

（2）输入第 1、2 行中的文字。

（3）输入前 2 个学号，并选定这两个学号，拖动填充柄到 A14 单元格。

（4）输入 12 个学生的姓名和成绩。

（5）以“成绩表.xls”为文件名保存工作簿。

	A	B	C	D	E
1	学生成绩表				
2	学号	姓名	数学	语文	英语
3	2008001	赵子琴	93	96	87
4	2008002	钱丑棋	62	54	38
5	2008003	孙寅书	95	93	98
6	2008004	李卯画	98	68	76
7	2008005	周辰笔	75	88	39
8	2008006	吴巳墨	89	79	99
9	2008007	郑午纸	88	98	78
10	2008008	王未砚	85	94	76
11	2008009	冯申梅	100	100	100
12	2008010	陈酉兰	84	83	85
13	2008011	褚戌竹	97	97	68
14	2008012	卫亥菊	77	60	90

图 4-92 成绩表

4.8.2 实训 2——使用公式和函数

1. 实训内容

对实训 1 中所建立的“成绩表.xls”工作簿，统计每个人的“总成绩”、“平均成绩”、“成绩等级”、统计每门课的“最高分”、“最低分”，根据平均成绩，统计“优秀人数”、“良好人数”、“及格人数”和“不及格人数”，结果如图 4-93 所示。平均分≥85 分为优秀、平均分≥70 分为良好，平均分≥60 分为及格、平均分小于 60 分为不及格。

	A	B	C	D	E	F	G	H
1	学生成绩表							
2	学号	姓名	数学	语文	英语	总成绩	平均成绩	备注
3	2008001	赵子琴	93	96	87	276	92	优秀
4	2008002	钱丑棋	62	54	38	154	51.33333	
5	2008003	孙寅书	95	93	98	286	95.33333	优秀
6	2008004	李卯画	98	68	76	242	80.66667	
7	2008005	周辰笔	75	88	39	202	67.33333	
8	2008006	吴巳墨	89	79	99	267	89	优秀
9	2008007	郑午纸	88	98	78	264	88	优秀
10	2008008	王未砚	85	94	76	255	85	优秀
11	2008009	冯申梅	100	100	100	300	100	优秀
12	2008010	陈酉兰	84	83	85	252	84	
13	2008011	褚戌竹	97	97	68	262	87.33333	优秀
14	2008012	卫亥菊	77	60	90	227	75.66667	
16		最高分	100	100	100			
17		最低分	62	54	38			
18		优秀人数	7					
19		良好人数	3					
20		及格人数	1					
21		不及格人数	1					

图 4-93 成绩表的统计结果

2. 操作提示

（1）启动 Excel 2003，打开“成绩表.xls”工作簿。

（2）在相应单元格内输入各标题（如“总成绩”等）。

（3）在 F3 单元格中输入“=SUM(C3:E3)”，并按 Enter 键。

（4）在 G3 单元格中输入“=AVERAGE(C3:E3)”，并按 Enter 键。

（5）在 H3 单元格中输入“=(IF(G3>=85, "优秀","")”，并按 Enter 键。

（6）选定 F3: H3 单元格区域，拖动填充柄到 H14 单元格。

（7）在 C16 单元格中输入“=MAX(C3:C14)”，并按 Enter 键。

（8）在 C17 单元格中输入“=MIN(C3:C14)”，并按 Enter 键。

（9）选定 C16: C17 单元格区域，拖动填充柄到 E17 单元格。

（10）在 C18 单元格中输入“=COUNTIF(G3:G14,">=85")”，并按 Enter 键。

（11）在 C19 单元格中输入“=COUNTIF(G3:G14,">=70") - C18”，并按 Enter 键。

（12）在 C20 单元格中输入“=COUNTIF(G3:G14,">=60") - C18 - C19”，并按 Enter 键。

（13）在 C21 单元格中输入“=COUNTIF(G3:G14,"<60")”，并按 Enter 键。

（14）保存工作簿。

4.8.3 实训 3——设置工作表

1. 实训内容

对实训 2 中保存的“成绩表.xls”进行格式设置，结果如图 4-94 所示。

	A	B	C	D	E	F	G	H
1	学生成绩表							
2	学号	姓名	数学	语文	英语	总成绩	平均成绩	备注
3	2008001	赵子琴	93	96	87	276	92.0	优秀
4	2008002	钱丑棋	62	54	38	154	51.3	
5	2008003	孙寅书	95	93	98	286	95.3	优秀
6	2008004	李卯画	98	68	76	242	80.7	
7	2008005	周辰笔	75	88	39	202	67.3	
8	2008006	吴巳墨	89	79	99	267	89.0	优秀
9	2008007	郑午纸	88	98	78	264	88.0	优秀
10	2008008	王未砚	85	94	76	255	85.0	优秀
11	2008009	冯申梅	100	100	100	300	100.0	优秀
12	2008010	陈酉兰	84	83	85	252	84.0	
13	2008011	褚戌竹	97	97	68	262	87.3	优秀
14	2008012	卫亥菊	77	60	90	227	75.7	

图 4-94　设置表格格式后的成绩表

2．操作提示

（1）启动 Excel 2003，打开"成绩表.xls"工作簿。

（2）设置"学生成绩表"的字体为"黑体"，大小为"18 磅"。并将 A1:H1 单元格区域合并居中。

（3）设置 A2:H2 单元格区域中文字的大小为"14 磅"，字型为"加粗"，对齐方式为"居中"。

（4）设置 B3:B14 单元格区域中文字的大小为"12 磅"，字体为"楷体_GB2312"，对齐方式为"右对齐"。

（5）设置 G3:G14 单元格区域中数字的格式为"数值"、小数位数为"1"。

（6）设置 H3:H14 单元格区域中文字的字体为"仿宋_GB2312"。

（7）设置 C3:G14 单元格区域中的条件格式，条件为"小于 60"，格式为"字颜色为红色，加下画线"。

（8）保存工作簿。

4.8.4　实训 4——排序、筛选与分类汇总

1．实训内容

（1）对图 4-95 所示"总评成绩.xls"，以"总评"为第一关键字、"作业"为第二关键字由高到低排序，排序结果如图 4-96 所示。

	A	B	C	D	E	F
1	学生成绩表					
2	学号	姓名	作业	期中	期末	总评
3	2008001	赵子琴	90	88	88	88.2
4	2008002	钱丑棋	90	92	92	91.8
5	2008003	孙寅书	95	96	97	96.7
6	2008004	李卯画	88	93	86	86.9
7	2008005	周辰笔	80	90	78	79.4
8	2008006	吴巳墨	90	92	92	91.8
9	2008007	郑午纸	90	75	88	86.9
10	2008008	王未砚	95	95	91	91.8
11	2008009	冯申梅	100	100	98	98.4
12	2008010	陈酉兰	86	88	83	83.8
13	2008011	褚戌竹	95	87	92	91.8
14	2008012	卫亥菊	80	86	84	83.8

图 4-95　总评成绩表

	A	B	C	D	E	F
1	学生成绩表					
2	学号	姓名	作业	期中	期末	总评
3	2008009	冯申梅	100	100	98	98.4
4	2008003	孙寅书	95	96	97	96.7
5	2008011	褚戌竹	95	87	92	91.8
6	2008002	钱丑棋	90	92	92	91.8
7	2008006	吴巳墨	90	92	92	91.8
8	2008008	王未砚	95	95	91	91.8
9	2008001	赵子琴	90	88	88	88.2
10	2008007	郑午纸	90	75	88	86.9
11	2008004	李卯画	88	93	86	86.9
12	2008010	陈酉兰	86	88	83	83.8
13	2008012	卫亥菊	80	86	84	83.8
14	2008005	周辰笔	80	90	78	79.4

图 4-96　排序后的结果

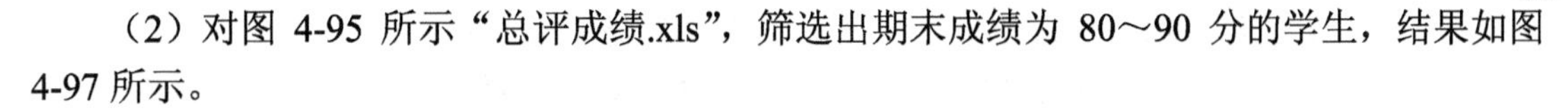

（2）对图 4-95 所示“总评成绩.xls”，筛选出期末成绩为 80～90 分的学生，结果如图 4-97 所示。

	A	B	C	D	E	F
1	学生成绩表					
2	学号	姓名	作业	期中	期末	总评
3	2008001	赵子琴	90	88	88	88.2
6	2008004	李卯画	88	93	86	86.9
9	2008007	郑午纸	90	75	88	86.9
12	2008010	陈酉兰	86	88	83	83.8
14	2008012	卫亥菊	80	86	84	83.8

图 4-97　筛选结果

（3）对图 4-98 所示“人事信息表. xls”，统计各职称的人数，结果如图 4-99 所示。

	A	B	C	D	E
1	人事信息表				
2	姓名	性别	年龄	学历	职称
3	赵东	男	24	大专	助理工程师
4	钱西	男	56	博士	高级工程师
5	孙南	女	33	硕士	工程师
6	李北	男	42	硕士	高级工程师
7	周上	男	22	本科	工程师
8	吴下	女	53	大专	工程师
9	郑左	男	34	博士	高级工程师
10	王右	女	26	博士	工程师
11	冯春	女	28	硕士	工程师
12	陈夏	男	37	硕士	高级工程师
13	褚秋	女	28	本科	工程师
14	卫冬	男	20	本科	助理工程师

图 4-98　人事信息表

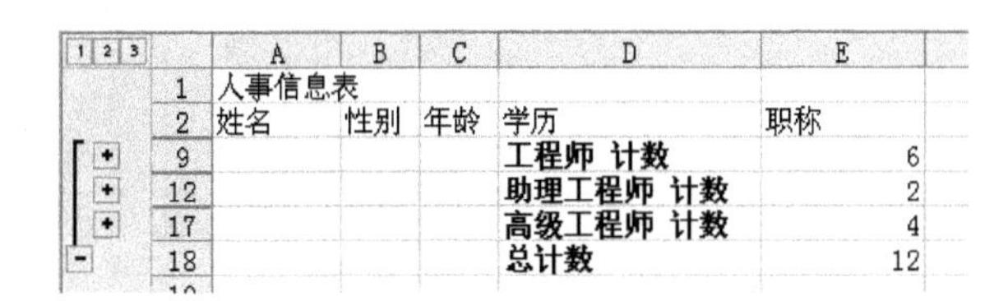

	A	B	C	D	E
1	人事信息表				
2	姓名	性别	年龄	学历	职称
9				工程师 计数	6
12				助理工程师 计数	2
17				高级工程师 计数	4
18				总计数	12

图 4-99　按职称分类汇总

2. 操作提示

以下是实训内容(1)的操作步骤。

（1）启动 Excel 2003，打开“总评成绩.xls”工作簿。

（2）选定 A2:F14 单元格区域中的一个单元格，选择【数据】/【排序】命令，弹出【排序】对话框。

（3）在【排序】对话框中，在【主要关键字】的下拉列表中选择“总评”，在其右侧选择【降序】单选钮，在【次要关键字】的下拉列表中选择“作业”，在其右侧选择【降序】单选钮，单击 确定 按钮。

（4）关闭工作簿。

以下是实训内容(2)的操作步骤。

（1）启动 Excel 2003，打开“总评成绩.xls”工作簿。

（2）选定 A2:F14 单元格区域中的一个单元格，选择【数据】/【筛选】/【自动筛选】命令。

（3）在工作表中【期末】的下拉列表中选择“自定义”，弹出【自定义自动筛选方式】对话框。

（4）在【自定义自动筛选方式】对话框中，设置筛选条件为“大于或等于 80”和“小于或等于 90”，两个条件的关系是【与】，单击 确定 按钮。

（5）关闭工作簿。

以下是实训内容(3)的操作步骤：

（1）启动 Excel 2003，打开“人事信息表.xls”工作簿。

（2）选定 E2:E14 单元格区域中的一个单元格，单击【常用】工具栏中的按钮。

（3）选择【数据】/【分类汇总】命令，弹出【分类汇总】对话框。

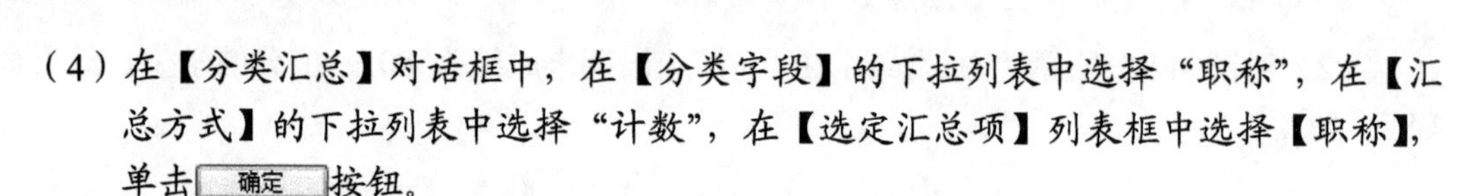

（4）在【分类汇总】对话框中，在【分类字段】的下拉列表中选择“职称”，在【汇总方式】的下拉列表中选择“计数”，在【选定汇总项】列表框中选择【职称】，单击 确定 按钮。

（5）单击分类汇总控制区域的 2 按钮。

（6）关闭工作簿。

4.8.5 实训5——创建图表

1．实训内容

对实训1中所建立的“成绩表.xls”工作簿，在原工作表中建立如图4-100所示的图表。

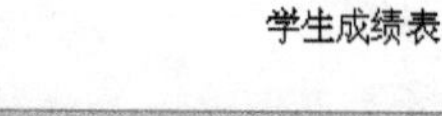

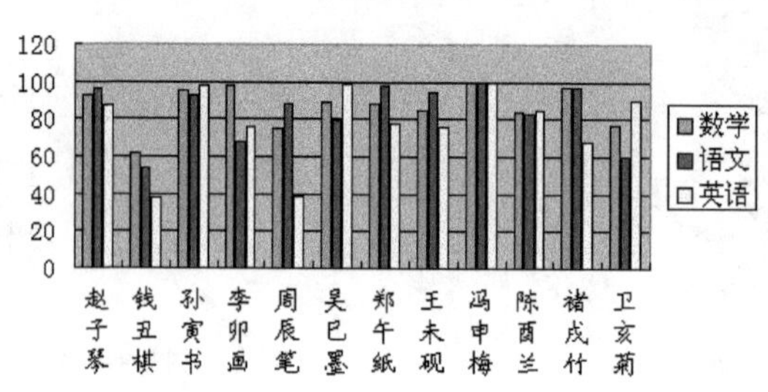

图4-100　图表

2．操作提示

（1）启动Excel 2003，打开“成绩表.xls”工作簿。

（2）选定B2:E14单元格区域。

（3）选择【插入】/【图表】命令，弹出【图表向导】对话框。

（4）在【图表向导】对话框的【图表类型】列表框中选择“柱形图”，在【子图表类型】列表框中选择第1个图表的图标，单击 完成(F) 按钮。

（5）选定工作表中的图表，选择【图表】/【图表选项】命令，弹出【图表选项】对话框。

（6）在【图表选项】对话框的【图表标题】文本框中输入“学生成绩表”，单击 确定 按钮。

（7）在【图表】工具栏的下拉列表中选择“分类轴”，再单击【图表】工具栏中的按钮，在弹出的对话框中切换到【对齐】选项卡，在【对齐】选项卡中单击【方向】组中的竖排框。

（8）切换到【字体】选项卡，在【字体】的下拉列表中选择【楷体_GB2312】，单击 确定 按钮。

（9）保存工作簿。

4.9 习题

一、判断题

1．单元格内输入的数值数据只有整数和小数两种形式。　　（　　）

2．如果单元格内显示“####”，表示单元格中的数据是未知的。（ ）

3．在编辑栏内只能输入公式，不能输入数据。（ ）

4．在 Excel 2003 中，字体的大小只支持“磅值”。（ ）

5．单元格的内容被删除后，原有的格式仍然保留。（ ）

6．单元格被移动和复制后，单元格中公式中的相对地址都不变。（ ）

7．文字连接符可以连接两个数值数据。（ ）

8．合并单元格只能合并横向的单元格。（ ）

9．筛选是只显示满足条件的那些记录，并不更改记录。（ ）

10．数据汇总前，必须先按分类的字段进行排序。（ ）

二、选择题

1．工作簿文件的扩展名是（ ）。

A. .xls　B. .xsl　C. .slx　D. sxl

2．如果活动单元格是 B2，按 Tab 键后，活动单元格是（ ）。

A. B3　B. B1　C. A2　D. C2

3．如果活动单元格是 B2，按 Enter 键后，活动单元格是（ ）。

A. B3　B. B1　C. A2　D. C2

4．在单元格中输入“1-2”后，该单元格中数据的类型是（ ）。

A. 数字　B. 文本　C. 日期　D. 时间

5．在单元格中输入“1+2”后，该单元格中数据的类型是（ ）。

A. 数字　B. 文本　C. 日期　D. 时间

6．以下单元格地址中，（ ）是相对地址。

A. $A$1　B. $A1　C. A$1　D. A1

7．以下（ ）是合法的数值型常量。

A. 1000　B. 1000%　C. -1000　D. 1,000

8．以下公式中，结果为 FALSE 的是（ ）。

A. ="a">"A"　B. ="a">"3"　C. ="12">"3"　D. ="优">"劣"

9．公式=LEFT("计算机",2)的值为（ ）。

A. "计"　B. "机"　C. "计算"　D. "算机"

10．若活动单元格在数据清单中，按（ ）键会自动生成一个图表。

A. F9　B. F10　C. F11　D. F12

三、填空题

1．一个工作簿最多可包括________个工作表，在 Excel 2003 新建的工作簿中，默认包含________个工作表。

2．一个工作表最多有________行和________列，最小行号是________，最大行号是________，最小列号是________，最大列号是________。

3．文本数据在单元格内自动________对齐，数值数据、日期数据和时间数据在单元格

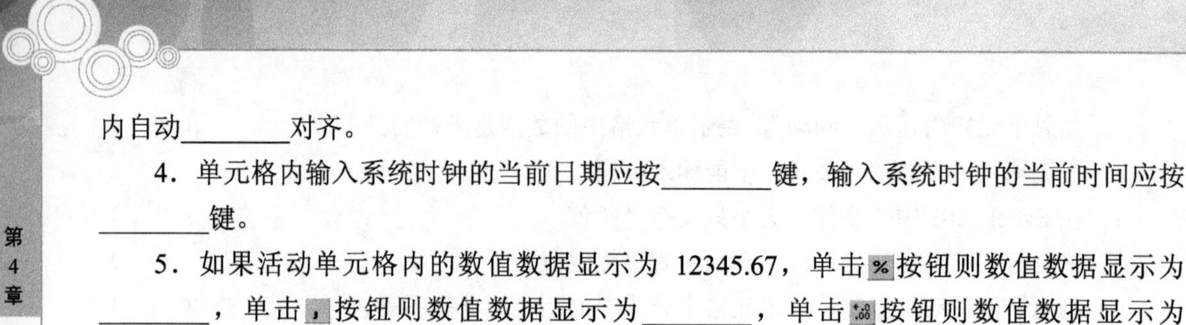

内自动________对齐。

4．单元格内输入系统时钟的当前日期应按________键，输入系统时钟的当前时间应按________键。

5．如果活动单元格内的数值数据显示为 12345.67，单击%按钮则数值数据显示为________，单击,按钮则数值数据显示为________，单击.0/.00按钮则数值数据显示为________，单击.00/.0按钮则数值数据显示为________。

6．公式“=2*3/4”的值为________，公式“=SUM(1,2,4)”的值为________，公式“=AVERAGE(1,3,5)”的值为________。

7．Excel 2003 最多可对________关键字段排序，对文本数据排序有按________排序和按________顺序这两种方式。

8．图表由________、________、________、________和________5 部分组成。

四、问答题

1．工作簿、工作表、单元格之间是什么关系？

2．工作表管理有哪些操作？

3．单元格中的数值、日期和时间数据有哪几种输入形式？

4．公式中的相对地址、绝对地址和混合地址有什么区别？

5．单元格中数字的格式有哪几种？如何设置？

6．单元格中数据的对齐方式有哪几种？如何设置？

7．什么是条件格式化？如何设置？

8．建立数据清单有哪些条件？

9．Excel 2003 数据管理有哪些操作？

10．图表设置操作有哪些？

第 5 章　幻灯片制作软件 PowerPoint 2003

PowerPoint 2003 是微软公司开发的办公软件 Office 2003 中的一个组件，利用它可以方便地制作图文并茂、感染力强的幻灯片，是电脑办公的得力工具。

本章主要介绍幻灯片软件 PowerPoint 2003 中的基础知识与基本操作，包括以下内容。

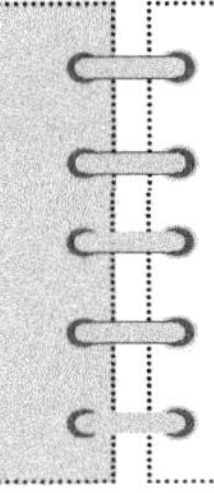

- PowerPoint 2003 中的基本操作。
- PowerPoint 2003 中的幻灯片制作。
- PowerPoint 2003 中的幻灯片版面设置。
- PowerPoint 2003 中的幻灯片放映设置。
- PowerPoint 2003 中的幻灯片放映、打印与打包。

5.1　PowerPoint 2003 中的基本操作

本节介绍 PowerPoint 2003 的启动和退出的方法，PowerPoint 2003 窗口的组成，PowerPoint 2003 的视图方式，以及演示文稿和幻灯片的概念。

5.1.1　PowerPoint 2003 的启动

启动 PowerPoint 2003 有多种方法，用户可根据自己的习惯或喜好选择其中一种。以下是一些常用的方法。

- 选择【开始】/【所有程序】/【Microsoft Office】/【Microsoft PowerPoint 2003】命令。
- 如果建立了 PowerPoint 2003 的快捷方式，双击该快捷方式。
- 打开一个 PowerPoint 演示文稿文件（PowerPoint 演示文稿文件的图标是 ）。

用最后一种方法启动 PowerPoint 2003 后，系统将自动打开相应的演示文稿。用前两种方法启动 PowerPoint 2003 后，系统将自动建立一个空白演示文稿，默认的演示文稿名为“演示文稿 1”。

5.1.2　PowerPoint 2003 的退出

关闭 PowerPoint 2003 窗口即可退出 PowerPoint 2003，关闭窗口的方法详见“2.3.4 窗口的操作方法”一节。退出 PowerPoint 2003 时，系统会关闭所有打开的演示文稿。

图 5-1　【Microsoft Office PowerPoint】对话框

如果演示文稿创建或改动后没有被保存，系统会弹出如图 5-1 所示的【Microsoft Office

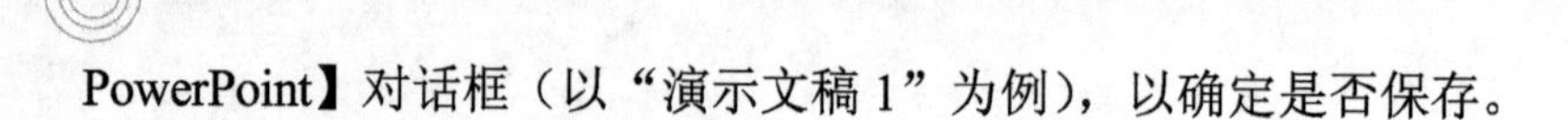

PowerPoint】对话框（以“演示文稿 1”为例），以确定是否保存。

5.1.3 PowerPoint 2003 窗口的组成

PowerPoint 2003 启动后，将出现如图 5-2 所示的窗口。PowerPoint 2003 的窗口主要包括标题栏、菜单栏、工具栏、状态栏、任务窗格、问题框以及工作区等。

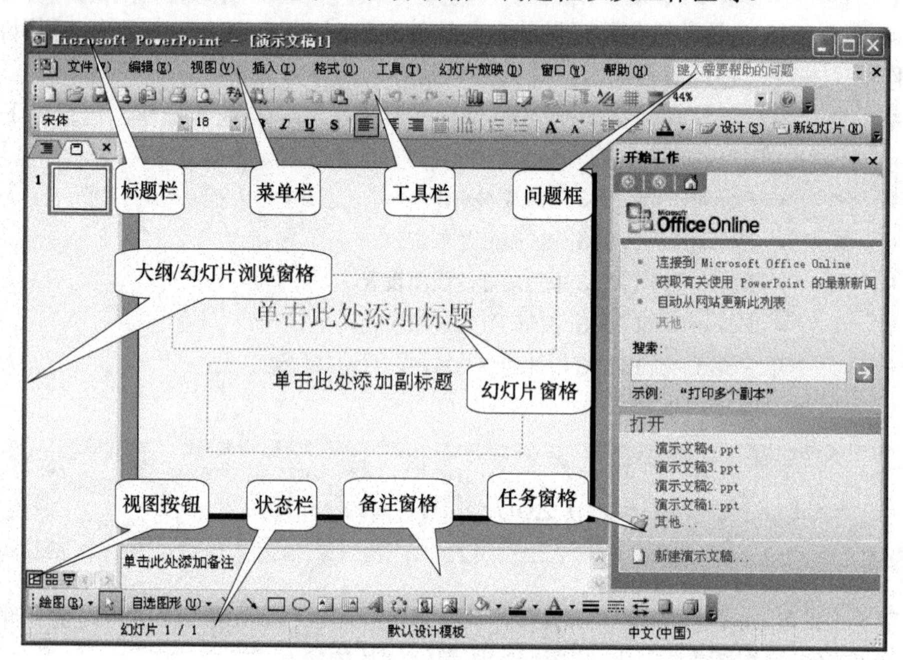

图 5-2　PowerPoint 2003 窗口

PowerPoint 2003 的窗口与 Word 2003 的窗口大致相似，不同之处介绍如下。

- 视图按钮：PowerPoint 2003 有 3 个视图按钮，它们分别是普通视图按钮、幻灯片浏览视图按钮和幻灯片放映视图按钮。
- 工作区：工作区占据 PowerPoint 2003 窗口的大部分区域，在“普通视图”方式下，工作区中包含视图按钮、大纲/幻灯片浏览窗格、幻灯片窗格和备注窗格。

5.1.4 PowerPoint 2003 中的视图方式

PowerPoint 2003 中有 3 种视图方式：普通视图、幻灯片浏览视图和幻灯片放映视图。每一种视图都将用户的处理焦点集中在演示文稿的某个要素上。

在视图切换按钮中，带边框的按钮（见图 5-2 中的按钮）所对应的视图为当前视图。单击某个按钮会切换到相应的视图方式，用户还可以从【视图】菜单中选择所需要的视图方式。

1．普通视图

普通视图是 PowerPoint 2003 的默认视图，启动 PowerPoint 2003 后，将直接进入到普通视图方式。普通视图包含 3 个窗格：大纲窗格、幻灯片窗格和备注窗格。拖动窗格边框可调整窗格的大小。

- 大纲窗格：在大纲窗格中，演示文稿以大纲形式显示，大纲由每张幻灯片的标题和

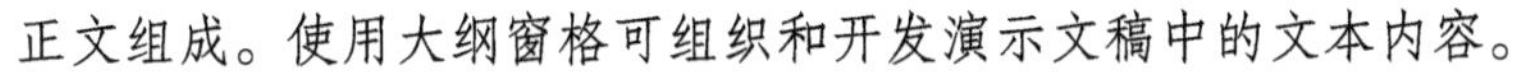
正文组成。使用大纲窗格可组织和开发演示文稿中的文本内容。

- 幻灯片窗格：在幻灯片窗格中，可以查看每张幻灯片中的文本外观。可以在单张幻灯片中添加图形、影片和声音，并创建超级链接以及向其中添加动画。
- 备注窗格：备注窗格使得用户可以添加与观众共享的演说者备注或信息。

2. 幻灯片浏览视图

在幻灯片浏览视图中（见图 5-3），列出了演示文稿中的所有幻灯片的缩略图，幻灯片按序号由小到大排列。在幻灯片浏览视图中，可以很容易地添加、删除和移动幻灯片及选择幻灯片的动画切换方式。

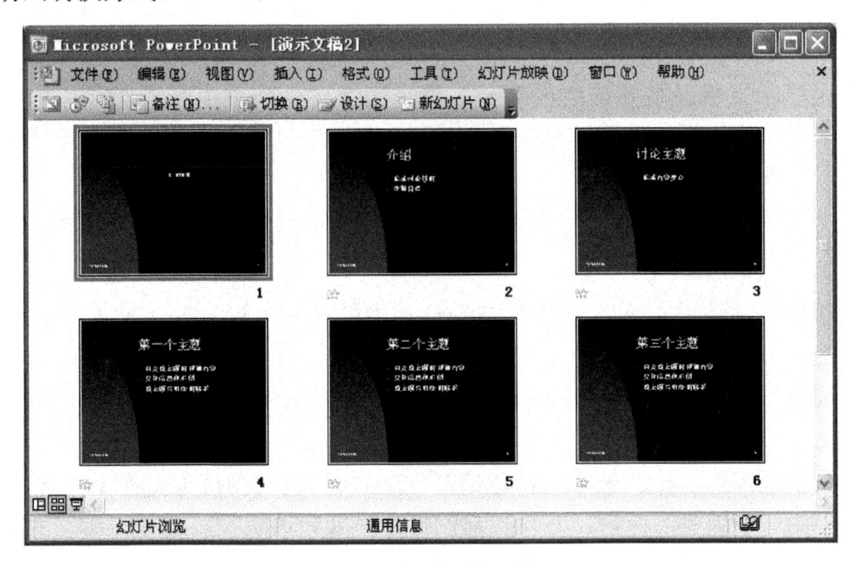

图 5-3 幻灯片浏览视图

3. 幻灯片放映视图

幻灯片放映视图占据整个计算机屏幕，像播放真实的幻灯片一样，从当前幻灯片开始一幅一幅地动态显示演示文稿中的幻灯片。

在幻灯片放映视图中，按一下 Esc 键，或者放映完所有的幻灯片后，系统会退出幻灯片放映视图，返回到先前的视图状态。

5.1.5 演示文稿与幻灯片的概念

在 PowerPoint 2003 中，用户的大多数操作都是针对演示文稿和幻灯片进行的，因此应正确理解这两个概念。

1. 演示文稿

演示文稿是用 PowerPoint 2003 建立和操作的文件，用来存储用户建立的幻灯片。一个演示文稿由若干张幻灯片组成，来表达同一个主题。演示文稿的扩展名是“.ppt”或“.pps”，一个演示文稿对应一个扩展名为“.ppt”或“.pps”的文件，该类文件的图标是 。演示文稿的操作与 Word 2003 文档的操作类似，这里不再赘述。

在 PowerPoint 2003 新建的演示文稿中，默认情况下，自动添加一张【标题幻灯片】版式的幻灯片（见图 5-2）。

2．幻灯片

幻灯片隶属于演示文稿，幻灯片上可以包括文字、表格、图形、音频、视频等元素，以及这些元素的版面设置（如版式、字体、颜色、背景、页眉、页脚等）和放映设置（如动画效果、切换效果、时间控制、放映方式等）。每张幻灯片都有一个编号，这个编号顺序就是放映演示文稿时幻灯片出现的顺序。

5.2 PowerPoint 2003 中的幻灯片制作

幻灯片是演示文稿最重要的组成部分，整个演示文稿就是由若干幻灯片按照一定的排列顺序组成的。制作幻灯片常用的操作包括选择幻灯片版式、处理文本、处理图形对象、处理媒体剪辑、管理幻灯片等。

5.2.1 选择幻灯片版式

幻灯片版式由占位符组成，占位符是幻灯片中的虚线方框，分为文本占位符和内容占位符两类。文本占位符中有相应的文字提示，只能输入文本。内容占位符的中央有一个图标列表，图标列表下面有相应的文字提示，只能插入图形对象。幻灯片版式根据其中占位符的类型可分为文字版式、内容版式、文字内容版式和其他版式 4 类。

在任务窗格顶部的下拉列表中选择【幻灯片版式】，这时的任务窗格如图 5-4 所示。单击任务窗格中的一个版式图标后，即将当前幻灯片设置为该版式。图 5-5 所示的是幻灯片选择一种版式后的效果，其中包含了文本占位符和内容占位符。

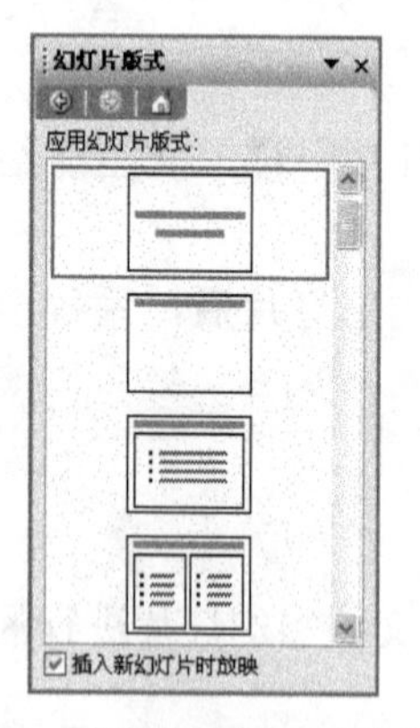

图 5-4 【幻灯片版式】任务窗格

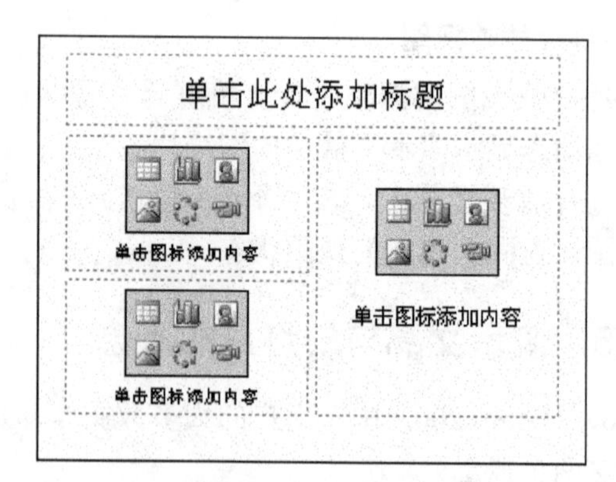

图 5-5 占位符与提示

5.2.2 处理文本

幻灯片中的标题、项目等信息都是文本。PowerPoint 2003 中处理文本的常用操作包括输入文本、编辑占位符与文本框、设置文本格式。

1．输入文本

PowerPoint 2003 中有两种不同的输入文本方式：在占位符中输入和在文本框中输入。

（1）在占位符中输入文本

在幻灯片中，有以下 3 类文本占位符。

- 标题占位符：标题占位符是含有“单击此处添加标题”字样的虚线方框。
- 副标题占位符：副标题占位符是含有“单击此处添加副标题”字样的虚线方框。
- 项目占位符：项目占位是含有“单击此处添加文本”字样的虚线方框。

单击一个文本占位符后，在占位符中出现插入点光标，这时用户就可以输入文本了，PowerPoint 2003 中输入文本的方法与 Word 2003 基本相同，这里不再赘述。

在项目占位符中输入文本时有以下特点。

- 在项目开始位置按 Tab 键，项目降一级。
- 在项目开始位置按 Shift+Tab 组合键，项目升一级。
- 输入完一个项目后按回车键，开始下一项目。

在占位符中输入的文本根据占位符的类型自动进行以下调整。

- 输入的文本超过占位符边界后自动换行。
- 标题和副标题在占位符内自动居中对齐。
- 标题超出占位符高度后，标题占位符自动向上下两端延伸。
- 副标题或项目超出占位符高度后，输入的文本会自动减小字号和行间距，以适应占位符的大小。

（2）在文本框中输入文本

如果要在占位符之外的位置输入文本，需要在幻灯片中插入文本框，然后在文本框中输入文本。文本框分两类：横排文本框和竖排文本框。PowerPoint 2003 插入文本框的方法与 Word 2003 中的基本相同，参见“3.7.1 文本框操作”一节，这里不再赘述。

2．编辑占位符与文本框

用户可以对占位符进行以下编辑操作。

- 激活占位符。单击占位符，占位符被激活，出现插入点光标、斜线边框和尺寸控点，如图 5-6 所示。
- 选定占位符。单击占位符边框，占位符被选定，插入点光标消失，出现网点边框和尺寸控点，如图 5-7 所示。

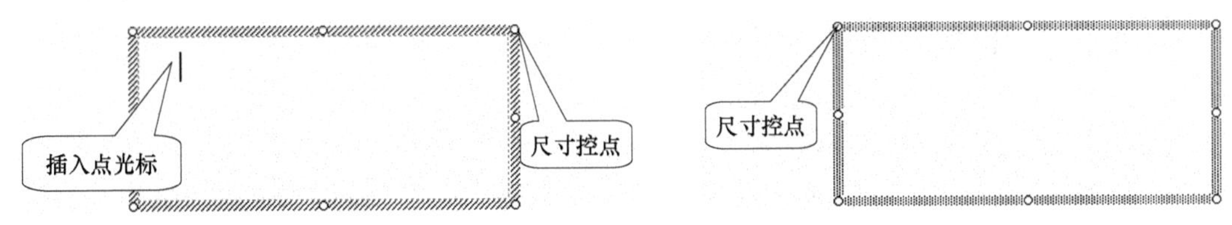

图 5-6　被激活的占位符　　图 5-7　被选定的占位符

- 移动占位符。激活或选定占位符后，将鼠标指针移动到占位符上，鼠标指针变成✥状，拖动鼠标即可移动占位符。
- 缩放占位符。激活或选定占位符后，将鼠标指针移动到占位符的尺寸控点上，拖动鼠标即可缩放占位符。
- 删除占位符。选定占位符后按 Delete 键或按 Backspace 键，即可删除占位符。

PowerPoint 2003 文本框的编辑操作与 Word 2003 中的基本相同，这里不再赘述。

3．设置文本格式

在幻灯片中输入文本后，可以对其进行格式设置，使幻灯片更加美观。在设置文本格式前，通常先选定文本，再进行格式设置。

用户可以通过【格式】工具栏上的按钮设置文本格式，也可以通过【格式】/【字体】命令设置文本格式，具体操作方法与 Word 2003 中的大致相同，参见“3.3.1 字符级别排版”一节，这里不再赘述。

5.2.3 处理图形对象

幻灯片中除了文本信息外，还可以插入图形对象，这会使幻灯片图文并茂、丰富多彩。幻灯片中常用的图形对象有表格、图表、剪贴画、图片、图示、艺术字等。

1．插入表格

表格由若干行和列组成，用表格表示数据简明直观，在幻灯片中经常使用。在幻灯片中插入表格有以下几种常用方法。

- 如果有空内容占位符，单击空内容占位符中央图标列表中的图标。
- 选择【插入】/【表格】命令。
- 单击【常用】工具栏上的按钮。

用前两种方法，将弹出如图 5-8 所示的【插入表格】对话框。在【插入表格】对话框中，可进行以下操作。

- 在【列数】数值框中输入或调整所需要的列数。
- 在【行数】数值框中输入或调整所需要的行数。
- 单击 确定 按钮，插入相应列数和行数的表格。

用最后一种方法，将弹出如图 5-9 所示的表格框。用鼠标拖动出所需表格的行数和列数，松开鼠标左键后，即在相应位置插入相应行数和列数的表格。

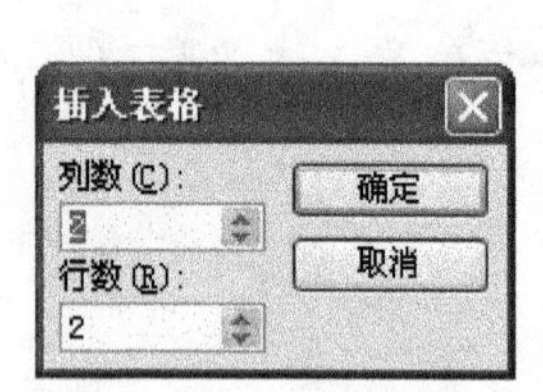

图 5-8 【插入表格】对话框

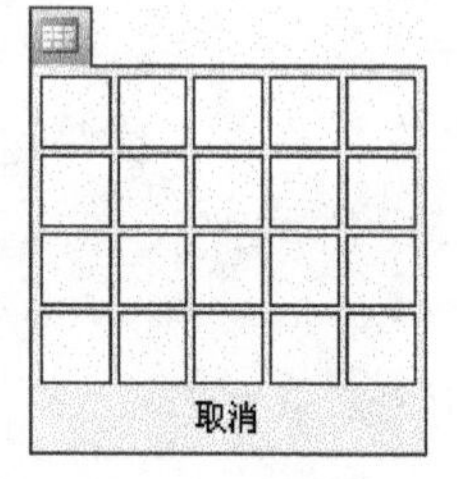

图 5-9 表格框

如果幻灯片中有空内容占位符，表格插入到该占位符中，否则表格自动放置在幻灯片的中央。

插入表格后，可对表格进行以下操作。

- 单击表格内任意单元格，单元格内出现插入点光标，表格处于编辑状态，表格被选择矩形（表格周围的斜线矩形，在四角和四边的中间有 8 个尺寸控点）包围。
- 单击表格的任意单元格，出现插入点光标，可输入内容。如果单元格容纳不下所输入的内容，单元格的高度自动增加。
- 将鼠标指针移动到水平表格线上，鼠标指针变成÷状，垂直拖动鼠标可改变行高。如果改变行高后单元格容纳不下其中的内容，则系统自动将单元格的高度设置为能容纳其内

容的最小高度。

- 将鼠标指针移动到垂直表格线上，鼠标指针变成⇹状，水平拖动鼠标可改变列宽。如果改变列宽后单元格容纳不下其中的内容，则系统自动将单元格的宽度设置为能容纳其内容的最小宽度。
- 将鼠标指针移动到表格的选择矩形边框上，鼠标指针变成✥状，拖动鼠标可改变表格的位置。
- 单击表格的选择矩形的边框，表格被选定，选择矩形的边框由斜线变成网点，尺寸控点不变。
- 将鼠标指针移动到表格的选择矩形的尺寸控点上，鼠标指针变成↕、↔、⤡或⤢状，拖动鼠标可改变表格的大小。
- 选定表格后，按 Delete 键或按 Backspace 键，可删除表格。

2. 插入图表

图表用图形的方式来显示数据，生动直观，因此在幻灯片中经常使用。在幻灯片中插入图表有以下方法。

- 如果有空内容占位符，单击空内容占位符中央图标列表中的图标。
- 选择【插入】/【图表】命令。
- 单击【常用】工具栏上的按钮。

执行以上任一操作后，系统自动在幻灯片中的相应位置插入一个默认的图表，同时弹出一个与该图表对应的数据表窗口，如图 5-10 所示。【数据表】窗口类似于 Excel 2003 工作表，可用类似 Excel 2003 工作表的方法对数据表进行编辑（但没有填充功能和公式计算功能），参见“4.2 Excel 2003 中的工作表编辑”一节。

演示文稿1 - 数据表

		A	B	C	D	E
		第一季度	第二季度	第三季度	第四季度	
1	东部	20.4	27.4	90	20.4	
2	西部	30.6	38.6	34.6	31.6	
3	北部	45.9	46.9	45	43.9	
4						

图 5-10 【数据表】窗口

如果幻灯片中有空内容占位符，则图表插入到该占位符中，否则图表自动放置在幻灯片的中央。插入图表后，系统自动转换到图表编辑状态，图表被选择矩形（图表周围的斜线矩形）包围，如图 5-11 所示。

插入图表后，菜单栏中会增加【数据】和【图表】两个菜单，【常用】工具栏中会增加若干与图表有关的工具按钮，这时可对图表进行以下编辑操作。

- 在【数据表】窗口中修改数据，图表会根据数据的变化自动更新。
- 利用图表工具按钮对图表进行编辑和设置（参见“4.6 Excle 2003 中图表的使用”一节）。
- 单击图表以外的区域，退出图表编辑状态。

退出图表编辑状态后，在幻灯片的编辑状态下，可对图表进行以下操作。

- 双击图表，转换到图表编辑状态。
- 将鼠标指针移动到图表上，鼠标指针变成✥状，拖动鼠标可改变图表的位置。

- 单击图表，图表被选定，图表的选择矩形无边框线，只保留尺寸控点，如图 5-12 所示。

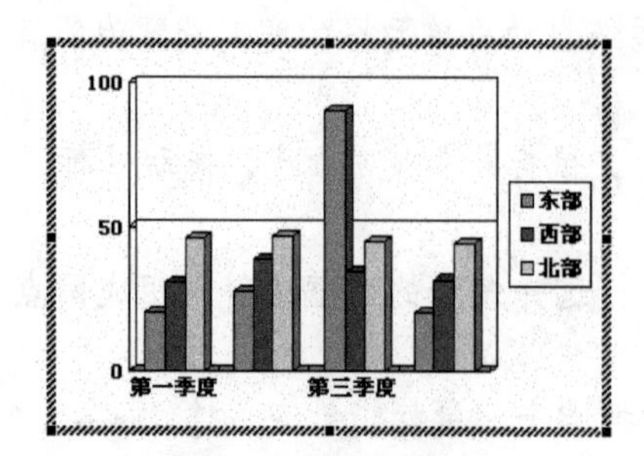

图 5-11　编辑状态的图表

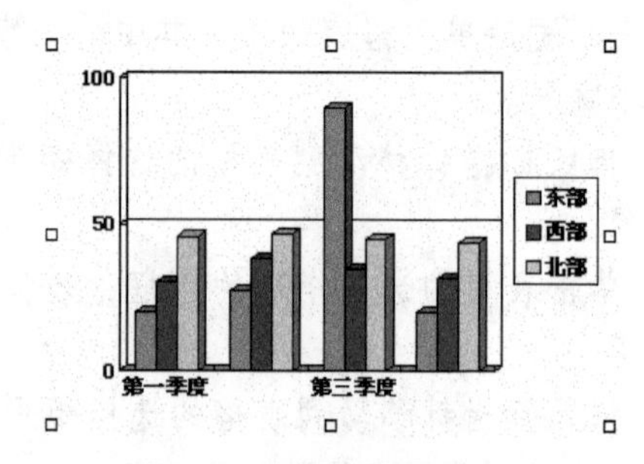

图 5-12　选定状态的图表

- 选定图表后，将鼠标指针移动到图表的尺寸控点上，鼠标指针变成↕、↔、⤡或⤢状，拖动鼠标可改变图表的大小。
- 选定图表后，按 Delete 键或按 Backspace 键，可删除图表。

3．插入剪贴画

在幻灯片中插入剪贴画有以下方法。

- 如果有空内容占位符，单击空内容占位符中央图标列表中的图标。
- 选择【插入】/【图片】/【剪贴画】命令。
- 单击【绘图】工具栏上的按钮。

剪贴画的插入、编辑和设置与 Word 2003 类似（参见“3.6.2 图片操作”一节），不同的是，如果幻灯片有空内容占位符，剪贴画插入到该占位符中，否则放置在幻灯片的中央。

4．插入图片

在幻灯片中插入图片有以下方法。

- 如果有空内容占位符，单击空内容占位符中央图标列表中的图标。
- 选择【插入】/【图片】/【来自文件】命令。
- 单击【图片】工具栏上的按钮。

图片的插入、编辑和设置与 Word 2003 类似（参见“3.6.2 图片操作”一节），不同的是，如果幻灯片有空内容占位符，则图片插入到该占位符中，否则图片自动放置在幻灯片的中央。

5．插入图示

在幻灯片中插入图示有以下方法。

- 如果有空内容占位符，单击空内容占位符中央图标列表中的图标。
- 选择【插入】/【图示】命令。
- 单击【图片】工具栏上的按钮。

执行以上任何一种操作，都弹出如图 5-13 所示的【图示库】对话框。在【图示库】对话框中选择一种图示类型，然后单击 确定 按钮，幻灯片中即插入相应类型的图示。如果幻灯片有空内容占位符，则图示插入到该占位符中，否则图示自动放置在幻灯片的中央。

图 5-13　【图示库】对话框

PowerPoint 2003 有以下 6 类图示。

- 组织结构图：用于显示层次关系。
- 循环图：用于显示程序循环的过程。
- 射线图：用于显示核心元素的关系。
- 棱锥图：用于显示基于基础的关系。
- 维恩图：用于显示元素间的重叠区域。
- 目标图：用于显示实现目标的步骤。

插入图示后，窗口中弹出【图示】工具栏，系统自动转换到图示编辑状态，通过【图示】工具栏，用户可对图示进行编辑和设置。

6. 插入艺术字

在幻灯片中插入艺术字有以下方法。

- 选择【插入】/【图片】/【艺术字】命令。
- 单击【绘图】工具栏上的按钮。

艺术字的插入、编辑和设置与 Word 2003 类似（参见“3.6.3 艺术字操作”一节），不同之处是插入的艺术字自动放置在幻灯片的中央。

5.2.4 处理音频与视频

音频与视频都是多媒体对象，可使幻灯片生动有趣，更加富有渲染力和感染力。

1. 处理音频

幻灯片中的音频有 3 类：剪辑库中的声音、声音文件和 CD 乐曲。

（1）插入剪辑库中的声音

在幻灯片中插入剪辑库中的声音有以下两种方法。

- 如果有空内容占位符，单击空内容占位符中央图标列表中的图标。
- 选择【插入】/【影片和声音】/【剪辑库中的声音】命令。

如果选择第一种方法，将弹出如图 5-14 所示的【媒体剪辑】对话框。在【媒体剪辑】对话框中列出了声音、动画和电影文件，用户可从中选择所需要的文件。

如果选择第二种方法，将出现如图 5-15 所示的【剪贴画】任务窗格。在【剪贴画】任务窗格中列出了剪辑库中的声音文件。单击一个声音文件图标，可插入该声音文件。

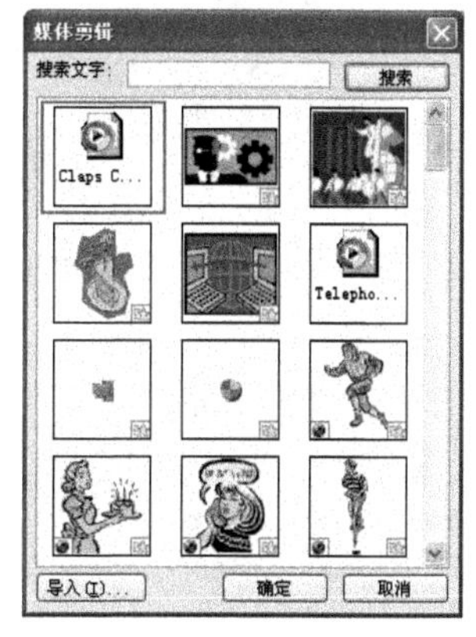

图 5-14 【媒体剪辑】对话框

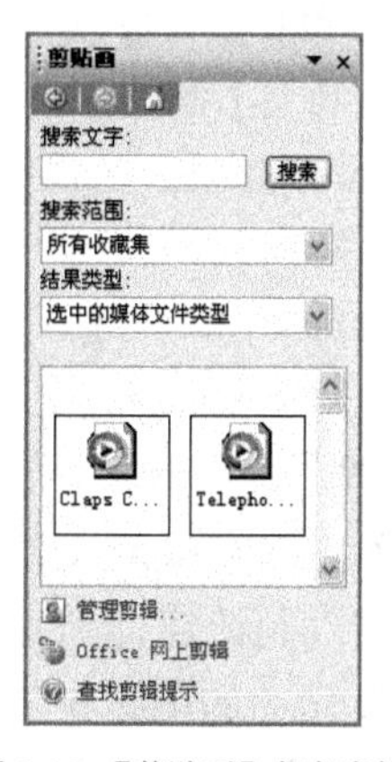

图 5-15 【剪贴画】任务窗格

（2）插入文件中的声音

如果 Office 2003 剪辑库中的声音不能满足需要，可以通过选择【插入】/【影片和声音】/【文件中的声音】命令，插入外部的声音文件。选择该命令后，将弹出如图 5-16 所示的【插入声音】对话框。

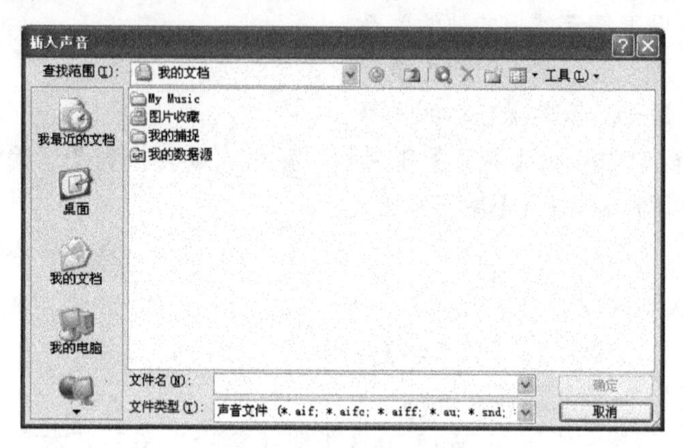

图 5-16 【插入声音】对话框

在【插入声音】对话框中，可进行以下操作。

- 在【查找范围】的下拉列表中选择一个文件夹，列表框中列出该文件夹中声音文件和子文件夹的图标。
- 在【文件名】下拉列表框中输入或选择要插入声音的文件名。
- 在【文件类型】的下拉列表中选择要插入声音的类型。
- 在列表框中，双击一个文件夹图标，打开该文件夹。
- 在列表框中，单击一个声音图标，选择该声音文件。
- 在列表框中，双击一个声音图标，插入该声音文件。
- 单击 确定 按钮，插入所选择的声音文件。

（3）插入 CD 乐曲

选择【插入】/【影片和声音】/【播放 CD 乐曲】命令，可在幻灯片中插入 CD 乐曲。选择该命令后，将弹出如图 5-17 所示的【播放 CD 乐曲】对话框。在【播放 CD 乐曲】对话框中，可进行以下操作。

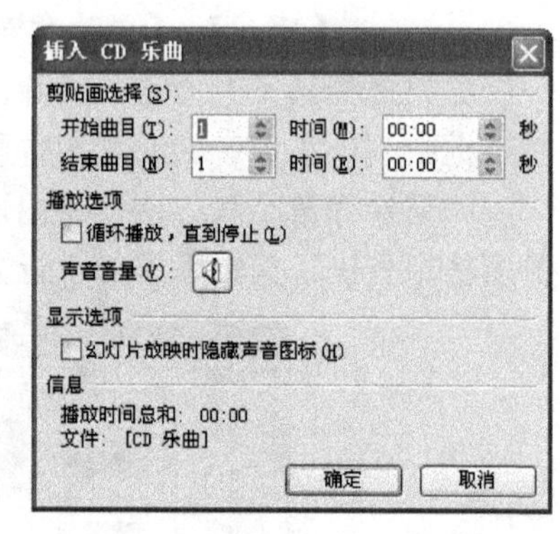

图 5-17 【播放 CD 乐曲】对话框

- 在【开始曲目】数值框中输入或调整开始的曲目。
- 在【结束曲目】数值框中输入或调整结束的曲目。
- 选择【循环播放，直到停止】复选框，则在播放 CD 乐曲时循环播放，否则只播放一遍。
- 选择【幻灯片放映时隐藏声音图标】复选框，则在幻灯片放映时，不显示声音图标。
- 单击 确定 按钮，系统按所做设置在幻灯片中插入 CD 乐曲。

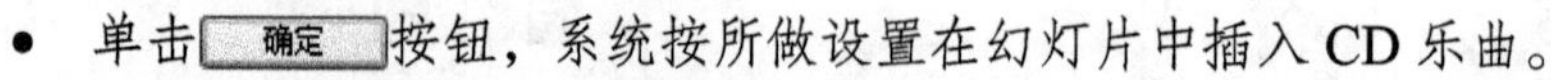

插入剪辑库中的声音或文件中的声音后，如果幻灯片中有空内容剪辑占位符，则声音文件的图标插入到该媒体剪辑占位符中，否则声音文件图标放置在幻灯片的中央。插入 CD 乐曲后，CD 乐曲的图标放置在幻灯片的中央。

插入声音文件或CD 乐曲后，会弹出如图 5-18 所示的【Microsoft Office PowerPoint】对话框。

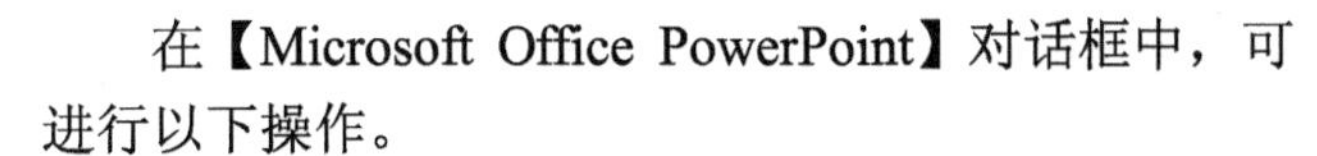

在【Microsoft Office PowerPoint】对话框中，可进行以下操作。

图 5-18 【Microsoft Office PowerPoint】对话框

- 单击 自动(A) 按钮，则在幻灯片放映时，自动播放插入的声音。
- 单击 在单击时(C) 按钮，则在幻灯片放映时，只有单击声音图标或 CD 乐曲图标后才播放声音或 CD 乐曲。

2．处理视频

幻灯片中的视频包括剪辑库中的影片和文件中的影片。

（1）插入剪辑库中的影片

在幻灯片中插入剪辑库中的影片有以下两种方法。

- 如果有空内容占位符，单击空内容占位符中央图标列表中的图标。
- 选择【插入】/【影片和声音】/【剪辑库中的影片】命令。

如果选择第一种方法，将弹出【媒体剪辑】对话框（见图 5-14）。在【媒体剪辑】对话框中列出了声音、动画和电影文件，用户可从中选择所需要的文件。

如果选择第二种方法，将出现与图 5-15 类似的【剪贴画】任务窗格。在【剪贴画】任务窗格中列出了剪辑库中的电影文件。单击一个电影文件图标，可插入该电影文件。

（2）插入文件中的影片

如果 Office 2003 剪辑库中的影片不能满足需要，可以通过选择【插入】/【影片和声音】/【文件中的影片】命令，插入外部的影片文件。选择该命令后，将弹出【插入影片】对话框，具体操作同图 5-16 所示的【插入声音】对话框，不再赘述。

如果幻灯片中有空内容剪辑占位符，动画或影片插入到该占位符中，否则动画或影片放置在幻灯片的中央，并且系统会弹出如图 5-19 所示的【Microsoft Office PowerPoint】提示对话框。

在【Microsoft Office PowerPoint】对话框中，可进行以下操作。

- 单击 自动(A) 按钮，则在幻灯片放映时，自动播放插入的影片。
- 单击 在单击时(C) 按钮，则在幻灯片放映时，只有单击声音影片区域，才播放该影片。

在幻灯片中插入影片后，对影片可进行以下操作。

- 将鼠标指针移动到影片上，鼠标指针变成状，拖动鼠标可改变影片的位置。
- 单击影片将其选定，影片周围出现 8 个尺寸控点，如图 5-20 所示。

图 5-19 【Microsoft Office PowerPoint】对话框

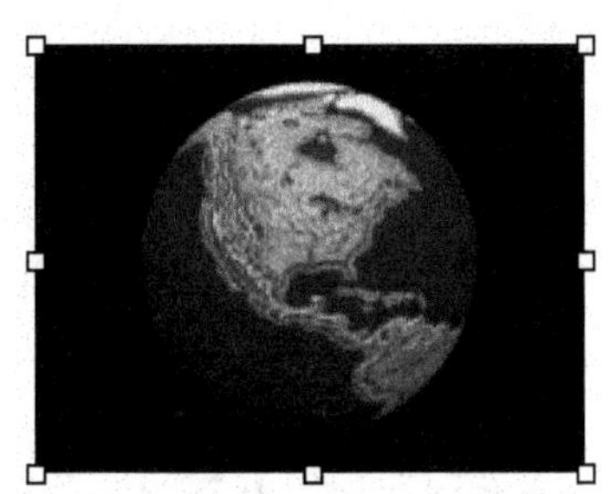
图 5-20 选定后的影片

- 选定影片后，将鼠标指针移动到影片的尺寸控点上，鼠标指针变成↕、↔、↘或↗状，拖动鼠标可改变影片的大小。

- 选定影片后，按 Delete 键或按 Backspace 键，可删除该影片。

5.2.5 建立超级链接

超级链接是文本或图形与某个对象的关联，关联的对象可以是某个演示文稿或演示文稿中的某张幻灯片，或者是因特网上的某个网页或电子邮件地址。幻灯片放映时，单击带超级链接的文本或图形，会自动跳转到关联的对象。PowerPoint 2003 带有一些制作好的动作按钮，可以将动作按钮插入到演示文稿中并为其建立超级链接。

1. 建立超级链接

在 PowerPoint 2003 中，只能为文本、文本占位符、文本框和图片建立超级链接。在演示文稿中建立超级链接有以下方法。

- 按 Ctrl+K 组合键。
- 单击【常用】工具栏上的按钮。
- 选择【插入】/【超级链接】命令。

用以上任一方法都弹出如图 5-21 所示的【插入超链接】对话框。

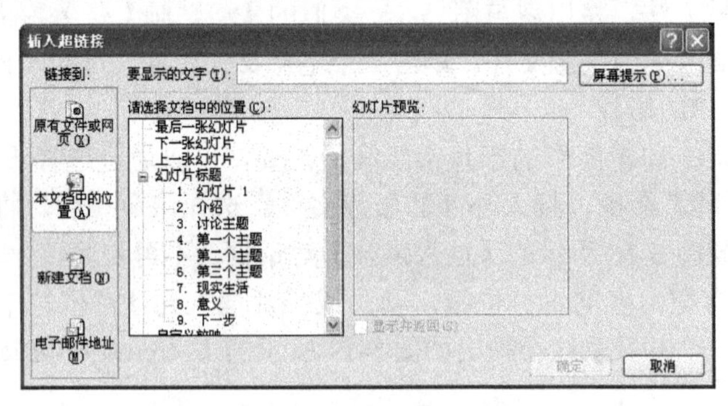

图 5-21 【插入超链接】对话框

建立超级链接前，用户选定不同的对象，会影响【插入超链接】对话框中【要显示的文字】编辑框中的内容，具体有以下 3 种情况。

- 如果没选定对象，则【要显示的文字】编辑框的内容为空白，并可对其编辑。
- 如果选定了文本，则【要显示的文字】编辑框的内容为该文本，并可对其编辑。
- 如果选定了文本占位符、文本框或图片等，【要显示的文字】编辑框的内容为“<<在文档中选定的内容>>”，并且不可编辑。

最常用的超级链接是链接到当前演示文稿中的某张幻灯片，即在【插入超链接】对话框中，单击【链接到】栏中的【本文档中的位置】链接。图 5-21 所示就是这种情形。在【插入超链接】对话框中，可进行以下操作。

- 如果【要显示的文字】编辑框可编辑，在该编辑框中输入或编辑文本。
- 单击 屏幕提示(P)... 按钮，弹出如图 5-22 所示的【设置超链接屏幕提示】对话框。在该对话框的【屏幕提示文字】文本框中，可输入用于屏幕提示的文字。在幻灯片放映时，把鼠标指针移动到带链接的文本或图形上时，屏幕上会出现

图 5-22 【设置超链接屏幕提示】对话框

【屏幕提示文字】编辑框中的文字。

- 在【请选择文档中的位置】列表框中，可选择【第一张幻灯片】、【最后一张幻灯片】、【下一张幻灯片】、【上一张幻灯片】，指定超级链接的相对位置，同时在【幻灯片预览】框内显示所选择幻灯片的预览图。
- 单击【幻灯片标题】左边的⊞按钮，展开幻灯片标题，从展开的幻灯片标题中选择一张幻灯片，指定超级链接的绝对位置，同时在【幻灯片预览】框内显示所选择幻灯片的预览图。
- 单击[确定]按钮，系统按所做设置创建超级链接。

要删除文本或图形的超级链接，先选定建立链接的文本或图形，然后按 Ctrl+K 组合键，或单击【常用】工具栏上的按钮，或选择【插入】/【超级链接】命令，弹出的对话框比图 5-21 所示的【插入超链接】对话框多了一个[删除链接(R)]按钮，单击该按钮即可删除超级链接。

2. 建立动作按钮

动作按钮是系统自定义的某种形状的图形（如左箭头和右箭头），这些图形可以建立超级链接，用来链接某张幻灯片（如下一张、上一张、第一张、最后一张、最近观看的幻灯片等），还可以链接某个演示文稿、停止放映等。

选择【幻灯片放映】/【动作按钮】命令，其子菜单如图 5-23 所示。在子菜单中选择一个命令按钮后，鼠标指针变成+状，在幻灯片中拖动鼠标，即可绘出相应大小的动作按钮。在幻灯片中单击鼠标，即可绘出默认大小的动作按钮。绘出动作按钮后，系统弹出如图 5-24 所示的【动作设置】对话框。

图 5-23 【动作按钮】子菜单

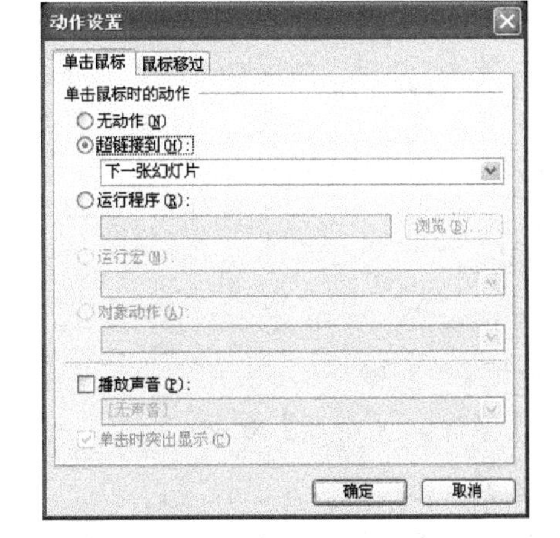

图 5-24 【动作设置】对话框

在【动作设置】对话框中，有【单击鼠标】和【鼠标移过】两个选项卡，这两个选项卡中所设置的动作大致相同。在【单击鼠标】选项卡中所设置的动作，仅当用鼠标单击命令按钮时起作用，在【鼠标移过】选项卡中所设置的动作，仅当鼠标移过命令按钮时起作用。在【动作设置】对话框中，可进行以下操作。

- 选择【无动作】单选钮，则不为动作按钮设置动作。
- 选择【超链接到】单选钮，可从其下面的下拉列表框中选择所链接到的幻灯片。
- 选择【运行程序】单选钮，可在其下面的编辑框内输入程序文件名，或者单击

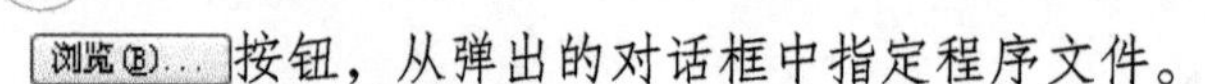按钮，从弹出的对话框中指定程序文件。

- 选择【播放声音】复选框，可从其下面的下拉列表框中选择所需的声音。
- 单击[确定]按钮，完成动作设置。

如果要删除动作按钮，单击动作按钮，然后按 Delete 键或按 Backspace 键即可。

5.2.6 管理幻灯片

PowerPoint 2003 常用的幻灯片管理操作包括选定幻灯片、插入幻灯片、移动幻灯片、复制幻灯片和删除幻灯片。

1．选定幻灯片

用户在管理幻灯片时，往往需要先选定幻灯片，然后进行某些管理操作。在大纲窗格中和幻灯片浏览视图中都可选定幻灯片。

（1）在大纲窗格中选定幻灯片

- 单击幻灯片图标▭，选定该幻灯片。
- 选定一张幻灯片后，按住 Shift 键，再单击另一张幻灯片，选定这两张幻灯片之间的所有幻灯片。

在大纲窗格中选定一张或多张幻灯片后，单击幻灯片图标▭以外的任意一点，可取消先前对幻灯片的选定。

（2）在幻灯片浏览视图中选定幻灯片

- 单击幻灯片的缩略图，选定该幻灯片。
- 选定一张幻灯片后，按住 Shift 键，再单击另一张幻灯片，选定这两张幻灯片之间的所有幻灯片。
- 选定一张幻灯片后，按住 Ctrl 键，再单击另一张未选定的幻灯片，该幻灯片被选定。
- 选定一张幻灯片后，按住 Ctrl 键，再单击另一张已选定的幻灯片，该幻灯片被取消选定状态。

在幻灯片浏览视图中选定一张或多张幻灯片后，在窗口的空白处单击鼠标，可取消先前对幻灯片的选定。

（3）选定所有的幻灯片

- 按 Ctrl+A 组合键。
- 选择【编辑】/【全选】命令。

2．插入幻灯片

选择【插入】/【新幻灯片】命令，在演示文稿中插入一张幻灯片，同时任务窗格变成【幻灯片版式】任务窗格（见图 5-4），单击任务窗格中一个幻灯片版式图标，新插入的幻灯片被设置成该版式。

新插入的幻灯片的位置有以下几种情况。

- 在幻灯片窗格中，在制作幻灯片时插入一张幻灯片，新幻灯片位于当前幻灯片的后面。
- 在大纲窗格中，如果插入点光标在幻灯片的开始处，新幻灯片位于该幻灯片的前面，否则，新幻灯片位于该幻灯片的后面。
- 在幻灯片浏览视图中，如果有选定的幻灯片，新幻灯片位于该幻灯片的后面，否则窗口中会出现一个垂直闪动的光条，也称作插入点光标，这时新幻灯片位于插入点光标处。

此外，在大纲视图的大纲窗格中，插入幻灯片有以下方法。

- 输入完幻灯片标题后，按 Enter 键，在当前幻灯片后插入一张幻灯片
- 输入完一个小标题后，按 Ctrl+Enter 组合键，在当前幻灯片后插入一张幻灯片。

3. 移动幻灯片

如果演示文稿中幻灯片的顺序不正确，可通过移动幻灯片来改变顺序。移动幻灯片有以下方法。

- 在大纲窗格中，拖动幻灯片图标，将幻灯片移动到目标位置。
- 在幻灯片浏览视图中，拖动幻灯片的缩略图，将幻灯片移动到目标位置。
- 在幻灯片浏览视图中，先选定要移动的多张幻灯片，再拖动所选定幻灯片中某一张幻灯片的缩略图，将选定的幻灯片移动到目标位置。
- 先把要复制的幻灯片剪切到剪贴板上，再选定一张幻灯片，然后从剪贴板上将幻灯片粘贴到选定幻灯片的后面。

4. 复制幻灯片

如果演示文稿中有类似的幻灯片，则不需要逐张制作。制作好一张幻灯片后将其复制，然后再修改，这样会省时省力。复制幻灯片有以下方法。

- 在幻灯片浏览视图中，按住 Ctrl 键拖动幻灯片缩略图，在目标位置复制该幻灯片。
- 在幻灯片浏览视图中，先选定要复制的多张幻灯片，再按住 Ctrl 键拖动所选定幻灯片中某一张幻灯片的缩略图，将选定的幻灯片复制到目标位置。
- 选择【插入】/【幻灯片副本】命令，在当前或选定的幻灯片的后面插入与当前或选定的幻灯片相同的一张或多张幻灯片。
- 先把选定的幻灯片复制到剪贴板上，再选定一张幻灯片，然后从剪贴板上将幻灯片粘贴到选定幻灯片的后面。

5. 删除幻灯片

如果演示文稿中有多余的幻灯片，则需将其删除。在删除某一张或某几张幻灯片前，应选定它们，然后再删除。删除已选定的幻灯片有以下方法。

- 按 Delete 键或按 Backspace 键。
- 选择【编辑】/【删除幻灯片】命令。
- 把选定的幻灯片剪切到剪贴板上。

此外，在大纲视图的大纲窗格中，如果删除了一张幻灯片中的所有文本，则该幻灯片也被删除。在大纲视图中删除幻灯片（剪切到剪贴板上除外）时，如果幻灯片中包含注释页或图形，会弹出如图 5-25 所示的【Microsoft Office PowerPoint】对话框。在【Microsoft Office PowerPoint】对话框中，单击 确定 按钮，即可删除所选定的幻灯片。

图 5-25 【Microsoft Office PowerPoint】对话框

5.3 PowerPoint 2003 中的幻灯片版面设置

幻灯片的版面指的是幻灯片的外观效果。可以通过更换版式、更换设计模板、更换配色方案或更改母版等方法来设置幻灯片的版面，此外，还可以通过设置背景、页眉和页脚等方法设置幻灯片的版面。

5.3.1 更换版式

幻灯片版式是指幻灯片的内容在幻灯片上的排列方式，由占位符组成。制作幻灯片时，首先要指定该张幻灯片的版式，制作完幻灯片后，还可以更换幻灯片的版式。

更换幻灯片版式的方法是，先选定要更换版式的幻灯片，再选择【格式】/【幻灯片版式】命令，窗口中出现如图 5-26 所示的【幻灯片版式】任务窗格。在该任务窗格中，单击一个版式图标，即可把当前幻灯片设定为该版式。

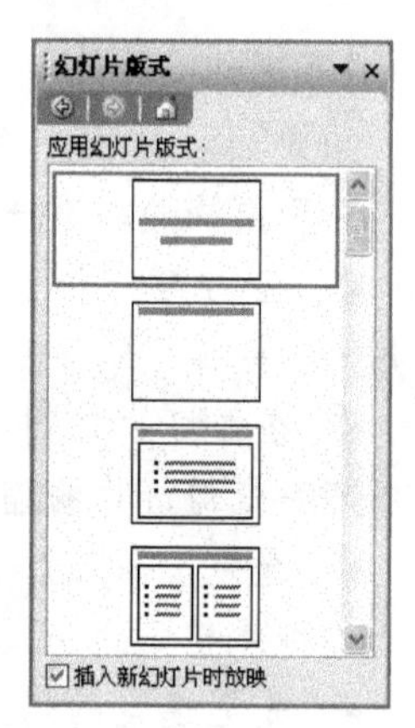

图 5-26 【幻灯片版式】任务窗格

更换幻灯片版式有以下特点。

- 幻灯片内容的格式随版式的更换而更改。
- 幻灯片的内容不会因版式的更换而改变。
- 如果新版式中有与旧版式不同的占位符，则幻灯片中自动添加一个空占位符。
- 如果旧版式中有与新版式不同的占位符，则原有占位符的位置及其内容不变。

图 5-27 所示为使用“项目清单”版式的幻灯片，更换为“垂直排列文本”版式后，如图 5-28 所示。

第5章 幻灯片软件PowerPoint 2000

- 基本操作
- 幻灯片制作
- 幻灯片版面设置
- 幻灯片放映设置
- 幻灯片放映、打印与打包

图 5-27 “项目清单”版式的幻灯片

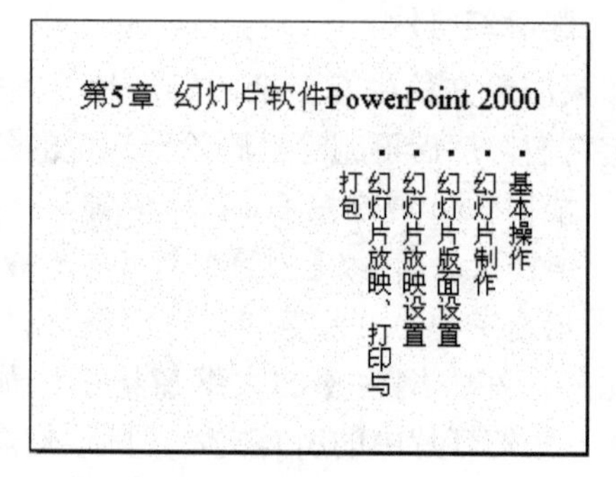

图 5-28 “垂直排列文本”版式的幻灯片

5.3.2 更换设计模板

设计模板是一个演示文稿文件，该文件中包括了演示文稿中项目符号的样式、字体的类型和大小、占位符大小和位置、幻灯片背景样式、幻灯片的配色方案以及幻灯片母版和可选的标题母版。

新建演示文稿时，幻灯片采用默认的设计模板或用户选择的设计模板。幻灯片制作时或制作完成后，用户可以更换幻灯片的设计模板。通过更换设计模板，可把一个演示文稿由一种风格快速变换为另一种风格。

更换设计模板的方法是，先选定要更换设计模板的幻灯片，再选择【格式】/【幻灯片设计】命令，窗口中出现【幻灯片设计】任务窗格。在该任务窗格中，单击【设计模板】链接，任务窗格如图 5-29 所示，其中列出了可供使用的设计模板，从中单击一个设计模板图标，幻灯片即更换为该设计模板。

图 5-29 【幻灯片设计】任务窗格

更换幻灯片设计模板有以下特点。

- 更换幻灯片设计模板后，幻灯片中的内容不改变。
- 如果只选定了一张幻灯片，将更换所选幻灯片的设计模板。如果选定了多张幻灯片，将更换这些幻灯片的设计模板。
- 如果更换了所有幻灯片的设计模板，“标题”版式幻灯片的设置与其他版式幻灯片的设置稍有不同。

图 5-30 所示为使用默认设计模板的幻灯片，更换为“Blends.pot”设计模板（Blends.pot 是 PowerPoint 2003 自带的一个设计模板）后，如图 5-31 所示。

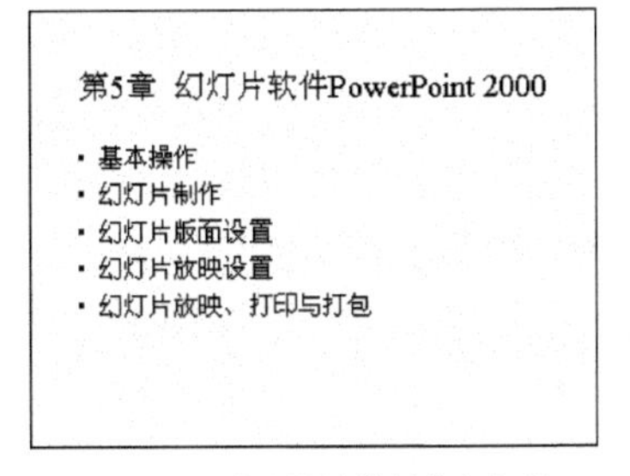

图 5-30 默认设计模板的幻灯片

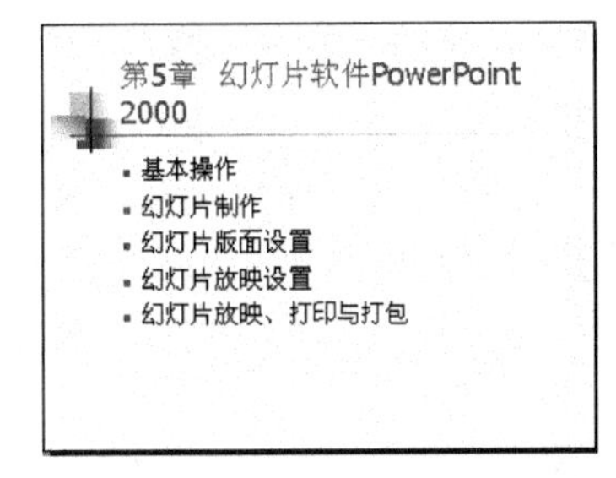

图 5-31 “Blends.pot”模板的幻灯片

5.3.3 更换配色方案

配色方案由幻灯片的 8 种元素（背景、文本、线条、阴影、标题文本、填充、强调和超级链接）的颜色组成。幻灯片的配色方案由采用的设计模板决定。幻灯片制作完成后，用户可以更换幻灯片的配色方案。

更换配色方案的方法是，先选定要更换配色方案的幻灯片，再选择【格式】/【幻灯片设计】命令，窗口中出现【幻灯片设计】任务窗格。在该任务窗格中，单击【配色方案】链接，任务窗格如图 5-32 所示，其中列出了设计模板中预定的配色方案，单击一个配色方案图标，幻灯片即更换为该配色方案。此外，如果设计模板中预定的配色方案不能满足要求，还可以单击任务窗格中的【编辑方案】链接，自己设定配色方案。

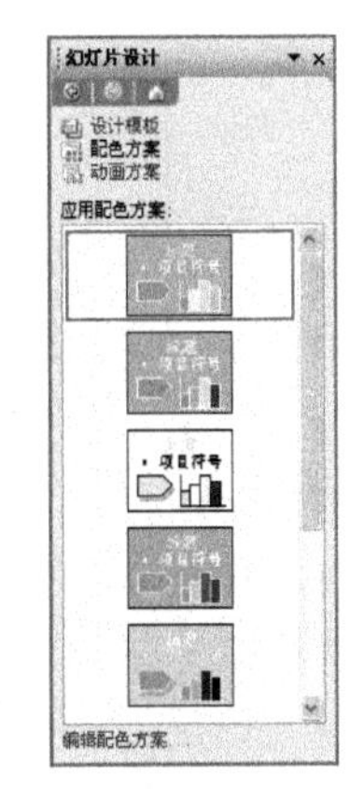

图 5-32 【幻灯片设计】对话框

更换幻灯片配色方案有以下特点。

- 更换幻灯片配色方案后，幻灯片中的内容并不改变。
- 如果只选定了一张幻灯片，将更换所选幻灯片的配色方案。如果选定了多张幻灯片，将更换这些幻灯片的配色方案。

图 5-33 所示为使用设计模板默认配色方案的幻灯片，图 5-34 所示为更换配色方案后的幻灯片。

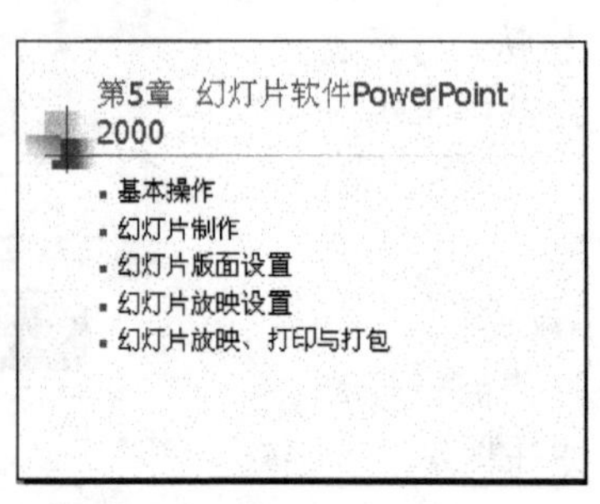

图 5-33 默认配色方案的幻灯片

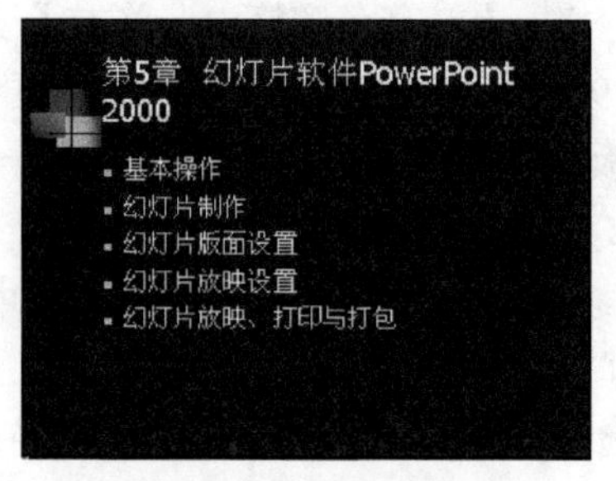

图 5-34 更换配色方案后的幻灯片

5.3.4 更改母版

幻灯片母版存储幻灯片的模板信息，包括字形、占位符的大小和位置、背景设计和配色方案。幻灯片母版的主要用途是使用户能方便地进行全局更改（如替换字形、添加背景等），并使该更改应用到演示文稿中的所有幻灯片。

在创建演示文稿时，系统将自动建立幻灯片母版。如果使用默认的设计模板，演示文稿中只有幻灯片母版。如果选择了某个设计模板，演示文稿中除了幻灯片母版外还包含标题母版，用户可以在标题母版上进行更改，以应用于具有【标题】版式的幻灯片。

如果要更改幻灯片母版或标题母版，应先切换到幻灯片相应的母版视图，方法如下。

- 选择【视图】/【母版】/【幻灯片母版】命令，切换到幻灯片母版视图。
- 选择【视图】/【母版】/【标题母版】命令，切换到标题母版视图。

"Blends.pot"设计模板的幻灯片母版视图如图 5-35 所示，标题母版视图如图 5-36 所示。

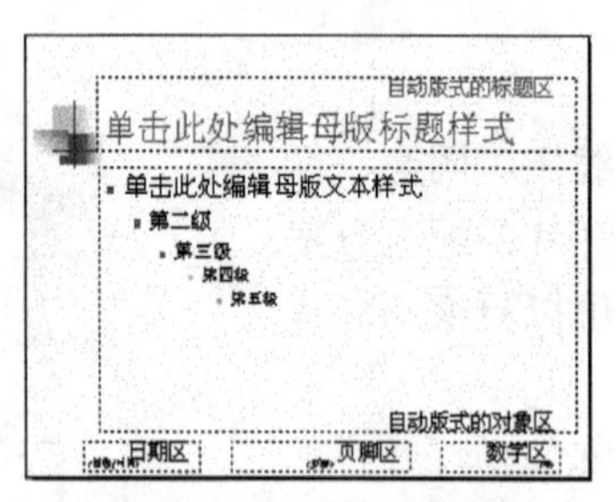

图 5-35 幻灯片母版视图

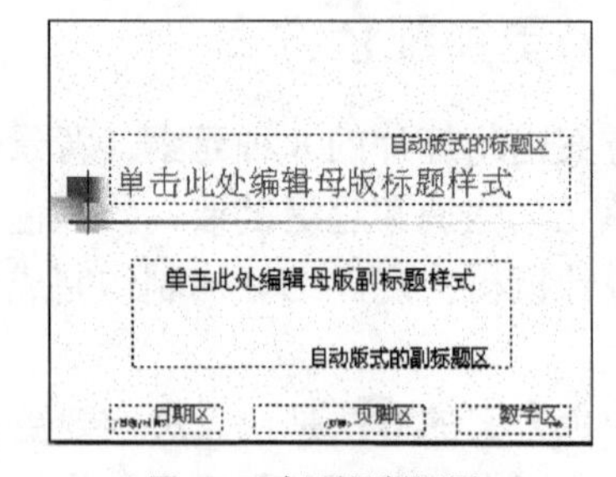

图 5-36 标题母版视图

在幻灯片母版视图和标题母版视图中，包括若干个由虚线框标注的区域，说明如下。

- 标题区：用于设置标题的位置和样式。
- 对象区：用于设置对象的位置和样式。
- 日期区：用于设置日期的位置和样式。
- 页脚区：用于设置页脚的位置和样式。
- 数字区：用于设置数字的位置和样式。

以上区域也就是前面所说的占位符。母版占位符中的文本只用于样式，实际的文本

（如标题和列表）应在普通视图下的幻灯片上键入，而页眉和页脚中的文本应在【页眉和页脚】对话框中键入。用户可以像更改演示文稿中的任何幻灯片一样更改幻灯片母版，具体方法不再重复。

5.3.5 设置背景

幻灯片的背景包括背景颜色和背景填充效果，幻灯片的背景由采用的设计模板决定。幻灯片制作完成后，还可以重新设置幻灯片的背景。

设置幻灯片背景的方法是，选定要更换背景的幻灯片，再选择【格式】/【背景】命令，弹出如图 5-37 所示的【背景】对话框。在【背景】对话框中可进行以下操作。

- 单击颜色下拉列表框中的按钮，弹出颜色列表框，如图 5-38 所示，可从中选择所需要的背景颜色。

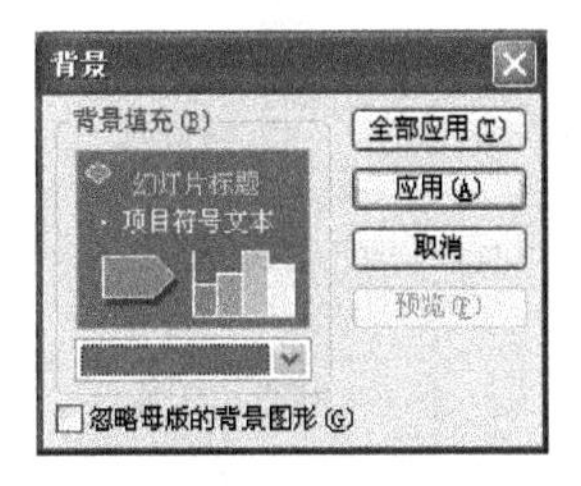

图 5-37 【背景】对话框

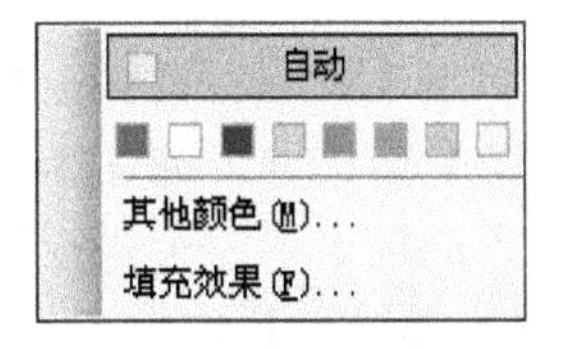

图 5-38 颜色列表框

- 选择【忽略母版的背景图形】复选框，则背景中不包含母版中插入的图形对象，否则将包含母版中插入的图形对象。
- 单击 全部应用(T) 按钮，把选择的背景应用于所有的幻灯片。
- 单击 应用(A) 按钮，把选择的背景应用于选定的幻灯片。
- 单击 预览(P) 按钮，在幻灯片窗格中可预览背景的效果

如果颜色列表框中提供的颜色不能满足要求，或要设置背景的填充效果，可在图 5-38 所示的颜色列表框中选择【其他颜色】命令或【填充效果】命令，分别弹出如图 5-39 所示的【颜色】对话框和图 5-40 所示的【填充效果】对话框。

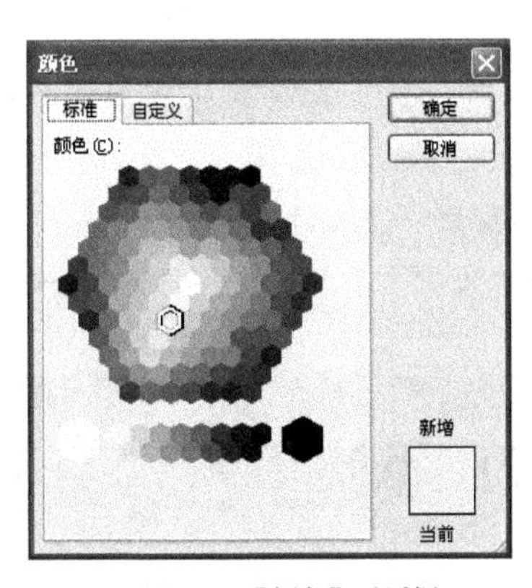

图 5-39 【颜色】对话框

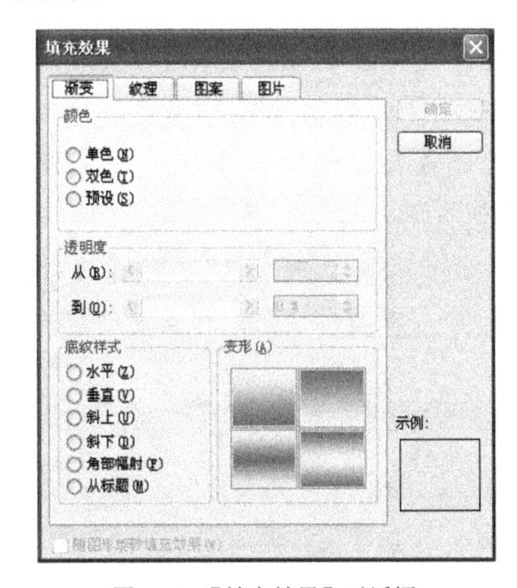

图 5-40 【填充效果】对话框

在【颜色】对话框中，两个选项卡的作用如下。

- 【标准】选项卡：提供了所有的标准颜色，单击某个颜色后，可选择该颜色。

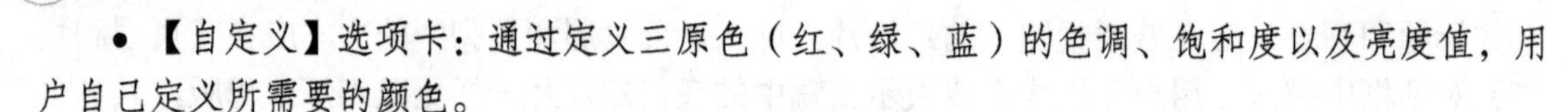

- 【自定义】选项卡：通过定义三原色（红、绿、蓝）的色调、饱和度以及亮度值，用户自己定义所需要的颜色。

在【填充效果】对话框中，4 个选项卡的作用如下。

- 【渐变】选项卡：将一种或两种颜色的渐变设定为背景。
- 【纹理】选项卡：将某一种预设的纹理图片文件设定为背景。
- 【图案】选项卡：将某一种规则的几何图案设定为背景。
- 【图片】选项卡：将某个图片文件设定为背景。

5.3.6 设置页眉和页脚

在幻灯片母版中，预留了日期、页脚和数字 3 种占位符，占位符中的内容不能在幻灯片中直接输入，需要在【页眉和页脚】对话框中输入。

设置页眉和页脚的方法是，选择【视图】/【页眉和页脚】命令，弹出【页眉和页脚】对话框，在该对话框中打开【幻灯片】选项卡，如图 5-41 所示。

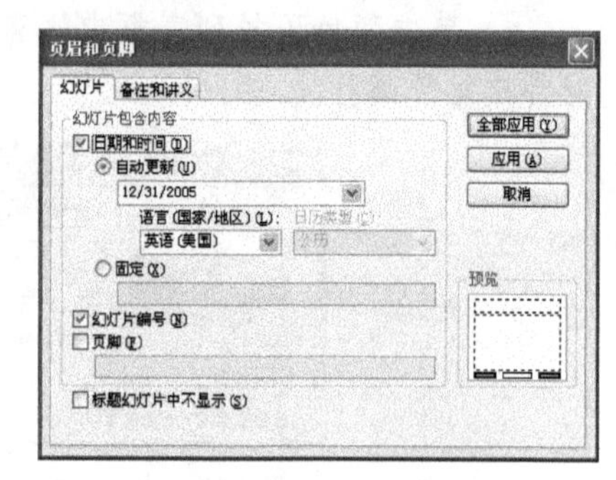

图 5-41 【幻灯片】选项卡

在【幻灯片】选项卡中，可进行以下操作。

- 选择【日期和时间】复选框，可在幻灯片的日期占位符中添加日期和时间，否则不能添加日期和时间。
- 选择【日期和时间】复选框后，如果再选择【自动更新】单选钮，系统将自动插入当前日期和时间，插入的日期和时间会根据演示时的日期和时间自动更新。插入日期和时间后，还可从【自动更新】下的 3 个下拉列表框中选择日期和时间的格式、日期和时间所采用的语言、日期和时间所采用的日历类型。
- 选择【日期和时间】复选框后，如果再选择【固定】单选钮，可直接在下面的文本框中输入日期和时间，插入的日期和时间不会根据演示时的日期和时间自动更新。
- 选择【幻灯片编号】复选框，可在幻灯片的数字占位符中显示幻灯片编号，否则不显示幻灯片编号。
- 选择【页脚】复选框，可在幻灯片的页脚占位符中显示页脚，否则不显示页脚。页脚的内容在其下面的文本框中输入。
- 选择【标题幻灯片中不显示】复选框，则在标题幻灯片中不显示页眉和页脚，否则显示页眉和页脚。
- 单击 全部应用(Y) 按钮，对所有幻灯片设置页眉和页脚，同时关闭该对话框。
- 单击 应用(A) 按钮，对当前幻灯片或选定的幻灯片设置页眉和页脚，同时关闭该对话框。

5.4 PowerPoint 2003 中的幻灯片放映设置

制作幻灯片的最终目的是放映幻灯片，对幻灯片的放映进行设置，可使幻灯片的放映效果更加生动精彩。常用的幻灯片放映设置包括：设置动画效果、设置切换效果、设置放映

时间、设置放映方式等。

5.4.1 设置动画效果

动画效果是指给文本或对象添加特殊的视觉效果或声音效果。默认情况下，幻灯片中的文本没有动画效果。制作完幻灯片后，用户可根据需要给文本设置相应的动画效果。设置动画效果有两种常用的方法：应用动画方案和自定义动画。

1. 应用动画方案

动画方案是指系统为文字设定好的动画方案。用户可将预设的动画方案应用于幻灯片的文本中。

选择【幻灯片放映】/【动画方案】命令，窗口中出现如图 5-42 所示的【幻灯片设计】任务窗格。在任务窗格中选择一种动画方案，则当前幻灯片中的所有文字都设为该动画方案。如果单击应用于所有幻灯片按钮，则所有幻灯片中的所有文字都设为该动画方案。

2. 自定义动画

使用自定义动画可以在同一张幻灯片中有不同的动画。选择【幻灯片放映】/【自定义动画】命令，窗口中出现如图 5-43 所示的【自定义动画】任务窗格。

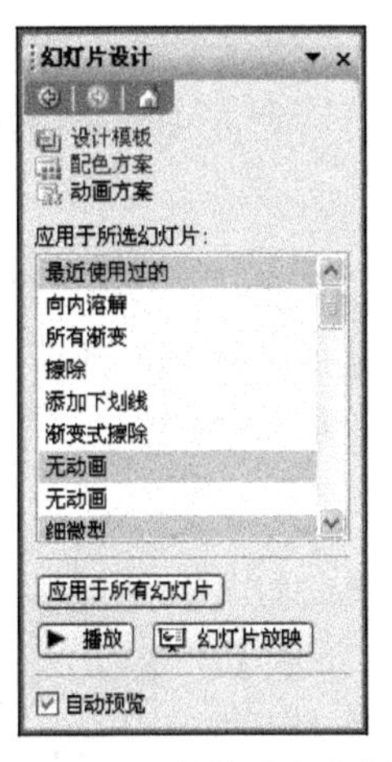

图 5-42 【幻灯片设计】任务窗格

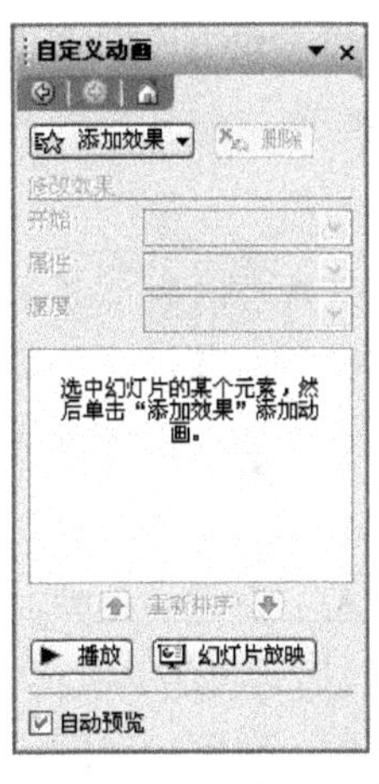

图 5-43 【自定义动画】任务窗格

在【自定义动画】任务窗格中，可进行以下操作。

- 在幻灯片中，选定要设置动画效果的元素，单击添加效果按钮，在打开的下拉菜单中选择一种动画效果，这时，【开始】、【属性】和【速度】下拉列表框变为可用状态，用户可在【开始】、【属性】和【速度】的下拉列表中选择所需要的项。
- 设置了多个元素的动画后，可从任务窗格中央的列表框中选择一个动画元素，单击或按钮，改变该动画元素的出场顺序。
- 从任务窗格中央的列表框中选择一个动画元素后，单击删除按钮，可删除该元素的动画效果。

5.4.2 设置切换效果

切换效果就是当一张幻灯片放映完后转到下一张幻灯片时，当前幻灯片的变化效果。

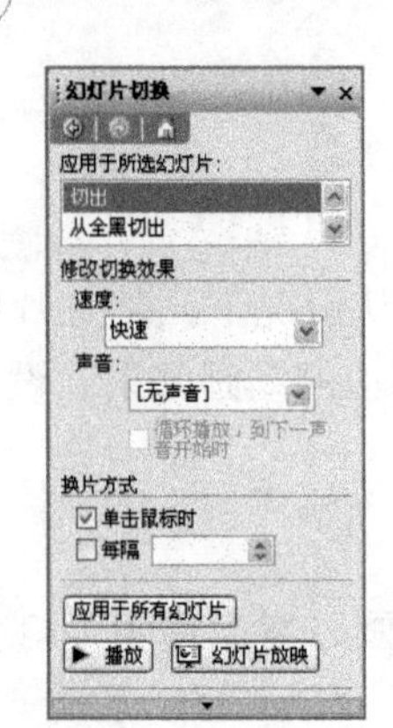

图 5-44 【幻灯片切换】任务窗格

默认情况下，幻灯片没有切换效果，用户可根据需要设置幻灯片的切换效果。

选择【幻灯片放映】/【幻灯片切换】命令，窗口中出现如图 5-44 所示的【幻灯片切换】任务窗格。在【幻灯片切换】任务窗格中，可进行以下操作。

- 在【应用于所选幻灯片】列表框中，选择一种切换效果，同时幻灯片窗格中演示该切换效果。
- 在【速度】下拉列表中，选择一种幻灯片的切换速度。
- 在【声音】下拉列表中，选择一种幻灯片的切换声音。
- 选择【单击鼠标时】复选框，则单击鼠标时切换幻灯片。
- 选择【每隔】复选框，可在其右侧的数值框中输入或调整幻灯片切换的时间间隔。
- 单击[应用于所有幻灯片]按钮，将所设置的切换效果应用于所有的幻灯片。

5.4.3 设置放映时间

放映幻灯片时，默认方式是通过单击鼠标或按空格键切换到下一张幻灯片。用户可设置幻灯片的放映时间，使其自动播放。设置放映时间有两种方式：人工设时和排练计时。

1. 人工设时

人工设置幻灯片放映时间是通过设置幻灯片切换效果实现的。在图 5-44 所示的【幻灯片切换】任务窗格中，选择【每隔】复选框，在其右侧的数值框中输入或调整一个幻灯片切换的时间间隔，这个时间就是当前幻灯片或所选定幻灯片的放映时间。

2. 排练计时

如果用户对人工设定的放映时间没有把握，可以在排练幻灯片的过程中自动记录每张幻灯片放映的时间。选择【幻灯片放映】/【排练计时】命令，系统切换到幻灯片放映视图，同时屏幕上出现如图 5-45 所示的【预演】工具栏。

图 5-45 【预演】工具栏

在【预演】工具栏中，第 1 个时间框是当前幻灯片所用的时间，第 2 个时间框是幻灯片放映总共所用的时间，单击[➡]按钮，进行下一张幻灯片的计时，单击[⏸]按钮，暂停当前幻灯片的计时，单击[↺]按钮，重新对当前幻灯片计时。如果要中断排练计时，按[Esc]键。

当所有幻灯片放映完或中断排练计时的时候，将弹出一个对话框，让用户决定是否接受排练时间。

3. 清除计时

如果用户想清除排练时间，选择【幻灯片放映】/【幻灯片切换】命令，弹出类似图 5-44 所示的【幻灯片切换】任务窗格。在【幻灯片切换】任务窗格中，取消【每隔】复选框的选择，然后单击[应用于所有幻灯片]按钮，即可清除排练计时。

5.4.4 设置放映方式

为适应不同场合的需要，幻灯片有不同的放映方式。用户可以根据自己的需要设置幻灯片的放映方式。选择【幻灯片放映】/【设置放映方式】命令，弹出如图 5-46 所示的【设置放映方式】对话框。

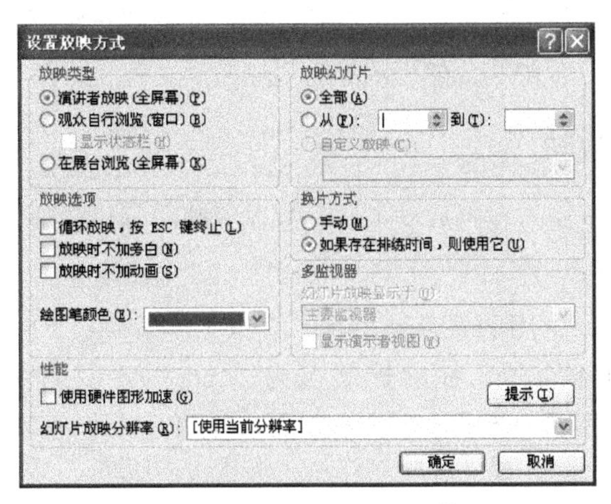

图 5-46 【设置放映方式】对话框

在【设置放映方式】对话框中，可进行以下操作。

- 选择【演讲者放映（全屏幕）】单选钮，则幻灯片在全屏幕中放映，放映过程中演讲者可以控制幻灯片的放映过程。
- 选择【观众自行浏览（窗口）】单选钮，则幻灯片在窗口中放映，用户可以控制幻灯片的放映过程。幻灯片放映的同时，用户还可以运行其他应用程序。
- 选择【在展台浏览（全屏幕）】单选钮，则幻灯片在全屏幕中自动放映，用户不能控制幻灯片的放映过程，只能按 Esc 键终止放映。
- 选择【循环放映，按 ESC 键终止】复选框，则循环放映幻灯片，按 Esc 键后终止放映，否则演示文稿只放映一遍。
- 选择【放映时不加旁白】复选框，则即使录制了旁白，也不播放。
- 选择【放映时不加动画】复选框，则即使幻灯片中设置了动画效果，放映时也不显示动画效果。
- 选择【显示状态栏】复选框，则在窗口中显示状态栏，否则不显示状态栏。只有在【观众自行浏览】方式下该复选框才可用。
- 选择【全部】单选钮，则放映演示文稿中的所有幻灯片。
- 选择幻灯片范围【从】单选钮，则可在其右侧的【从】和【到】数值框中输入或调整要放映幻灯片的范围。
- 选择【手动】单选钮，则单击鼠标或按空格键使幻灯片换页。
- 选择【如果存在排练时间，则使用它】单选钮，则根据排练时间自动切换到下一张幻灯片。
- 在【绘图笔颜色】的下拉列表中选择一种绘图笔颜色，在幻灯片放映时，用该颜色标注幻灯片（参见“5.5.1 幻灯片放映”一节）。
- 单击 确定 按钮，完成幻灯片放映方式的设置。

5.5 PowerPoint 2003 中的幻灯片放映、打印与打包

幻灯片制作和设置完后，可供别人放映或打印。如果要在没有安装 PowerPoint 2003 的系统上放映幻灯片，还需要事先对演示文稿打包，解包后即可以放映。

5.5.1 幻灯片放映

幻灯片放映时常用的操作包括启动放映、控制放映和标注放映。

1. 启动放映

在保存演示文稿时，常用的保存类型有“演示文稿”型和“PowerPoint 放映”型。对于“演示文稿”型幻灯片（文件的扩展名为“.ppt”），只有将它打开以后，才能在 PowerPoint 2003 窗口中放映。在 PowerPoint 2003 窗口中，有以下放映方法。

- 单击 PowerPoint 2003 窗口中的幻灯片放映视图按钮。
- 选择【视图】/【幻灯片放映】命令。
- 选择【幻灯片放映】/【观看放映】命令。
- 按F5键。

用第 1 种方法系统是从当前幻灯片开始放映，用后 3 种方法系统是从第 1 张幻灯片开始放映。

对于“PowerPoint 放映”型幻灯片（文件的扩展名为“.pps”），无论在 PowerPoint 2003 中打开，还是在 Windows 资源管理器中打开，系统都会从第 1 张幻灯片开始放映。在 PowerPoint 2003 中打开的“PowerPoint 放映”型幻灯片，放映结束后还可以对其编辑，而在 Windows 资源管理器中打开的“PowerPoint 放映”型幻灯片，则不能对其编辑。

2. 控制放映

如果幻灯片没有设置成“在展台浏览”放映方式（参见“5.4.4 设置放映方式”一节），则在幻灯片放映过程中，用户可以控制其放映过程。常用的控制方式有切换幻灯片、定位幻灯片、暂停放映和结束放映。

（1）切换幻灯片

在幻灯片放映过程中，常常要切换到下一张幻灯片或切换到上一张幻灯片。即便使用排练计时自动放映幻灯片，用户也可以手工切换到下一张幻灯片或切换到上一张幻灯片。

在幻灯片放映过程中，切换到下一张幻灯片有以下方法。

- 单击鼠标右键，弹出如图 5-47 所示的【放映控制】快捷菜单，选择【下一张】命令。
- 单击鼠标左键。
- 按空格键。
- 按PageDown、N、→、↓或Enter键。

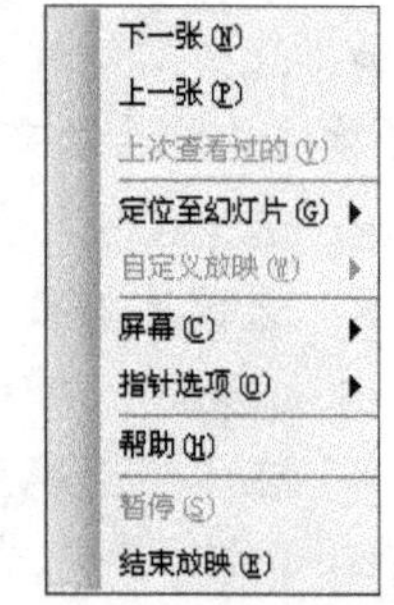

图 5-47 【放映控制】快捷菜单

在幻灯片放映过程中，切换到上一张幻灯片有以下方法。

- 单击鼠标右键，在弹出的快捷菜单（见图 5-47）中，选择【上一张】命令。
- 按 PageUp、P、←、↑或 Backspace 键。

（2）定位幻灯片

在幻灯片放映过程中，有时需要切换到某一张幻灯片，从该幻灯片开始顺序放映。定位到某张幻灯片有以下方法。

- 单击鼠标右键，从弹出的快捷菜单（见图 5-47）中选择【定位至幻灯片】命令，弹出由幻灯片标题组成的子菜单，在子菜单中选择一个标题，即可定位到该幻灯片。
- 输入幻灯片的编号（注意，输入时看不到输入的编号），按回车键，定位到相应编号的幻灯片。在幻灯片设计过程中，在大纲窗格或幻灯片浏览窗格中每张幻灯片前面的数就是幻灯片编号。
- 同时按住鼠标左、右键 2 秒钟，定位到第 1 张幻灯片。

（3）暂停放映

使用排练计时自动放映幻灯片时，有时需要暂停放映，以便处理发生的意外情况。按 S 键或+键，或者单击鼠标右键，从弹出的快捷菜单（见图 5-47）中选择【暂停】命令，即可暂停放映。

暂停放映后，按 S 键或+键，或者单击鼠标右键，从弹出的快捷菜单（见图 5-47）中选择【继续执行】命令，即可继续放映。

（4）结束放映

最后一张幻灯片放映完后，出现黑色屏幕，顶部有“放映结束，单击鼠标退出。”字样，这时单击鼠标就可结束放映。

在放映过程中单击鼠标右键，从弹出的快捷菜单（见图 5-47）中选择【结束放映】命令，或者按 Esc、- 或 Ctrl+Break 组合键，都可结束放映。

3．标注放映

在幻灯片放映过程中，为了做即时说明，可以用鼠标对幻灯片进行标注。常用的标注操作有设置绘图笔颜色、标注幻灯片和擦除笔迹。

（1）设置绘图笔颜色

在放映过程中，单击鼠标右键，从弹出的快捷菜单（见图 5-47）中选择【指针选项】/【墨迹颜色】命令，弹出如图 5-48 所示的【墨迹颜色】子菜单，单击其中的一种颜色，即可将绘图笔设置为该颜色。

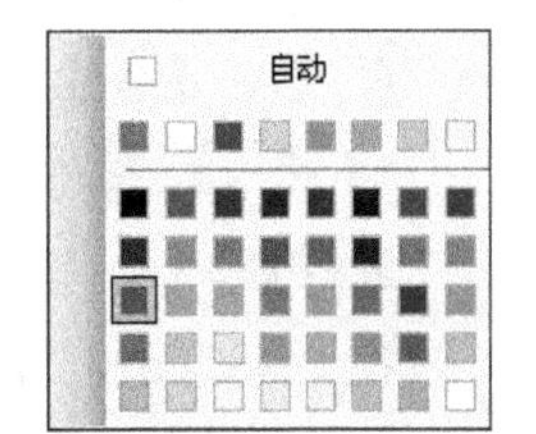

图 5-48 【墨迹颜色】子菜单

（2）标注幻灯片

要想在幻灯片放映过程中标注幻灯片，必须先转换到幻灯片标注状态。转换到幻灯片标注状态有以下方法。

- 按 Ctrl+P 组合键。
- 单击鼠标右键，从弹出的快捷菜单（见图 5-47）中选择【指针选项】级联菜单中的【圆珠笔】、【毡尖笔】或【荧光笔】命令。

在幻灯片标注状态下，拖动鼠标就可以在幻灯片上进行标注。按 Esc 键或 Ctrl+A 组合键，或者单击鼠标右键，从弹出的快捷菜单中选择【指针选项】/【箭头】命令，可取消标注幻灯片的状态。

（3）擦除笔迹

按E键，或者单击鼠标右键，从弹出的快捷菜单（见图 5-47）中选择【屏幕】/【擦除笔迹】命令，都可擦除幻灯片上标注的笔迹。另外，幻灯片切换后，再次回到标注过的幻灯片中，原先所标注的笔迹都被擦除。

5.5.2 幻灯片打印

演示文稿创建好后，为了便于提交或留存查阅，常常需要把它打印出来。打印前通常需要设置打印页面，一切满意后，再在打印机上打印。

1. 设置页面

选择【文件】/【页面设置】命令，弹出如图 5-49 所示的【页面设置】对话框。在【页面设置】对话框中可进行以下操作。

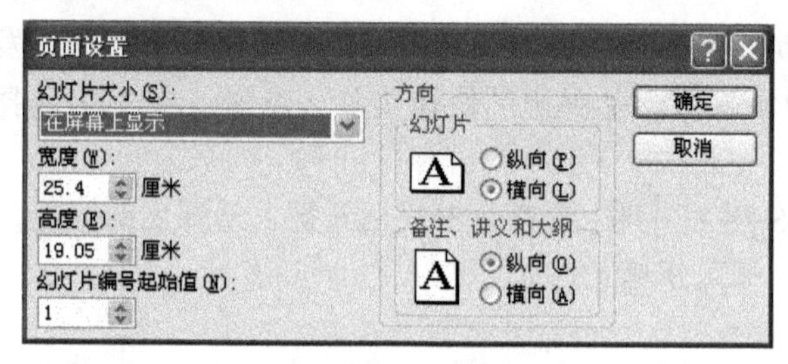

图 5-49 【页面设置】对话框

- 在【幻灯片大小】下拉列表框中，选择一种大小的纸张。如果选择了【自定义】，需要在【宽度】和【高度】数值框中输入或调整纸张的宽度和高度值。如果在【宽度】和【高度】数值框中输入或调整纸张的宽度和高度值，【幻灯片大小】下拉列表框中的值自动变为【自定义】。
- 在【幻灯片编号起始值】数值框中输入或调整幻灯片编号，从该编号开始打印幻灯片。
- 选择【幻灯片】组的【纵向】单选钮，则幻灯片的纸张为纵向。
- 选择【幻灯片】组的【横向】单选钮，则幻灯片的纸张为横向。
- 选择【备注、讲义和大纲】组的【纵向】单选钮，则相应的纸张设为纵向。
- 选择【备注、讲义和大纲】组的【横向】单选钮，则相应的纸张设为横向。
- 单击确定按钮，完成页面设置。

2. 打印

在 PowerPoint 2003 中，打印演示文稿有以下方法。

- 按Ctrl+P组合键。
- 选择【文件】/【打印】命令。
- 单击按钮。

用最后一种方法，将按默认方式打印全部演示文稿一份，用前两种方法将弹出如图 5-50 所示的【打印】对话框。【打印】对话框与 Word 2003 中的【打印】对话框大致相同，不同之处说明如下。

- 在【打印内容】的下拉列表中选择演示文稿的内容（“幻灯片”、“讲义”等）。
- 在【颜色/灰度】的下拉列表中选择“灰度”或“彩色”。

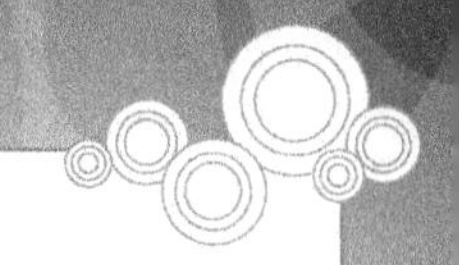

图 5-50 【打印】对话框

- 选择【根据纸张调整大小】复选框，则打印时根据纸张大小来调整幻灯片的大小。
- 选择【幻灯片加框】复选框，则打印幻灯片时加上边框，否则不加边框。

5.5.3 幻灯片打包

如果要在一台没有安装 PowerPoint 的计算机上放映幻灯片，可以用 PowerPoint 2003 提供的“打包”向导，把演示文稿打包，再把打包文件复制到没有安装 PowerPoint 的计算机上，把打包的文件解包后，就可放映幻灯片。

选择【文件】/【打包成 CD】命令，弹出如图 5-51 所示的【打包成 CD】对话框。

在【打包成 CD】对话框中，可进行以下操作。

- 在【将 CD 命名为】文本框中，输入打包成 CD 的名字。
- 单击[添加文件(A)...]按钮，弹出【添加文件】对话框，从中可选择一个演示文稿文件，将其与当前的演示文稿文件一起打包。
- 单击[选项(O)...]按钮，弹出如图 5-52 所示的【选项】对话框，在该对话框中可设置打包的选项。

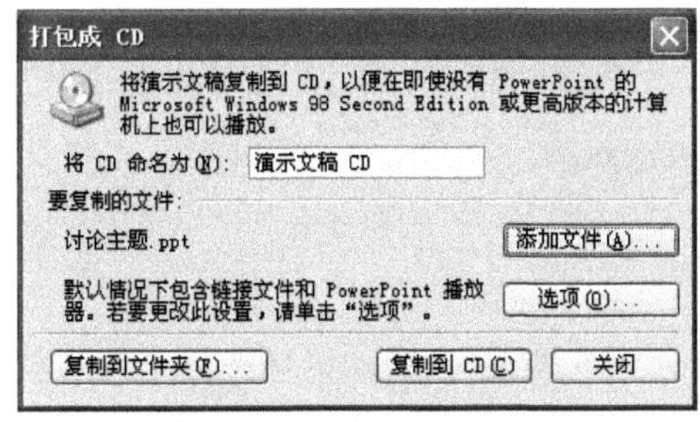

图 5-51 【打包成 CD】对话框

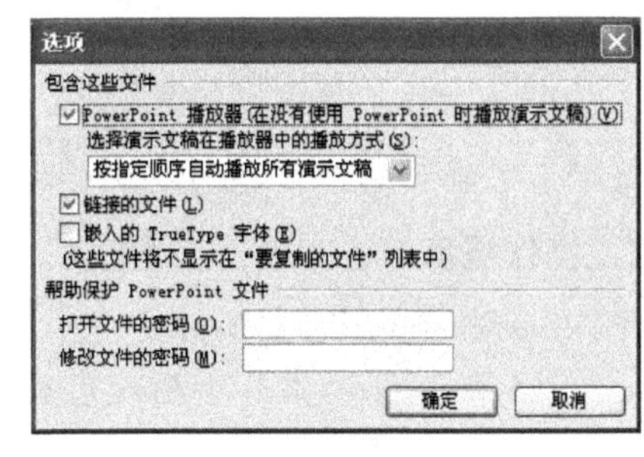

图 5-52 【选项】对话框

- 单击[复制到文件夹(F)...]按钮，弹出【复制到文件夹】对话框，在该对话框中选择一个文件夹，打好的包将保存到这个文件夹下。
- 单击[复制到 CD(C)]按钮，系统把打好的包复制到光盘中。这需要计算机中必须有可读写光驱。

- 单击 关闭 按钮，关闭【打包成CD】对话框，退出打包操作。

幻灯片打包成CD后，光盘具有自动放映功能，即把光盘插入到光驱后，系统能够自动放映打包的幻灯片，即使系统中没有安装PowerPoint也能放映。

幻灯片复制到文件夹后，在文件夹中建立一个子文件夹，子文件夹的名字就是在如图5-51所示【打包成CD】对话框的【将CD命名为】文本框中输入的名字，该文件夹中除了包含演示文稿文件外，还包含用于放映幻灯片的程序。

5.6 PowerPoint 2003上机实训

前几节介绍了PowerPoint 2003中的基本概念和基本操作，下面给出相关的上机操作题，通过上机操作，进一步巩固这些基本概念，熟练这些基本操作。

5.6.1 实训1——建立幻灯片

1. 实训内容

建立图5-53所示的4张幻灯片，并保存到“永不亏公司.ppt”文件中。

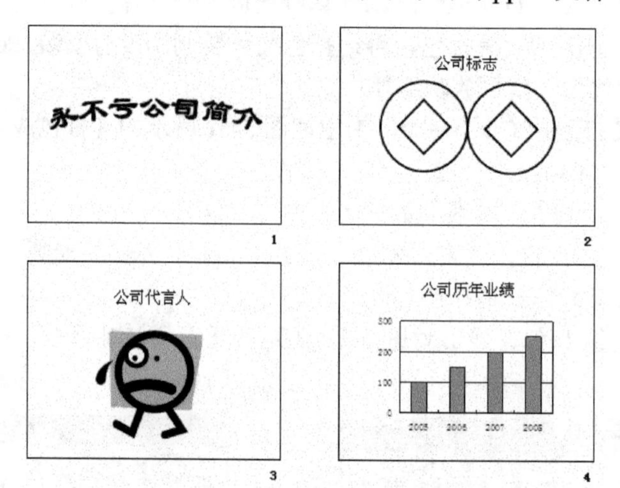

图5-53 媒体型幻灯片

2. 操作提示

（1）启动PowerPoint 2003。

（2）在第1张幻灯片中插入艺术字“永不亏公司简介”。艺术字样式为【艺术字库】列表第1行第3列的样式，艺术字的字号为“80”，艺术字的字体为“隶书”，大小为“72磅”。

（3）选择【插入】/【幻灯片】命令，从【幻灯片版式】任务窗格中选择【标题和内容】版式。

（4）在幻灯片的占位符中输入第2张幻灯片中的标题。

（5）在幻灯片中设计一个相应大小的铜钱图形，设置图形的线型为“6磅”，用剪贴板复制同样的一个铜钱，并拖动到合适的位置。

（6）选择【插入】/【幻灯片】命令，从【幻灯片版式】任务窗格中选择【标题和内容】版式。在幻灯片的占位符中输入第3张幻灯片中的标题。

（7）选择【插入】/【图片】/【剪贴画】命令，所插入的剪贴画以“卡通”为关键字在剪辑库中搜索到。在幻灯片中，拖动新插入的剪贴画到合适位置，再拖动其尺寸控点到合适大小。

（8）选择【插入】/【新幻灯片】命令，从【幻灯片版式】任务窗格中选择【标题和图表】版式。在幻灯片的占位符中输入第4张幻灯片中的标题。

（9）双击幻灯片中的图标，幻灯片中插入一个图表，同时弹出与图表相应的【数据表】对话框，如图5-54所示。

（10）在【数据表】对话框中，选定最后两行，选择【编辑】/【清除】/【全部】命令。

（11）在【数据表】对话框中，将“东部”修改为“利润”，将4个季度（第一季度、第二季度、第三季度和第四季度）修改为4个年份（2009、2010、2011、2012）；输入4个年份的利润值（100、150、200、250）。

（12）单击工具栏上按钮旁的按钮，弹出如图5-55所示的【图表类型】菜单，单击按钮，把图表由三维柱形图改为柱型图。

（13）单击工具栏上的按钮，取消图例的显示。

（14）在幻灯片图表外的空白区域单击鼠标，完成图表的建立和设置。

（15）以“永不亏公司.ppt”为文件名保存演示文稿。

永不亏公司.ppt - 数据表

		A	B	C	D	E
		第一季度	第二季度	第三季度	第四季度	
1	东部	20.4	27.4	90	20.4	
2	西部	30.6	38.6	34.6	31.6	
3	北部	45.9	46.9	45	43.9	
4						

图5-54 【数据表】对话框

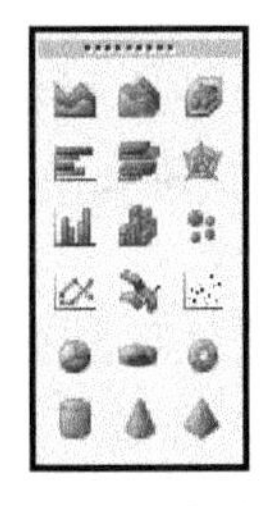

图5-55 【图表类型】菜单

5.6.2 实训2——设置幻灯片静态效果

1. 实训内容

将实训1中制作的“永不亏公司.ppt”演示文稿设置为如图5-56所示的样式。4张幻灯片的设计模板为“Crayons.pot”，第2张幻灯片背景的填充效果为“单色过渡色”，底纹样式为“斜上”，第3张幻灯片的背景纹理为“花束”，第4张幻灯片的背景图案为“瓦型”。

2. 操作提示

（1）启动PowerPoint 2003，打开“永不亏公司.ppt”演示文稿。

（2）选择【格式】/【幻灯片设计】命令，在【幻灯片设计】任务窗格中单击【设计模板】链接，从【幻灯片设计】任务窗格中找到并单击“Crayons.pot”模板。

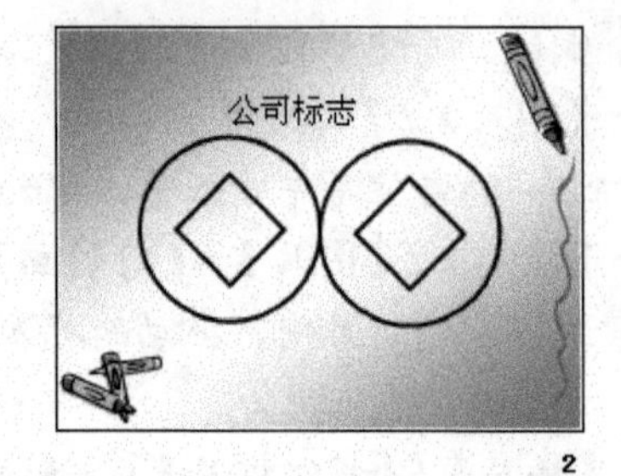

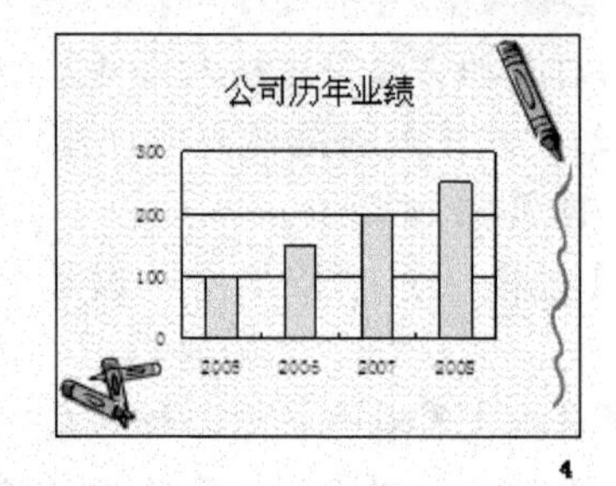

图 5-56　设置效果后的幻灯片

（3）选定第 2 张幻灯片，选择【格式】/【背景】命令，弹出【背景】对话框。打开该对话框中的下拉列表，从中选择【填充效果】命令，在弹出的【填充效果】对话框中切换到【渐变】选项卡。

（4）在【渐变】选项卡中，选择【单色】单选钮，然后选择【斜上】单选钮，在【变形】列表中选择第 2 行中的第 2 个图标，再单击 确定 按钮，关闭【填充效果】对话框，返回【背景】对话框。在【背景】对话框中，单击 应用(A) 按钮。

（5）选定第 3 张幻灯片，选择【格式】/【背景】命令，弹出【背景】对话框。打开该对话框中的下拉列表，从中选择【填充效果】命令，在弹出的【填充效果】对话框中切换到【纹理】选项卡。

（6）在【纹理】选项卡的【纹理】列表中单击【花束】图标（第 3 行第 5 列的图标），再单击 确定 按钮，关闭【填充效果】对话框，返回到【背景】对话框。在【背景】对话框中，单击 应用(A) 按钮。

（7）选定第 4 张幻灯片，选择【格式】/【背景】命令，弹出【背景】对话框。打开该对话框中的下拉列表，从中选择【填充效果】命令，在弹出的【填充效果】对话框中切换到【图案】选项卡。

（8）在【图案】列表中单击【瓦形】图标（第 4 行第 7 列的图标），在【前景】的下拉列表中选择“黄色”，在【背景】的下拉列表中选择“浅黄色”，再单击 确定 按钮，关闭【填充效果】对话框，返回到【背景】对话框。在【背景】对话框中，单击 应用(A) 按钮。

（9）保存演示文稿。

5.6.3　实训 3——设置幻灯片动态效果

1．实训内容

（1）将实训 2 中制作的“永不亏公司.ppt”设置如下动画效果。

- 第 1 张幻灯片的动画效果为“升起”。

- 第 2 张幻灯片的动画效果为“回旋”。
- 第 3 张幻灯片的动画效果为“依次渐变”。
- 第 4 张幻灯片的动画效果为“向内溶解”。

（2）将实训 2 中制作的“永不亏公司.ppt”设置成如下切换效果。

- 第 1 张幻灯片的切换效果为“水平百叶窗”。
- 第 2 张幻灯片的切换效果为“垂直百叶窗”。
- 第 3 张幻灯片的切换效果为“盒状收缩”。
- 第 4 张幻灯片的切换效果为“盒状展开”。

2．操作提示

以下是实训内容（1）的操作步骤。

（1）启动 PowerPoint 2003，打开“永不亏公司.ppt”演示文稿。

（2）选择【幻灯片放映】/【动画方案】命令，窗口中出现【幻灯片设计】任务窗格。

（3）选定第 1 张幻灯片，在【幻灯片设计】任务窗格中选择“升起”动画方案。

（4）用同样的方法设置其他幻灯片的动画效果。

（5）保存演示文稿。

以下是实训内容（2）的操作步骤。

（1）启动 PowerPoint 2003，打开“永不亏公司.ppt”演示文稿。

（2）选择【幻灯片放映】/【幻灯片切换】命令，窗口中出现【幻灯片切换】任务窗格。

（3）选定第 1 张幻灯片，在【幻灯片切换】任务窗格中选择“水平百叶窗”切换效果。

（4）用类似的方法设置其他幻灯片的切换效果。

（5）保存演示文稿。

5.7 习题

一、判断题

1．新建的空演示文稿中没有幻灯片。（ ）

2．幻灯片的版式一旦选择后，不能改变。（ ）

3．幻灯片中的占位符不能改变位置，也不能改变大小。（ ）

4．幻灯片的配色方案是由采用的设计模板决定的。（ ）

5．在大纲窗格中不能删除幻灯片。（ ）

二、问答题

1．PowerPoint 2003 有哪几种视图方式？各有什么特点？如何切换？

2．幻灯片版式有哪几种？它们有什么区别？如何选择一种版式？

3．如何在幻灯片中插入表格、图表、剪贴画、图片和艺术字？

4．插入的表格、图表、剪贴画、图片和艺术字放置在幻灯片中的什么位置？

5．管理幻灯片有哪些操作？

6．什么是母版？如何更改母版？更改母版对幻灯片有什么影响？

7．在幻灯片放映过程中，如何切换幻灯片？如何定位幻灯片？如何暂停以及结束幻灯片放映？

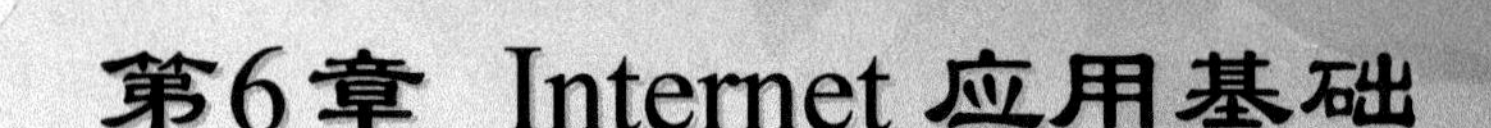

第6章 Internet 应用基础

计算机网络是计算机技术与通信技术发展的产物。Internet 也称因特网，是国际性的计算机互连网络。通过 Internet 可以实现全球范围内的信息交流与资源共享。

本章主要介绍 Internet 应用基础，包括以下内容。

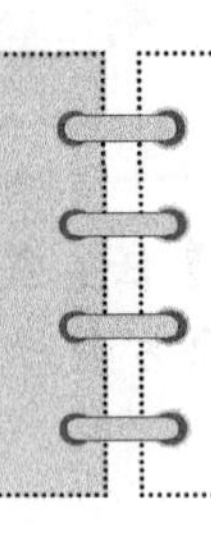

- 计算机网络基础知识。
- Internet 的基本知识。
- Internet Explorer 8.0 的使用方法。
- Outlook Express 的使用方法。

6.1 计算机网络基础知识

计算机网络是在一定的历史条件下产生和发展的，计算机网络有其特有的功能和应用，也有其特有的组成与分类，计算机网络的连接需要传输媒介与连接设备，计算机网络有其特有的拓扑结构与通信协议。

6.1.1 计算机网络的产生与发展

计算机网络是指将地理位置不同、具有独立功能的多个计算机系统，通过各种通信介质和互联设备相互连接起来，配以相应的网络软件，以实现信息交换和资源共享的系统。

20 世纪 60 年代末，美国国防部的高级研究计划局（ARPA）开始研制 ARPANET。最初的 ARPANET 只连接了美国西部 4 所大学的计算机。此后，ARPANET 不断扩大，地理上不仅跨越美洲大陆，而且通过卫星连接到欧洲地区。

20 世纪 70 年代中期，原国际电报电话咨询委员会（CCITT）制定了分组交换网络标准 X.25。20 世纪 70 年代末，国际标准化组织制定了开放系统互连（OSI）参考模型。这些都为计算机走向正规化和标准化奠定了坚实的基础。

20 世纪 80 年代，随着计算机的广泛普及和应用，对计算机进行短距离高速通信的要求也日益迫切，一种分布在有限地理范围内的计算机网络（简称局域网）应运而生。

20 世纪 80 年代中期，美国国家科学基金会（NSF）提供巨资，以 6 个科研服务的超级计算机中心为基础，建立了基于 TCP/IP 的全国性计算机网络 NSFNET。1986 年，NSFNET 取代了 ARPANET 成为今天的 Internet 基础。

20 世纪 90 年代，Internet 在美国获得了迅速发展和巨大成功，其他国家纷纷加入到

Internet 的行列，使 Internet 成为全球性的网络。至今，大约几百万个计算机网络、数百万台大型主机、数亿台计算机已连接到 Internet 中，上网人数超过 20 亿。

我国于 1994 年 4 月正式加入 Internet，互联网发展速度极为迅猛。目前，已建成中国公用计算机互联网（ChinaNet）、中国联通公用互联网（UniNet）、中国金桥信息网（ChinaGBN）、中国网通公用互联网（CNCNet）和中国移动互联网（CMNet）5 个经营性互联网络以及中国教育和科研计算机网（CERNet）、中国科技网（CSTNet）、中国长城网（CGWNet）和中国国际经济贸易互联网（CIETNet）4 个非经营性互联网络。

6.1.2 计算机网络的功能与应用

1. 计算机网络的功能

尽管计算机网络采用的通信介质和互连设备以及具体用途有所不同，但计算机网络通常有以下 5 种功能。

- 交换信息：网络系统中的计算机之间能快速、可靠地相互交换信息。交换的信息不仅可以是文本信息，还可以是图形、图像、声音等多媒体信息。交换信息是计算机网络最基本的功能，也是其他功能实现的基础。
- 共享资源：网络系统中的计算机之间不仅能共享计算机硬件和软件资源，还可以共享数据库、文件等各种信息资源。通过共享资源，不仅能大大提高资源的利用率，而且还可以降低运营成本。
- 分布处理：把复杂的数据库分布到网络中的不同计算机上存储，把复杂的计算分布到网络中的不同计算机上处理，使复杂的数据库能够以最有效的方式组织和使用，使复杂的计算任务能够以最有效的方式完成。
- 负载均衡：根据网络上计算机资源的忙碌与空闲状况，合理地对它们进行调整与分配，以达到充分、高效地利用网络资源的目的。
- 提高可靠性：网络中的计算机一旦出现故障，可将其任务转移到网络中的其他计算机上，使工作照常进行，避免了单机情况下一台计算机出现故障整个系统瘫痪的局面。

2. 计算机网络的应用

由计算机网络的功能可知，计算机网络可应用到社会生活的各个方面，以下是常见的应用领域。

- 情报检索：利用计算机网络，检索网络内计算机上的诸如科技文献、图书资料、发明专利等科技情报，不仅可以提高检索速度，而且可以提高检索质量。
- 远程教学：利用计算机网络，可对外地的学生进行授课、答疑、批改作业，使教学不受地域限制。
- 企业管理：利用基于计算机网络的管理信息系统，可及时、准确地掌握人员、生产、市场和财务等信息，及时对企业的经营管理进行决策。
- 电子商务：利用计算机网络来完成商务活动，如询价、签订合同、电子付款等，可大大提高商务效率，减少商务成本。
- 电子金融：利用计算机网络来完成金融活动，如证券交易、银行对账和信用卡支付等，可大大提高金融活动的效率。

- 电子政务：可以通过计算机网络公布政府工作的法规文件、发展计划和重大举措等，还可以通过计算机网络及时反馈信息，加强政府与群众的沟通联系。
- 现代通信：通过计算机网络不但能收发电子邮件，也可给移动电话发送短信息，大大丰富了人们的通信方式。
- 办公自动化：通过网络传阅通知、文件、简报等办公文书，不仅能提高办公效率，而且还节省办公经费。

6.1.3 计算机网络的组成与分类

1. 计算机网络的组成

计算机网络是一个复杂的系统，它是由计算机、网络传输介质、网络通信设备和网络软件等组成的。

- 计算机：网络中的计算机可以是巨型机，也可以是微机，网络中计算机的操作系统也可以多种多样。在计算机网络中，有两种类型角色的计算机：服务器和工作站。服务器提供各种网络上的服务，并实施网络的管理。工作站不仅可以作为独立的计算机使用，还可以共享网络资源。
- 网络传输介质：网络传输介质用来传输网络通信中的信息。网络传输介质可以是有线的，如双绞线、同轴电缆、光纤等，也可以是无线的，如微波通信、卫星通信等。网络传输介质传输的既可以是数字信号，也可以是模拟信号。如果是模拟信号，则必须进行数字信号和模拟信号之间的转换，如拨号上网所使用的调制解调器就是用来转换数字信号和模拟信号的。
- 网络通信设备：网络通信设备包括网络适配器、中继器、集线器、路由器等。网络适配器也叫网卡，是计算机之间相互通信的接口。中继器也称重发器，是对网络电缆上传输的信号进行放大和整形后再发送到其他电缆上的设备。集线器（Hub）是连接网络中某几个介质段（如双绞线和同轴电缆）的设备。路由器用于连接相同或不同类型网络的设备，可将不同传输介质的网络段连接起来。
- 网络软件：网络的正常运转需要网络软件的支持，最主要的网络软件是网络操作系统。网络操作系统是在操作系统的基础上增加了网络服务和网络管理功能，UNIX、Windows Server 2003 是典型的网络操作系统。对于网络服务器，必须安装网络操作系统；对于工作站，只需要其操作系统支持网络即可。

2. 计算机网络的分类

计算机网络常用的分类标准有如下 3 种。

- 按网络跨越范围分：计算机网络按跨越范围可分为广域网、局域网和城域网。广域网（WAN）跨越的范围大，可从几十千米到几千千米。局域网（LAN）的跨越范围一般在几十千米以内。城域网（MAN）介于广域网和局域网之间，通常在一个城市内。
- 按应用范围分：计算机网络按应用范围可分为公用网和专用网。公用网是为社会所有人服务并开放的网络，一般由国家有关部门或社会公益机构组建，例如我国的ChinaNet。专用网是某部门或单位因特殊的工作需要所建立的网络，仅为本部门提供服务，不对外开放，如军用网就是专用网的典型范例。

- 按信号传输速率分：网络中信号的传输速率单位是“比特/秒”（bit/s），计算机网络按信号的传输速率可分为低速网、中速网和高速网。低速网的传输速率在 1.5Mbit/s 以下，中速网的传输速率为 1.5～45Mbit/s，高速网的传输速率在 45Mbit/s 以上。现在常说的吉比特网可称为超高速网。

6.2 Internet 的基本知识

Internet 的发展和普及，加快了社会信息化的进程，对人们的工作和生活方式都产生了深刻的影响。有效地使用 Internet，需要掌握 Internet 的基本知识，包括 Internet 中的基本概念、Internet 的服务内容和 Internet 的接入方式。

6.2.1 Internet 中的基本概念

Internet 也称“因特网”，它将世界上的各种局域网和广域网相互连接，形成了一个全球范围的网络。每个网络都通过通信线路与 Internet 连接到一起，通信线路可以是电话线、数据专线、光纤、微波或通信卫星等。

Internet 中有许多重要的基本概念需要理解，包括 TCP/IP、IP 地址、域名系统、Web 页、统一资源定位、E-mail 地址等。

1. TCP/IP

网络是由不同部门和单位组建的，要把各种不同的网络互连并实现通信，必须有统一的通信语言，称为网络协议。Internet 使用的网络协议是 TCP/IP。

TCP/IP 包含两个协议：传输控制协议（TCP）和网际协议（IP）。传输控制协议的作用是表达信息，并确保该信息能够被另一台计算机所理解。网际协议的作用是将信息从一台计算机传送到另一台计算机。

用 TCP/IP 传送信息时，首先将要发送的信息分成许多个数据包，每个数据包都有包头和包体，包头是一些 TCP/IP 信息，包体则包括要传送的信息，然后通过物理线路进行发送。数据包到达接收方计算机后，打开数据包，取出包中的信息。所有数据包接收完后，最后将各个分成包的信息合成为完整的信息。

2. IP 地址

连接到采用 TCP/IP 的网络的每个设备（计算机或其他网络设备）都必须有唯一的地址，这就是 IP 地址，一个网络设备的 IP 地址在全球是唯一的。IP 地址是一个 4 字节（32 位）的二进制数，每个字节可对应一个小于 256 的十进制整数，字节间用小数点分隔，形如×××.×××.×××.×××，如雅虎站点的 IP 地址是 204.71.200.75。

IP 地址用来标识通信过程中的源地址和目的地址，但源地址和目的地址可能处于不同的网络，因此，IP 地址包括网络号和主机号。网络号和主机号的位数不是固定的，根据网络规模和应用的不同，IP 地址分为 A～E 类，每类 IP 地址中网络号和主机号的位数如表 6-1 所示，常用的 IP 地址是 A、B、C 类 IP 地址。

表 6-1　　IP 地址的分类

类　别	第一字节	第一字节数的范围	网络号位数	主机号位数
A	0×××××××	0～127	7	24
B	10××××××	128～191	14	16
C	110×××××	192～223	21	8
D	1110××××	224～239	多播地址	
E	11110×××	240～255	目前尚未使用	

A 类 IP 地址的网络号位数是 7 位，能表示的网络个数是 2^7 个，即 128 个；每个网络中主机号有 24 位，能表示的主机个数是 2^{24} 个，即 16 777 216 个。依此类推，我们可知道其他类 IP 地址中网络的个数和每个网络中主机的个数。由于 A 类 IP 地址的网络中主机个数甚多，我们称为大型网络，B 类 IP 地址的网络称为中型网络，C 类 IP 地址的网络称为小型网络。

如果从网络用户的地址角度分类，IP 地址又可分为动态地址和静态地址两类。动态地址是用户连接到 Internet 时，所连接的网络服务器根据当时所连接的情况，分配给用户一个 IP 地址。当用户下网后，这个 IP 地址又可分配给其他用户。静态地址是用户每次连接到 Internet 时，所连接的网络服务器都分配给用户一个固定的 IP 地址，即使用户下网，这个地址也不分配给其他用户。

为了确保 IP 地址在 Internet 上的唯一性，IP 地址由美国的国防数据网的网络信息中心（DDN NIC）分配。对于美国以外的国家和地区的 IP 地址，DDN NIC 又授权给世界各大区的网络信息中心分配。

3. 域名系统

IP 地址是一串数字，不便于记忆，于是人们提出采用域名代替 IP。域名便于理解和记忆，但是在 Internet 上是以 IP 地址来访问某台计算机的，因此需要把域名翻译成 IP 地址，这项工作是由域名服务器（DNS）完成的。

域名采用分层次的命名方法，每层都有一个子域名，通常采用英文缩写，子域名间用小数点分隔，从右向左分别为最高层域名、机构名、网络名、主机名。例如，北京大学 Web 服务器的域名是 www.pku.edu.cn，含义是“Web 服务器.北京大学.教育机构.中国”。最高层域名为国家和地区代码，表 6-2 所示为常见的国家和地区代码，没有国家和地区代码的域名（如 www.yahoo.com）称为顶级域名。

表 6-2　　常见的国家和地区代码

代码	国家/地区	代码	国家/地区
au	澳大利亚	hk	中国香港特别行政区
ca	加拿大	it	意大利
ch	瑞士	jp	日本
cn	中国	kr	韩国
de	德国	sg	新加坡
fr	法国	tw	中国台湾省
gb	英国	us	美国

Internet 域名系统中常见的机构有 7 种，表 6-3 中列出了它们的名称和含义。

表 6-3　　　　机构名称及其含义

代　码	含　义	代　码	含　义
com	商业机构	edu	教育机构
net	网络机构	mil	军事机构
gov	政府机构	org	社团机构
int	国际机构		

4．统一资源定位

在 Internet 上，每一个信息资源都有唯一的地址，该地址叫做统一资源定位（URL）。URL 由资源类型、主机域名、资源文件路径和资源文件名 4 部分组成，其格式是“资源类型://主机域名/资源文件路径/资源文件名”。例如，“http://www.neea. edu.cn/zixue/ zixue. htm”，其中：

- http 表示资源信息是超文本信息。
- www.neea.edu.cn 是国家教育部考试中心主机的域名。
- zixue 是资源文件路径。
- zixue.htm 是资源文件名。

目前编入 URL 中的资源类型有 http、FTP、Telnet、WAIS、News、Gopher 等，其中最常用的是 http，表示超文本资源。如果 URL 中没有资源类型，则默认的类型是“http”。如果 URL 中没有资源文件名，资源所在的主机取默认的资源文件名。通常情况下，资源文件名是“index.htm”，也可能是其他名字，随主机的不同而不同。

5．Web 页

公司、学校、团体、机构乃至个人均可在 Internet 上建立自己的 Web 站点，这些站点通过 IP 地址或域名进行标识。Web 站点包含各种各样的文档，通常称作 Web 页或网页，每个 Web 页都有唯一的一个 URL 地址，通过该地址可以找到相应的文档。

Web 页是一个“超文本”页，“超文本”有两个含义：其一是指信息的表达形式，即在文本文件中加入图片、声音、视频等组成超文本文件；其二是指信息间的超链接。超文本将信息资源通过关键字方式建立链接，使信息不仅可按线性方式搜索访问，而且可按交叉方式搜索访问。

有一类特殊的 Web 页，它对 Web 站点中其他文档具有导航或索引作用，此类 Web 页称为主页（Home Page）。用户在访问某一站点时，即使不给出主页的文档名，Web 服务器也会自动提供该站点的主页。

6．E-mail 地址

与普通邮件的投递一样，E-mail（电子邮件）的传送也需要地址。电子邮件存放在网络的某台计算机上，所以电子邮件的地址一般由用户名和主机域名组成，其格式为：用户名@主机域名（如 John@yahoo.com）。电子邮件地址需要到相应机构的网络管理部门注册登记。注册登记后，在相应的电子邮件服务器上为用户建立一个用户名，形成一个电子邮件地址。用户也可以到某些站点申请免费的电子邮件地址（如 www.yahoo.com，www.hotmail.com 等）。

6.2.2 Internet的服务内容

Internet提供了形式多样的手段和工具，为广大的Internet用户提供服务。常见的服务有万维网（WWW）、电子邮件（E-mail）、文件传输（FTP）、远程登录（Telnet）、新闻组（News Group）和电子公告板系统（BBS）。用户最常使用的服务是其中的万维网和电子邮件。

1．万维网服务

万维网（World Wide Web，WWW）是一个由“超文本”链接方式组成的信息链接系统。WWW采用客户机/服务器系统，在客户机方（即Internet用户方）使用的程序叫Web浏览器，常用的Web浏览器有Internet Explorer和Netscape Navigator。WWW服务器通常称为Web站点，主要存放Web页面文件和Web服务程序。一个Web站点存放了许多页面，其中最引人注目的是Web站点的主页（Home Page），它是一个站点的首页，从该页出发可以链接到本站点的其他页面，也可以链接到其他站点。

每个Web站点都有一个IP地址和一个域名，当用户在Web浏览器的地址栏中输入一个站点的IP地址或域名后，浏览器将自动找到该站点的首页，显示页面的信息。

2．电子邮件

电子邮件服务就是通过Internet收发信件。Internet提供了类似邮政机构的服务，将信件以文件的形式发送到指定的接收者那里。与普通邮件相比，电子邮件有许多优点：电子邮件速度快，发出一个电子邮件后，几乎是瞬间就能到达；电子邮件价格低，特别是国际邮件，相对来讲更加便宜；电子邮件的内容不仅可以是文本文件，还可以包括语音、图像、视频等信息。

3．文件传输

连接在Internet上的许多计算机内都存有若干有价值的资料，如果用户需要这些资料，必须从远处的计算机上下载，这需要Internet的文件传输服务。在Internet上，要在不同机型、不同操作系统之间进行文件传输，需要建立一个统一的文件传输协议，这就是FTP。FTP是一种通信协议，可使用户通过Internet将文件从一个地点传输到另一个地点。

要从远程计算机上通过FTP进行文件传输，用户必须在该计算机上有账号，使用自己的账号登录到该计算机上后，就可以传输文件。如果用户在该计算机上没有账号，也可通过匿名登录的方法，登录到该计算机，即使用Anonymous为用户名登录，大多数FTP服务器支持匿名FTP服务。

4．远程登录

远程登录（Telnet）就是用户通过Internet登录到远程的计算机上，用户的计算机作为该计算机的一个终端使用。最初连在Internet上的绝大多数主机都运行UNIX操作系统，Telnet是UNIX为用户提供远程登录主机的程序，现在的许多操作系统如DOS、Windows都提供Telnet功能。

使用Telnet远程登录时，用户必须在该计算机上有账号。使用Telnet登录远程主机时，用户需要输入自己的用户名和口令，主机验证无误后，便登录成功，用户的计算机作为主机的一个终端，可对远程的主机进行操作。

5．新闻组

新闻组通常又称作USEnet。它是具有共同爱好的Internet用户相互交换意见的一种无形的用户交流网络，相当于一个全球范围的电子公告牌系统。网络新闻是按专题分类的，每一类为一个分组，而每一个专题组又分为若干子专题，子专题下还可以有更小的子专题。用户通过Internet随时阅读新闻服务器提供的分门别类的消息，并可以将自己的见解提供给新闻服务器，以便作为一条消息发送出去。

6．电子公告板系统

电子公告板（BBS）是Internet上的一个信息资源服务系统。提供BBS服务的站点称为BBS站。登录BBS站点成功后，根据它所提供的菜单，用户就可以浏览信息、发布信息、收发电子邮件、提出问题、发表意见、传送文件、网上交谈和游戏等。BBS与WWW是信息服务中的两个分支，BBS的应用比WWW早，由于它采用基于字符的界面，因此逐渐被WWW、新闻组等其他信息服务形式所代替。

6.2.3 Internet的接入方式

要享用Internet提供的服务，应首先接入Internet。接入Internet有许多方法，常见的有拨号入网、专线入网和宽带入网3种方式。

1．拨号入网

拨号入网主要适用于传输信息量较少的单位或个人，其接入服务以电信局提供的公用电话网为基础，可细分为PSTN和ISDN。

- PSTN（公共电话网）：速率为56kbit/s，需要调制解调器（Modem）和电话线。这种入网方式投资少，容易安装，普通用户早期大都采用这种方式。
- ISDN（综合业务数字网）：速率为64～128kbit/s，使用普通电话线，需要到电信局开通ISDN业务。ISDN的特点是信息采用数字方式传输，拨通快。安装时需配备ISDN适配卡，费用比PSTN高。

2．专线入网

专线入网主要是传输信息量较大的部门或单位采用，其接入服务是以专用线路为基础的。专线入网又分为DDN和FR。

- DDN：速率为64kbit/s～2Mbit/s，为用户提供全数字、全透明、高质量的数据传输通道，需要铺设专线，还要配置相应的路由器，投入较大，费用较高。
- FR（帧中继）：速率为64kbit/s～2Mbit/s，一对多点的连接方式，采用分组交换方式，需要到电信局开通相应的服务，需要配置相应的帧中继设备。

3．宽带入网

宽带入网方式推广和普及的速度非常快，普通用户或单位都可采用这种方式入网。宽带入网方式有ADSL、LAN和Cable Modem。

- ADSL（非对称数字用户环路）：ADSL利用传统的电话线，在用户端和服务器端分别添加适当的设备，大幅度提高上网速度。上行为低速传输，速率可达640kbit/s～1Mbit/s，下行速率可达8Mbit/s，上下行传输速率不一样，故称为“非对称”。ADSL接入还

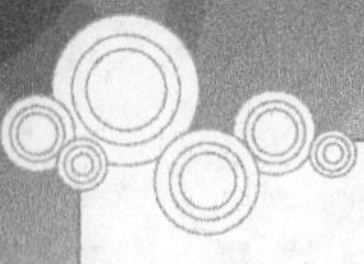

具有频带宽（是普通电话的256倍以上）、安装方便、独享宽带、上网和通话两不误等特点。

- LAN（局域网）：即高速以太网接入，对于已布线的社区，用户可以速率为10～1 000Mbit/s的高速上网，从局端到小区大楼均采用单模光纤，末端采用五类线延伸到用户，用户只需要一块网卡就可方便地接入网络，无须其他昂贵的设备。目前，这种入网方式已被大多数用户接受和喜爱，并且用户数目越来越多，逐渐成为主流的入网方式。
- Cable Modem：Cable Modem是一种允许用户通过有线电视网（CATV）进行高速数据接入的设备，具有专线上网连接的特点。CATV网络普遍采用同轴电缆和光纤混合的网络结构，使用光纤作为CATV的骨干网，再用同轴电缆以树形总线结构分配到小区的每个用户。Cable Modem上行可达500kbit/s～2.5Mbit/s，下行可达30Mbit/s。安装时需要一个Cable Modem，比普通Modem贵许多。

6.3 Internet Explorer 8.0的使用方法

Internet上最强大的服务就是WWW，要浏览WWW网站的网页必须使用浏览器。目前最常用的浏览器是微软公司的Internet Explorer（简称IE），Windows XP内含有IE 6.0，可直接使用。要升级到IE 8.0中文版，需要从微软或相关网站上下载IE 8.0中文版的安装程序“IE8-WindowsXP-x86-CHS.exe”，运行该安装程序就可安装IE 8.0中文版。

6.3.1 启动与退出IE 8.0

IE 8.0的启动与退出是IE 8.0的两种最基本操作。IE 8.0必须启动后才能浏览网页、保存网页信息、收藏网址等，工作完毕后，应退出IE 8.0，以释放占用的系统资源。

1. 启动IE 8.0

启动IE 8.0有以下方法。

- 单击快速启动栏中的IE 8.0的图标。
- 选择【开始】/【Internet Explorer】命令。
- 选择【开始】/【所有程序】/【Internet Explorer】命令。

IE 8.0启动后，系统会打开【Internet Explorer】窗口，窗口中的内容随打开主页的不同而不同，图6-1所示为IE 8.0打开新浪网站中的一个网页。

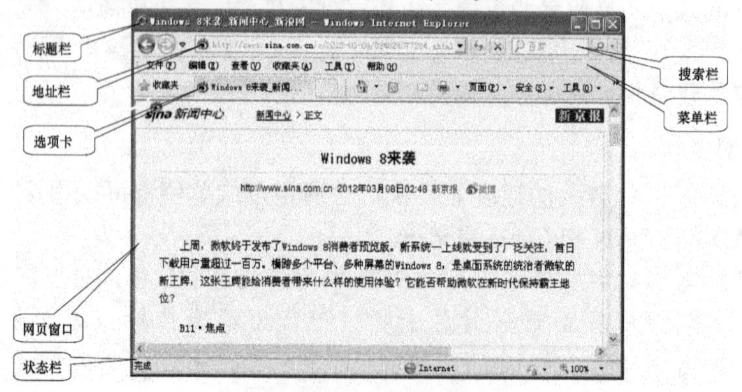

图6-1 Internet Explorer 8.0窗口

启动IE 8.0时，应注意以下几种情况。

- 如果用户通过拨号方式上网，启动IE 8.0时还没有拨号上网，IE 8.0会自动启动拨号上网程序。
- IE 8.0启动后，自动显示默认主页的内容，默认主页通常情况下是微软公司网站（http://www.microsoft.com）的主页。
- 用户可以更改IE 8.0的默认主页，使其启动后就显示自己所喜欢的主页或一个空白网页。

2. IE 8.0窗口的组成

IE 8.0窗口中包括标题栏、地址栏、菜单栏、选项卡、网页窗口、状态栏、搜索栏。标题栏、菜单栏的作用与普通窗口类似。地址栏、选项卡、状态栏和搜索栏说明如下。

- 地址栏：地址栏位于标题栏的下方，指示当前网页的URL地址。在地址栏内可输入或从打开的下拉列表中选择一个URL地址，打开相应的网页。
- 选项卡：IE 6.0及先前版本在浏览网页时，如果是在新窗口中打开一个链接，会打开一个窗口，而IE 8.0则可以在新选项卡中打开链接。
- 状态栏：状态栏位于窗口的底部，显示系统的状态信息。当下载网页时，状态栏中显示下载任务以及下载进度指示。网页下载完后，状态为“完毕”。将鼠标指针移动到一个超级链接时，状态栏中显示该链接的URL地址。
- 搜索栏：搜索栏位于地址栏的右侧，在搜索栏的文本框中输入要搜索的内容，再单击🔍按钮，就可在当前选项卡中打开相应的搜索引擎网站，显示搜索结果。默认的搜索引擎是“百度”，用户也可以单击🔍按钮右侧的▾按钮，在打开的列表中选择所需要的搜索引擎。

3. 退出IE 8.0

关闭IE 8.0窗口即可退出IE 8.0。关闭窗口的方法详见“2.3.4 窗口的操作方法”一节。关闭IE 8.0窗口时，如果IE窗口中有两个或两个以上选项卡，系统会弹出如图6-2所示的【Internet Explorer】对话框，单击关闭所有选项卡(T)按钮，即可关闭所有选项卡，然后退出IE 8.0。

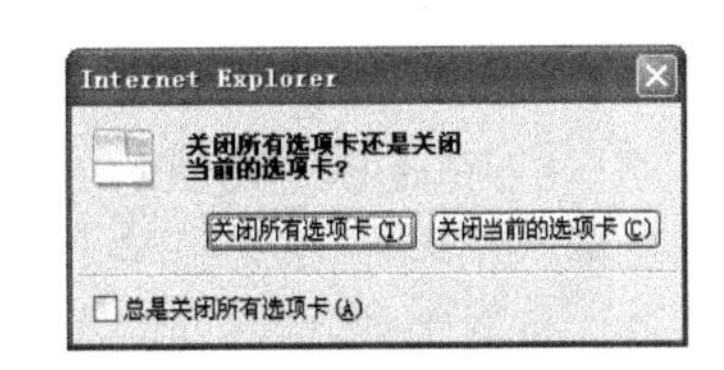

图6-2 【Internet Explorer】对话框

6.3.2 打开与浏览网页

1. 打开网页

在IE 8.0中，可用以下方法打开网页。

- 在地址栏中输入网页的URL地址（如，http://www.sina.com.cn/）并按回车键。
- 如果要打开先前访问过的网页，可打开地址栏的下拉列表，从中选择相应的URL地址。
- 如果网页已被保存到收藏夹中，可打开【收藏夹】菜单，从子菜单中选择相应的网页标题。

2. 浏览网页

打开一个网页后，就可以进行浏览了，最常用的浏览操作有打开链接、返回前页、转入后页、刷新网页和中断下载等。

- 打开链接：将鼠标指针移动到某个超级链接时，鼠标指针变成手形状。此时，单击鼠标可打开此链接，进入相应的网页。
- 返回前页：同一选项卡中打开过多个网页，要返回前一个，单击按钮即可。
- 转入后页：返回前页后，想再回到先前的页，单击按钮即可。
- 刷新网页：希望重新下载网页信息，需要刷新网页，单击按钮即可。
- 中断下载：想中断网页的下载，单击按钮即可。

6.3.3 保存与收藏网页

1. 保存网页

浏览 Web 上的网页时，用户可以将那些有价值的信息保存起来，以便在以后需要时使用。用户可以保存网页的全部内容，也可以只保存网页中的文本，还可以只保存网页中的某一幅图片。

（1）保存全部内容

选择【文件】/【另存为】命令，弹出图 6-3 所示的【保存网页】对话框（以“Windows 8 来袭_新闻中心_新浪网”为例）。在【保存网页】对话框中，可进行以下操作。

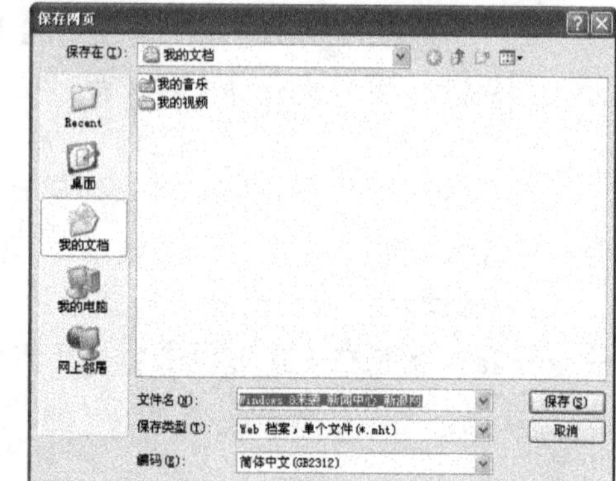

图 6-3 【保存网页】对话框

- 在【保存在】下拉列表中，选择网页要保存到的文件夹，也可在窗口左侧的预设位置列表中，选择要保存到的文件夹。
- 双击内容栏（该对话框中部的区域）中的一个文件夹图标，打开该文件夹作为网页保存的位置。
- 在【文件名】下拉列表框中，输入或选择要保存的文件名。
- 在【保存类型】下拉列表中，选择要保存文件的类型，有 4 种类型供选择：“网页，全部”、“Web 档案，单个文件”、“网页，仅 HTML”、“文本文件”。默认类型是“Web 档案，单个文件”，即在一个文件中保存 Web 页中的全部内容。
- 在【编码】下拉列表中选择编码类型，通常情况下，使用默认编码，即“简体中文（GB2312）”。
- 单击 保存(S) 按钮，按所做设置保存网页。

如果选择保存类型为“网页，全部”，则保存全部内容后，会在指定文件夹下产生一个文件（如“Windows 8 来袭_新闻中心_新浪网.htm”）和一个文件夹（如“Windows 8 来袭_新闻中心_新浪网.files”，包含网页中所有的图片文件、脚本文件等）。如果选择保存类型为“Web 档案，单一文件”，会在指定文件夹下产生一个文件（如“Windows 8 来袭_新闻中心_新浪网.mht”）。

（2）保存文本

在保存网页全部内容时，在如图 6-3 所示的【保存网页】对话框中，在【保存类型】的下拉列表中选择“文本文件”，这样仅保存网页中的文本信息。

（3）保存图片

如果仅想保存网页中的图片，可将鼠标指针移动到图片上，单击鼠标右键，在弹出的快捷菜单中选择【图片另存为】命令，弹出【保存图片】对话框。在该对话框中指定要保存的文件夹和文件名，保存该图片。

2. 收藏网页

用户可以将某个网页保存起来，以便下一次浏览时直接从收藏夹中取出，而不必每次都输入网页的 URL 地址。收藏网页时，仅保存该网页的地址，而不是保存网页的内容。

（1）收藏网页

收藏网页的方法是，选择【收藏夹】/【添加到收藏夹】命令，弹出如图 6-4 所示的【添加收藏】对话框。在【添加收藏】对话框中，可进行以下操作。

- 在【名称】框中输入网页的名称。
- 在【创建位置】下拉列表框中选择收藏夹中的一个位置。
- 单击 新建文件夹(E) 按钮，打开一个对话框，用于建立一个新文件夹，作为当前网页的收藏位置。
- 单击 添加(A) 按钮，按所做设置收藏当前网页。

（2）整理收藏夹

如果收藏的网页很多，则需要分门别类进行整理。选择【收藏夹】/【整理收藏夹】命令，弹出如图 6-5 所示的【整理收藏夹】对话框。

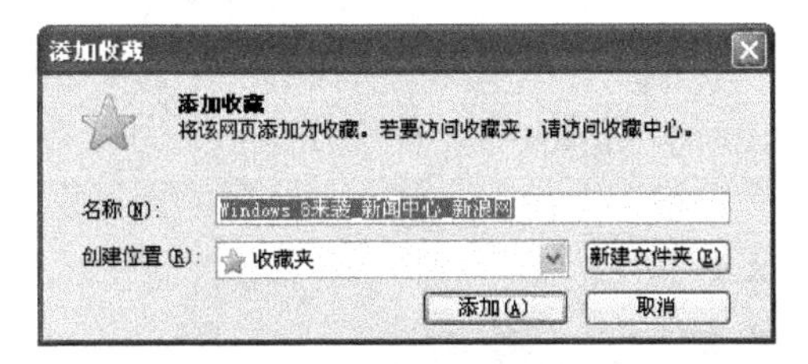

图 6-4 【添加到收藏夹】对话框

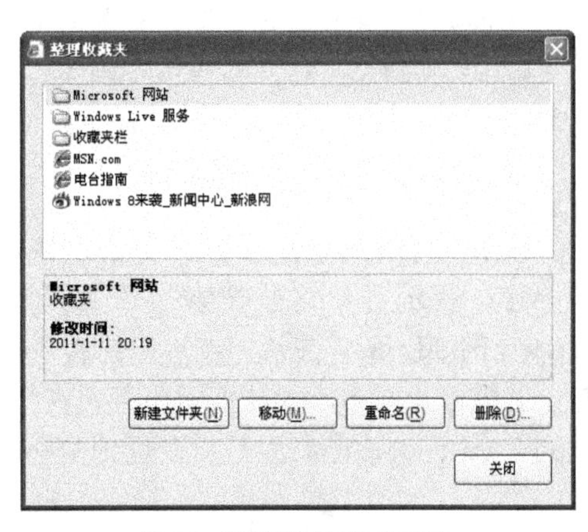

图 6-5 【整理收藏夹】对话框

在【整理收藏夹】对话框中可进行以下操作。

- 在窗口上方的列表框中，单击一个文件夹图标，选择该文件夹。单击一个网页图标，选择该网页。
- 选定一个文件夹后，单击 新建文件夹(N) 按钮，在此文件夹下创建一个新文件夹。
- 选定一个文件夹或网页文件，单击 移动(M)... 按钮，弹出一个对话框，可从中选择一个文件夹，把选定的网页文件或文件夹移动到选择的文件夹中。
- 选定一个文件夹或网页，单击 重命名(R) 按钮，重命名该文件夹或网页。
- 选定一个文件夹或网页，单击 删除(D)... 按钮，弹出一个对话框，让用户确认是否删除该文件夹或网页。
- 单击 关闭 按钮，关闭【整理收藏夹】对话框。

6.3.4 网页与网上搜索

IE 8.0 可以在打开的网页中搜索信息，还可以利用其自身的搜索工具在网上搜索。此外，因特网上有许多搜索引擎和网络目录网站，用户可以在这些搜索引擎或网络目录网站上搜索信息。

1. 在打开的网页内搜索

打开网页后，可以利用 IE 8.0 的查找功能，在当前网页中搜索指定的文本。选择【编辑】/【在此页上查找】命令，在网页顶端出现如图 6-6 所示的【查找】栏。

图 6-6 【查找】栏

在【查找】栏中可进行以下操作。

- 在【查找】文本框内输入要查找的文本，系统自动查找相应的文本，第 1 个查找到的文本为当前查找到的文本（用蓝底白字显示）。
- 单击 上一个 按钮，则上一个要查找的文本为当前查找到的文本。
- 单击 下一个 按钮，则下一个要查找的文本为当前查找到的文本。
- 如果选择 单选钮（颜色为彩色），则网页中所有查找到的文本突出显示（用黄底黑字显示），否则（单选钮颜色为灰色），网页中所有查找到的文本不突出显示。
- 单击 选项 按钮，打开一个列表，可选择【全字匹配】或【区分大小写】复选项，用于指定在查找过程中是否全字匹配或区分大小写。

2. 用搜索引擎在网上搜索

搜索引擎是网络服务商开发的软件，可用来迅速搜索与某个关键字匹配的网页、图片和 MP3 音乐等。这些搜索引擎都是免费的，可自由使用。最常用的搜索引擎有百度（www.baidu.com，见图 6-7）和谷歌（www.google.com，见图 6-8，从 2010 年 3 月 23 日起，谷歌停止对中国大陆搜索服务，在浏览器地址栏中输入 www.google.com 后，不再重定位到 www.google.cn，而是重定位到 www.google.com.hk）。

图 6-7 www.baidu.com 网站

图 6-8　www.google.com 网站

在网络服务商网站的首页中，通常要求用户先输入要搜索的关键字串，然后单击相应的搜索按钮，网络服务商网站调用该搜索引擎，快速搜索相应的数据库，查找出符合搜索条件的关键字串所在的网页，并以超链接的方式在网页中显示，用户可根据需要打开一个链接，显示相应的网页。用户还可以在搜索结果中进一步搜索。

搜索引擎一般是通过搜索关键字来完成搜索的，即填入一个简单的关键字（如“计算机等级考试”），然后查找包含此关键字的网页。这是使用搜索引擎最简便的查询方法。通过搜索语法，可更精确地搜索信息。前面介绍的几大搜索引擎，其搜索语法都大致相同，介绍如下。

- 匹配多个关键词。

如果想查询同时包含多个关键词的网页，各个关键词之间用空格间隔或用加号（+）连接。例如，关键词“等级考试+C 语言”，表示搜索同时包含“等级考试”和“C 语言”的网页。

- 精确匹配关键词。

如果输入的关键词很长，搜索引擎给出的搜索结果中的查询词可能是拆分的。如果对这种情况不满意，可以尝试不拆分查询词。给查询词加上双引号，就可以达到这种效果。例如，关键词“上海科技大学”，如果不加双引号（""），搜索结果被拆分，效果不是很好，但加上双引号（"上海科技大学"）后，获得的搜索结果就全是符合要求的了。

- 不含关键词。

如果发现搜索结果中，有某一类网页是不希望看见的，而且，这些网页都包含特定的关键词，那么用减号语法，就可以去除所有这些含有特定关键词的网页。例如，搜索“神雕侠侣”，希望是关于武侠小说方面的内容，却发现包括有很多关于电视剧方面的网页。那么就可以这样查询：“神雕侠侣 -电视剧”。注意，前一个关键词和减号之间必须有空格，否则减号会被当成连字符处理，而失去减号语法功能的意义。减号和后一个关键词之间有无空格均可。

以上搜索语法基本上在各个搜索引擎中通用，但各个搜索引擎还有各自的特点，这需要从相应网站的帮助信息中去了解。

6.3.5　Internet Explorer 8.0 的常用基本设置

IE 8.0 允许用户修改其设置，以满足个人工作的需要。选择【工具】/【Internet 选项】命令，将弹出如图 6-9 所示的【Internet 选项】对话框。在该对话框中，共有 7 个选项卡，

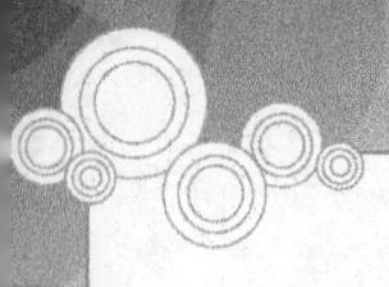

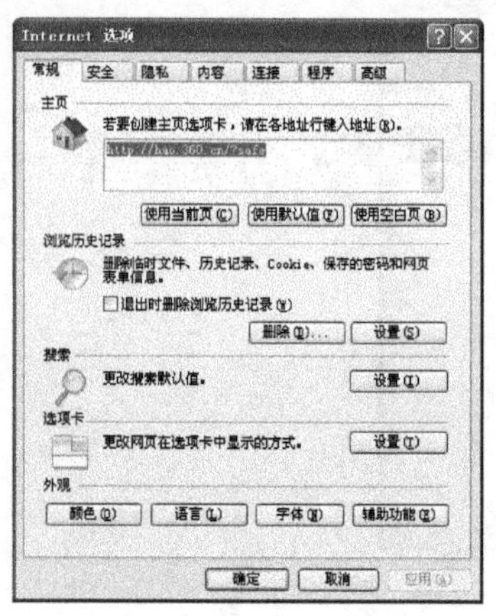

图6-9 【Internet选项】对话框

以下介绍最常用的【常规】选项卡和【安全】选项卡。

1.【常规】选项卡

在【常规】选项卡（见图6-9）中，可进行以下操作。

- 在【主页】组的列表框中，输入一个网站地址，把该地址的网页作为主页。
- 单击【主页】组中的 使用当前页(C)、使用默认值(F)、使用空白页(B) 按钮，则分别把当前页、微软网站、空白网页设为主页。
- 如果选择【退出时删除浏览历史记录】复选框，则退出IE 8.0时，会自动删除IE 8.0的浏览历史记录。
- 单击【浏览历史记录】组中的 删除(D)... 按钮，弹出一个对话框，通过该对话框，可删除IE 8.0的浏览历史记录。
- 单击【浏览历史记录】组中的 设置(S) 按钮，弹出一个对话框，通过该对话框，可对临时文件夹的大小等进行设置。
- 单击【搜索】组中的 设置(I) 按钮，弹出一个对话框，通过该对话框，可对IE 8.0【搜索栏】中的搜索引擎进行设置。
- 单击【选项卡】组中的 设置(T) 按钮，弹出一个对话框，通过该对话框，可对IE 8.0的选项卡进行设置。

2.【安全】选项卡

在【安全】选项卡（见图6-10）中，可进行以下操作。

- 在【选择要查看的区域或更改安全设置】列表框中，选择一个图标，查看该区域的安全设置或更改该区域的安全设置。
- 在【该区域的安全级别】栏中，拖动安全级别指示滑块，改变该区域的安全级别，同时安全级别指示的右边显示详细解释。
- 单击 自定义级别(C)... 按钮，弹出一个对话框。通过该对话框，可设置所选择区域的安全级别的各个选项。
- 单击 默认级别(D) 按钮，恢复所选区域的安全级别为默认安全级别。
- 单击 将所有区域重置为默认级别(R) 按钮，将所有区域的安全级设置为默认安全级别。

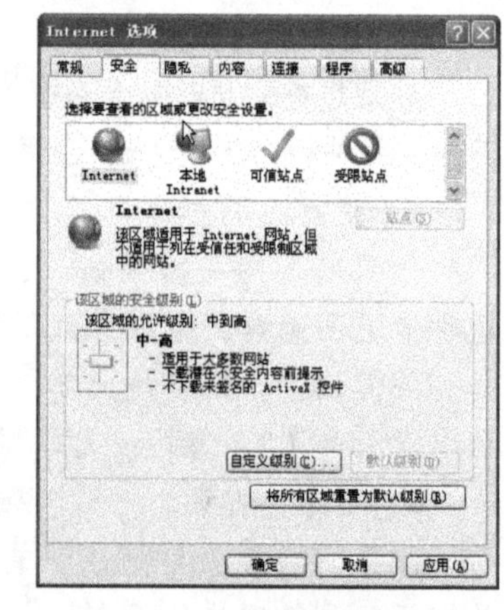

图6-10 【安全】选项卡

6.4 Outlook Express的使用方法

Outlook Express是微软公司开发的电子邮件管理系统，是基于Internet标准的电子邮件和新闻阅读程序，用来完成电子邮件的收发和相关的管理工作。

6.4.1 启动与退出 Outlook Express

Outlook Express 的启动与退出是 Outlook Express 的两种基本操作。启动 Outlook Express 后才能收发电子邮件，工作完毕后应退出 Outlook Express，以释放其占用的系统资源。

1. 启动 Outlook Express

启动 Outlook Express 有以下方法。

- 在任务栏的快速启动区中，单击 Outlook Express 的图标。
- 选择【开始】/【Outlook Express】命令。
- 选择【开始】/【所有程序】/【Outlook Express】命令。

2. Outlook Express 窗口的组成

Outlook Express 启动后，显示一个如图 6-11 所示的【Outlook Express】窗口。

图 6-11 【Outlook Express】窗口

在【Outlook Express】窗口中，包括标题栏、菜单栏、工具栏、文件夹列表窗格、联系人列表窗格、预览窗格和状态栏，它们的作用与普通窗口类似。对文件夹列表窗格、联系人列表窗格和预览窗格说明如下。

- 文件夹列表窗格：位于窗口左边上方，列出了 Outlook Express 相关的文件夹结构。
- 联系人列表窗格：位于窗口左边下方，列出了 Outlook Express 通讯簿中的联系人。
- 预览窗格：位于窗口右边，显示在文件夹列表窗格中所选定文件夹中的信息。如果选定一个邮件文件夹，该窗格又被分成两个窗格：邮件列表窗格和邮件预览窗格，邮件列表窗格中显示该文件夹中的所有邮件，邮件预览窗格中显示在邮件列表窗格中所选择邮件的内容。

3. 退出 Outlook Express

关闭 Outlook Express 窗口即可退出 Outlook Express，关闭窗口的方法详见“2.3.4 窗口的操作方法”一节。

6.4.2 申请与设置邮件账号

使用 Outlook Express 收发电子邮件时，必须至少有一个电子信箱账号，这个账号可以是申请网络账号时得到，也可以通过一些网站免费申请。有了电子信箱账号后，需要在 Outlook Express 中设置这个账号，然后才可以用 Outlook Express 收发电子邮件。

1. 申请电子信箱账号

在 Internet 上，许多大网站为用户提供了免费的电子信箱，用户申请后可以免费使用，

这给广大的 Internet 爱好者提供了便利，但是并不是所有的免费电子信箱都可用 Outlook Express 收发邮件，只有提供 POP3（收信）和 SMTP（发信）邮件服务器的免费电子信箱才可使用 Outlook Express 收发邮件。

以下是常见的提供免费电子信箱的网站以及 POP3 和 SMTP 服务器。

- 新浪（http://www.sina.com.cn），POP3 服务器：pop3.sina.com.cn，SMTP 服务器：smtp.sina.com.cn。
- 网易（http://www.163.com），POP3 服务器：pop3.163.com，SMTP 服务器：smtp.163.com。
- 搜狐（http://www.sohu.com），POP3 服务器：pop3.sohu.com，SMTP 服务器：smtp.sohu.com。
- 腾讯（http://www.qq.com），POP3 服务器：pop3.qq.com，SMTP 服务器：smtp.qq.com。

打开以上一个网站，找到申请免费邮箱的链接，会打开一个申请免费电子信箱的页面，根据页面中的提示，填写相应的内容，提交后即可申请一个免费电子信箱。

2．设置电子信箱账号

无论是在申请网络账号时的电子信箱账号，还是通过网站申请的免费电子信箱账号，都会有电子信箱账号、电子信箱密码、POP3 邮件服务器域名、SMTP 邮件服务器域名。通过这些信息，用户可以设置 Outlook Express 的电子信箱账号。

以下是在 Outlook Express 中设置电子信箱账号的步骤。

（1）启动 Outlook Express，在【OutlookExpress】窗口中选择【工具】/【账户】命令，在弹出的【Internet 账户】对话框中，打开【邮件】选项卡，如图 6-12 所示。

（2）在图 6-12 所示的【邮件】选项卡中，单击 添加(A) ▸ 按钮，在弹出的菜单中选择【邮件】命令，弹出如图 6-13 所示的【Internet 连接向导】对话框。

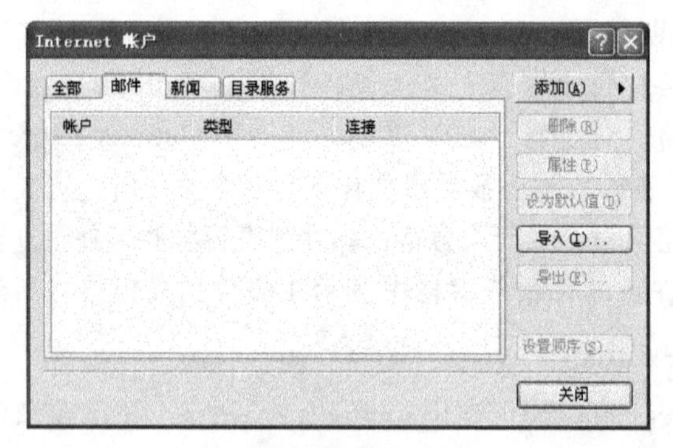

图 6-12 【邮件】选项卡

（3）在图 6-13 所示的【Internet 连接向导】对话框中，在【显示名】框中填写自己的姓名，填写完后，单击 下一步(N) > 按钮，这时的【Internet 连接向导】对话框如图 6-14 所示。

（4）在图 6-14 所示的【Internet 连接向导】对话框中，在【电子邮件地址】框中填写电子邮件地址，然后单击 下一步(N) > 按钮，这时的【Internet 连接向导】对话框如图 6-15 所示。

（5）在图 6-15 所示的【Internet 连接向导】对话框中，在【接收邮件服务器】和【发送邮件服务器】输入框中完整填写服务商提供的 POP3 域名和 SMTP 域名，然后单击[下一步(N) >]按钮，这时的【Internet 连接向导】对话框如图 6-16 所示。

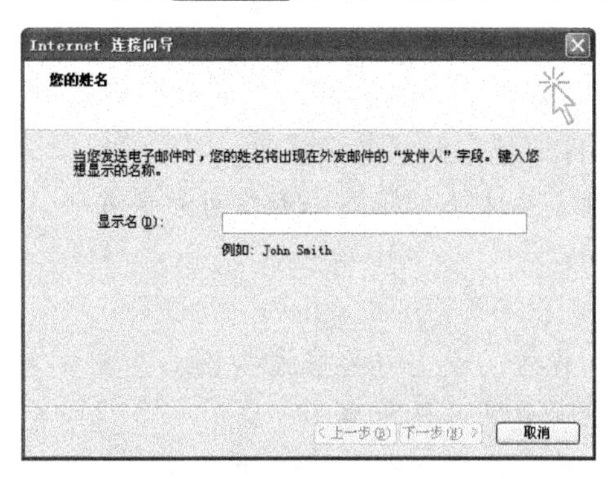

图 6-13 【Internet 连接向导】对话框——显示名

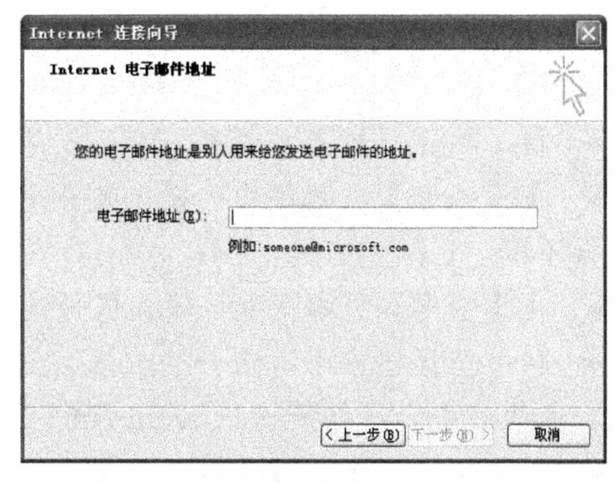

图 6-14 【Internet 连接向导】对话框——电子邮件地址

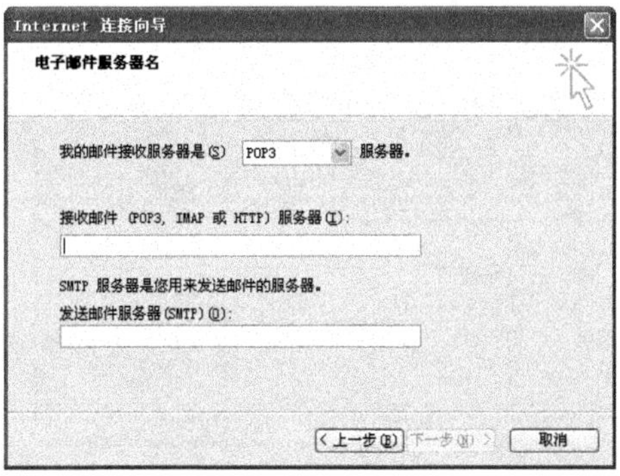

图 6-15 【Internet 连接向导】对话框——邮件服务器名

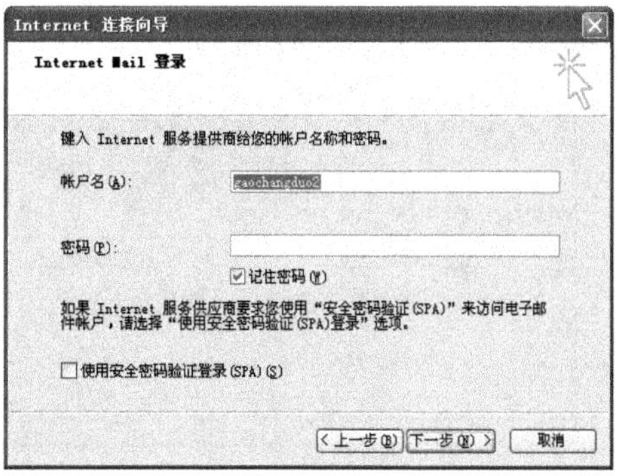

图 6-16 【Internet 连接向导】对话框——登录

（6）在图 6-16 所示的【Internet 连接向导】对话框中，在【账户名】和【密码】文本框中完整填写邮件账户名和密码，然后单击[下一步(N) >]按钮，在新的【Internet 连接向导】对话框中单击[完成]按钮，完成邮件账号设置工作。

以上设置完成后，可以收邮件，但不能发邮件，需要进一步设置。

（7）在图 6-12 所示的【邮件】选项卡中，单击新添加的账号，再单击[属性(P)]按钮，在弹出的对话框中打开【服务器】选项卡，结果如图 6-17 所示。

（8）在【服务器】选项卡中，选择【我的服务器要求身份验证】复选框。

（9）单击[确定]按钮。

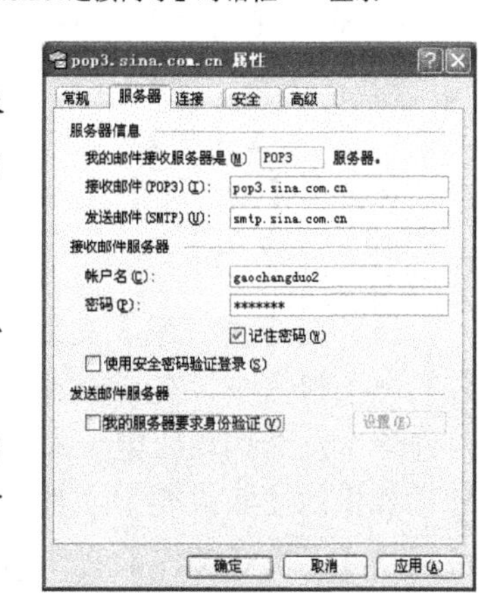

图 6-17 【服务器】选项卡

至此，所设置的邮件账号就既能收电子邮件也能发电子邮件了。

6.4.3 撰写与发送电子邮件

设置好邮件账号后，就可以用 Outlook Express 给别人发送电子邮件了。在发送电子邮件前，应先撰写电子邮件。

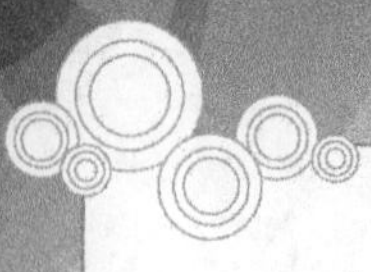

1．撰写电子邮件

在 Outlook Express 窗口中，单击按钮，弹出如图 6-18 所示的【新邮件】窗口。在【新邮件】窗口中，可进行以下操作。

- 在【收件人】文本框中，输入收件人的邮件地址，此栏必须填写。
- 在【抄送】文本框中，输入其他收件人的邮件地址，即同一封信可发给多个人，此栏可以不填。
- 在【主题】文本框中，输入信件的主题，可以不填。
- 在书信区域中书写信件的内容，还可利用书信区域上方的格式按钮，设置书信中文字或段落的格式。具体操作与 Word 2003 软件类似，这里不再重复。
- 单击工具栏上的按钮，弹出一个【插入附件】对话框。从该对话框中选择要插入的文件后，邮件窗口中增加一个【附件】栏（见图 6-19），【附件】栏中有用户选择的文件，该文件作为附件将连同信一起发送给对方。

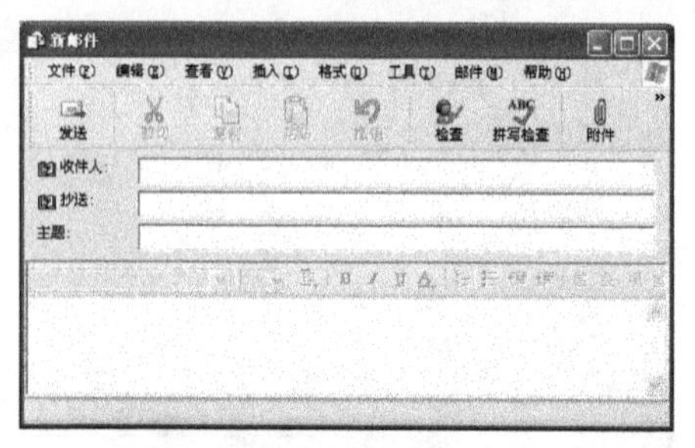

图 6-18 【新邮件】窗口

图 6-19 邮件窗口

- 选择【文件】/【保存】命令，把撰写的信件保存到【草稿】文件夹中。
- 选择【文件】/【以后发送】命令，把撰写的信件保存到“发件箱”文件夹中。
- 选择【文件】/【发送邮件】命令，如果联机，立即发送邮件。如果脱机，把撰写的信件保存到【发件箱】文件夹中，下次联机时会自动发出。

2．发送电子邮件

保存在【发件箱】文件夹中的信件，实际上保存在本地的计算机中，并没有发送到对方的电子邮箱中。在 Outlook Express 窗口中，单击按钮，把【发件箱】文件夹中的所有信件逐个发送到相应电子邮件的邮箱中，同时，还把自己电子邮箱中未接收的邮件接收到本地计算机的【收件箱】文件夹中。【发件箱】文件夹中的信件正确发送后，系统会自动将其转移到【已发送邮件】文件夹中保存起来作为存根。

6.4.4 接收与阅读电子邮件

对方发来电子邮件后，邮件存放在邮件服务器中，要阅读该邮件，必须先将邮件接收到本地计算机中。

1．接收电子邮件

在 Outlook Express 窗口中，单击按钮，Outlook Express 把自己电子邮箱中未接收的邮件接收到本地计算机的【收件箱】文件夹中，同时把【发件箱】文件夹中的所有信件逐个发送到相应电子邮件的邮箱中。

在 Outlook Express 窗口的【文件夹列表】窗格中，如果有未读信件，在【收件箱】文件夹右边有一个用括号括起来的数字，该数字就是未读邮件的数目，如图 6-20 所示的【收件箱】中，有一封未读邮件。

单击【收件箱】文件夹，Outlook Express 的预览窗格被分成两个窗格：邮件列表窗格和邮件预览窗格。在邮件列表窗格中，显示该文件夹中的所有邮件，其中，标题为加粗字体的邮件是未阅读的邮件，如图 6-20 所示的邮件列表中，“新年快乐”是未读邮件。在邮件列表窗格中单击某一邮件后，在邮件预览窗格中显示该邮件的内容。

图 6-20 【收件箱】对话框

2. 阅读电子邮件

在邮件列表窗格中，列出了相应文件夹的邮件列表，图 6-20 所示为【收件箱】文件夹中的文件列表，列表包含发件人和主题。没有阅读过的邮件，其发件人和主题的字体设置为加粗。

在收件箱邮件列表中，单击一个邮件，在邮件预览窗格中显示该邮件。如果邮件内容在邮件预览窗格中不能全部显示，则邮件预览窗格会出现垂直滚动条或水平滚动条，拖动相应的滚动条，即可显示邮件的其他内容。

如果一个邮件带有附件，则在邮件预览窗格的上方会出现一个📎按钮，单击该按钮，弹出一个菜单，菜单中列出附件中所有文件的名称和一个【保存附件】命令。单击附件中的一个文件名，系统用默认的程序打开该文件。如果选择【保存附件】命令，系统会弹出一个对话框。用户利用该对话框，可以把附件中的文件保存到本地磁盘上。

6.4.5 回复与转发电子邮件

收到一个电子邮件后，用户可以回复发件人和发件人所抄送的人，还可以把该邮件转发给其他人。

1. 回复电子邮件

回复电子邮件有两种方式：回复和全部回复。

（1）回复

在 Outlook Express 中，要给当前信件的发件人回信，有以下几种方法。

- 单击按钮。

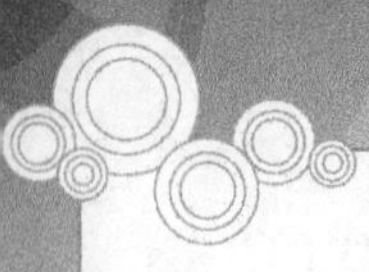

- 选择【邮件】/【答复发件人】命令。
- 按 Ctrl+R 组合键。

执行以上任一操作后，将弹出如图 6-21 所示的【回复邮件】窗口，这个窗口与图 6-19 所示的窗口类似，只不过在【收件人】文本框中已填写好了收件人的电子邮件地址，【抄送】文本框为空，【主题】文本框中为原主题前加“Re:”字样，书信区域中显示原信的内容，插入点光标在原信内容的前面。

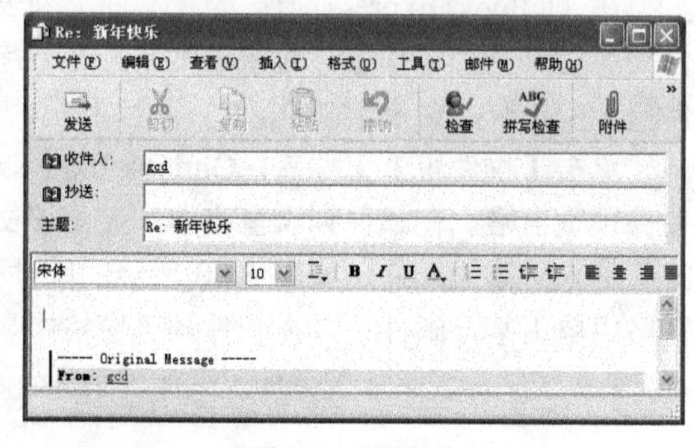

图 6-21 回复邮件

用户可以根据需要改动以上设置，在书信区域中，用户可以书写相应的内容，最后，单击按钮即可回复邮件。

（2）全部答复

在 Outlook Express 中，要给当前信件的发件人以及发件人所抄送的人发同样的信，有以下几种方法。

- 单击按钮。
- 选择【邮件】/【全部答复】命令。
- 按 Ctrl+Shift+R 组合键。

全部答复的操作基本上与答复发件人的操作相同，不同的是，【抄送】文本框中不为空，是原【抄送】文本框中的内容。

2. 转发电子邮件

在 Outlook Express 中，要把当前信件转发给别人，有以下几种方法。

- 单击按钮。
- 选择【邮件】/【转发】命令。
- 按 Ctrl+F 组合键。

转发信件的操作基本上与答复发件人的操作相同，不同的是：【收件人】框中为空，要求填写收件人的邮件地址。

6.4.6 邮件与通讯簿管理

长期使用 Outlook Express 收发邮件，邮件文件夹中会保留大量的邮件，必要时应对其进行整理。同时用户也有许多经常通信的朋友，有必要建立一个通讯簿，以便于联系和交流。

1. 邮件管理

在 Outlook Express 中，每个邮箱文件夹实际上是一个文件夹，每个邮件实际上是一个文件。

（1）邮件管理

- 删除邮件：选定一个邮件后，单击工具栏中的✕按钮，或选择【编辑】/【删除】命令，把选定的邮件移动到【已删除邮件】文件夹中。在【已删除邮件】文件夹中选定该邮件后，执行以上操作，则将该邮件彻底删除。

- 移动邮件：选定一个邮件后，将其拖动到【文件夹列表】窗格中的一个文件夹上，则把选定的邮件移动到该文件夹中。或者选择【编辑】/【移动到文件夹】命令，弹出一个对话框，从中选择一个邮箱文件夹，把选定的邮件移动到该文件夹中。或者先把邮件剪切到剪贴板，再打开目的文件夹，然后把剪贴板上的邮件粘贴到目的文件夹中。
- 复制邮件：选定一个邮件后，按住 Ctrl 键将其拖动到【文件夹列表】窗格中的一个文件夹上，把选定的邮件复制到该文件夹中。或者选择【编辑】/【复制到文件夹】命令，弹出一个对话框，从中选择一个邮箱文件夹，把选定的邮件复制到该文件夹中。或者先把邮件复制到剪贴板，再打开目的文件夹，然后把剪贴板上的邮件粘贴到目的文件夹中。
- 标记邮件：选定一个邮件后，选择【编辑】/【标记为"已读"】命令，或选择【编辑】/【标记为"未读"】命令，选定的邮件将加上相应的标记。未读的邮件其标题的字体设置为加粗，已读的邮件则不加粗。在收件箱邮件列表中，选定一个邮件后，选择【邮件】/【标记邮件】命令，为选定的邮件增加一个标记。再选择以上命令，可取消标记。增加标记的邮件，在邮件列表窗格中的【收件人】左侧标记一个小旗，如图 6-22 所示。

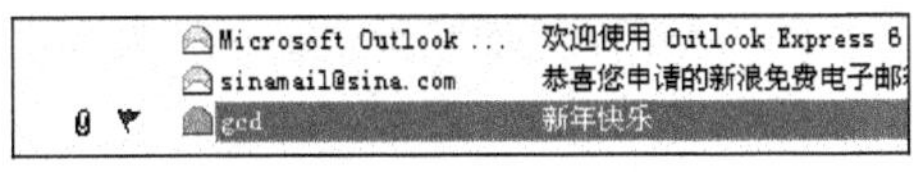

图 6-22 标记的邮件

（2）邮箱文件夹管理

- 建立邮箱文件夹：选择【文件】/【文件夹】/【新建】命令，或选择【文件】/【新建】/【文件夹】命令，弹出一个对话框，从中选择一个邮箱文件夹，为新文件夹取一个名字，在选择的邮箱文件夹下建立一个文件夹。
- 移动邮箱文件夹：选定一个邮箱文件夹后，选择【文件】/【文件夹】/【移动】命令，弹出一个对话框，可从中选择一个邮箱文件夹，把选定的邮箱文件夹移动到选择的邮箱文件夹中；或者拖动要移动的邮箱文件夹到另一个邮箱文件夹上，则把选定的邮箱文件夹移动到该邮箱文件夹中。需要注意的是，Outlook Express 原有的邮箱文件夹不能移动。
- 删除邮箱文件夹：选定一个邮箱文件夹后，选择【文件】/【文件夹】/【删除】命令，或单击工具栏中的✕按钮，或者拖动要删除的邮箱文件夹到【已删除邮件】文件夹中，则把选定的文件夹移动到【已删除邮件】文件夹中。需要注意的是，Outlook Express 原有的邮箱文件夹不能删除。
- 重命名邮箱文件夹：双击邮箱文件夹名，在邮箱文件夹名中出现插入点光标，输入新名，然后按回车键。或选择【文件】/【文件夹】/【重命名】命令，之后的操作同前。需要注意的是，Outlook Express 原有的邮箱文件夹不能重命名。
- 清空【已删除邮件】文件夹：选择【清空'已删除邮件'文件夹】命令，把【已删除邮件】文件夹清空。

2. 通讯簿管理

通讯簿可以存储多个邮件地址、家庭地址、电话号码、传真号码等联系信息，还可以把联系人分组，以便于查找。

（1）打开通讯簿

在 Outlook Express 窗口中，打开通讯簿有以下方法。

- 选择【工具】/【通讯簿】命令。

- 单击📖按钮。

用任一种方法，都弹出如图 6-23 所示的【通讯簿】窗口。

（2）添加联系人

在【通讯簿】窗口中，添加联系人有以下方法。

- 选择【文件】/【新建联系人】命令。
- 单击按钮，从子菜单中选择【联系人】命令。

用任一种方法，都弹出如图 6-24 所示的【属性】对话框。在【属性】对话框中，可进行以下操作。

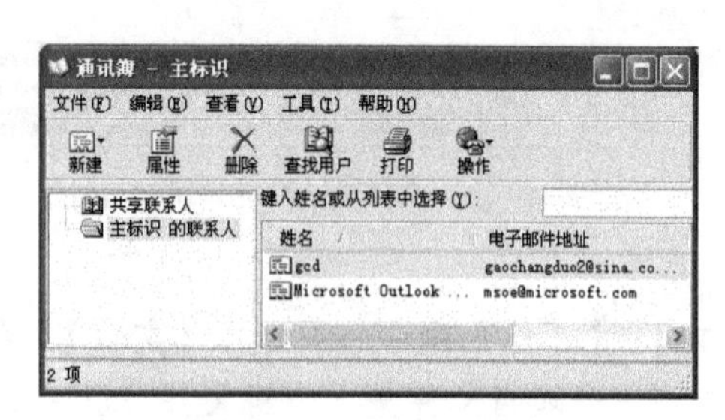

图 6-23 【通讯簿】窗口

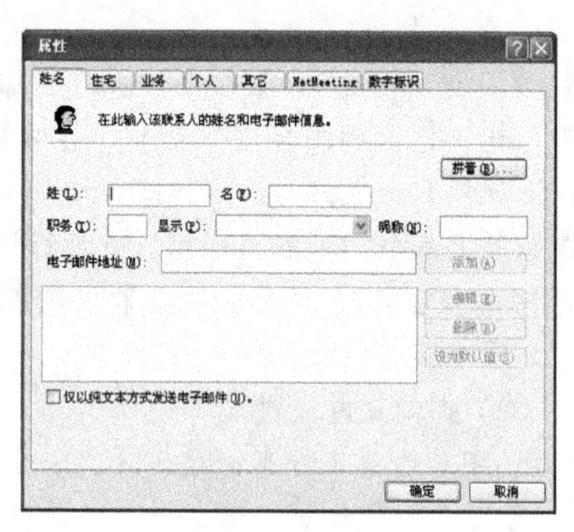

图 6-24 【属性】对话框

- 在【姓】、【名】和【职务】文本框中输入联系人的相应信息。输入的信息在【显示】下拉列表中显示出一种排列，可从下拉列表中选择一种排列样式。
- 在【昵称】文本框中输入联系人的昵称。
- 在【电子邮件地址】文本框内输入联系人的电子邮件地址。
- 单击 添加(A) 按钮，把电子邮件地址添加到【电子邮件地址】文本框下方的电子邮件地址列表框内，系统将第 1 个输入的电子邮件地址设为默认的地址，给此联系人发电子邮件时，默认采用此电子邮件地址。
- 在电子邮件地址列表框内选择一个电子邮件地址后，单击 编辑(E) 按钮，可修改该电子邮件地址。
- 在电子邮件地址列表框内选择一个电子邮件地址后，单击 删除(R) 按钮，可删除该电子邮件地址。
- 在电子邮件地址列表框内选择一个电子邮件地址后，单击 设为默认值(S) 按钮，把该电子邮件地址设为默认电子邮件地址。
- 单击其他选项卡，可在其中进行相应设置。
- 单击 确定 按钮，系统按所做设置添加一个联系人。

（3）删除联系人

在图 6-23 所示的【通讯簿】窗口中，选择一个联系人后，删除该联系人有以下方法。

- 选择【文件】/【删除】命令。
- 单击工具栏中的✕按钮。

用任一种方法，都会弹出如图 6-25 所示的【通讯簿】对话

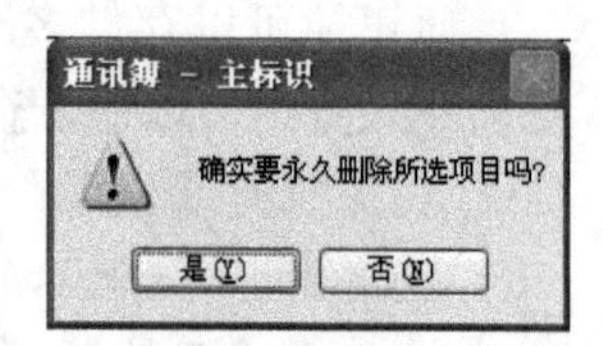

图 6-25 【通讯簿】对话框

框，询问是否删除该联系人。

（4）创建联系人组

在图 6-23 所示的【通讯簿】窗口中，创建联系人组有以下 方法。

- 选择【文件】/【新建联系人组】命令。
- 单击按钮，从子菜单中选择【联系人组】命令。

用任一种方法，都会弹出如图 6-26 所示的【属性】对话框。在【属性】对话框中可进行以下操作。

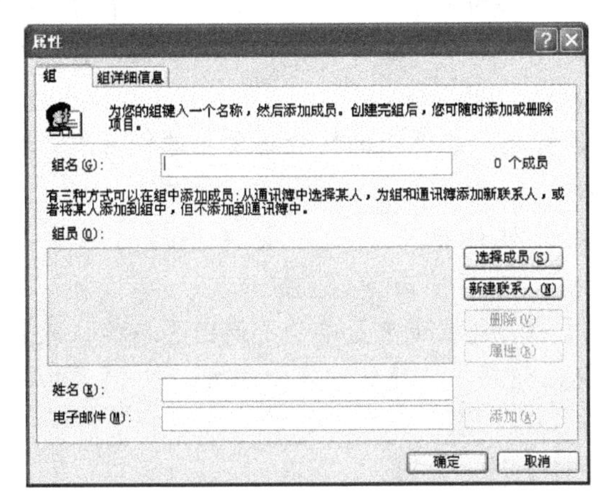

图 6-26 【属性】对话框

- 在【组名】文本框中输入联系人组名。
- 单击[选择成员(S)]按钮，弹出一个对话框，可从通讯簿中选择该组的组员，组员显示在【组员】列表框中。
- 单击[新建联系人(N)]按钮，建立一个新联系人作为组员，操作同前。
- 选择一个组员后，单击[删除(V)]按钮，从组中删除该组员。
- 选择一个组员后，单击[属性(R)]按钮，显示该组员的详细信息。
- 在【姓名】和【电子邮件】文本框中，输入一个联系人的相应信息，单击[添加(A)]按钮，把该联系人添加到组中。
- 单击[确定]按钮，系统按所做设置添加一个联系人组。

6.5 Internet 上机实训

前几节介绍了 Internet 中的基本概念和基本操作。下面给出相关的上机操作题，通过上机操作，进一步巩固这些基本概念，熟练这些基本操作。

6.5.1 实训 1——使用 IE 8.0

1. 实训内容

（1）打开新浪网站，查看最近的新闻。

（2）保存新浪网站首页所有信息到单个文件“新浪首页.mht”中。

（3）保存新浪网站的标志图片到文件“sina_logo.png”中。

（4）把新浪网站添加到收藏夹中。

2. 操作提示

（1）双击桌面上的图标，启动 Internet Explorer 8.0。

（2）在 IE 8.0 的地址栏中输入新浪网的网址“www.sina.com.cn”，然后按回车键，打开新浪网站的首页。

（3）选择【文件】/【另存为】命令，弹出【保存网页】对话框（见图 6-3）。

（4）在【保存网页】对话框中，选择要保存到的位置，指定要保存的文件名“新浪首页.mht”，最后单击保存(S)按钮。

（5）右击新浪网站的标志，在弹出的快捷菜单中选择【图片另存为】命令，弹出【保存图片】对话框。

（6）在【保存图片】对话框中，选择要保存到的位置，指定要保存的文件名“sina_logo.png”，最后单击保存(S)按钮。

（7）选择【收藏】/【添加到收藏夹】命令，弹出【添加收藏】对话框（见图 6-4）。

（8）在【添加收藏】对话框中，不修改其他设置，单击添加(A)按钮。

6.5.2 实训 2——使用搜索引擎

1. 实训内容

（1）在百度网站中搜索有关“可下载的计算机等级考试资料”的相关信息。

（2）在百度网站中搜索有关“沉湎于网络游戏案件”的相关信息。

（3）在百度网站中搜索有关“网友见面被害”的相关信息。

2. 操作提示

（1）双击桌面上的图标，启动 Internet Explorer 8.0。

（2）在 IE 8.0 的地址栏中输入百度的网址“www.baidu.com”，然后按回车键，打开百度网站的首页。

（3）在百度网站的文本框中输入“计算机等级考试资料下载”后，单击百度一下按钮，网页中显示相应的搜索结果。

（4）择其感兴趣的链接，打开后进行浏览。

（5）另外两个搜索的步骤与前类似，搜索关键字分别是“沉湎网络游戏 案件”和“网友见面被害”。

6.5.3 实训 3——使用 Outlook Express

1. 实训内容

（1）在网易网站申请一个免费电子邮箱。

（2）把该邮箱账户添加到 Outlook Express 中。

（3）用 Outlook Express 给同学发一封电子邮件，标题是“问候”，内容是一句问候语

句，把“Windows”文件夹下的“winnt256.bmp”文件作为附件。

（4）接收同学发来的邮件，阅读并下载其中的附件。

2．操作提示

（1）打开网易网站（www.163.com）。

（2）单击网站上的“注册免费邮箱”链接，按照其要求申请一个免费电子邮箱。

（3）双击桌面上的图标，启动Outlook Express。

（4）选择【工具】/【账户】命令，在弹出的【Internet 账户】对话框中，打开【邮件】选项卡（见图6-12）。

（5）在【邮件】选项卡中，单击添加(A)按钮，在弹出的菜单中选择【邮件】命令，弹出【Internet 连接向导】对话框（见图6-13），当前步骤是【您的姓名】。

（6）在【Internet 连接向导】对话框中，在【显示名】框中填写自己的姓名，然后单击下一步(N)按钮，这时【Internet 连接向导】的当前步骤是【Internet 电子邮件地址】（见图6-14）。

（7）在【电子邮件地址】框中填写电子邮件地址，然后单击下一步(N)按钮，这时【Internet 连接向导】的当前步骤是【电子邮件服务器名】（见图6-15）。

（8）在【接收邮件服务器】和【发送邮件服务器】输入框中完整填写服务商提供的POP3域名和SMTP域名，然后单击下一步(N)按钮，这时【Internet 连接向导】的当前步骤是【Internet Mail 登录】（见图6-16）。

（9）在【账户名】和【密码】文本框中完整填写邮件账户名和密码，然后单击下一步(N)按钮，【Internet 连接向导】的当前步骤是【完成】，单击完成按钮，完成邮件账号设置工作。

（10）在步骤（4）的【邮件】选项卡中，单击新添加的账号，再单击属性(P)按钮，在弹出的对话框中打开【服务器】选项卡（见图6-17）。

（11）在【服务器】选项卡中，选择【我的服务器要求身份验证】复选框。单击确定按钮。

（12）在【Outlook Express】窗口中，单击按钮，弹出【新邮件】窗口（见图6-18）。

（13）在【收件人】文本框中，输入收件人的电子邮件地址，在【主题】文本框中，输入“问候”，在书信区域中书写一句问候语。

（14）单击工具栏上的按钮，弹出【插入附件】对话框。在该对话框中插入Windows文件夹中的“winnt256.bmp”文件。

（15）选择【文件】/【发送邮件】命令，发送邮件。

（16）在【Outlook Express】窗口中，单击按钮，接收邮件。

（17）在【Outlook Express】窗口中，单击【本地文件夹】左边的⊞标志，展开【本地文件夹】，单击【本地文件夹】下的【收件箱】图标，【Outlook Express】窗口右上边的邮件列表窗格中显示收件箱中邮件的发件人和主题。

（18）单击要阅读的邮件主题，在【Outlook Express】窗口右下边的邮件预览窗格中显示该邮件的内容，同时也显示附件中的图片。

（19）如果邮件中包含附件，在邮件预览窗格的上方会出现一个按钮，单击该按

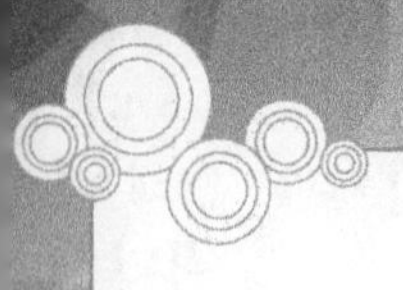

钮，在弹出的菜单中选择【保存附件】命令，弹出【保存附件】对话框，在【保存到】文本框中输入要保存文件夹的完整路径，或单击浏览(B)...按钮选择保存文件夹的完整路径，单击保存(S)按钮，保存附件。

（20）单击 Outlook Express 标题栏上的×按钮，退出 Outlook Express。

6.6 习题

一、选择题

1．局域网的英文缩写是（　　）。

A．WAN　　B．LAN　　C．MAN　　D．FAN

2．网络中信号传输速率的单位是（　　）。

A．bit/s　　B．byte/s　　C．bit/m　　D．byte/m

3．一个 IP 地址是（　　）字节的二进制数。

A．4　　B．8　　C．16　　D．32

4．在域名 www.pku.edu.cn 中，cn 表示（　　）。

A．网络　　B．中国　　C．机构　　D．主机名

5．以下（　　）是合法的电子邮件地址。

A．a@yahoo.com　　B．@a.yahoo.com

C．a.yahoo.com@　　D．a.yahoo.com

二、问答题

1．计算机网络有哪些功能？计算机网络有哪些应用？

2．计算机网络是由哪些部分组成的？

3．Internet 使用的网络协议是什么？Internet 主要提供哪些服务？

4．接入 Internet 的方式有哪些？

5．在 IE 8.0 中，如何保存当前网页的全部信息？如何收藏当前网页的网址？

6．如何在 Outlook Express 中设置自己的邮件账号？

7．在 Outlook Express 中，给一个人发送电子邮件有哪些步骤？